管理信息系統

主　編　馬法堯、牟紹波
副主編　曹小英、羅劍
主　審　唐云錦

財經錢線

前 言

信息技術的飛速發展大大推動了社會的進步,改變了人們的工作、學習和生活。採用管理信息系統代替原來的手工管理方式,重新認識和再造企業原有的業務流程和組織結構,已經成為企業在激烈的市場競爭中取勝的首要戰略手段。管理信息系統課程是一門典型的綜合性、邊緣性的課程。

管理信息系統課程是工商管理專業、信息管理專業、財務管理專業、市場營銷專業等專業的一門必修課。但由於傳統理論教學方法的局限,較多高校管理信息系統課程設置內容較為偏重於系統開發的方法和一些基本原理,在實踐性方面改革不夠。這樣,必將影響學生對於企業實際管理信息系統的認識和掌握,無法培養出具有較強系統分析、系統設計和系統實施能力的專業化人才,無法和現代企業管理模式相適應。在此背景下,我們編寫了這本教材,希望能夠在教材中反應出管理信息系統的發展和變化,並更好地應用於管理信息系統教育教學。

在撰寫本書的過程中,編者參考和吸取了國內外同類教材的教學思想和教學內容,力求教材結構合理、思路清晰、內容全面、密切聯繫實際,並具有自己的特色。本書具有以下特點:

(1) 本書按照管理信息系統的知識脈絡,全面、系統地講述了管理信息系統的基本原理和應用。全書包括8章內容。其中:第1~2章,對管理信息系統的基本概念、主要類型及信息管理的技術基礎進行了詳細的分析和研究;第3~6章,對管理信息系統的規劃、分析、設計和實施的理論、方法、技術和工具進行了全面、詳細的描述;第7~8章,對管理信息系統的典型應用和具體管理進行了深入分析,這些典型應用包括供應鏈管理、決策支持系統、客戶關係管理及電子商務、電子政務等。這些內容有助於讀者理解、掌握和應用管理信息系統的基本原理與方法。

(2) 採用案例教學。案例教學法是管理教育中非常有效的一種教學方法。本教材相當重視案例教學,核心章節均添加了相關案例,旨在通過各類企業在搭建管理信息系統中的具體問題,讓學生更為形象地掌握管理信息系統的應用。依託各類案例,引導學生進入「角色」,身臨「企業現場」,從而培養學生分析問題和解決問題的能力。

(3) 內容生動、圖文並茂、緊跟前沿,並具有特色,充分考慮到了信息

化建設的特點。在形式和文字等方面符合高等教育教和學的需要，針對學生抽象思維特點，突出表現形式上的直觀性和多樣性。書中的示例均採用圖片顯示或電腦截屏圖形式，圖文並茂，以激發學生的學習興趣。此外，本書詳細介紹了當前流行的管理信息系統，如 ERP、CRM、SRM、EC、DSS 等在企業的應用實例，展示了科學應用企業管理信息系統對於企業經營所起到的全方位的支持作用。

  本書是所有參編人員集體協作的結果。本書第 1 章由馬法堯、羅劍、梁玉國和王懷玉編寫，第 2 章由曹小英、王相平、朱廣財和劉歡編寫，第 3 章由羅劍、车紹波、王懷玉編寫，第 4 章由曹小英、羅劍、許娜和鄧靜瑩編寫，第 5 章由馬法堯、车紹波、唐雲錦和楊雯睿編寫，第 6 章由馬法堯、车紹波、陳昌華、唐雲錦和寇耀丹編寫，第 7 章由曹小英、羅劍、徐明和李青青編寫，第 8 章由馬法堯、唐雲錦、歐堅強和寇耀丹編寫。全書由馬法堯統稿，唐雲錦審稿。

  管理信息系統涉及的知識面廣泛、內容博大精深，鑒於我們的水平有限，書中難免有不妥之處，懇請讀者批評、指正！

編 者

目 錄

1 管理信息系統概論 ……………………………………………………… (1)
   1.1 信息及其度量 ……………………………………………………… (1)
   1.2 信息系統的概念及其發展 ………………………………………… (4)
   1.3 信息系統和管理 …………………………………………………… (6)
   1.4 管理信息系統的定義和特點 ……………………………………… (11)
   1.5 管理信息系統的結構和功能 ……………………………………… (12)
   1.6 管理信息系統的發展歷史 ………………………………………… (19)
   1.7 管理信息系統的發展趨勢 ………………………………………… (20)
   小結 …………………………………………………………………… (21)

2 管理信息系統的技術基礎 …………………………………………… (24)
   2.1 計算機網絡技術 …………………………………………………… (24)
   2.2 數據庫技術 ………………………………………………………… (33)
   2.3 多媒體技術 ………………………………………………………… (48)
   小結 …………………………………………………………………… (52)

3 管理信息系統的戰略規劃和開發 …………………………………… (53)
   3.1 信息系統戰略規劃概述 …………………………………………… (53)
   3.2 信息系統規劃模型 ………………………………………………… (62)
   3.3 信息系統規劃方法 ………………………………………………… (67)
   3.4 企業業務流程重組 ………………………………………………… (74)
   3.5 管理信息系統的開發方法 ………………………………………… (85)
   3.6 管理信息系統的開發方式 ………………………………………… (97)

4 管理信息系統的系統分析 …………………………………………… (108)
   4.1 系統分析概述 ……………………………………………………… (108)

4.2　現行系統詳細調查 …………………………………………（112）
　　4.3　組織結構與功能分析 ………………………………………（115）
　　4.4　業務流程分析 ………………………………………………（118）
　　4.5　數據與數據流程分析 ………………………………………（121）
　　4.6　數據字典 ……………………………………………………（128）
　　4.7　功能/數據分析、數據倉庫 ………………………………（131）
　　4.8　新系統邏輯方案的建立 ……………………………………（142）
　　4.9　系統分析報告 ………………………………………………（146）
　　小結 ………………………………………………………………（148）

5　管理信息系統的系統設計 …………………………………（151）
　　5.1　系統設計的主要工作 ………………………………………（151）
　　5.2　系統的功能結構圖設計 ……………………………………（154）
　　5.3　計算機處理流程設計 ………………………………………（161）
　　5.4　系統物理配置方案設計 ……………………………………（163）
　　5.5　代碼設計 ……………………………………………………（167）
　　5.6　數據存儲設計 ………………………………………………（171）
　　5.7　輸出設計 ……………………………………………………（175）
　　5.8　輸入設計 ……………………………………………………（177）
　　5.9　處理流程圖設計 ……………………………………………（180）
　　5.10　編寫程序設計說明書和系統設計報告 ……………………（181）
　　小結 ………………………………………………………………（183）

6　管理信息系統的實施 ………………………………………（188）
　　6.1　系統實施概述 ………………………………………………（188）
　　6.2　系統環境的準備與實施 ……………………………………（189）
　　6.3　程序設計 ……………………………………………………（191）
　　6.4　程序和系統測試 ……………………………………………（196）
　　6.5　系統切換 ……………………………………………………（201）
　　6.6　系統維護 ……………………………………………………（203）

6.7 系統運行的管理 …………………………………………………………（207）
6.8 系統評價 …………………………………………………………………（208）
小結 ……………………………………………………………………………（213）

7 管理信息系統的應用 ………………………………………………………（216）
7.1 企業資源計劃 ……………………………………………………………（216）
7.2 供應鏈管理系統 …………………………………………………………（226）
7.3 決策支持系統 ……………………………………………………………（237）
7.4 客戶關係管理系統 ………………………………………………………（245）
7.5 電子商務 …………………………………………………………………（253）
小結 ……………………………………………………………………………（256）

8 信息系統的管理 ……………………………………………………………（260）
8.1 信息系統開發的項目管理概述 …………………………………………（260）
8.2 信息系統的質量管理與質量標準 ………………………………………（263）
8.3 信息系統項目的風險管理 ………………………………………………（264）
8.4 信息系統評價 ……………………………………………………………（280）
小結 ……………………………………………………………………………（283）

1 管理信息系統概論

本章主要內容：
　　本章主要對信息的基本概念及特徵、信息的度量、信息系統的概念及發展、管理的概念及相關知識、決策問題、信息系統面臨的挑戰等知識進行介紹；對管理信息系統的定義、特點、結構、功能和管理信息系統的發展歷史以及發展趨勢等知識點進行講解。

本章學習目標：
　　瞭解信息的基本概念及特徵；瞭解信息的度量；瞭解信息系統的概念及發展；瞭解管理的概念及組織結構；瞭解管理的基本職能；瞭解決策和決策過程以及決策的科學化；瞭解決策問題的類型；瞭解管理信息系統面臨的挑戰。瞭解管理信息系統的定義；瞭解管理信息系統的特點；瞭解管理信息系統的結構；瞭解管理信息系統的功能。

1.1 信息及其度量

1.1.1 信息的概念與特徵

　　「信息」一詞來源於拉丁文「Information」，原意為解釋、陳述。在現代社會中，信息是一個被廣泛使用的名詞。隨著信息的地位與作用的不斷增強以及人們對信息認識的不斷加深，信息的含義也在不斷發展，並已超出了「解釋、陳述」的簡單內涵。
　　目前，理論界對信息概念的表述有許多種，例如：信息是數據經過加工后得到的結果；信息是描述客觀世界的事物；信息是能夠減少不確定性的有用知識；信息是經過加工並對人們的行動產生影響的數據；等等。
　　一般認為，眾多的表述知識由於角度不同、研究的目的不同而產生的，而本質上的差異不大。
　　綜合各種表述，能夠比較準確包含信息本質特徵的定義是：信息是反應客觀世界中各種事物的特徵和變化並可借某種載體加以傳遞的有用知識。這一定義包含四個方面的內容：

1.1.1.1 信息是對客觀事物特徵和變化的反應

　　人們通常所說的信號、情況、指令、原始資料、情報、檔案等都屬於信息的範疇，因為它們都是對客觀事物特徵和變化的反應。

1.1.1.2 信息是可以傳遞的

信息必須是由人們可以識別的符號、文字、數據、語言、圖像、聲音、光、色彩等信息載體來表現和傳遞的。

1.1.1.3 信息是有用的

信息的有用性是相對於其特定的接受者而言的。同樣一則信息，對於甲、乙兩個接受者，若對甲有用而對乙無用，則甲接收到的是信息，而乙接收到的就不是信息。例如，棉花增產的消息對於紡織業來說是信息，而對航天工業來說就不是信息。

1.1.1.4 信息是知識

所謂知識，就是反應各種事物的信息進入人們大腦，對神經細胞產生作用後留下的痕跡，人們是通過獲得信息來認識事物、區別事物和改造世界的。

信息具有以下特徵：

（1）事實性。事實性是信息的最基本的屬性。這是在信息系統中收集信息時最應當注意的性質，如果收集的信息不符合事實就失去其價值。

（2）傳輸性。信息是可以傳輸的，它可以通過各種手段傳輸到很遠的地方，它的傳輸性能優於物質和能源。信息的傳輸加快了資源的交流，加快了社會的變化。

（3）擴散性。擴散是信息的本質。它通過各種渠道和手段向各方傳播。俗話說：「沒有不透風的牆」，就說明了信息擴散的威力。信息的濃度越大，擴散性越強。信息的擴散存在兩面性：一方面有利於知識的傳播；另一方面會造成信息的貶值，不利於保密。在信息系統中，如果沒有很好的保密措施，就不能保護用戶使用系統的積極性，從而造成系統的失敗。

（4）共享性。信息可以共享不能交換，這是與物質不同的性質。物質的交換是零和的，你的所得必為我之所失，給你一支筆，我就少一支。信息分享的非零和性造成信息共享的複雜性。例如，股票信息為股民共享，不會因某人獲得信息而使他人減少信息。

（5）等級性。管理是分等級的，不同等級的管理要求不同的信息，因而信息也是分等級的。管理一般分為高、中、低三層，信息對應地也分為戰略級、策略級和執行級。不同級別的信息有不同的屬性。

（6）增值性。用於某種目的的信息，隨著時間的推移可能價值耗盡。但對另一目的可能又顯示出其用途。例如，天氣預報的信息，預報期過後對指導當前的生產不再有用，但和各年同期天氣比較，可以用來預測未來的天氣，到一定時間進行提煉就能對這種天氣的全貌有個估計。從信息「廢品」中提煉有用的信息，已是各國收集信息的重要手段之一。

（7）不完全性。客觀事實的信息是不可能全部得到的，這與人們認識事物的程度有關。只能根據需要收集有關數據，不能主次不分。只有捨棄無用的和次要的信息，才能正確地使用信息。

（8）客觀性。信息是數據處理的結果，是事物變化和狀態的反應。由於事物及其狀態、特徵和變化是不以人們的意志為轉移的客觀存在，所以反應這種客觀存在的信息同樣具有客觀性。

（9）主觀性。信息不僅有客觀性而且具有主觀性。這是因為不同的人對同一信息的範圍、評價、處理，以及認識的角度等是不同的。

（10）滯后性。數據加工后才能成為信息，利用信息決策才能產生結果。它們在時間上存在的關係為：事實—數據—信息—決策—結果。它們從前一個狀態到后一個狀態的時間間隔總不為零，這就是信息的滯后性。

1.1.2 信息的度量

不同的數據資料中包含的信息量可能差別很大：有的數據資料包含的信息量多一些，有的則少一些，甚至空洞、囉唆，不包含信息量。數據資料中含信息量的多少是由消除對事物認識的「不確定程度」來決定的。在獲得數據資料之前，人們對某一事物的認識不清，存在著不確定性，獲得數據資料之后，就有可能消除這種不確定性。數據資料所消除的人們認識上「不確定性」的大小，也就是數據資料中所包含信息量的大小。

信息量的大小取決於信息內容消除人們認識的不確定程度：消除的不確定程度大，則發出的信息量就大；消除的不確定程度小，則發出的信息量就小。如果事先就確切地知道消息的內容，那麼消息中所包含的信息量就為零。

可以利用概率來度量信息。例如，現在某甲到 1,000 人的學校去找某乙，這時，在某甲的頭腦中，某乙所處的可能性空間是該學校的 1,000 人。當傳達室的人告訴他：「這個人是管理系的」，而管理系有 100 人，那麼，他獲得的信息為 100/1,000＝1/10，也就是說可能性空間縮小到原來的 1/10。通常，我們不用 1/10 來表示信息量，而用 1/10 的負對數來表示，即-log1/10＝log10。如果管理系的人告訴他，某乙在管理信息系統教研室，那麼他獲得了第二個信息。假定管理信息系統教研室共有 10 位老師，則第二個信息的確定性又縮小到原來的 100/1,000×10/100＝10/1,000。顯然：

－log100/1,000+(－log10/100)＝－log10/1,000

只要可能性範圍縮小了，獲得的信息量總是正的；如果可能性範圍沒有變化，－log1＝0，獲得的信息量就是零；如果可能性範圍擴大了，信息量變為負值，人們對這件事的認識就變得更模糊了。

信息量的單位叫比特（bit，是二進位制數字 Binary digit 的縮寫）。1 比特的信息量是指含有兩個獨立均等概率狀態的事物所具有的不確定性能全部消除所需要的信息。在這種單位制度下，信息量的定義公式可以寫成：

H(x)＝-∑P(Xi)   i＝1,2,3,…,n

式中，Xi 代表第 i 個狀態（總共有 n 個狀態），P（Xi）代表出現第 i 個狀態的概率，H（x）就是用以消除這個系統不確定性所需要的信息量。例如，硬幣下落可能有正、反兩種狀態。出現這兩種狀態的概率都是 1/2，即：

P(Xi)＝0.5

這時，H(x)＝-［P(X1)log2 P(X1)＋P(X2)log2 P(X2)］＝-(0.4-0.5)＝1 比特
同理可得，投擲均勻正六面體骰子的 H(x)＝2.6 比特

值得注意的是，計算信息量這一公式恰好與熱力學第二定律中熵的公式相一致。

從分子運動論的觀點來看，在沒有外界干預條件下，一個系統總是自發地從有序到無序的方向發展。在這個過程中，系統的熵的變化總是增加的。因此，熵是系統的無序狀態的量度，即系統的不確定性的量度。但是，信息量和熵所反應的系統運動過程與方向相反。系統的信息量的增加總是表明不確定性的減少，有序化的程度增加。因此，信息在系統的運動過程中可以看出是負熵。信息量愈大，則負熵愈大。熵值愈小，反應了該系統的無序程度（混亂程度）愈小，有序化程度愈高。信息度量表述了系統有序化過程，由此可以給出給廣泛的信息定義：信息是任何一個系統的組織性、複雜性的度量，是有序化程度的標誌。

1.2 信息系統的概念及其發展

1.2.1 信息系統的概念

信息系統由人、硬件、軟件和數據資源組成，目的是及時和正確地收集、加工、存儲、傳遞與提供信息，實現組織中各項活動的管理、調節和控制。

信息系統包括信息處理系統和信息傳輸系統兩個方面。信息處理系統對數據進行處理，使它獲得新的結構與形態或者產生新的數據。比如計算機系統就是一種信息處理系統，通過它對輸出數據的處理可以獲得不同形態的新的數據。信息傳輸系統不改變信息本身的內容，作用是把信息從一處傳到另一處。由於信息的作用只有在廣泛交流中才能充分發揮出來，因此，通信技術的進步極大地促進了信息系統的發展。廣義的信息系統概念已經延伸到與通信系統等同。

從狹義的信息系統概念出發，信息系統存在於任何一個社會組織中，它滲透到組織中的每一個部分，就像人體組織的神經系統分佈在人體組織中的每個部分；信息系統是為管理服務的；信息系統不同於組織中的其他系統，它不是從事某一具體工作，而是起關係全局系統中各子系統協調一致的作用；信息系統由許多部分組成，各部分相互作用以達到提供信息的目的。

1.2.2 信息系統的發展

計算機在管理中應用的發展與計算機技術、通用技術和管理科學的發展緊密相關。雖然信息系統和信息處理在人類文明開始就已存在，但直到電子計算機問世、信息技術的飛躍以及現代社會對信息需求的增長，才迅速發展起來。第一臺電子計算機誕生於1946年。60多年來，信息系統歷經了由單機到網絡，由低級到高級，由電子數據處理到管理信息系統，再到決策支持系統，由數據處理到智能處理的過程。這個發展過程大致經歷了以下幾個階段：

1.2.2.1 電子數據處理系統

電子數據處理系統的特點是數據處理的計算機化，目的是提高數據處理的效率。從發展階段來看，它可以分為單項數據處理和綜合數據處理兩個階段。

（1）單項數據處理階段。這一階段是電子數據處理的初級階段，主要用計算機部分地代替手工勞動，進行一些簡單的單項數據處理工作，如工資計算、統計計算等。

（2）綜合數據處理階段。這一時期的計算機技術有了很大發展，出現了大容量直接存取的外存儲器。此外，一臺計算機能夠帶動若干終端，可以對多個過程的有關業務數據進行綜合處理，這時各類信息報告系統應運而生。

1.2.2.2 管理信息系統（Management Information System，MIS）

20世紀70年代初隨著數據庫技術、網絡技術和科學管理方法的發展，計算機在管理上的應用日益廣泛，管理信息系統逐漸成熟起來。

管理信息系統最大的特點是高度集中，能將組織中的數據和信息集中起來，進行快速處理，統一使用。有一個中心數據庫和計算機網絡系統是MIS的重要標誌。MIS的處理方式是在數據庫和網絡基礎上的分佈式處理。隨著計算機網絡和通信技術的發展，不僅能把組織內部的各級管理連接起來，而且能夠克服地理界限，把分散在不同地區的計算機網互聯，形成跨地區的各種業務信息系統和管理信息系統。

管理信息系統的另一個特點是利用定量化的科學管理方法，通過預測、計劃優化、管理、調節和控制等手段來支持決策。

1.2.2.3 決策支持系統（Decision Support System，DSS）

20世紀70年代國際上展開了MIS為什麼失敗的討論。人們認為，早期MIS的失敗並非由於系統不能提供信息。實際上MIS能夠提供大量報告，但經理很少去看，大部分被丟進廢紙堆，原因是這些信息並非經理決策所需。當時，美國邁克爾·史薦夫人（Michael S. Scott Matron）在《管理決策系統》一書中首次提出了「決策支持系統」的概念。決策支持系統不同於傳統的管理信息系統。早期的MIS主要為管理者提供預定的報告，而DSS則是在人和計算機交互的過程中幫助決策者探索可能的方案，為管理者提供決策所需的信息。

由於支持決策MIS的一項重要內容，DSS無疑是MIS的重要組成部分；同時，DSS以MIS管理的信息為基礎，是MIS功能上的延伸。從這個意義上，可以認為DSS是MIS發展的新階段，而DSS是把數據庫處理與經濟管理數學模型的優化計算結合起來，具有管理、輔助決策和預測功能的管理信息系統。

綜上所述，電子數據處理系統（Electronic Data Processing System，EDPS）、MIS和DSS各自代表了信息系統發展過程中的某一階段，但至今它們仍各自不斷地發展著，而且是相互交叉的關係。EDPS是面向業務的信息系統，MIS是面向管理的信息系統，DSS則是面向決策的信息系統。DSS在組織中可能是一個獨立的系統，也可能作為MIS的一個高層子系統而存在。

管理信息系統是一個不斷發展的概念。20世紀90年代以來，DSS與人工智能、計算機網絡技術等結合形成了智能決策支持系統（Intelligent Decision Support System，IDSS）和群體決策支持系統（Group Decision Support System，GDSS）。又如，EDPS、MIS和辦公自動化（Office Automation，OA）技術在商貿中的應用已發展成為電子商貿系統（Electronic Business Processing System，EBPS）。這種系統以通信網絡上的電子數據交換（Electronic Data Interchange，EDI）標準為基礎，實現了集訂貨、發貨、運輸、

報關、保險、商檢和銀行結算為一體的商貿業務，大大方便了商貿業務和進出口貿易。此外，還出現了不少新的概念，諸如總裁信息系統、戰略信息系統、計算機集成製造系統和其他基於知識的信息系統等。

1.3 信息系統和管理

1.3.1 管理的概念

到目前為止，「管理」一詞還沒有統一的、大多數人所接受的定義。

（1）管理是由計劃、組織、指揮、協調及控制等智能為要素組成的活動過程。這個概念是現代管理理論創始人法約爾（H. Fayol）在1916年提出的。它始終是管理定義的基礎。

（2）管理是通過其他人的工作達到組織的目標。這個概念包含三層含義：
①管理其他人及其他人的工作；
②通過其他人的活動來收到工作效果；
③通過協調其他人的活動進行管理。

（3）管理是協調人際關係、激發人的積極性，以達到共同目標的一種活動。這個概念包含三層含義：
①管理的核心是協調人際關係；
②根據人的行為規律去激發人的積極性；
③同一組織中的人具有共同的目標。管理的任務是促進人們相互間的溝通，為完成共同目標而努力。

（4）管理是一種以績效為基礎的專業智能。這是美國哈佛大學德魯克教授提出的觀點，包含三層含義：
①管理與所有權、地位、權利無關；
②管理是專業性工作，管理人員是一個專業的管理階層；
③管理的本質是執行任務的責任。

（5）管理就是決策。這是西蒙提出的觀點。任何組織的管理者在管理過程中都要進行決策，而做決策是一個過程，包括收集信息、指定方案、選擇方案、跟蹤檢查等階段。所以，從這方面看管理就是決策。

（6）管理就是領導。這種觀點認為任何組織都有一定的結構，領導者占據著結構的各個關鍵職位。組織中的一切有目的的活動是否有效，取決於領導者領導活動的有效性，所以認為管理就是領導。

綜上所述，管理就是通過計劃、組織、控製、激勵和領導等環節來協調資源，以期更好地達到組織目標的過程。這個定義有三層含義：

（1）管理的職能，即計劃、組織、控製、激勵和領導五大基本職能；
（2）管理的目標，即利用上述措施來協調人力、物力和財力等資源，實現組織

目標；

（3）管理的目標，即協調資源是為了使整個組織活動更富有成效，這也是管理活動的根本目的。

1.3.2 管理的組織結構

管理組織是保證管理目標實現的重要手段，是管理的重要問題。由於它和信息技術既相互影響又相互支持，所以和管理信息系統有密切的關係。近年來，由於生產的發展及信息技術的發達，已經出現了各種各樣的組織形式。歸納起來可以分為以下幾種：

1.3.2.1 U 型組織

U 型組織是直線職能組織結構，是一種內部一元化領導的組織形式。

（1）純直線型結構。純直線型結構是一種樹狀組織結構，它通常適用於任務明確（如圖 1-1 所示）而又要求領導集中、控制嚴格的情況。

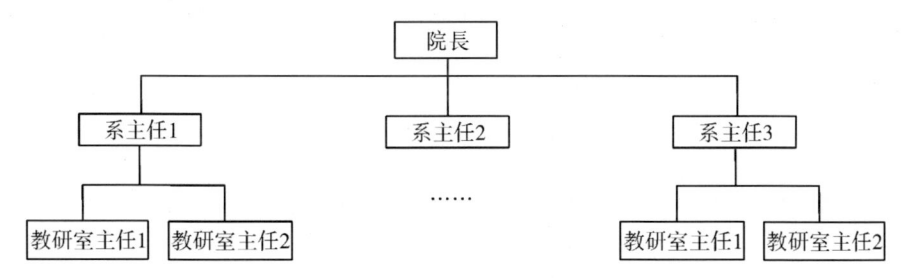

圖 1-1 純直線型結構

（2）非純直線型結構。在直線型結構中，一般採用的是非純直線型結構，而不是純直線型結構，如圖 1-2 所示。

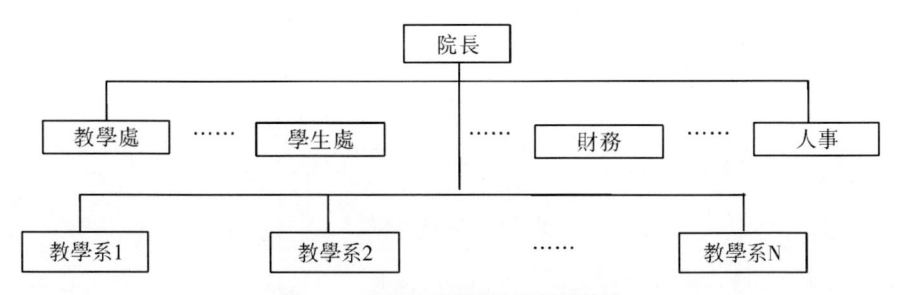

圖 1-2 直接隸屬關係的直線型結構

在圖 1-2 中，院長和教學系之間為直線結構，教學系直接歸屬院長管理；而職能部門，如教務處、學生處、財務或人事等科室或處室，他們和教學系之間則不是直線結構，各職能部門無權命令各教學系，只有在全場制度的規劃的基礎上辦理事務手續。如有手續不符合規定，他們可以不予辦理；如果手續符合規定，他們無權不予辦理。但是由於職能部門比較接近領導，而且是全時從事管理工作，因而會有院長代行權力的情況，導致他們權力的增長，從而形成對直線下屬也有領導作用的另一種非純直線

結構，如圖 1-3 所示。

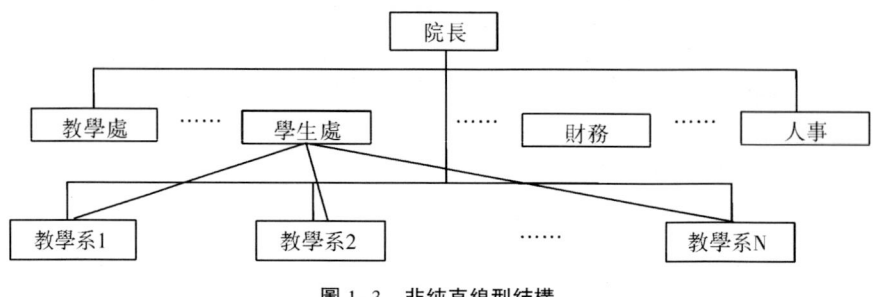

```
                            院長
         ┌──────┬──────┬──────┬──────┐
      教學處   ……  學生處   ……   財務   ……   人事
                    │
         ┌──────┬──────┬──────┐
      教學系1  教學系2  ……  教學系N
```

圖 1-3　非純直線型結構

圖 1-3 的結構的優點是減少了院長的負擔，缺點是增加了教學系的負擔，而且容易造成多頭管理和辦事效率低下等現象。

1.3.2.2　M 型組織

M 型組織是矩陣式組織結構。由於組織中職能部門的權力過大和直線組織的分段引起任務的分割，每個功能似乎均有人負責，而無人對整個任務或整個任務的結果負責。為了加強任務過程的責任性，許多企業採取了矩陣式組織。矩陣式組織的一維是直線組織，另一維是任務，這個任務或為產品，或為項目。其組織結構如圖 1-4 所示。

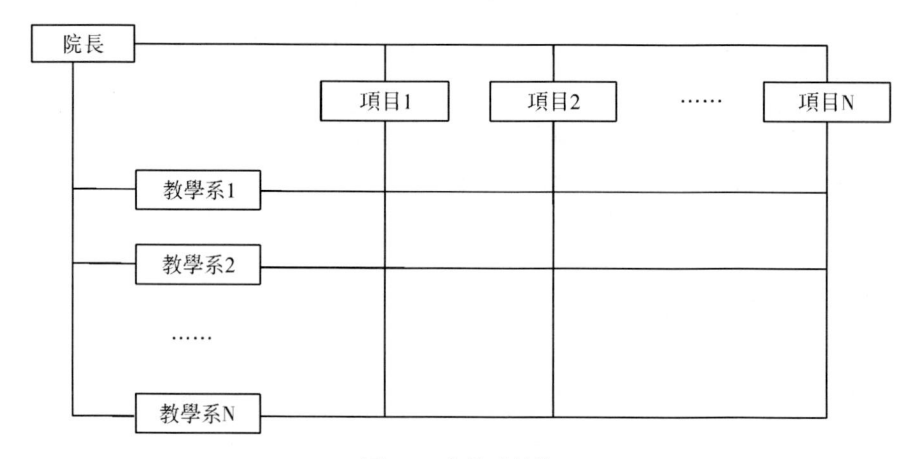

```
 院長 ┬────┬────┬────┬────┐
      │  項目1 │ 項目2 │ …… │ 項目N │
  ┌───┤       │      │     │       │
  │教學系1│   │      │     │       │
  ├───┤       │      │     │       │
  │教學系2│   │      │     │       │
  ├───┤  ……   │      │     │       │
  │教學系N│   │      │     │       │
  └───┴───┴───┴───┴───┘
```

圖 1-4　矩陣式結構

通過採用矩陣式組織結構，可以加強任務過程的責任性，使每個分段的任務、每個功能均有人負責，實現組織內的多元化領導，並將統一領導下的配合關係變成協調關係。

1.3.2.3　H 型組織

無論是 U 型組織還是 M 型組織，對企業的領導層來說均是一個「頭」的組織，「多頭」只是表現在中層間，多個事務部、多個項目組等。H 型組織是一種多頭組織結構，也就是在公司的内部組織有了外部「頭」的成分。例如，控股公司就是 H 型組織，如圖 1-5 所示。

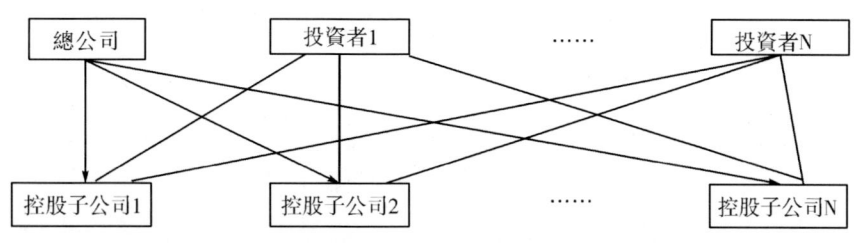

圖 1-5　H 型組織結構

控股子公司實際上只是個利潤中心。總公司對控股子公司的主要目標就是投資獲利。控股子公司本身又有董事會，一切事物包括產品或服務方向、市場、財務等均由自己決定。總公司只能通過董事會施加影響，不能直接干預。由於總公司投資的多少，對子公司的公司性質有所影響，所以，下屬子公司又可以分為全資子公司、控股子公司和參股子公司。其組織結構如圖 1-6 所示。

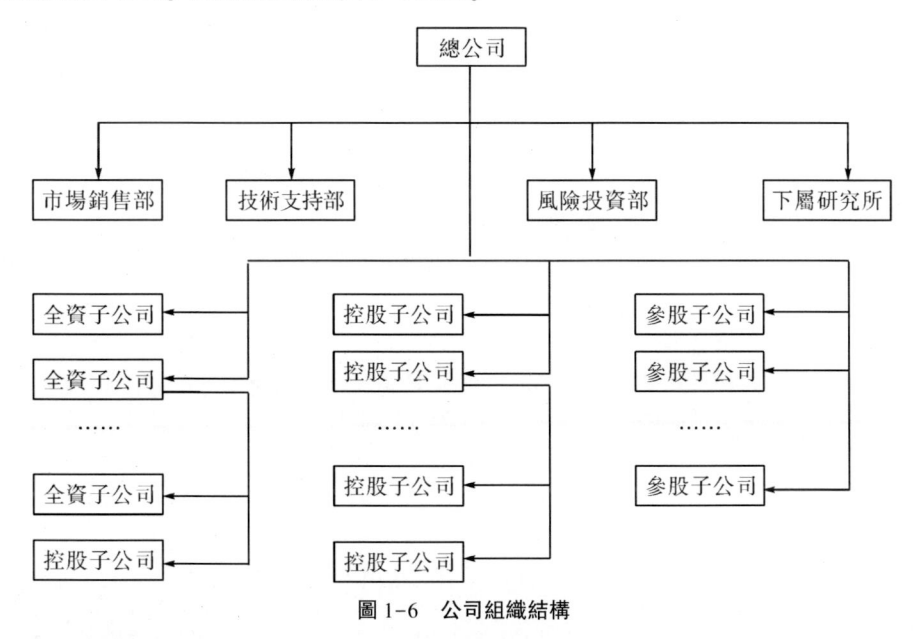

圖 1-6　公司組織結構

1.3.2.4　虛擬組織

虛擬組織是 H 型組織的進一步發展，又稱為動態聯盟。它是由多個企業、公司、組織機構組成的臨時性的組織。當一項任務來臨時，各企業組成聯盟，任務完成后聯盟自動解散，但是相互仍然保持聯繫。虛擬組織是「沒有組織的組織」。

虛擬組織是現代信息技術發展的產物，特別是互聯網技術的發展及電子商務應用的普及，使不同地域的企業、公司、組織機構在邏輯上構成一個組織。其優點在於使企業擺脫了管理製造的機構，企業更容易變革，以適應飛速變化的市場。

1.3.3　管理的基本職能

管理是一個工作過程，管理者要發揮的作用就是管理者的職能，也就是通常所說

的管理職能。「職能」是指活動、行為。管理的基本職能就是管理工作所包含的各類基本活動的內容。

1.3.3.1 計劃職能

計劃是管理的首要職能。它是指管理者在實際行動之前為未來的組織活動確定目標，並預先安排應採取的行動方案。計劃的內容包括決定為什麼做、做什麼以及如何去做，即確定目標、預測和決策。計劃的目標可以分為總目標和階段性目標、長期性目標和短期目標等。目標不同，所實施的計劃方案也不同。計劃的內容通常用五個「W」和一個「H」來表示：「Why」，為什麼做；「What」，做什麼；「Who」，誰去做；「Where」，在什麼地方做；「When」，在什麼時候做；「How」，怎麼做。如果管理者進行了詳盡周密的計劃，就可以保證在今後的工作中開展有效的管理。

1.3.3.2 組織職能

制訂出切實可行的計劃之後，就要組織必要的人力和其他資源去執行既定的計劃。不同的計劃有著不同的計劃內容和要求，相應的組織職能在內容上有很大差別。組織職能包括的內容主要有：

（1）設計合理的組織結構，編製職能說明書。這是執行組織職能的基礎。組織結構圖中要標明各種管理職務或部門在組織結構中的地位以及它們之間的關係；職能說明書需指出每個管理職務的工作內容、職責與權利，同組織中其他部門或職務的關係，以及擔任該項職務應具備的素質、能力等條件。

（2）配備人員。配備人員是指為組織結構的不同崗位選配合適的人員。配備人員工作包括確定人員的需要量，根據職務所要求的知識和技能對人員進行考察、篩選，制訂和實施人員培訓計劃等。

（3）協調。協調是指協調組織機構中的各個部分，建立高效的信息溝通網絡，處理好組織裡不同成員之間的各種關係，使組織的全體成員能和諧一致的進行工作。

1.3.3.3 領導職能

領導是指揮、引導組織成員為實現目標而努力的過程。好的計劃和組織只是基礎，但是它們並不能保證目標的實現。這就需要領導者能夠滿足下屬的願望和需求，激勵下屬，指導下屬的活動，解決下屬之間的矛盾，指引下屬完成好任務。

1.3.3.4 控制職能

控制職能是工作中的重要環節。隨著組織內各項工作的展開，管理者需要檢查下屬人員工作的實際進展情況，以便採取措施糾正已經發生或可能發生的偏差，保證計劃順利的實現。

控制職能與計劃職能相比較，計劃偏重於事先對行動加以引導，而控制則偏重於事後對行動加以監督。但這裡所說的「事後」並不意味著等到行動完全結束後才開始進行，如果那樣做就不可能也來不及糾正偏差了。控制要求能及時發現處於萌芽狀態的偏差，並有效地進行糾正。

1.3.3.5 激勵職能

人力是最寶貴的資源。要搞好一個企業，提高勞動生產率和經濟效益，最重要的是調動人的積極性，進行人力資源的開發。人力資源的潛力是很大的，這部分資源的

開發對提高勞動生產率的作用很大。

人的行為是由最強烈的動機引發和決定的。要使職工產生組織所期望的行為，可以根據職工的需要設置適當的目標，引導職工按組織所需要的方式行動，這就是激勵的實質。設置的目標應該是受激勵者所迫切需要的；目標要適當，既不能俯首可拾，又不能高不可攀，目標最好讓大家參與討論，這樣可以使目標定得合理，還有助於對目標導向行動的深刻理解，同時滿足了職工的參與感，使他們能更努力地工作。

1.4 管理信息系統的定義和特點

管理信息系統的概念起源很早。早在20世紀30年代，柏德就寫書強調了決策在組織管理中的作用。在20世紀50年代，西蒙提出了管理依賴於信息和決策的概念。同一時代維納發表了控制與管理論，他把管理過程當成了一個控制過程。20世紀60年代，美國經營管理協會及其事業部第一次提出了建立管理信息系統的設想，即建立一個有效的 MIS，使各級管理部門都能瞭解本單位的一切有關的經營活動，為各級決策人員提供所需要的信息。但由於當時硬件、軟件水平的限制和開發方法的落後，效果並不明顯。進入20世紀80年代以後，隨著各種技術特別是信息技術的迅速發展，MIS 也得到了進一步發展，MIS 的概念逐步充實和完善。

1.4.1 管理信息系統的定義

20世紀80年代管理信息系統才逐漸形成一門新學科。1985年管理信息系統的創始人、明尼蘇達大學卡爾森管理學院的著名教授高登·戴維斯（Gordon B. Davis）才給出管理信息系統的一個較完整的定義：「它是一個利用計算機硬件和軟件、手工作業，分析、計劃、控制和決策模型，記憶數據庫的用戶——機器系統。它能提供信息，支持企業或組織的運行、管理和決策功能。」這個定義說明了管理信息系統的目標功能和組成，而且反應了管理信息系統當時已達到的水平。它說明了管理信息系統的目標是在高、中、低三個層次，即決策層、管理層和運行層上支持管理活動。

「管理信息系統」一詞在中國出現於20世紀70年代末80年代初，按照《中國企業管理百科全書》的定義：管理信息系統是一個由人、計算機等組成的能進行信息的收集、傳遞、存儲、加工、維護和使用的系統。管理信息系統能實測企業的行為，幫助企業實現其規劃目標。

管理信息系統作為一門學科，是綜合了管理科學、系統理論、信息科學的系統性的邊緣學科。它是依賴於管理科學和技術科學的發展而形成的。它作為一門新興學科，到目前為止還很不完善。

1.4.2 管理信息系統的特點

1.4.2.1 面向管理決策

管理信息系統是繼管理學的思想方法、管理與決策的行為理論之後的一個重要發

展，它是一個為管理提供決策服務的信息系統，它必須能夠根據管理的需要及時提供信息，幫助決策者做出決策。

1.4.2.2 綜合性

從廣義上說，管理信息系統是一個對組織進行全面管理的綜合系統。一個組織在建設管理信息系統時，可以根據需要逐步應用個別領域的子系統，然后進行綜合，最終達到應用管理信息系統進行綜合管理的目標。管理信息系統綜合的意義在於產生更高層次的管理信息，為管理決策服務。

1.4.2.3 人機系統

管理信息系統的目的在於輔助決策，而決策只能由人來做，因而管理信息系統必然是一個人機結合的系統。在管理信息系統中，各級管理人員既是系統的使用者又是系統的組成部分。在管理信息系統開發過程中，要根據這一特點，正確界定人和計算機在系統中的地位和作用，充分發揮人和計算機各自的長處，使系統整體性能達到最優。

1.4.2.4 與現代管理方法和手段相結合的系統

管理信息系統的應用只簡單地採用計算機技術提高處理速度，僅僅是用計算機系統仿真原手工管理系統，充其量只是減輕了管理人員的勞動，其作用的發揮十分有限。管理信息系統要發揮其在管理中的作用，就必須與先進的管理手段和方法結合起來，在開發管理信息系統時融進現代化的管理思想和方法。

1.4.2.5 多學科交叉的邊緣科學

管理信息系統作為一門新的學科，產生較晚，其理論體系尚處於發展和完善的過程中。研究者從計算機科學與技術、應用數學、管理理論、決策理論、運籌學等相關學科中抽取相應的理論，構成管理信息系統的理論基礎，使其成為一個有著鮮明特色的邊緣科學。

1.5 管理信息系統的結構和功能

1.5.1 管理信息系統的結構

管理信息系統作為一個系統，必然有一定的結構，這種結構反應各個部門之間的關係、各個部分的特點、面臨的主要問題以及人們的認識水平和技術水平。

管理信息系統是特定結構的系統，這就是總體結構。管理信息系統的總體結構由信息源、信息處理器、信息用戶和信息管理者組成，如圖1-7所示。其中：信息源是信息的產生地；信息處理器負責信息的傳輸、加工、保存等；信息用戶是信息的使用者，並利用信息進行決策；信息管理負責信息系統的設計、實現和實現後的運行、協調。

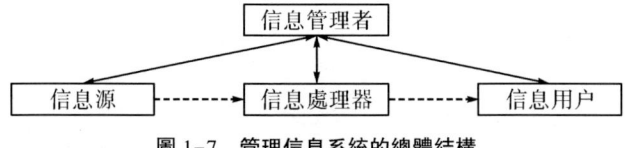

圖 1-7　管理信息系統的總體結構

從不同的角度進行研究，管理信息系統有不同的結構。

1.5.1.1　基於管理活動的系統層次結構

（1）管理信息系統的任務在於支持管理業務，因而管理信息系統可以按照管理任務的層次進行分層。管理信息系統的層次結構分為三層，如圖1-8所示。

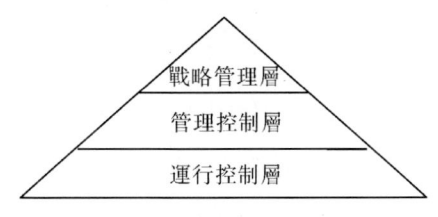

圖 1-8　管理信息系統的層次結構

（2）戰略管理層。戰略管理是企業的長遠計劃，處理中、長期事件，它的決策內容包括確定和調整組織目標，以及制定與獲取、使用各種資源的政策等。

（3）管理控製層。管理控製屬於中期計劃範圍，包括資源的獲取與組織、人員的招聘與訓練、資金監控等方面。管理控製層的信息包括計劃與預算、定期報告、特別報告、問題條件的分析、評審決策以及查詢應答等。

（4）運行控製層。運行控製涉及作業的控製。運行控製的決策是為了保證有效地完成具體任務或操作，有一定的週期性，問題的性質一般屬於結構化決策，決策者通常是組織的基層管理人員。

1.5.1.2　基於管理職能的系統結構

管理信息系統的結構也可以按照使用信息的組織職能加以描述。系統所涉及的各職能部門都有著自己特殊的信息需求，需要專門設計相應的功能子系統，以支持其管理決策活動。同時，各職能部門之間存在著信息聯繫，從而使各個功能子系統構成一個有機結合的整體，管理信息系統正式完成信息處理的各功能子系統的綜合。

一個管理信息系統支持著組織的各種功能子系統，使每個功能子系統可以完成業務處理、運行控製、管理控製、戰略管理等，如圖1-9所示。

（1）市場銷售子系統。銷售與市場功能通常包括產品的銷售和推銷以及售後服務的全部活動。其中，業務處理有銷售訂單、推銷訂單的處理。運行控製活動包括雇傭和培訓銷售人員、編製銷售計劃和推銷工作的各項目，以及按區域、產品、顧客的銷量定期分析。管理控製涉及總的成果與市場計劃的比較，它要用到有關客戶、競爭者、競爭產品和銷售力量等方面的數據。在戰略管理方面包括新市場的開拓和新市場的戰略，它使用的信息有顧客分析、競爭者分析、顧客調查信息、收入預測和技術預測等。

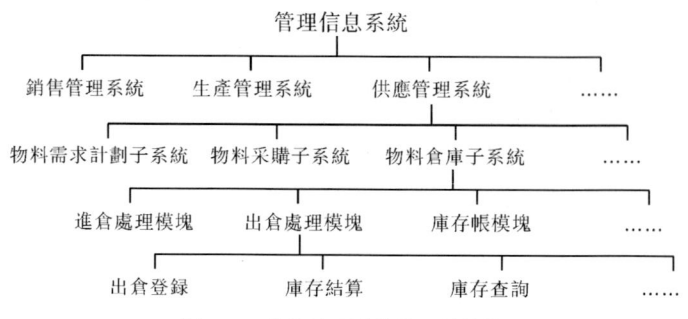

```
                          管理信息系統
         ┌──────────────┬──────────┴──────┬──────────┐
    銷售管理系統      生產管理系統    供應管理系統    ……
                  ┌──────────┬──────┴──────┬──────────┐
            物料需求計劃子系統  物料采購子系統  物料倉庫子系統  ……
                        ┌──────────┬──────┴──────┬──────────┐
                   進倉處理模塊  出倉處理模塊  庫存帳模塊    ……
                              ┌──────────┬──────┴──────┬──────────┐
                           出倉登錄    庫存結算      庫存查詢      ……
```

圖1-9 基於管理職能的系統結構

（2）生產子系統。生產子系統的功能包括產品的設計與製造、生產設備計劃、作業的調度與運行、生產工人的錄用與培訓、質量的控製與檢驗等。在生產子系統中，典型的業務處理是生產指令、裝配單、成品單、廢品單和工時單等的處理。運行控製要求把實際進度和計劃進行比較，找出瓶頸環節。管理控製需要概括性報告，反應進度計劃、單位成本、所用工時等項目在整個計劃中的績效變動情況。戰略管理包括製造方法及各種自動化方案的選擇。

（3）物資供應子系統。物資供應子系統包括採購、收貨、庫存控製、發放等管理活動。業務處理數據為購貨申請、購貨訂單、加工單、收貨報告、庫存票、提貨單等。運行控製要求把物資供應情況與計劃進行比較，產生庫存水平、採購成本、出庫項目和庫存營業額等分析報告。管理控製信息包括計劃庫存與實際庫存的比較、外購項目的成本、缺貨情況及庫存週轉率等。戰略管理主要設計新的物資供應戰略、對供應商的新政策以及自製與外購的比較分析等。此外，可能還有新供應方案、新技術等信息。

（4）財務和會計子系統。財務和會計有著不同的目標與工作內容，但它們之間有著密切的聯繫。財務的職責是在盡可能低的成本下保證企業的資金運轉，包括托收管理、現金管理和資金籌措等。會計則是進行財務工作分類、匯制標準財務報表、制定預算及對成本數據的分類與分析。對管理控製報告來說，預算和成本是輸入數據。也就是說，會計是為管理控製各種功能提供輸入信息。與財務有關的業務處理有賒欠申請、銷售、開單據、收帳憑證、支付憑證、支票、轉帳傳票、分類帳和股份轉讓等。運行控製則使用日報表、例外情況報告、延誤處理記錄、為處理事項報告等。管理控製利用財務資源成本、會計數據處理成本及差錯率等信息。戰略管理包括保證足夠資金的長期戰略計劃、為減少稅收衝擊的長期稅收會計政策以及對成本會計和預算系統的計劃等。

（5）人事子系統。人事子系統包括人員的錄用、培訓、考核記錄、工資和終止聘用等。其業務處理要產生有關聘用條件、培訓說明、人員的基本情況數據、工資變化、工時、福利及終止聘用通知等內容。運行控製層要完成聘用、培訓、終止聘用、改變工資和發放福利等。管理控製主要進行實際情況與計劃比較，產生各種報告和分析結果，用以說明在崗工人的數量、招工費用、技術專長的構成、應付工資、工資率分配及是否符合政府就業政策等。人事戰略計劃包括對招工、工資、培訓、福利以及各種

策略方案的評價，這些策略將確保企業能獲得完成戰略目標所需的人力資源。戰略管理還包括對就業制度、教育情況、地區工資率的變化及對聘用和留用人員的分析。

(6) 高層管理子系統。每個組織都有一個最高領導層，如公司總經理和各職能領域的副總經理組成的委員會。高層管理子系統為高層領導服務，它的業務處理活動主要包括信息的查詢和決策的支持，處理的文件常常是信函和備忘錄以及高層領導向各職能部門發送的指示等。運行控製層主要是會議安排、信函管理和會晤記錄文檔。管理控製層要求各功能子系統執行計劃的當前綜合報告情況。最高層的戰略管理活動包括組織的經營方針和必要的資源計劃等，它要求綜合外部和內部的信息。這裡的外部信息包括競爭者信息、區域經濟指數、顧客偏好、提供服務的質量等。

(7) 信息處理子系統。信息處理子系統的作用是保證各職能部門獲得必要的信息資源和信息處理服務。該子系統典型的業務處理有工作請求、採集數據、改變數據的請求。信息處理的運行控製包括日常任務的調度、差錯率和設備故障信息等。對於新項目的開發，還需要程序員的工作進展情況和調試時間的安排。管理控製對計劃情況和實際情況進行比較，如設備費用、程序員的能力、項目開發的實施計劃等情況的比較。戰略管理層則主要關心功能的組織，如採用集中式還是分散式、信息系統的總體規劃、硬件和軟件的總體結構等。

管理信息系統的應用離不開辦公自動化技術，其主要作用是支持行政工作和文書工作，如字符處理、電子信件、電子文件等。

辦公自動化可以看成與信息處理系統結合的子系統，也可以作為一個獨立的子系統。

1.5.1.3 管理信息系統結構的綜合

以上從管理任務和組織職能兩方面對管理信息系統的結構進行了描述。由上述系統的組成和決策支持的要求，可以綜合出管理信息系統的概念結構。綜合的原則有：

(1) 橫向綜合。該原則就是把同一管理層次的各種職能綜合在一起，如運行控製層的人事、工資等子系統可以綜合在一起，使基層的業務處理一體化。橫向綜合正向著資源綜合的方向發展，如把人員的信息綜合到一個系統，或按物料把採購、進貨、庫存控製綜合到一起。

(2) 縱向綜合。該原則把不同層次的管理業務按職能綜合起來。這種綜合溝通了上下級之間的關係，便於決策者掌握情況，進行正確分析。如各部門和總公司的各級財務系統可以綜合起來，構成綜合財務子系統。

(3) 縱橫綜合（總的綜合）。這可形成一種完全一體化的系統結構，能夠做到信息集中統一，程序模塊共享，各子系統功能無縫集成。

對管理信息系統進行綜合可以瞭解到管理信息系統是由各功能子系統組成的，每個子系統又可以分為四個主要信息處理部分，即業務處理、運行控製、管理控製（戰術管理）和戰略管理。信息系統的每個功能子系統都有自己的文件，還有為各子系統公用的數據組成的數據庫，由數據庫系統進行管理。在系統中，除了為每個子系統專門設計的應用程序外，也有為多個職能部門服務的公用程序，有關的子系統都與這些共用程序連接。此外，還有為多個應用程序共用的分析與決策模型，這些公用軟件構

成了信息系統的模型庫。

採用縱向與橫向綜合相結合的辦法，綜合形成的管理信息系統的結構實質上是一個概念的框架，人們可以用它來描述有關現有的或進化中的管理信息系統。

1.5.1.4 管理信息系統的物理結構

管理信息系統的物理結構是以計算機為基礎的信息系統，主要包括計算機系統、網絡與通信、數據庫技術、系統規程、人員五個部分。

1.5.2 管理信息系統的功能

管理信息系統是企業的子系統。它收集數據，並向管理人員提供信息，與管理人員一道在整個企業中起著反饋控製的作用。由於企業採取了劃分成許多子系統的組織結構，各個子系統往往注意追求本子系統利益的最優化，而把局部目標置於整體目標之上，引起各子系統行動上的不協調，使企業整體利益受到損害。因此，協調企業內部各子系統的行動，優化整體利益是企業取得成功的關鍵。管理信息系統作為企業的一個特殊的子系統，正是在這一點上起著十分重要的作用。管理信息系統具有數據的輸入、傳輸、存儲、處理、輸出等基本功能。

1.5.2.1 數據的採集和輸入

信息處理界有句口頭禪，「輸入的是垃圾，輸出的必然是垃圾」。它說明了系統輸入的極端重要性。要把分佈在企業各個部門的數據收集起來，碰到的第一個問題是識別信息。由於信息的不完全性，想得到反應客觀世界的全部數據是不可能的，也是不必要的。確定信息需求要從調查客觀情況出發，根據系統目標來確定數據收集範圍。

識別信息有三種方法：

（1）決策者識別。決策者最清楚系統的目標，也最清楚信息的需求，可以用發調查表或交談的方法向決策者進行調查。

（2）系統分析員親自觀察識別。有時決策者對他們的決策過程不是很清楚，因而不能準確地說明他們的信息需求，這時系統分析員可以從瞭解其工作過程入手，從旁觀的角度分析信息的需求。

（3）先由系統分析員觀察得到基本信息，再向決策人員調查，對信息進行修正和補充。

採集數據的方法大概有三種：

（1）自上由下的收集，如各種月報、季報、年報。這種收集有固定的時間週期。

（2）有目的的專項調查，如人口調查，可全面進行，也可隨機抽樣。

（3）隨機累積法。只要是「新鮮」的事就累積，以備后用。

將收集的數據按系統要求的格式加以整理，錄入並存儲在一定的介質上，並經過一定的校驗后輸入系統處理。

1.5.2.2 數據的傳輸

數據傳輸包括計算機系統內和系統外的傳輸，實質是數據通信。其一般模式如圖1-10所示。

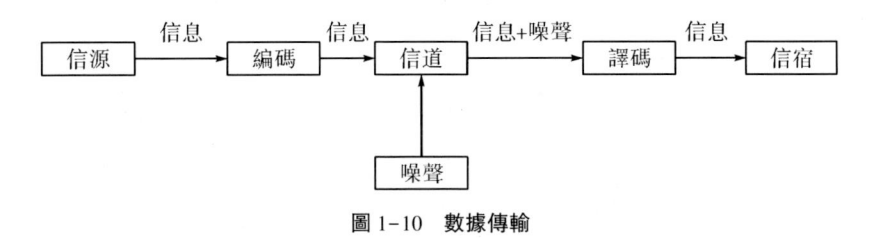

```
信源 →信息→ 編碼 →信息→ 信道 →信息+噪聲→ 譯碼 →信息→ 信宿
                          ↑
                         噪聲
```

圖 1-10　數據傳輸

信源，即信息的來源，可以是人、機器、自然界的物體等。信源發出信息時，一般以某種符號或某種語言表現出來。

編碼是指把信息變成信號。所謂碼，是按照一定規則排列起來適合在信道中傳輸的符號序列。這些符號的編排過程就是編碼過程。信號多種多樣，如聲音信號、電信號、光信號等。

信道，就是信息傳遞的通道，是傳輸信息的媒質，分為明線、電纜、無線、微波、人工傳送等。信道的關鍵問題是信道的容量。信道也擔負著信息的存儲任務。

噪聲，無論信道質量多麼好，都可能帶來雜音或干擾，這就是噪音。它或由自然界雷電形成，或由同一信道中的其他信息引起。在人工信道內的干擾中，還包括各個環節中人的主觀歪曲。

譯碼，信號序列通過輸出端輸出後，需要翻譯成文字、圖像等，成為接收者需要瞭解的信息。譯碼是編碼的反變換，其過程與編碼相反。

信宿，即信息的接收者，可以是人、機器或另一個信息系統。

1.5.2.3　信息的存儲

數據存儲的設備目前主要有紙、膠卷和計算機存儲器三種。這三種設備各有優點。

紙已有幾千年的歷史，至今仍是存儲數據的主要材料。其主要優點是存量大、體積小、便宜、永久保存性好、不易塗改。此外，存儲數字、文字和圖像一樣容易。其缺點是傳達信息慢，檢索不方便。

膠卷的主要好處是存儲密度大；其缺點是閱讀時必須通過接口設備，不方便且價格昂貴。

計算機存儲器是存放變化快的控制信息和業務信息的主要形式，隨著技術的進步，成本不斷下降，目前用計算機存儲器信息的成本比較低。計算機存儲器按功能分為內存和外存。內存存取速度快、可隨機存取存儲器中任何地方的數據。外存的存儲大，但必須由存取外存的指令整批存入內存後，才能為運算器使用。

對數據存儲的概念比數據存儲的概念廣，主要問題是確定存儲哪些信息，存儲多長時間，以什麼方式存儲，經濟上是否合算。這些問題都要根據系統的目標和要求確定。

1.5.2.4　信息的加工

信息加工的範圍很大，從簡單的查詢、排序、歸並到複雜的模型調試以預測。這種功能的強弱顯然是信息系統能力的一個重要方面。現代信息系統在這方面的能力越來強，在加工中使用了許多的數學及運籌學的工具，涉及許多專門領域的知識，如

數學、運籌學、經濟學、管理學。許多大型的系統不但有數據庫，還有方法庫和模型庫。技術的發展給數據處理能力的提高提供了廣闊的前景，發展中的「人工智能」科學研究機器也有可能代替創造性的腦力勞動，如診斷、決策、寫文章等。

1.5.2.5 信息的維護

保持信息處於合用狀態叫信息維護。這是信息資源管理的重要一環。從狹義上講，它包括經常更新存儲器的數據，使數據保持合用狀態；從廣義上講，它包括系統建成后的全部管理工作。

信息的維護的主要目的是保證信息的準確、及時、安全和保密。保證信息的準確性，第一是要保證數據是最新狀態，第二是要保證數據在合理的誤差範圍內。信息的及時性，要求能及時地提供信息。為此，要進行合理地組織。存放信息，信息目錄要清楚，常用的信息放在易取的地方，各種設備狀態完好，操作規程健全，操作人員技術熟練。

信息的安全性要求採取措施防止信息受到意外情況和人為的破壞，一旦被破壞后，其數據能輕易被恢復。為此，要保證存儲介質的環境，對容易損害信息的介質要定期重錄，要注意保存備份。

為了保證信息的保密性，需要採取一定的技術措施，如密碼、口令字，行政上建立嚴格的管理制度，不讓閒人接觸終端盒磁帶庫。最根本的措施是提高人員的保密素質，慎重選擇機要人員。

1.5.2.6 信息的使用

信息的使用包括兩個方面：一是技術方面；二是如何實現價值轉換的問題。技術方面主要解決的問題是如何高速度、高質量地把信息提供給使用者。現代的技術已經發展到比較先進的地步，但遠未達到普遍使用的程度。

信息價值轉化的問題相比之下差得太遠。價值轉化是信息使用概念上的深化，是信息內容使用的深度上的提高。信息使用深度大體上可分為三個階段，即提高效率階段、及時轉化價值階段和尋找機會階段。

信息管理的內容包括以下五個方面：

（1）人事資源管理；

（2）硬件、軟件管理；

（3）通信管理；

（4）辦公室自動化；

（5）規劃管理。

信息管理的廣義概念包括以下三方面：

（1）面向開發的項目管理；

（2）面向信息系統內部的營運管理；

（3）面向未來的規劃管理。信息管理已成為現代管理的一個重要方面。

從技術上講，信息的使用主要是高速度、高質量地為用戶提供信息。系統的輸出結構應易讀易懂，直觀醒目。輸出格式應盡量符合使用者的習慣。

信息的使用，更深一層的意思是實現新信息價值的轉化，提高工作效率，利用信

息進行管理控製，輔助管理決策。支持管理決策是管理系統的重要功能。

1.5.3 管理信息系統的開發

　　管理信息系統的開發是一項大的系統工程性質的工作，一般的系統工程均要有三個成功要素：①合理確定系統目標；②組織系統性隊伍；③遵循系統工程的開發步驟。

　　領導者推動管理信息系統的第一步是建立一個信息系統委員會；第二步是在信息系統委員會的領導下建立一個系統規劃組或系統分析組，簡稱系統組；第三步是在組成隊伍後，則應首先進行全系統的規劃，系統規劃是全面的長期的計劃，在規劃的指導下就可以進行一個個項目的開發；第四步是系統規劃製定完成以後，就可以根據規劃的要求組織一個個項目的開發。

　　系統規劃的主要內容包括企業目標的確定、解決目標的方式的確定、信息系統目標的確定、信息系統主要結構的確定、工程項目的確定及可行性研究等。

　　（1）系統分析的內容包括數據的收集、數據的分析、系統數據流程圖的確定以及系統方案的確定等；

　　（2）系統設計包括計算機系統流程圖和程序流程圖的確定、編碼、輸入輸出設計、文件設計、程序設計等；

　　（3）系統實現包括機器的購買、安裝、程序調試、系統的切換以及系統的運行和維護等；

　　（4）系統的評價包括建成時的評價和運行後的評價，發現問題並提出系統更新的請求等。

　　在這些步驟中值得注意的有以下幾點：

　　（1）系統分析占了很大的工作量，有人對各階段所耗人力及財力做了描述；

　　（2）開發信息系統不應當把買機器放在第一位，因此只有在進行了系統分析以後，才知道要不要買計算機，以及買什麼樣的計算機；

　　（3）程序的編寫要在很晚才進行。

1.6　管理信息系統的發展歷史

　　作為一種以計算機為工具的信息系統，管理信息系統（MIS）的雛形形成於20世紀60年代中期。「MIS」一詞出現於1970年，同時也標誌著MIS的誕生。

　　MIS的產生主要有以下原因：

　　（1）企業環境的變化。市場全球化、需求多元化、競爭激烈化的企業環境變化，使信息量劇增，管理難度加大，傳統的管理方法和手段已不能適應，因此企業管理開始尋求新方法、新手段。

　　（2）管理科學的進展。強調決策在管理組織中的作用（20世紀30年代），管理依賴於信息與決策、管理就是決策、決策貫穿於管理過程、信息支持決策（20世紀50年代），以運籌學為核心量化管理、優化管理（20世紀50年代）等管理科學的發展，為

企業提供了新的管理思想和方法。

(3) 信息技術的發展。計算機、通信網絡、辦公新設備等信息技術的產生，為企業採用管理新方法提供了技術手段。

在此背景下，人們開始了以計算機為工具的企業信息系統的研究、開發和應用。近半個世紀來，信息系統得到了快速的發展，現在幾乎每個企業都有不同規模與檔次的信息系統，如圖 1-11 所示。MIS 就是在該背景下產生和發展起來的。

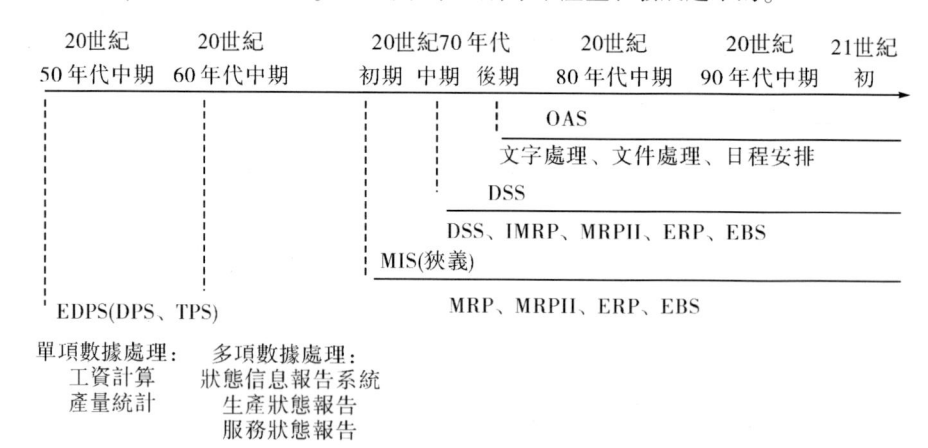

```
20世紀          20世紀          20世紀70年代        20世紀          20世紀        21世紀
50年代中期      60年代中期      初期 中期 後期     80年代中期      90年代中期      初
                                              OAS
                                              文字處理、文件處理、日程安排
                                         DSS
                                    DSS、IMRP、MRPII、ERP、EBS
                                    MIS(狹義)
EDPS(DPS、TPS)                      MRP、MRPII、ERP、EBS

單項數據處理：    多項數據處理：
 工資計算         狀態信息報告系統
 產量統計         生產狀態報告
                  服務狀態報告
```

圖 1-11 MIS 的發展歷程

1.7 管理信息系統的發展趨勢

管理信息系統的發展趨勢表現在網絡化趨勢、智能化趨勢、價值化趨勢、人本化趨勢、集成化趨勢等方面。

(1) 網絡化趨勢。網絡技術尤其是互聯網的發展，不僅為信息管理帶來外在的技術形式的變化，而且觸發管理模式、思想上的根本變革。信息管理的網絡化具有極為豐富的內涵，涉及管理過程、管理方法、管理範圍、組織結構等方面。具體說來包括：組織結構由等級式的金字塔結構走向扁平化的網絡結構；信息管理的對象範圍由封閉走向開放；企業活動（包括管理過程）由完全的序列活動走向合理的並行活動。

(2) 智能化趨勢。自管理信息系統得到普遍認可以來，智能化一直是其發展的目標。隨著管理信息系統的發展，智能化的內涵逐漸深化，重心也不斷改變，這種進化不斷深入地將經驗決策、管理轉化為由智能化信息管理支持的科學決策、管理，無限提高信息利用的深度。智能信息管理的發展以主動性、自適應性、自組織性、柔性為特徵，建立更強有力、更多樣化的企業信息管理的模型、智能決策支持系統的理論基礎和框架。從某種意義上來說，已經出現的敏捷製造、虛擬組織就是這一思想的體現，信息管理智能化的實現必將在更高的水平上支持它們的運作。

(3) 價值化趨勢。價值化是對物流、信息流與價值流關係的深刻認識，進一步認

可和關注價值流的必然結果。通過在最高層次上對價值流進行管理，保證了信息流和物流的運作更加符合企業的戰略規劃。這一發展趨勢帶來了企業價值觀的變化：從謀求獲利的增長（利潤的最大化）到謀求投資價值的增長（財富最大化），即更好地在近期利益和長期利益之間取得最佳平衡。價值化的信息管理使得企業的價值觀結構日趨合理，即包含宏觀水平的信息觀和微觀水平的信息觀。這種信息觀突出了業務需要獲取並影響的關鍵信息流。在價值的指導下，企業最終可以獲得整體的、協同的、可持續的發展動力。

（4）人本化趨勢。管理信息系統的人本化將為企業信息管理帶來很多變革，主要體現在：對信息的關注從顯性知識轉為隱性知識；管理重點從評估及管理現有信息到強調信息增值、知識創造，但不否認以往信息編碼化和分享的重要性；組織學習開始納入信息管理範圍，並獲得前所未有的重視。這樣企業不再是簡單、機械的科學管理和信息處理工具和平臺，而作為有活力的有機體，從而能以自我組織、自我適應的形式進行持續知識創新。

（5）集成化趨勢。集成是未來管理信息系統的最顯著特徵。集成包括總體優化和總體優化前提下的局部優化問題。集成不同於簡單的集合，集合只是各子部分的簡單線形疊加，而集成必須解決集成過程中引起的各種衝突，並且新的整合系統滿足1+1>2的衡量準則。未來管理信息系統的集成化趨勢的另一個顯著特點是集成的內容無比豐富，並極為錯綜複雜、難分彼此的交融在一起。集成可大致劃分為各應用子系統過程和功能上的集成，人、技術與管理的集成，甚至包括企業間的有關集成。

小結

本章介紹了信息的概念、性質及度量。信息具有事實性、時效性、不完全性、等級性、變換性及價值性等特性。信息量的多少是由消除對事物認識的「不確定程度」來決定的。

信息是管理工作至關重要的組成部分，是管理信息系統的處理對象。信息系統在結構上是一個由人、硬件、軟件和數據資源組成的人造系統，其目的是及時、正確地收集、加工、存儲、傳遞和提供信息，實現組織中各項活動的管理、調節和控製。信息系統的發展已經經歷了電子數據處理系統（EDPS）、管理信息系統（MIS）和決策支持系統（DSS）三個階段。DSS可以認為是MIS發展的新階段，EDPS、MIS和DSS各自代表了信息系統發展過程中的某一階段，至今它們仍各自不斷地發展著，而且是相互交叉的關係。

管理信息系統是一個不斷發展的概念。它依託互聯網正從企業內部向外部發展，隨之出現了電子商務、電子政務、供應鏈信息系統、虛擬企業、網上交易、談判支持系統等許多新的概念。

本章還論述了信息系統與管理的關係以及信息系統對決策和決策過程的支持。一個組織的管理職能的四個方面，即計劃、組織、領導、控製都離不開信息系統的支持。

基於計算機的信息系統使決策科學化成為可能，決策支持系統的出現使決策科學化成為現實。

管理信息系統作為計算機應用的重要領域，其特點主要表現在它是面向管理決策的、對組織管理業務進行全面管理的綜合性人機系統，是與現代管理方法相結合的信息系統，是多學科交叉形成的邊緣學科。

管理信息系統是對組織的全部管理職能和整個管理過程進行綜合管理的信息系統。按照管理任務的層次，可以把管理信息系統結構劃分為戰略管理、管理控製、運行控製和業務處理四個層次；按管理職能的不同，可以把管理信息系統劃分為銷售與市場、生產、物資供應、財務和會計、人事、高層管理、信息處理等功能子系統。

管理信息系統的應用與企業的環境和內部條件密切相關。人是管理信息系統的使用者，又是管理信息系統的組成部分，對其應用有著重要影響，因此，在其應用中必須高度重視人的因素。

案例

不用排隊的醫院

在 IT 系統的支持下，南京軍區福州總醫院（以下簡稱福州總醫院）顛覆了傳統醫院的就診流程，每年的門診量都高速增長。

福州總醫院的藥房能高效率地為患者取藥。上午 10 點，正是看病的高峰期，福州總醫院的門診大廳卻井然有序，全然不像其他大型醫院那般擁擠。並非是福州總醫院人氣不旺，這家大型綜合性三甲醫院擁有 53 個專業學科，床位超過 2,000 張，是福州市最大的醫院，吸引了大量患者從省內外趕來看病。與別的大型綜合性三甲醫院不同的是，福州總醫院連掛號窗口都沒有，患者不用掛號，取藥不用劃價，甚至每一次要服的藥都設想周到地裝在一個密封小袋子裡，患者只需要每次打開一袋服用即可，這對於那些眼花的老年人來說非常方便。

醫院用 IT 系統顛覆了傳統醫院的流程，使更多的患者能方便就醫。2005 年落成投入使用的福州總醫院門診大樓，起初設計的年門診量是 80 萬人次，而實際上 2008 年門診量已達 120 萬人次以上。而高效率的流程令患者的就診等候時間減少 23 倍。

被顛覆的流程：

● 電腦、刷卡機和打印機幾乎就是福州總醫院每位醫生桌面上的全部物品。以往的醫生桌面上堆滿的紅紅綠綠的處方早已經銷聲匿跡。就連醫生的筆也只有一個用途——處方打印出來之后用作簽名，醫生根本不用像以往那樣長篇累牘地反覆填寫每個病人的處方單、病歷。醫生輕敲鍵盤，直接在系統裡開處方，患者的性別、年齡等基本信息根本不用重複輸入，開藥時醫生只要點擊專科常用的藥品字典，其名稱、用法等就能立即顯示出來，系統還提供了歷史處方可以轉存並修改為當前處方的功能，大大節省了醫生開藥時間。

● 福州總醫院令掛號與開處方幾乎同時進行。掛號直到病人見到醫生才發生，直

接合併到看病的流程中，掛號的流程不再單獨存在。流程的顛覆再造也讓倒賣專家號的「黃牛黨」在福州總醫院無法生根。

● 就醫卡在第一次辦理時，患者的姓名、年齡、性別、ID 號、醫保或自費類別就已被記錄在案。醫生一刷卡，就實現了掛號，並且患者的基本情況、以往看病的處方、開藥記錄都一目了然，最大限度地精簡門診中的非醫療流程。

● 電腦上開好處方，選擇打印，醫生把打印出的處方單貼在病人的病歷上——門診醫生看病流程就此結束。與此同時，病人處方上開出的藥品信息也流轉到藥房那裡，門診自動擺藥機從系統中接收到由醫生傳輸的處方後開始自動擺藥。以往需要 10 多名藥師和護士送藥、分藥的流程也被精簡，只需要一兩名護士照看自動擺藥機。

● 病人不用再像以前那樣跑上跑下地劃價、交費、拿藥，這幾個流程全部省略成為一個流程——直接去門診大廳等待叫號取藥，大大縮短了病人的就診時間，甚至可能病人還沒走到門診大廳，藥已經由自動擺藥機準備好了。

原來看病是「三長一短」：掛號時間長、取藥時間長、收費時間長和看病時間短。而現在，首先，流程精簡後取消了掛號，刷卡就直接掛號了。其次，就醫卡預存費的收費模式也不存在收費問題。因為在各個發生費用的點收費，發生費用時就直接記下，也不存在排隊的問題。最後，看完病，信息直接流轉到藥房，取藥自然就發生了。信息化簡化了福州總醫院的看病流程，把「三長」的問題基本解決掉，而給看病騰出了更多的時間。

資料來源：丁姬琳. 不用排隊的醫院 [J]. IT 經理世界，2009（265）.

思考題

1. 簡述信息的概念以及特徵。
2. 管理的職能有哪些？
3. 什麼是系統？系統的特徵有哪些？如何分類？
4. 管理信息系統所面臨的挑戰有哪些？
4. 管理信息系統的定義是什麼？
5. 管理信息系統的結構是什麼？
6. 管理信息系統的類型有哪些？
7. 管理信息系統的特點是什麼？
8. 管理信息系統的功能是什麼？

2 管理信息系統的技術基礎

本章主要內容：

本章主要介紹管理信息系統的技術基礎，包括計算機網絡技術、數據庫技術、多媒體技術。重點對相關技術的重要概念進行介紹。

本章學習目標：

瞭解計算機網絡及相關概念；瞭解數據庫技術；瞭解多媒體技術。

2.1 計算機網絡技術

2.1.1 計算機網絡概述

隨著時代的發展，人們對更複雜的信息處理手段的需求增長得很快，而計算機技術和通信技術的發展與融合，為解決這些需求提供了可能，計算機和通信技術結合的產物便是計算機網絡。

從廣義上來說，計算機網絡是地理上分散的多臺獨立自主的計算機遵循約定的通信協議，它通過軟、硬件互聯實現交互通信、信息交換以及信息資源共享的目的。它出現在20世紀50年代，至今雖然發展時間不長，但是發展很快，經歷了從簡單到複雜、從單個局域網通信到全球網絡互聯發展過程。如今，計算機網絡已成為人們社會生活、工作、經濟、貿易等各個方面不可缺少的重要組成部分。從應用角度來看，計算機網絡主要有如下幾個方面的作用：

2.1.1.1 遠程的資源共享

許多機構都有一定的計算機在運行，這些計算機的地理範圍可能相距甚遠。最初每臺計算機都獨立工作，但是管理部門可能需要將這些計算機連接起來，以獲取和核對整個公司的信息。通過計算機網絡，可以讓網絡上的用戶，無論他處在何方，也無論資源的物理位置，都能夠在計算機時間進行文件傳送，使用遠程計算機上的數據以及運行或設置程序等，從而取得很好的經濟效益和社會效益。

2.1.1.2 網絡間的通信和合作

現代社會信息量激增，信息的交換也日益增多，每年有幾百萬噸信件要投遞。利用計算機網絡傳遞信件是一種全新的電子傳遞方式，它與現在的通信工具相比有很多優點，它不像電話，對話者需同時連接；也不像廣播系統只是單向的傳遞信息；更不

像信件，它幾乎是及時地通過網絡傳遞到接收者。電子郵件在辦公室自動化以及提高人們的工作效率上有著十分重要的作用。

2.1.1.3 提高計算機的可靠性和可用性

提高可靠性表現在計算機網絡中各臺計算機可以通過網絡彼此互為后備機，一旦某臺計算機出現故障，那麼其他任務可以通過其他計算機代為處理，避免了單機在無后備機使用的情況下由於計算機故障導致的癱瘓系統的現象，這樣就大大地提高了可靠性。

提高可用性在於當網絡中某臺計算機負載過重時，網絡可將新的任務轉交給網中較空閒的計算機完成，這樣就可以均衡各臺計算機的負載，提高了每一臺計算機的可用性。例如，在軍事、銀行、航空、交通管制、核反應堆安全設備和其他許多的應用中，提高可靠性和可用性是極其重要的。

2.1.1.4 易於分佈處理

在計算機網絡中，各用戶可以根據情況合理選擇網內資源，以便就近、快速地處理。對於較大的綜合問題，通過一定的算法將任務交給網絡中的計算機，達到分佈處理的目的。這樣就可以利用網絡技術將多臺計算機連成具有高性能的計算機系統，以共同完成對一個複雜問題的處理，這就是當今稱之為協同式計算機的一種網絡計算機方式。

2.1.2 網絡的拓撲結構與分類

2.1.2.1 計算機網絡的拓撲結構

為進一步分析網絡單元彼此互聯的形狀與其性能的關係，採用拓撲學中的一種研究與大小形狀無關的點、線特性的方法，把網絡單元定義為節點，兩個節點間的連線成為鏈路。這樣，從拓撲學觀點看，計算機網絡則是由節點和鏈路組成的。

網絡節點和鏈路的幾何位置就是網絡的拓撲結構。網絡中共有兩類節點：轉接節點和訪問節點。節點計算機、交換機和終端控製器等屬於轉接節點，它們在網絡中只是轉接和交換傳送的信息；主計算機和終端等是訪問節點，它們是信息交換的源節點和目標節點。

通信子網的拓撲類型較多，主要有以下三種：星型、環型、總線型結構，如圖2-1所示。

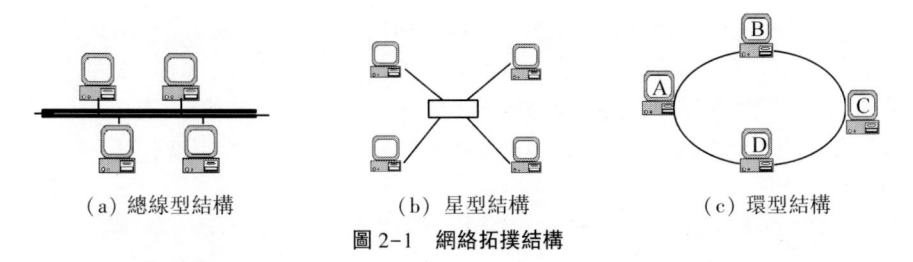

(a) 總線型結構　　(b) 星型結構　　(c) 環型結構

圖2-1　網絡拓撲結構

（1）總線型結構

在總線型結構網絡中，所有的節點都通過硬件接口連接在一條公共的電纜線上，如圖2-1（a）所示。總線型結構的優點是：結構簡單；用的電纜較少，網絡連接成本

較低；易於布線，安裝容易。總線型結構的缺點在於網絡線路對整個系統影響較大，由於總線是所有工作站共享的，一旦總線發生故障將會影響到所有用戶，使整個網絡癱瘓；故障診斷和隔離困難，總線結構不是集中控製，發生故障時需要在網上各個站點進行檢測。

由於總線型結構網絡，所有節點共享一條公用的數據傳輸鏈路，所以在任何一個時間段，它只能被一個設備占用。為使工作有序，通常採用具有衝突檢測的載波偵聽多路復用（CSMA/CD）的訪問方式，決定下一次哪個站點可以發送數據。

（2）星型結構

在星型結構網絡中，有一個中央節點——集線器，它與所有其他節點直接相連。任何兩結點之間的通信都要通過中心結點，中心結點控製網絡的通信如圖 2-1（b）所示。星型結構簡單、易於實現、便於管理；每個連接只接入一個設備，當連接點出現故障時不會影響整個網絡。由於每個站點直接連接到中央節點，因而故障易於檢測和隔離，可以很方便地將有故障的站點從系統中拆除。但是網絡的中心結點是全網可靠性的瓶頸，中心結點的故障可能造成全網癱瘓。

（3）環型結構

在環型結構網絡中，所有的計算機用公共傳輸電纜組成一個閉環，數據將沿環的一個方向逐站傳送，如圖 2-1（c）所示。環型結構簡單，傳輸延時確定。但環上節點增多時效率下降，負載能力較差。環中任何一個節點出現線路故障，都可能造成網絡癱瘓。為保證環的正常工作，需要較複雜的環維護處理，環節點的加入和撤出過程都比較複雜。

2.1.2.2 計算機網絡的分類

計算機網絡可以按照不同的方法進行分類：

（1）按地域範圍劃分，可分為局域網、城域網和廣域網三類。局域網是指傳輸距離在 0.1~10 千米，傳送速率在 1~10mbps 的一種範圍較小的網絡。局域網是計算機網絡發展最快的一個分支，經過 20 世紀 60 年代的技術準備、20 世紀 70 年代的技術開發和 20 世紀 80 年代的商品化階段，現在已在企事業單位的計算機應用中發揮著重要作用。目前正朝著多平臺、多協議、異機種方向發展，數據速率和寬帶也在不斷提高；城域網則是在局域網上的擴展，它的區域範圍相比局域網要大，通常指的是一個城市範圍內的區域；廣域網從廣義上講是指將遠距離的網絡和資源連接起來的任何系統，它一般有相距較遠的局域網通過公共電信網絡互聯，提供跨國或全球範圍的聯繫。

（2）按拓撲結構劃分，可分為總線型、星型、環狀、網狀網等。

（3）按交換方式劃分，可分為電路交換網、分組交換網、信元交換網、幀中繼交換網等。

（4）按網絡協議劃分，可分為 TCP/IP、SNA、SPX/IPX、Apple talk 等。

（5）按網絡數據傳輸和系統的擁有者劃分，可分為公用網和專用網。公用網由電信部門組建，一般由國家和政府部門控製和管理；專用網則由某部門或公司組建。

2.1.3 通信傳輸介質與網絡設備

2.1.3.1 通信傳輸介質

通信傳輸介質是通信系統中發送端與接收端之間的信道通路，主要有以下幾種：

(1) 雙絞線。雙絞線是指按一定規則螺旋式纏繞在一起的兩根絕緣銅線，它是最傳統、應用最普遍的傳輸介質，如電話線。兩條線絞扭在一起的目的是為了減少導線之間的電池干擾。雙絞線的線路損失大，傳輸速率低，並且抗干能力較弱，但由於其價格便宜，易於安裝實現結構化布線，傳輸數字信號的距離可達幾百米，因此在局域網中應用很普遍。

(2) 同軸電纜。同軸電纜由內外兩條道線構成。內導線是單股粗銅線或多股細銅線，外導線是一條網狀空心圓柱導體，內外導線之間隔有一層絕緣材料，最外層是保護性塑料外皮。同軸電纜可以在較寬的頻率範圍內工作，抗干擾能力強，傳輸距離可達幾千米，在計算機網絡中被廣泛採用。

(3) 光導纖維（光纖）。光導纖維由高折射率的細玻璃或塑料纖維外包低折射率的外殼構成。其基本工作原理是：在發送端通過發光二極管將電脈衝信號轉換成光脈衝信號，在光纖中以全反射的方式傳輸，在接收端通過發光二極管將光脈衝信號轉換還原成電脈衝信號。

由於廣播的頻率範圍很寬，所以光纖具有很寬的頻帶。光可以在光纖中進行幾乎無損耗的傳播，因此可以實現遠距離高速數據傳輸。此外，由於是非電磁傳輸，無輻射，光纖的抗干擾能力強，保密性好，誤碼率低。但光纖傳輸系統價格較貴（儘管光纖本身並不貴，但光端設備複雜），因此一般用作網絡通信的主幹線。

(4) 微波。微波是利用高頻無線電波在空氣中的傳播進行通信，發送站將數據信號載波到高頻微波信號上定向發射，接收站將信號下載進行接收處理或轉發。微波是直線傳播的，具有高度的方向性，因此傳輸距離要受到地球表面曲率所造成的視線距離的限制。如果傳輸超過一定距離（最長不能超過 50 千米），就要通過中轉站進行接力傳輸。

微波傳輸頻帶較寬，成本比同軸電纜和光纖低，但誤碼率高。微波傳輸安裝迅速、見效快，易於實現，是在不能鋪設線路條件下的遠程傳輸、移動網絡通信等場合中最經濟、便利的通信手段。

(5) 衛星通信。衛星通信是利用地球同步衛星做微波中繼站進行遠距離傳輸。地球同步衛星位於地面上方 36,000 千米的高空，其發射角度可以覆蓋地球的 1/3 地區，三顆同步衛星就可以覆蓋整個地球表面。因此，傳輸距離不受視線距離的限制，可以發送給全球任何一個區域。衛星通信傳輸的突出特點是：具有一發多收的傳輸功能，覆蓋面積大，傳輸距離遠，並且傳輸成本不隨傳輸距離的增加而提高，特別適合於廣域網絡遠程互聯。但衛星通信成本高，傳播延遲較長，並且存在安全保密等方面的問題。

2.1.3.2 網絡設備

(1) 局域網主要通信設備。局域網的主要通信設備有網卡、中繼器、集成器、路

由器等。

① 網卡（Net Interface Card，NIC）。網卡是將各個計算機連接成網絡的接口部件，是網絡接口卡，又稱網絡適配器。使用時，將網卡插在服務器和客戶主機的主板擴展槽中，通信線路通過它與計算機連接。網卡的功能是將計算機數據轉換成能在通信介質中傳輸的信號。

② 服務器（Server）。服務器本身是一臺功能強大的計算機。它可以由高檔微機、工作站或專門設計的計算機（專用服務器）充當。

服務器的功能是為網絡上的其他計算機提供信息資源。按照服務器在網絡中所起的作用又可以分為文件服務器、打印服務器、通信服務器等。文件服務器可以提供大容量磁盤存儲空間，為網上各微機用戶共享；打印服務器負責接收來自客戶機的打印任務，管理安排打印隊列和控制打印機的打印輸出；通信服務器負責網絡中各客戶及對主計算機的聯繫，以及網與網之間的通信等。

③ 客戶機（Client）。客戶機是網絡中的用戶使用的計算機。它可以使用服務器所提供的各類服務，從而提高單機的功能。它是用戶直接操作的網絡的一端。

④ 傳輸介質。傳輸介質也稱為通信介質。網絡中的數據信息可以通過兩類傳輸介質來傳輸：一類是有線傳輸介質，在局域網中常用的有線傳輸介質有雙絞線、同軸電纜和光纜；另一類是無線傳輸介質，即微波、紅外線、激光等。從網絡的發展趨勢來看，網絡上使用的傳輸介質將會逐漸由有線傳輸介質向無線傳輸介質的方向發展。

⑤ 中繼器（Repeater）。中繼器用於同一網絡中兩個相同網絡段的連接。它對於傳輸中的數字信號進行再生放大，用以擴展局域網中連接設備的傳輸距離。

⑥ 集線器（Hub）。集線器用於局域網內部多個工作站與服務器之間的連接，可以提供多個微機連接端口。在工作站集中的地方使用集線器，既便於網絡布線也便於故障的定位與排除，集線器還具有再生放大和管理多路通信的能力。

（2）廣域網的常用設備。廣域網中的常用設備有調制調解器、網橋、路由器、網關等。這些設備的概況介紹如下：

① 調制調解器（Modem）。若計算機要利用電話線聯網，可以使用調制調解器連接。其功能將是計算機輸出數字信息轉換成可以在遠程通信線路上傳輸的模擬信號，並能將從通信線路上接收到的模擬信號轉換成數字信息傳送給計算機。

② 網橋（Bridge）。網橋適用於較低成的網絡連接設備，主要用來連接兩個同類網絡，也可以用來連接不同協議網絡和不同拓撲結構的網絡。

網橋可將一個網的幀格式轉換為另一個網的幀格式而進入另一個網中。網橋的操作在網絡數據鏈路層進行。網橋可以將大範圍的網絡分成幾個相互獨立的網段，使得某一網段的傳輸效率提高。各網段之間還可以通過網橋進行通信和訪問。

③ 路由器（Router）。路由器是屬於比網橋高一層的網絡間連接設備。它不僅具有網橋的功能，還具有路由尋址、數據轉發及數據過濾的功能。它能在複雜的網絡互聯環境中建立非常靈活的連接。

路由器工作在網絡層，它在接收到數據鏈路層的數據包時，都要拆包，查看網絡層的 IP 地址，再根據路由表確定數據包的路由，然后再對數據鏈路層的信息打包，最

後將該數據包轉發。路由器實際是一臺計算機，它的處理功能程序固化在硬件中，以提高對數據包的處理速度。也可以用一臺帶有兩個以上網卡的普通計算機配上相應的軟件來實現路由器的功能。

④網關（Gateway）。網關是與規模更大的不同操作系統的網絡進行連接時使用的設備。網關不僅具有路由器的全部功能，還能進行不同協議的轉換。

利用網關可以將局域網連接到廣域網上（如連接到互聯網上），從而使用戶省去與大型計算機連接的接口設備和電纜，卻能共享大型計算機的資源。

2.1.4 典型的計算機網絡應用

隨著互聯網的發展，網絡已開始使人們能跨越時間和空間的限制，成為人們隨時隨地獲取信息的重要手段，隨之，計算機網絡的應用也有了進一步的發展。網絡從傳輸單一的正文數據發展為傳輸語音和視頻數據，以及集成聲、文、圖、像的多媒體傳輸；從傳統的點到點的交互發展到單點到多點的交互，實現如視頻廣播和遠程教育的應用，進而發展到多點到多點的交互應用，如計算機視頻會議系統；從集中控制結構發展到分佈控制結構，並進一步發展到聯邦（具有不同管理域）控制結構；從沒有任何服務質量保證的傳統服務模式發展到具有服務質量保證的服務模式——高性能網絡服務。

高傳輸速率、高帶寬、高服務質量（傳輸正確性、傳輸安全性、可靠性）是高性能計算機網絡的重要指標，也是 21 世紀計算機網絡發展的主要方向。為此，網絡的發展，將會要求和帶動如下網絡技術的發展和應用。

2.1.4.1 綜合業務數字網技術

ISDN（Intergrated Service Digital Network，ISDN）是全數字的通信網。由於現有電話網一般是模擬數字混合網，其傳輸速率低，最高僅為 56kbps（bit per second，位/秒），不能傳輸多媒體信息。ISDN 支持文字、語音、數據、圖形、活動圖像的通信，可以實現全數字化的信息傳輸，是今后一段時間內多媒體通信的基本傳輸手段。隨著對高清晰電視業務的要求，光纖傳輸發展為寬帶 ISDN，即 B-ISDN。它利用光纖做傳輸介質，採用異步傳輸模式，其傳輸速率從 150Mbps 到 10Gbps，可支持多種媒體通信業務，滿足多媒體通信對網絡總帶寬的要求，是實現多媒體有效通信的基本條件。由於 ISDN 技術上的成熟、穩定性和使用的經濟習性，已成為中小商業用戶和家庭用戶最經濟、快速的數字接入互聯網技術。

2.1.4.2 高速交換網技術

利用網段微化技術，通過在網段間建立多個並行連接，提供單獨網段上的專用頻帶，有效地提高了網絡的吞吐量，提高了傳輸效率。交換技術是計算機網絡的核心技術。採用新的交換方式，變集中交換為分佈交換、多層交換（三層交換和高層交換）；使用高速交換設備，如光交換機等，以提高網間交換速度。

2.1.4.3 寬帶網技術

寬帶網能實現高速上網，且在一條線路同時支持語音、數據和視像等多種業務服務的網絡。寬帶網技術將從根本上改變全球範圍信息傳播手段。隨著高容量光纜、數

字交換機、衛星天線鏈路等世界範圍的公共通信基礎設施的建立，可以在全球範圍內高速、有效地傳輸多種類型的信息。

（1）異步傳輸模式（ATM）。ATM 是一種能同時滿足文字、圖形、圖像、視頻、音頻等傳輸要求的技術，具有高速、大容量、即時等特點，真正實現無縫地高速傳送多媒體信息。

（2）電纜調制解調器。電纜調制解調器產品正逐漸成熟，電纜局部網已開始步入家庭和中小型企業，通過電纜插頭可以方便地將有線電視直接接入因特網。

（3）10G 位以太網。為適應網絡數據流量的迅速增加，2000 年年初，美國電氣和電子工程師學會 IEEE 進行了 10G 位以太網的開發，並發布了 10G 位以太網的 802.3ae 標準規範。10G 位以太網不僅具有很高的寬帶（傳輸速率達 10 億/秒，即 10Gbps），而且擴展了網絡範圍，使其超越局域網，進入廣域網或城域網範圍。此外，即時影視點播、遠程醫療、遠程教育和虛擬專用網等應用也需在寬帶網發展的基礎上實現。

2.1.4.4　網絡標準化

網絡標準化是時代的要求。國際標準化組織（ISO）在這方面做了大量的工作，其開放系統互連參考模型（OSI/RM）是標準化的基礎。隨著寬帶網、光纖骨幹網、移動通信和無線通信等技術的應用和發展，新的標準也不斷產生寬帶標準化生產的產品，具有互聯方便、可維護性好等優點。

2.1.4.5　移動通信技術

筆記本電腦和智能手持設備（Smart Handheld Device，SHD）的發展，使得對移動無線網的要求日益增加。將固定綜合寬帶網通信業務用於移動環境中，採用新技術，提高數字傳輸速率，實現個人終端用戶能在全球範圍內的任何時間、任何地點與任何人用任何方式高質量地完成任何信息的移動通信與傳輸。

2.1.4.6　全球智能網的構築

全球智能網的構築，即把全球局域網與互聯網融為一體，處理億萬個連接點，提供智能服務，包括確認網上用戶身分、位置、需求和服務方法等。網絡提供優良的可訪問性和廣泛的兼容性，是用戶的智能助手。用戶可以在任何時候、任何地點訪問網絡，網絡具有自動故障檢測、診斷和排除功能。

2.1.4.7　復播技術

傳統的網絡應用局限在兩臺計算機之間進行相互操作。目前，一些新的應用，如網絡電視、視頻會議、協同計算等，它們均需在一組計算機之間進行通信，即多點通信。採用復播技術，打破傳統的廣播方式，把同樣信息複製多次，投遞到組內每一個要接受此信息的成員。

2.1.4.8　寬帶接入技術

隨著互聯網時代的到來，使人們對信息的要求比以往任何時候都強烈。局域網、小型辦公室以及家庭用戶都迫切要求快速接入互聯網，這即是「最后一千米接入技術」。傳統的公用電話網通過 Modem 撥號上的最高傳輸速率為 56kbps，已遠遠無法滿足人們快速上網的要求。隨著信息技術的發展，特別是多媒體信息需求的提高，促進了寬帶化、數字化接入技術的研究，並有了極大的發展。其寬帶接入的方式有有線電

視電纜接入、電信網接入、衛星接入、固定無線接入和移動無線接入。其中，衛星接入、固定無線接入和移動無線接入是今後一段時間內需研究的內容。由於有線電視網具有頻帶寬的特點，已被世界各國公認為是「信息高速公路最后一千米」，具有巨大開發價值的方式，故有線電視電纜接入技術很有應用前景。

電信網接入中的基於雙絞線的不對稱數字用戶線 ADSL 接入，由於雙絞線用戶在全世界占據了全部用戶的 90%以上，充分利用該部分資源，開發新的寬帶業務是中近期接入網發展的重要任務。ADSL 技術是近期有廣闊應用前景的接入技術之一，它將代替傳統的 Modem 方式，成為家庭和小型商務應用的主流接入技術。隨著光纖價格的不斷下降以及企業、家庭用戶對寬帶要求的不斷增長，光纖系統將逐步從骨幹網擴大到接入網。如混合光纖同軸（HFC）接入和基於光纖的無源光網絡（PON）方式等，均是光纖接入技術今後研究的內容。

2.1.5 管理信息系統的運行模式

隨著網絡的發展，其體系結構按其發展過程，經歷了文件/服務器模式、客戶端/服務器模式、分佈式模式和瀏覽器/服務器模式等階段。

2.1.5.1 文件/服務器模式

20 世紀 80 年代，個人計算機進入了商用舞臺，同時計算機應用的範圍和領域也日趨廣泛。這對那些沒有能力實現大型計算機方案的企業來說，個人計算機無疑就有了用武之地。在個人計算機進入商用領域不久，局域網也問世了，同時也誕生了初期的主機—終端模式，數據處理和數據庫應用全部集中在主機上，終端沒有處理能力。這樣，當終端用戶過多時，主機負擔過重，導致處理能力下降，造成了主機瓶頸。

到 20 世紀 80 年代以后文件/服務器模式開始流行，在文件服務器系統結構中，應用程序是在客戶工作站上運行的，而不是在服務器上運行的，文件服務器只提供了資源（數據）的集中管理和訪問途徑。這種結構的特點是將共享數據資源集中管理，而將應用程序分散安排在各個客戶工作站上。文件服務器的優點在於，實現的費用比較低廉，而且配置非常靈活，在一個局域網中可以方便地增減客戶端工作站。但是，文件服務器結構的缺點也非常明顯，由於文件服務器只提供對數據的共享訪問和文件管理服務，所有的應用處理都要在客戶端完成，這就意味著客戶端的個人計算機必須要有足夠的能力，以便執行需要的任何程序，或能完成任何必要的任務。這可能經常需要客戶端的計算機升級，否則改進應用程序的功能、提高應用程序的性能等都不能實現。

另外，雖然應用程序可以存放在網絡文件服務器的硬盤上，但它每次都要傳送到客戶端的個人計算機的內存中執行。因為所有的處理都是在客戶端完成的，網絡上就要經常傳送大量無用的數據，使網絡的負載過重，又導致了傳輸瓶頸。

2.1.5.2 客戶端/服務器模式

雖然文件/服務器結構的費用低廉，但是和大型計算機的集中相比，它缺乏足夠的計算和處理能力。為了解決費用和性能的矛盾，客戶端/服務器結構就應運而生了。這種結構允許應用程序分別在客戶工作站和服務器（注意：不再是文件服務器）上執行，

可以合理劃分應用邏輯，充分發揮客戶工作站和服務器兩方面的性能。

在客戶端/服務器結構中，應用程序或應用邏輯可以根據需要劃分在服務器和客戶工作站中。這樣，為了完成一個特定的任務，客戶工作站上的程序和服務器上的程序可以協同工作。客戶端/服務器結構和文件/服務器結構的區別：客戶端/服務器結構的客戶工作站向服務器發送的是處理請求，而不是文件請求；服務器返回的是處理的結果，而不是整個文件。

當今，客戶端/服務器最流行的領域就是數據庫應用領域。比較著名的數據庫廠商都提供了支持客戶端/服務器結構的數據庫管理系統，如 Microsoft 的 SQL Server、Sybase 的 Adaptive Server 和 Oracle 等。

從以上可以看出，大型計算機集中式結構的所有程序都在主機內執行，而文件服務器局域網結構的所有程序都在客戶端執行，這兩種結構都不能提供真正的可伸縮應用系統框架，而客戶端/服務器結構則可以將應用邏輯分佈在客戶工作站和服務器之間，可以提供更快、更有效的應用程序性能。

2.1.5.2　分佈式模式

早期的客戶端/服務器是基於兩層結構的，即一層是客戶層，另一層是服務器層。這樣的結構存在著一些缺點：第一，在網絡計算機系統的中心位置不能插接應用程序組件。而在實際的應用中，很多企業往往需要經常為每個客戶機插接一個應用程序，這樣就給程序的維護帶來很大的困難。在這種環境下，即使是一些小的修改，也會有很多困難。第二，由於客戶計算機經常要處理一些敏感的數據，而在非中心化的計算機環境中，無法對客戶的信息存取進行控製，容易產生安全漏洞。第三，由於應用程序的業務邏輯存儲在客戶計算機上，所以就給客戶計算機帶來了沉重的負擔。

為了適應企業應用，又出現了一種新的三層客戶端/服務器模式。所謂三層，實際上就是在客戶層和服務器層加入了一個中間層，客戶層面向用戶，服務器層提供數據服務，中間層面向商業或企業的需求。它可以是一個方案，通過相應的軟件支持。中間層強調的是組件開發，需要什麼功能就通過開發組件提供相應的功能，而不需要改客戶端或服務器端。

2.1.5.3　瀏覽器/服務器模式

隨著互聯網的發展，分佈在全世界各地的各種計算機系統及網絡用戶全部可以連接起來，他們可以通過共同的通信協議在不同的網絡和操作系統間交換數據。

因此，人們正試圖把 WWW 上的數據源集成為一個完整的 Web 數據庫，從而使這些數據資源得到充分利用。因此，將 Web 技術與數據庫技術相結合，開發動態的 Web 數據庫應用勢在必行。它是在 Web 服務器端提供中間件來連接 Web 服務器和數據庫服務器。中間件負責管理 Web 服務器和數據庫服務器之間的通信並提供應用程序服務，它能夠直接訪問數據庫或調用外部程序或利用程序代碼來訪問數據庫，因此它可以提供與數據庫相關的動態 HTML 頁面，或執行用戶查詢，並將查詢結果格式化成 HTML 頁面，然后通過 Web 服務器返回給用戶的瀏覽器。

2.2 數據庫技術

2.2.1 數據庫技術概述

隨著數據管理規模的不斷擴大，數據量急遽增加，用文件系統來組織和管理數據顯露出許多缺陷。20世紀60年代后期開始，計算機用於信息處理的規模越來越大，應用越來越廣泛，對數據管理技術提出了更高的要求，與此同時出現了內存大、運行速度快的主機和大容量的磁盤。在這種背景下，以文件系統作為數據管理手段已經不能滿足應用的需求，使數據為盡可能多的應用服務，新的數據管理技術——數據庫技術產生了。而數據管理技術進入數據庫階段的標誌是20世紀60年代末發生的三件大事：

（1）1969年，美國IBM公司研製並開發了基於層次結構的數據庫管理系統——商品化軟件IMS。

（2）1969年10月，美國數據系統語言協會CODASYL下屬的數據庫任務組DBTG對數據庫方法進行系統的研究和討論後，發表了關於網狀數據模型的DBTG（1971年通過）。

（3）1970年，IBM公司SanJose研究實驗室的研究員埃德加·弗蘭克·科德（Edgar Frank Codd）發表了題為「大型共享數據庫的數據關係模型」的論文。文中提出了數據庫的關係模型，從而開創了關係數據庫的研究領域，奠定了關係數據模型的理論基礎。埃德加·弗蘭克·科德在1981年獲得了ACM圖靈獎。

20世紀70年代以來，數據庫技術是計算機科學技術中發展最快的領域之一，也是應用最廣泛的技術之一，它已成為計算機信息系統和應用系統的核心技術和重要基礎。同時數據庫技術也帶動了一個巨大的軟件產業產品及其相關工具和解決方案，大量有效的商業化產品正在各行各業得到廣泛應用。

數據庫系統克服了文件系統的缺陷，提供了對數據更高級、更有效的管理，數據庫系統具有以下特點：

2.2.1.1 數據結構化

數據結構化是數據庫與文件系統的根本區別。

在文件系統中，相互獨立的文件的記錄內部是有結構的。傳統文件的最簡單形式是等長同格式的記錄集合。

在數據庫系統中，不僅要考慮某個應用的數據結構，還要考慮整個組織的數據結構。這種數據組織方式為各部分的管理提供了必要的記錄，使數據結構化了。這就要求在描述數據時不僅要描述數據本身，還要描述數據之間的結構。

在數據庫系統中，數據不再針對某一應用，而是面向全組織，具有整體的結構化。不僅數據是結構化的，而且存取數據的方式也是靈活的，可以存取數據庫種地某個數據項、一組數據項、一個記錄或一組記錄。

2.2.1.2 數據的共享性高，冗余度低，易擴充

在數據庫系統中，數據不再面向某個應用而是面向整個系統，因此數據可以被多

個用戶、多個應用共享使用。數據共享可以大大減少數據冗余，節約儲存空間。數據共享還能避免數據之間的不相容性與不一致性。

由於數據面向整個系統，是有結構的數據，不僅可以被多個應用共享使用，而且容易增加新的應用。這使得數據庫系統彈性大，可以適應各種用戶的要求。

2.2.1.3 數據獨立性高

數據獨立性是由數據管理系統（DBMS）的二級映像功能來保證的。數據與程序的獨立，把數據的定義從程序中分離出去，加上數據的存取又由 DBMS 負責，從而簡化了應用程序的編製，大大減少了應用程序的維護和修改。

2.2.1.4 數據由 DBMS 統一管理和控製

在數據庫系統中，對數據進行統一的管理和控製，數據庫系統為用戶提供了定義、檢索和更新數據的手段，同時還提供了數據的安全性、完整性和並發控製等功能。

下面簡單介紹數據庫系統中的一些常用術語。

（1）數據（Data）。數據是數據庫中存儲的基本對象。描述事物的符號記錄稱為數據。描述事物的符號可以是數字，也可以是文字、圖形、聲音、語言等。數據有多種表現形式，它們都可以經過數字化後存入計算機。

（2）數據庫（DataBase, DB）。數據庫是存放數據的倉庫。只不過這個倉庫是在計算機存儲設備上，而且數據是按一定的格式存放的。

所謂數據庫是指長期存儲在計算機內的、有組織的、可共享的數據集合。數據庫中的數據按一定的數據模型組織、描述和存儲，具有較小的冗余度、較高的數據獨立性和易擴展性，並可以為各種用戶共享。

（3）數據庫管理系統（DataBase Management System, DBMS）。數據庫管理系統是位於用戶與操作系統之間的一層數據管理軟件，主要功能有數據定義功能、數據操縱功能、數據庫的運行管理和數據庫的建立與維護功能。

（4）數據庫系統（DataBase System, DBS）。數據庫系統是指在計算機系統中引入數據庫系統後的系統，一般由數據庫、數據庫管理系統（及其開發工具）、應用系統、數據庫管理員和用戶構成。

2.2.2 數據模型

2.2.2.1 信息抽象

信息是人們對客觀世界各種事物特徵的反應，而數據則是表示信息的一種符號。從客觀事物到信息，再到數據，是人們對現實世界的認識和描述過程，這裡經過了三個層次的變換，分別是現實世界、信息世界和數據世界。

（1）現實世界。現實世界是客觀存在的事物以及事物間的聯繫，是由事物本身的性質決定的。例如，學校的教學管理系統中有學生、課程和教師，教師教授課程，學生選修課程等。

（2）信息世界。信息世界是客觀存在的現實世界在人們頭腦中的反應，是對客觀事物及其聯繫的一種抽象描述。它是現實世界到數據世界必須經過的中間層次。信息世界涉及的概念主要有：

① 實體（Entity）。客觀存在並可以相互區別的事物稱為實體。實體可以是具體的對象，如一個職工、一個學生、一個部門、一門課；也可以是抽象事件，如學生的一次選課、部門的一次訂貨等。

② 屬性（Attribute）。實體所具有的某一特性稱為屬性。一個實體可以由若干個屬性來刻畫。如學生實體可以由學號、姓名、性別、年齡、系別等屬性來描述。屬性的具體值稱為屬性值，用來刻畫一個具體實體。如屬性值的組合（020611，李明，男，19，計算機系）就表示一名學生。

③ 碼（Key）。唯一標示實體的屬性集稱為碼。如學號是學生實體的碼。

④ 域（Domain）。屬性的取值範圍稱為該屬性的域。如學號的域為 6 位整數，姓名的域為字符串集合等。

⑤ 實體型（Entity Type）。具有相同屬性的實體必然具有共同的特徵和性質。用實體名及其屬性名集合來抽象和刻畫同類實體，稱為實體型。如學生（學號、姓名、性別、年齡、系別）就是一個實體型。

⑥ 實體集（Entity Set）。同型實體的集合稱為實體集。如全體學生就是一個實體集。

⑦ 聯繫（Relation Ship）。實體間的聯繫通常是指不同實體集之間的聯繫。兩個實體型之間的聯繫可分為三大類：

一對一聯繫（1:1）。設 A、B 為兩個實體集。如果對於 A 中的每一個實體，B 中至多有一個實體與其發生聯繫；反之，B 中的每一個實體至多對應 A 中的一個實體，則稱 A 與 B 具有一對一聯繫，記為 1:1。如班級和班長之間具有一對一聯繫。

一對多聯繫（1:n）。如果對於 A 中的每一個實體，B 中有 n 個實體（n≥0）與之聯繫；反之，對於 B 中的每一個實體，A 中至多只有一個實體與之聯繫，則稱 A 與實體 B 有一對多聯繫，記為 1:n。如班級與學生之間具有一對多聯繫。

多對多聯繫（m:n）。如果對於 A 中的每一個實體，B 中有 n 個實體（n≥0）與之聯繫；反之，對於 B 中的每一個實體，A 中也有 m 個實體（m≥0）與之聯繫，則稱 A 與實體 B 具有多對多聯繫，記為 m:n。如課程和學生之間具有多對多聯繫。

2.2.2.2 數據模型

數據模型是現實世界數據特徵的抽象，應滿足三個方面的要求：一是能比較真實的模擬現實世界；二是容易為人所理解；三是便於在計算機上實現。不同的數據模型實際上是提供給人們模型化數據和信息的不同工具。根據模型應用的不同目的，可以將這些模型劃分為兩類，它們分屬於兩個不同的層次：一類是概念模型，另一類是數據模型。

（1）概念模型。概念模型用於信息世界的建模，是現實世界到信息世界的第一層抽象，是數據庫設計人員進行數據庫設計的有力工具，也是數據庫設計人員和用戶之間進行交流的語言。

概念模型的表示方法很多，其中最為著名、最常用的是皮特·陳（P.P.S.Chen）於 1976 年提出的實體—聯繫（Entity-Relationship Approach）。該方法用 E-R 圖來描述現實世界的概念模型。

E-R 圖提供了表示實體型、屬性和聯繫的方法。

實體型：用矩形表示，矩形框內寫明實體名。

屬性：用橢圓形表示，並用無向邊將其與相應的實體連接起來。

聯繫：用菱形表示，菱形框內寫明聯繫名，並用無向邊分別與有關實體連接起來，同時在無向邊旁標上聯繫的類型（1∶1、1∶n、m∶n）。需注意的是，聯繫本身也是一種實體型，也可以有屬性。如果一個聯繫具有屬性，則這些屬性也要用無向邊與該聯繫連接起來。

下面用 E-R 圖來表示某學校學籍管理的概念模型。

其中涉及的實體包括：

學校：校名、校長名。

系部：系名、系主任、聯繫電話。

教師：工號、姓名、性別、職稱。

學生：學號、姓名、性別、年齡。

課程：課程號、課程名、學分。

參考書：書號、書名、作者。

這些實體之間的聯繫包括：

一個學校有多個系部，因此學校和系部之間是 1∶n 的聯繫。

一個系部有多個學生，因此系部和學生之間是 1∶n 的聯繫。

一名學生可選修多門課程，一門課程可被多名學生選修，因此學生和課程之間是 m∶n 的聯繫。

一門課程可以由若干個教師授課，使用若干本參考書，而每個教師只講授一門課程，每本參考書只供一門課程使用，則課程與教師、參考書之間的聯繫是一對多的。

（2）數據模型。把現實世界的客觀對象抽象成信息世界的概念模型後，需要再把概念模型轉換成計算機支持的數據模型。數據模型是數據庫系統設計中用於提供信息表示和操作手段的形式構架，是數據庫實現的基礎。

目前，在實際數據庫系統中支持的數據模型主要有三種：層次模型（Hierarchical Model）、網狀模型（Network Model）和關係模型（Relational Model）。20 世紀 80 年代以來，計算機廠商推出的數據庫管理系統幾乎都是支持關係模型的數據庫系統。關係模型已經占領市場主導地位。

關係模型建立在嚴格的數學概念的基礎上，它用二維表來描述實體與實體間的聯繫。下面以學生信息表（表 2-1）為例，介紹關係模型中的一些術語。

關係（Relation）：通常對應一張表。

元祖（Tuple）：表中的一行即為一個元祖。

屬性（Attribute）：表中的一例即為一個屬性，給每一個屬性取一個名稱即屬性名。如表 2-1 中的五個屬性（學生、姓名、年齡、性別、系別）。

主碼（Key）：表中的某個屬性組，它可以唯一確定一個元祖，如表 2-1 的學號。

域（Domain）：屬性的取值範圍。

分量：元祖中的一個屬性值。

關係模式：對關係的描述，一般表示為關係名（屬性1，屬性2，…，屬性n）。

表 2-1　　　　　　　　　　　　學生信息表

學號	姓名	年齡	性別	系別
2006001	張榮華	19	男	計算機
2006002	李康	18	男	計算機
2006003	吳淞	19	男	計算機
2006004	唐飛	20	女	計算機

例如，上面的關係可以描述為：

學生（學號、姓名、年齡、性別、系別）

一個關係模式是若干個關係模式的集合。在關係模式中，實體以及實體間的聯繫都是用關係來表示的。例如，學生、課程、學生與課程之間的多對多聯繫在關係模型中可以表示如下：

學生（學號、姓名、年齡、性別、系別）

課程（課程號、課程名、學分）

選修（學號、課程號、成績）

由於關係模型概念簡單、清晰、易懂、易用，並有嚴格的數學基礎以及在此基礎上發展起來的關係數據理論，簡化了程序開發及數據庫建立的工作量，因而迅速獲得了廣泛的應用，並在數據庫系統中占據了統治地位。

2.2.3　數據庫系統結構

從數據庫管理系統角度看，數據庫系統通常採用三級模式結構；從數據庫最終用戶角度看，數據庫系統的體系結構分為單用戶結構、主從式結構、分佈式結構和客戶/服務器結構。

（1）數據庫系統的三級模式結構。數據庫系統的三級模式結構是指數據庫系統是由外模式、模式和內模式三級構成的。

① 模式（Schema）。模式也稱邏輯模式，是數據庫中全體數據的邏輯結構和特徵的描述，是所有用戶的公共數據視圖。它是數據庫系統模式結構的中間層，既不涉及數據的物理存儲細節和硬件環境，也與具體的應用程序、應用開發工具及高級程序設計語言無關。

模式實際上是數據庫數據在邏輯上的視圖。一個數據庫只有一個模式。數據庫模式以某一種數據模型為基礎。定義模式時不僅要定義數據的邏輯結構（如數據記錄由哪些數據項構成，數據項的名字、類型、取值範圍等），而且要定義與數據有關的安全性、完整性要求，定義這些數據之間的聯繫。

② 外模式（External Schema）。外模式也稱子模式或用戶模式，它是數據庫用戶（包括應用程序員和最終用戶）能夠看見和使用的局部數據的邏輯結構與特徵的描述，是數據庫用戶的數據視圖，是與某一應用有關的數據的邏輯表示。

外模式通常是模式的子集。一個數據庫可以有多個外模式。由於它是各個用戶的數據視圖，如果不同用戶的應用需求、看待數據的方式、對數據保密的要求等各方面存在差異，則其外模式描述就是不同的。即使對模式中同一數據，在外模式中的結構、類型、長度、保密級別等都可以不同。另外，同一外模式也可以為某一用戶的多個應用系統所使用，但一個應用程序只能使用一個外模式。

外模式是保證數據庫安全性的一個有力措施。每個用戶只能看見和訪問所對應的外模式中的數據，數據庫中的其余數據是不可見的。

③ 內模式（Internal Schema）。內模式也稱存儲模式，一個數據庫只有一個內模式。它是數據物理結構和存儲結構的描述，是數據在數據庫內部的表示方式（例如：記錄的存儲方式是順序存儲、按照 B 樹結構存儲還是按照 Hash 方法存儲；索引按照什麼方式組織；數據是否壓縮存儲，是否加密；數據的存儲記錄結構有何規定等）。

數據庫系統的三級模式是對數據的三個抽象級別，它把數據的具體組織留給 DBMS 管理，使用戶能邏輯地、抽象地處理數據，而不必關心數據在計算機中的具體表示方式和存儲方式。為了能夠在內部實現這三個抽象層次的聯繫和轉換，數據庫管理系統在這三級模式之間提供了兩層映像：外模式/模式映像和模式/內模式映像。正是這兩層映像保證了數據庫系統中的數據能夠具有較高的邏輯獨立性和物理獨立性。

（2）數據庫的二級映像功能與數據獨立性。對於每一個外模式，數據庫系統都有一個外模式/模式映像，它定義了該外模式與模式之間的對應關係。這些映像定義通常包含在各自外模式的描述中。

當模式改變時，由數據庫管理員對各個外模式/模式的映像做相應改變，可以使外模式保持不變，從而應用程序不必修改，保證了數據庫的邏輯獨立性。

數據庫中只有一個模式，也只有一個內模式，所以模式/內模式映像是唯一的，它定義了數據的全局邏輯結構與存儲結構之間的對應關係。該映像定義通常包含在模式描述中。

當數據庫的存儲結構改變了（如採用了更先進的存儲結構），由數據庫管理員對模式/內模式映像做相應改變，可以使模式保持不變，從而保證了數據的物理獨立性。

2.2.4　關係數據庫標準語言

關係數據庫標準語言（Structure Query Language，SQL）是一種類似於英語的數據語言，1986 年美國國家標準化組織 ANSI 確認 SQL 作為數據庫系統的工業標準。所以，商用的數據庫系統都採用 SQL 作為數據語言，或者提供 SQL 的支持。

SQL 的命令一般分為四類：

2.2.4.1　查詢語句

查詢語句是用來對已經存在數據庫中的數據按照特定的組合、條件表達式或者次序進行檢索，一般格式為：

SELECT［ALL｜DISTINCT］<目標列表達式>［<，目標列表達式>］...

FROM<表名或視圖名>［，<表名或視圖名>］...

［WHERE<條件表達式>］

［GROUP BY<列名 1>［HAVING<條件表達式>］］
［ORDER BY <列名 2>［ASC│DESC］］

整個 SELECT 語句的含義是，根據 WHERE 字句的條件表達式，從 FROM 字句指定的基本表或試圖中找出滿足條件的元組，再按 SELECT 字句中的目標列表達式，選出元組中的屬性值形成結果表。如果有 GROUP 字句，則將結果按<列名 1>的值進行分組，該屬性列值相等的元組為一個組，每個組產生的結果在表中是一條記錄。如果 GROUP 字句帶 HAVING 短語，則只有滿足指定條件的組才允許輸出。如果帶有 ORDER 字句，則結果表還有按<列名 2>上網值進行升序或降序排列。

2.2.4.2 數據操縱語句（Data Manipulation Language，DML）

DML 用來改變數據庫中的數據，包括三種基本形式：

（1）INSERT 語句。INSERT 語句可給數據庫中的某個表添加一個或多個新行。INSERT 語句在簡單的情況下的形式如下：INSERT［INTO］table_or_view［（column_list）］data_values

此語句將使 data_values 作為一行或者多行插入已命名的表或試圖中。Column_list 是由逗號分隔的列名列表，用來指定為其提供數據的列。如果沒有指定 column_list，表或者視圖中的所有列都將接收數據。

如果 column_list 沒有為表或試圖中所有列命名，將在列表中沒有命名的任何列中插入一個 NULL 值（或者是默認情況下，這些定義的默認值）。在列表中的所有列都必須允許 NULL 值或者指定的默認值。

所提供的數據值必須與列的列表匹配。數據值的數目必須與列數相同，每個數據值的數據類型、精度和小數也必須與相應的列匹配。有兩種方法指定數據值：

用 VALUES 字句為一列指定數據值。

INSERT INTO table_or_view［（column_list）］VALUES（value 1，value2…）

用 SELECT 子查詢為一行或多行指定數據值。

INSERT INTO table_or_view［（column_list）］

SELECT 子查詢

（2）UPDATE 語句。UPDATE 語句可以更改表或試圖中單行、行組或所有的數據值，還可以用該語句更新遠程服務器上的行（使用連接服務器名或 OPENROWSET、OPENDATASOURCE 和 OPENQUERY 函數），前提是用來訪問遠程服務器的 OLEDB 提供程序支持更新操作。引用某個表或試圖中的 UPDATE 語句每次只能更改一個表中的數據。UPDATE 語句在簡單的情況下有如下形式：UPDATE｛table_name│view_name｝SET｛column=expression［,…］｝WHERE CURRENT OF cursor_name。其中：

SET 字句：包含更新的列和每個列的新值的列表（用逗號分隔），格式為 column_name=expression。表達式提供的值包含多個項目，如常量、從其他表或試圖的列中選擇的值或使用複雜式的表達計算出來的值。

FROM 字句：指定為 SET 字句中的表達式提供的表或試圖，以及各個源表或試圖之間可選的連接條件。

WHERE 字句：指定搜索條件，該搜索條件定義源表和試圖中可以為 SET 子句中的

39

表達式提供值的行。

DELETE 語句：DELETE 語句可刪除表或試圖中的一行或多行。DELETE 語法的簡化形式為：

DELETE table_or_view FROM table_sources WHERE search_condition

其中，table_or_view 是指定要從中刪除行的表或試圖。搜索條件的行都講被刪除。如果沒有指定 WHERE 字句，將刪除 table_or_view 中的所有行。FROM 字句是指定刪除時用到的額外的表或試圖及連接條件，使用 WHERE 字句搜索條件中的謂詞來限定要從 table_or_view 中刪除的行。該語句不從 FROM 字句指定的表中刪除行，而只從 table_or_view 指定的表中刪除行。

任何已刪除所有行的表仍會保留在數據庫中。DELETE 語句只從表中刪除行，要從數據庫中刪除表，必須使用 DROP TABLE 語句。

2.2.4.3 數據定義語句（Data Definition Language，DDL）

DDL 用來建立數據庫中各種數據對象（包括表、試圖、索引、存儲過程、觸發器等），包括三種基本形式：

（1）CREATE：新建數據庫對象。

（2）ALTER：更新已有數據對象的定義。

（3）DROP：刪除已經存在的數據對象。

2.2.4.4 數據控製語句（Data Control Language，DCL）

DCL 用於授予或者收回訪問數據庫的某種權限和事務控制，主要包括四種基本形式：

（1）GRANT：授予權限。

（2）REVOKE：收回權限。

（3）COMMIT：提交事務。

（4）ROLLBACK：回滾事務。

SQL 語言之所以能成為工作標準，主要因為它是一種綜合的、功能強、易學又便於使用的語言。主要的特點如下：

（1）高度非過程化。SQL 語言進行數據操作只要提出「做什麼」，不需要說明「如何做」。這大大減輕了數據庫用戶的負擔，從而有利於提高生產率。

（2）面向集合的操作方式。SQL 語句採用集合操作方式，如要查詢所有男職員的信息，數據庫管理系統不會一次返回一個職工的信息，而是一次返回所有滿足條件的記錄。除了查詢之外，插入、刪除、修改操作都可以一次處理多行記錄，也就是集合操作。

（3）語法簡單。SQL 語言功能強大，但是語法極其簡單。完成核心功能共有九個動詞。

2.2.5 關係的規範化

前面討論了數據組織的概念、關係數據庫的基本概念、關係模型的三個部分以及關係數據庫的標準語言。但是還有一個很基本的問題尚未涉及，針對一個具體問題，

應該如何構造一個適合於它的數據庫模式，即應該構造幾個關係模式，每個關係模式由哪些屬性組成等。關係的屬性間存在既相互依賴又相互制約的聯繫稱為數據依賴，其中很重要的一種叫函數依賴。下面介紹有關函數依賴的概念。

定義（1）：設 R（U）是屬性集 U 上的關係模式。X、Y 是 U 的子集。若對於 R（U）的任意一個可能的關係 r，r 中不可能存在兩個元組在 X 上的屬性值相等，而在 Y 上的屬性值不等，則稱 X 函數確定 Y 或 Y 函數依賴於 X，記作 X→Y。

定義（2）：在 R（U）中，如果 X→Y，並且對於 X 的任何一個真子集 X′，都有 X′→Y，則稱 Y 對於 X 完全函數依賴，記作：$X \xrightarrow{F} Y$。

例如，關係選修（學號、課程號、成績）中，（學號、課程名）$\xrightarrow{F}$ 成績。

定義（3）：若 X→Y，但 Y 不完全函數依賴於 X，稱 Y 對 X 部分函數依賴，記作 $X \xrightarrow{P} Y$。

例如，關係學生（學號、姓名、性別、年齡、系別）中，（學號、姓名）→年齡。

定義（4）：在 R（U）中，如果 X→Y，Y ⊂ X，Y→X，Y→Z，則稱 Z 對 X 傳遞函數依賴，記作：$X \xrightarrow{T} Y$。

例如，設有關係 BOOKS（BNO、TITLE、LOCA），其中一本書對應唯一書號，並可能為某一個出版社出版；一個出版社一般只有一個名稱和地址，但一個出版社可以出版多種書。該關係擁有的函數依賴：BNO→TITLE，TITLE→LOCA，TITLE→LOCA。因此該關係中存在傳遞函數依賴 BNO $\xrightarrow{T}$ LOCA。

為了使數據庫設計的方法走向完備，人們研究了規範化理論，指導人們設計規範的數據庫模式。從 1971 年起埃德加·弗蘭克·科德就提出了規範化理論，至今有關規範化理論的研究已經取得了很多成果。關係數據庫中的關係是要滿足一定要求的，滿足不同程度要求的為不同範式，其餘以此類推。關係規範化的程度為第一範式、第二範式、第三範式、第四範式和第五範式等。

2.2.5.1 1NF

任給關係 R，如果 R 中的每個列與行的交點處的取值都是不可再分的基本元素，則 R ∈ 1NF。

不屬於 1NF 的關係稱為非規範化關係。經過轉換形成規範化的關係，稱為 1NF。

該關係的候選碼為：（學號、課程名），函數依賴為：（學號、課程名）$\xrightarrow{F}$ 成績，學號 $\xrightarrow{F}$ 系別，（學號、課程名）$\xrightarrow{P}$ 系別，系別 $\xrightarrow{F}$ 住址。

1NF 存在的問題：

（1）插入異常。假若要插入一個學生「學號＝9,962,003，系別＝計算機系，住址＝本部」，但該生還未選課，即這個學生無課程號，這樣的元組就插不進關係模式 S-L-C 中。因為插入該元組時必須給定碼值，而這時碼值的一部分為空，因而學生的固有信息無法插入。

（2）刪除異常。假定某個學生只選一門課，如 9,971,001 就選了一門課「高等數

學」。現在「高等數學」這門課他不選了，那麼「高等數學」這個數據項就要刪除。而「高等數學」是主屬性，刪除了「高等數學」，整個元組就必須跟著刪除，使得9,971,001 的其他信息也被刪除了，從而造成刪除異常，應刪除的信息也刪除了。

(3) 修改複雜。某個學生從醫學系轉到計算機系，這本來只需修改此學生元組中的系別分量即可。但因為關係模式 S-L-C 中還含有住址屬性，學生轉系將同時改變住處，因而還必須修改元組中的住址分量。

(4) 冗余度大。如果這個學生選修了 K 門課，系別、住址重複存儲了 K 次，存儲冗余大。

存在上述問題的原因在於：在關係模式中存在兩種非主屬性。一種如成績，它對碼是完全函數依賴；另一種如系別、住址，對碼是部分函數依賴。

解決問題的辦法是把關係模式 S-L-C 分解為兩個關係模式：關係 SC 和關係 S-L。分解後的關係模式 SC 與關係模式 S-L 中不再存在部分函數依賴，從而解決了插入異常與刪除異常的問題。

2.2.5.2 2NF

若 $R \in 1NF$，且每一個非主屬性完全函數依賴於碼，則 $R \in 2NF$。例如，經過上述 1NF 分解形成兩個關係 SC 和 S-L。

由定義判斷關係模式 $SC \in 2NF$，關係模式 $S-L \in 2NF$。

2NF 關係存在如下問題：

(1) 修改複雜。由於每個系的學生住在同一個地方，因此，當一個系的住址改變時，則要修改多個元組的值。

(2) 冗余度大。如一個系有 500 名學生，那麼學生的住址則重複存儲 500 次，造成存儲空間的冗余度大。

在 2NF 中存在問題的原因是：關係模式 S-L 存在非主屬性住址對碼學號的傳遞依賴。在關係模式 S-L 中，由於學號→系別，系別→住址，得到傳遞函數依賴學號 T→ 住址。

解決問題的方法是將 S-L 分解為：關係模式 S-D 和關係模式 D-L。

分解後的關係模式 S-D 與關係模式中不再存在傳遞函數依賴，從而解決了修改複雜與冗余度大的問題。

2.2.5.3 3NF

關係模式 R<U, F 中若不存在這樣的碼 X，屬性組 Y 及非主屬性 Z (Z#Y) 使得 X→Y, Y≠X, Y→Z 成立，則稱 R<U, F> $\in$ 3NF。

例如，經過上述 2NF 分解形成兩個關係 S-D 和 D-L。

由定義判斷：關係模式 $S-D \in 3NF$，關係模式 $D-L \in 3NF$。

3NF 仍可能存在如下問題：插入異常、刪除異常和修改複雜。在這種情況下，可以通過進一步規範化對其進行分解。分解後，原來的插入及刪除操作異常問題已不存在。

在關係數據庫中，對關係模式的基本要求是滿足第一範式。這樣的關係模式就是合法的、允許的。但是有些關係模式存在插入、刪除異常、修改複雜、數據冗余等問

題。人們尋求解決這些問題的方法，這就是規範規範化的目的。

規範化的基本思想是逐步消除函數依賴中不合適的部分，使模式中的各關係模式達到某種程度的分離。讓一個關係描述一個概念、一個實體或者實體間的一種聯繫，因此，所謂規範化實質上是概念的單一化。關係模式的規範化過程是通過對關係模式的分解來實現的，從認識非主屬性的部分函數依賴的危害開始，2NF、2NF、BCNF 的提出是這個認識過程逐步深化的標誌。關係模式的規範化過程就是把低一級的關係模式分解為若干個高一級的關係模式的過程。

2.2.6 數據庫設計

數據庫技術是信息資源管理最有效的手段。數據庫設計是指對於一個給定的應用環境，構造最優的數據庫模式，建立數據庫及其應用系統，有效存儲數據，滿足用戶信息要求和處理要求。

按照規範設計的方法，考慮數據庫及其應用系統開發過程，將數據庫設計分為以下六個階段：

（1）需求分析階段。需求收集和分析，結果得到數據字典描述的數據要求（和數據流程圖描述的處理需求）。

（2）概念結構設計階段。通過對用戶需求進行綜合、歸納與抽象，形成一個獨立於具體 DBMS 的概念模型，可以用 E-R 圖表示。

（3）邏輯結構設計階段。將概念結構數據轉換為某個 DBMS 所支持的數據模型（如關係模型），並對其進行優化。

（4）數據庫物理設計階段。為邏輯數據模型選取一個最適合應用環境的物理結構（包括存儲結構和存取方法）。

（5）數據庫實施階段。運用 DBMS 提供的數據語言（如 SQL）及其宿主語言（如 C），根據邏輯設計和物理設計的結果建立數據庫，編製與調試應用程序，組織數據入庫，並進行試運行。

（6）數據庫運行和維護階段。數據庫應用系統經過試運行後即可投入正式運行。在數據庫系統運行過程中必須不斷地對其進行評價、調整與修改。

2.2.7 數據庫保護

為了保證數據的安全可靠和正確有效，DBMS 必須提供統一的數據保護功能，主要包括數據的安全性、完整性、並發控制和數據庫恢復等內容。

數據的安全性是指保護數據庫以防止不合法的使用所造成的數據泄漏、更改和破壞。數據的安全可以通過對用戶進行標示和鑒定、存取控製、OS 級安全保護等措施得到一定的保障。

數據的完整性是指數據的正確性、有效性與相容性。關係模型的完整性有實體完整性、參照完整性及用戶自定義的完整性。

（1）實體完整性。它是指二維表中描述主關鍵字的屬性不能取空值。如學生基本信息表中的屬性「學號」被定義為主關鍵字，則「學號」的值不能為空。

（2）參照完整性。它是指具有一對多聯繫的兩個表之間，子表中與主表的關鍵字相關聯的那個屬性（外部碼）的值要麼為空，要麼等於主表中主關鍵字的某個值。

（3）用戶自定義的完整性。它是針對某一具體的數據庫的約束條件，由應用環境確定。例如，月份必須是1~12的正整數，研究生的年齡應小於45等。

並發控製是指當多個用戶同時存取、修改數據庫時，可能會發生互相干擾而得到錯誤的結果，並使數據庫的完整性遭到破壞，因此必須對用戶的並發操作加以協調。

數據庫恢復是指當計算機軟件、硬件或網絡通信線路發生故障而破壞了數據庫的操作失敗使數據庫出現錯誤或丟失時，系統應能進行應急處理，把數據庫恢復到正常狀態。

2.2.8 數據庫系統的發展

數據庫技術從20世紀60年代中期開始運用到現在，60年間已從第一代的網狀、層次數據庫系統發展到第三代以面向對象模型為主要特徵的數據庫系統。數據庫技術與網絡通信技術、人工智能技術、面向對象程序設計技術、並行計算技術等互相滲透、互相結合，成為當前數據庫技術發展的主要特徵。

2.2.8.1 數據庫技術與其他相關技術相結合

數據庫技術與其他學科的內容相結合，是新一代數據庫技術的一個顯著特徵，湧現出各種新型的數據庫系統。例如：數據庫技術與分佈處理技術相結合，出現了分佈式數據庫系統；數據庫技術與並行處理技術相結合，出現了並行數據庫系統；數據庫技術與人工智能技術相結合，出現了演繹數據庫系統、知識庫和主動數據庫系統；數據庫技術與多媒體處理技術相結合，出現了多媒體數據庫系統；數據庫技術與模糊技術相結合，出現了模糊數據庫系統等。

（1）分佈式數據庫系統。隨著地理上分散的用戶對數據庫共享的要求，結合計算機網絡技術的發展，在傳統的集中式數據庫系統的基礎上產生和發展了分佈式數據庫系統。

分佈式數據庫系統主要有以下特點：

① 數據的物理分佈性；

② 數據的分佈獨立性；

③ 場地自治和協調；

④ 數據的冗余及冗余透明性。

（2）並行數據庫系統。並行數據庫系統通過利用並行計算機的處理器、磁盤等硬件設備的並行數據處理能力來提高數據庫系統的性能。並行數據庫系統自出現以來，已經取得了一系列引人矚目的成就，主要原因有兩個：

① 關係數據模型和SQL語言的廣泛採納。

② 近幾十年來，計算機的處理能力得到了非常迅速的提高，高性能的CPU、大容量內存、高速磁盤列陣以及高寬帶通信網絡的出現為高性能數據處理提供了充分的硬件支持。

國外Inter、NCR、Sequent、Teradata公司和國內曙光等許多供應商已經能夠提供基

於快速、廉價的處理器、內存、磁盤和通信技術的多處理機系統。這些機器以較低的價格提供了比大型計算機更為強大的整體處理能力。並且，這些並行計算機具有很好的伸縮性，其模塊化結構使得系統能夠不斷增長，通過增加處理機、內存和磁盤使得系統對於給定的任務能夠迅速完成，或者使得系統在相同的時間內能夠處理大規模的任務。

（3）知識庫系統。知識庫系統是數據庫和人工智能兩種技術結合的產物，目前已成為數據庫研究的熱門課題之一。數據庫和人工智能是計算機科學兩個非常重要的領域，它們相互獨立發展，在各自的領域取得了突出成就並獲得廣泛應用。

在數據庫技術中引入人工智能技術，多年來是沿著數據庫的智能化和智能化的數據庫兩個途徑發展的。

（4）多媒體數據庫。媒體是信息的載體。多媒體是指多種媒體，如數字、文字、圖形、圖像和聲音的有機集成，而不是簡單的組合。其中，數字、字符等為格式化數據，文本、圖形、圖像、聲音、視像等稱為非格式化數據。非格式化數據具有大數據量、處理複雜等特點。多媒體數據庫實現對格式化和非格式化的多媒體數據的存儲、管理與查詢。其主要特徵有：

① 能夠表示多種媒體的數據；
② 能夠協調處理各種媒體數據；
③ 提供更強的適合非格式化數據查詢的搜索功能；
④ 多媒體數據庫應提供特種事務處理與版本管理能力。

（5）主動數據庫 主動數據庫是相對於傳統數據庫的被動性而言的。許多實際的應用領域，如計算機集成製造系統、管理信息系統、辦公室自動化系統中常常希望數據庫系統在緊急情況下能根據數據庫的當前狀態主動地做出反應，執行某些操作，向用戶提供有關信息。

主動數據庫通常採用的方法是在傳統數據庫系統中嵌入ECA（事件—條件—動作）規則，在某一事件發生時引發數據庫管理系統去檢測數據庫當前狀態，看是否滿足設定的條件。若條件滿足，便觸發規定的執行。為了有效地支持ECA規則，主動數據庫的研究主要集中解決以下問題：

① 主動數據庫的數據模型和知識模型；
② 執行模型；
③ 條件監測；
④ 事務調度；
⑤ 體系結構；
⑥ 系統效率。

（6）模糊數據庫。20世紀80年代中後期開始，國內出現了一系列對模糊關係數據庫有關概念和方法的研究，建立了一套較合理的理論體系，包括各種模糊數據表示、模糊距離的度量、模糊數據模型、模糊語言、模糊查詢方法等。並且摸索了一些較實用的現實技術，在計算機上實現了一些基於上述理論和技術的模糊數據庫管理系統的原型。

模糊數據庫系統可以定義為存儲、組織、管理和操作模糊數據的數據庫系統。它除了具有普通數據庫系統的公共特性外，還體現了模糊性：

① 存儲的是以各種形式表示的模糊數據；
② 數據結構和數據之間的聯繫是模糊的；
③ 數據上的運算和操作是模糊的；
④ 對數據的約束，包括完整性和安全性是模糊的；
⑤ 用戶使用數據庫的窗口—用戶視圖是模糊的；
⑥ 數據的一致性和冗余性的定義是模糊的；
⑦ 精確數據可以看成模糊數據的特例。

2.2.8.2 面向應用領域的數據庫技術

數據庫技術被應用到特定的領域中，出現了工程數據庫、地理數據庫、統計數據庫、科學數據庫、空間數據庫等多種數據庫，使數據庫領域中新的技術內容層出不窮。

（1）數據倉庫。傳統的數據庫技術是以單一的數據資源為中心，進行各種操作處理。操作性處理也叫事務處理，是指對數據庫聯機的日常操作，通常是對一個或一組記錄的查詢和修改，主要是為企業的特定應用服務的，人們關心的是回應時間、數據的安全和完整性。分析性處理則用於管理人員的決策分析。例如，DSS、EIS 和多維分析，經常要訪問大量的歷史數據。於是，數據庫由舊的操作型環境發展為一種新環境——體系化環境。體系化環境由操作型和分析型環境（數據倉庫級、部門級、個人級）構成。數據倉庫是體系化環境的核心，它是建立決策支持系統（DSS）的基礎。

英蒙（W.H.Inmon）給數據倉庫做出了如下定義：數據倉庫是面向主題的、集成的、穩定的、不同時間的數據集合，用以支持經營管理中的決策制定過程。面向主題、集成、穩定和隨時間變化是數據倉庫四個最主要的特徵。

隨著技術的進步，通過不懈的努力使人們終於找到了基於數據庫技術 DSS 的解決方案，這就是 DW+OLAP+DM→DSS 的可行方案。

數據倉庫、OLAP 和數據挖掘是作為三種獨立的信息處理技術出現的。數據倉庫用於數據的存儲和組織，OLAP 集中於數據的分析，數據挖掘則致力於知識的自動發現。它們都可以分別應用到信息系統的設計和實現中，以提高相應部分的處理能力。但是，由於這三種技術內在的聯繫性和互補性，將它們結合起來即是一種新的 DSS 構架。

（2）工程數據庫（Engineering Data Base）。工程數據庫是一種能存儲和管理各種工程圖形，並能為工程設計提供各種服務的數據庫。它與 CAD \ CAM、計算機集成製造（CIM）等統稱為 CAX 的工程應用領域。工程數據庫針對工程應用領域的需求，對工程對象進行處理，並提供相應的管理功能及良好的設計環境。

工程數據庫管理系統是用於支持工程數據庫的數據庫管理系統，主要應具有以下功能：

① 支持複雜多樣的工程數據的存儲和集成管理；
② 支持複雜對象（如圖形數據）的表示和處理；
③ 支持變長結構數據實體的處理；
④ 支持多種工程應用程序；

⑤ 支持模式的動態修改和擴展；
⑥ 支持設計過程中多個不同數據庫版本的存儲和管理；
⑦ 支持工程數據庫中長事務和嵌套事務的處理與恢復。

在工程數據庫的設計過程中，由於傳統的數據模型難以滿足 CAS 應用對數據模型的要求，需要應用當前數據庫研究中的一些新的模型技術，如擴展的關係模型、語義模型、面向對象的數據模型。

（3）統計數據庫（Statistical Datea Base）。統計數據是人類對於現實社會各行各業、科技教育、國情國力的大量調查數據。採用數據庫技術實現對統計數據的管理，對於充分發揮統計信息的作用具有決定性的意義。

統計數據庫是一種用來對統計數據進行存儲、統計（如求數據的平均值、最大值、最小值、總和等）、分析的數據庫系統。統計數據具有層次性特點，但並不完全是層次性結構。統計數據也有關係型特點，但關係型也不完全滿足需要。概括起來，統計數據具有以下特點：

① 多維性是統計數據的第一個特點也是最基本的特點。
② 統計數據是在一定時間（年度、月度、季度）期末產生大量數據，故入庫時總是定時的大批量加載。經過各種條件下的查詢以及一定的加工處理，通常又要輸出一系列結果報表。這就是統計數據的「大進大出」特點。
③ 統計數據的時間屬性是一個最基本的屬性。任何統計量都離不開時間因素而且經常需要研究時間序列值，所以統計數據又有時間向量性。
④ 隨著用戶對所關心問題的觀察角度不同，統計數據查詢出來后常有轉職的要求。

（4）空間數據庫（Spicial Data Base）。空間數據庫是以描述空間位置和點、線、體特徵的拓撲結構的位置數據及描述這些特徵的性能的屬性數據為對象的數據庫。其中的未知數據為空間數據，屬性數據為非空間數據。其中，空間數據是用於表示空間物體的位置、形狀、大小和分佈特徵等信息的數據、用於描述所有二維、三維和多維分佈的關於區域的信息，它不僅具有表示物體本身的空間位置及狀態信息，而且具有表示物體的空間關係的信息。非空間信息主要包含表示專題屬性和質量描述數據，用於表示物體的本質特徵，以區別地理實體，對地理物體進行語義定義。

由於傳統數據庫在空間數據庫的表示、存儲和管理上存在許多問題，從而形成了空間數據庫這門多學科交叉的數據庫研究領域。目前的空間數據庫成果大多數以地理信息系統的形式出現，主要應用於環境和資源管理、土地利用、城市規劃、森林保護、人口調查、交通、稅收、商業網絡等領域的管理與決策。

目前，空間數據庫的研究主要集中於空間關係與數據結構的形式化定義、空間數據的表示與組織、空間數據查詢語言、空間數據庫管理系統。

2.3 多媒體技術

在當今數字化時代，多媒體已經從一個時髦的概念變成一種實用的技術。計算機是人們應掌握的基本技能之一，而使用計算機必然用到多媒體。多媒體技術不僅應用到教育、通信、工業、軍事等領域，也應用到動漫、虛擬現實、音樂、繪畫、建築、考古等藝術領域，為這些領域的研究和發展帶來勃勃生機。多媒體技術影響著科學研究、工程製造、商業管理、廣播電視、通信網絡和人們的生活。

多媒體技術是20世紀后期發展起來的一門新型技術，它大大改變了人們處理信息的方式。早期的信息傳播和表達信息的方式，往往是單一的和單向的。后來隨著計算機技術、通信和網絡技術、信息處理技術和人機交互技術的發展，拓展了信息的表示和傳播方式，形成了將文字、圖形圖像、聲音、動畫和超文本等各種媒體進行綜合、交互處理的多媒體技術。

2.3.1 多媒體技術的基本概念

多媒體（Multimedia）是指信息表示媒體的多樣化，它能夠同時獲取、處理、編輯、存儲和展示兩種以上不同類型信息媒體的技術。這些信息媒體包括文字、聲音、圖形、圖像、動畫與視頻等。多媒體不僅是指多種媒體本身，而且包含處理和應用它的一整套技術，因此，「多媒體」與「多媒體技術」是同義詞。

多媒體技術將所有這些媒體形式集成起來，使人們能以更加自然的方式使用信息和與計算機進行交流，且使表現的信息圖、文、聲並茂。因此，多媒體技術是計算機集成、音頻視頻處理集成、圖像壓縮技術、文字處理、網絡及通信等多種技術的完美結合。

多媒體技術就是計算機交互式綜合處理多種媒體信息——文本、圖形、圖像和聲音，使多種信息建立邏輯連接，集成為一個系統並具有交互性。簡言之，多媒體技術就是計算機綜合處理聲、文、圖信息的技術，具有集成性、即時性和交互性。

2.3.2 多媒體技術的主要特徵

根據多媒體技術的定義，它有四個顯著的特徵，即集成性、即時性、數字化和交互性，這也是它區別於傳統計算機系統的特徵。

2.3.2.1 集成性

一方面是媒體信息的集成，即文字、聲音、圖形、圖像、視頻等的集成。在眾多信息中，每一種信息都有自己的特殊性，同時又具有共性，多媒體信息的集成處理把信息看成一個有機的整體，採用多種途徑獲取信息、統一格式存儲信息、組織與合成信息，對信息進行集成化處理。另一方面是顯示或表現媒體設備的集成，即多媒體系統不僅包括計算機本身，而且包括像電視、音響、攝像機、DVD播放機等設備，把不同功能、不同種類的設備集成在一起使其共同完成信息處理工作。

2.3.2.2 即時性

即時性是指在多媒體系統中聲音及活動的視頻圖像是強即時（Hardrealtime），多媒體系統需提供對這些與時間密切相關的媒體即時處理的能力。

2.3.2.3 數字化

數字化是指多媒體系統中的各種媒體信息都以數字形式存儲在計算機中。

2.3.2.4 交互性

人可以通過多媒體計算機系統對多媒體信息進行加工、處理並控製多媒體信息的輸入、輸出和播放。簡單的交互對象是數據流，較複雜的交互對象是多樣化的信息，如文字、圖像、動畫以及語言等。

多媒體技術是一種基於計算機的綜合技術，包括數字信號處理技術、音頻和視頻壓縮技術、計算機硬件和軟件技術、人工智能和模式識別技術、網絡通信技術等。它包含了計算機領域內較新的硬件技術和軟件技術，並將不同性質的設備和媒體處理軟件集成為一體，以計算機為中心綜合處理各種信息。

2.3.3 多媒體技術的發展歷程

多媒體計算機是一個不斷發展、完善的系統。多媒體技術最早起源於20世紀80年代中期。

1984年，美國Apple公司首先在Macintosh機上引入位圖（Bitmap）等技術，並提出了視窗和圖標的用戶界面形式，從而使人們告別了計算機枯燥無味的黑白顯示風格，開始走向色彩斑斕的新徵程。

1985年，美國Commodore公司推出了世界第一臺真正的多媒體系統Amige，這套系統以其功能完備的視聽處理能力、大量豐富的實用工具以及性能優良的硬件，使全世界看到了多媒體技術的美好未來。

1986年，荷蘭Philips公司和日本Sony公司聯合推出了交互式緊湊光盤系統CD-I，它將高質量的聲音、文字、計算機程序、圖形、動畫及靜止圖像等都以數字的形式存儲在650MB的只讀光盤上。用戶可以通過讀取光盤上的數字化內容來進行播放。大容量光盤的出現為存儲表示文字、聲音、圖形、視頻等高質量的數字化媒體提供了有效的手段。

1987年，RCA公司首次公布了交互式數字視頻系統（Digital Video Interactive，DVI）技術的科研成果。它以計算機技術為基礎，用標準光盤片來存儲和檢索靜止圖像、動態圖像、音頻和其他數據。1988年，Intel公司將其技術購買，並於1989年與IBM公司合作，在國際市場上推出第一代DVI技術產品，隨后在1991年推出了第二代DVI技術產品。

隨著多媒體技術的迅速發展，特別是多媒體技術向產業化發展，為了規範市場，使多媒體計算機進入標準化的發展時代，1990年，由Microsoft公司會同多家廠商成立了「多媒體計算機市場協會」，並制定了多媒體個人計算機（MPC-1）的第一個標準。在這個標準中，制定了多媒體計算機系統應具備的最低標準。

1991年，在第六屆國際多媒體和CD-ROM大會上宣布了擴展結構系統標準CD-

ROM/XA，從而填補了原有標準在音頻方面的缺陷，經過幾年的發展，CD-ROM 技術日趨完善和成熟。而計算機價格的下降，為多媒體技術的實用化提供了可靠的保證。

1992 年，正式公布了 MPEG-1 數字電視標準，它是由運動圖像專家組（Moving Picture Expert Group）開發制定的。MPEG 系列的其他標準還有 MPEG-2、MPEG-4、MPEG-7 和現正在制定的 MPEG-21。

1993 年，多媒體計算機市場協會又推出了 MPC 的第二個標準，包括全動態的視頻圖像，並將音頻信號數字化的採集量化位數提高到 16 位。

1995 年 6 月，多媒體個人計算機市場協會又宣布了新的多媒體計算機技術規範 MPC2.0。事實上，隨著應用要求的提高，多媒體技術的不斷改進，多媒體功能已成為新型個人計算機的基本功能，MPC 的新標準也無繼續發布的必要性。

多媒體技術已經從一個「嬰兒」成長為一個「青年」，隨著技術的不斷發展和創新，多媒體技術將更多地融入我們的日常學習、工作和生活。

多媒體技術不僅是多學科交匯的技術，也是順應信息時代的需要，它能促進和帶動新產業的形成和發展，能在多領域應用。多媒體技術發展方向是高分辨率化，提高顯示質量；高速度化，縮短處理時間；簡單化，便於操作；高維化，三維、四維或更高維；智能化，提高信息識別能力；標準化，便於信息交換和資源共享；多媒體技術的發展趨勢是計算機支持的協同工作環境（Computer Supported Collaborative Work，CSCW）；增加計算機的智能，如文字和語音的識別和輸入、自然語言理解和機器翻譯、圖形的識別和理解、機器人視覺和計算機視覺、知識工程以及人工智能等；把多媒體和通信技術融合到 CPU 芯片中等。

2.3.4　多媒體技術的應用領域

隨著多媒體技術的不斷發展，多媒體技術的應用也越來越廣泛。多媒體技術涉及文字、圖形、圖像、聲音、視頻、網絡通信等多個領域，多媒體應用系統可以處理的信息種類和數量越來越多，極大地縮短了人與人之間、人與計算機之間的距離，多媒體技術的標準化、集成化以及多媒體軟件技術的發展，使信息的接收、處理和傳輸更加方便快捷。

多媒體技術的應用領域主要有以下五個方面：

2.3.4.1　教育培訓領域

目前多媒體技術應用包括計算機輔助教學（Computer Assited Instruction，CAI）、光盤製作、公司和地區的多媒體演示、導遊及介紹系統等。現在多媒體製作工具的相關技術已經比較成熟，這方面的發展主要在實現技術和創意兩個方面。

多媒體計算機輔助教學已經在教育教學中得到了廣泛的應用，多媒體教材通過圖、文、聲、像的有機組合，能多角度、多側面地展示教學內容。多媒體技術通過視覺和聽覺或視聽並用等多種方式同時刺激學生的感覺器官，能夠激發學生的學習興趣，提高學習效率，幫助教師將抽象的不易用語言和文字表達的教學內容，表達得更清晰、直觀。計算機多媒體技術能夠以多種方式向學生提供學習材料，包括抽象的教學內容、動態的變化過程、多次的重複等。利用計算機存儲容量大、顯示速度快的特點，能快

速展現和處理教學信息，拓展教學信息的來源，擴大教學容量，並且能夠在有限的時間內檢索到所需要的內容。

多媒體教學網絡系統在教育培訓領域中得到廣泛應用，教學網絡系統可以提供豐富的教學資源、優化教師的教學，更有利於個別化學習。多媒體教學網絡系統在教學管理、教育培訓、遠程教育等方面發揮著重要的作用。

多媒體教學網絡系統應用於教學中，突破了傳統的教學模式，使學生在學習時間、學習地點上有了更多的自由選擇的空間，越來越多地應用於各種培訓教學、學習教學、個別化學習等教學和學習過程中。

2.3.4.2 電子出版領域

電子出版是多媒體技術應用的一個重要方面。中國國家新聞出版管理部門對電子出版物曾有過如下定義：電子出版物是指以數字代碼方式將圖、文、聲、像等信息存儲在磁、光、電介質上，通過計算機或類似設備閱讀使用，並可複製發行的大眾傳播媒體。

電子出版物的內容可以是多種多樣的，當 CD-ROM 光盤出現以後，由於 CD-ROM 存儲量大，能將文字、圖形、圖像、聲音等信息進行存儲和播放，出現了多種電子出版物，如電子雜誌、百科全書、地圖集、信息諮詢、剪報等。電子出版物可以將文字、聲音、圖像、動畫、影像等種類繁多的信息集成為一體，存儲密度非常高，這是紙質印刷品所不能比的。

電子出版物中信息的錄入、編輯、製作和複製都借助計算機完成，人們在獲取信息的過程中需要對信息進行檢索、選擇，因此電子出版物的使用方式靈活、方便、交互性強。

電子出版物的出版形式主要有電子網絡出版和電子書刊兩大類。電子網絡出版是以數據庫和通信網絡為基礎的一種出版形式，通過計算機向用戶提供網絡聯機、電子報刊、電子郵件以及影視作品等服務，信息的傳播速度快、更新快。電子書刊主要以只讀光盤、交互式光盤、集成卡等為載體，容量大、成本低是其突出的特點。

2.3.4.3 娛樂領域

隨著多媒體技術的日益成熟，多媒體系統已大量進入娛樂領域。多媒體計算機游戲和網絡游戲，不僅具有很強的交互性而且人物造型逼真、情節引人入勝，使人容易進入游戲情景，如同身臨其境一般。數字照相機、數字攝像機、DVD 等越來越多地進入到人們的生活和娛樂活動中。

2.3.4.4 諮詢服務領域

多媒體技術在諮詢服務領域的應用主要是使用觸摸屏查詢相應的多媒體信息，如賓館飯店查詢、展覽信息查詢、圖書情報查詢、導購信息查詢等，查詢信息的內容可以是文字、圖形、圖像、聲音和視頻等。查詢系統信息存儲量較大，使用非常方便。

2.3.4.5 多媒體網絡通信領域

20世紀90年代，隨著數據通信的快速發展，局域網（Local Area Network，LAN）、綜合業務數字網絡（Integrated Services Digital Network，ISDN）、以異步傳輸模式（Asynchronous Transfer Mode，ATM）技術為主的寬帶綜合業務數字網（Broadband Integrated Service Digital Network，B-ISDN）和以 IP 技術為主的寬帶 IP 網，為實施多媒體網絡通信奠定了技術基礎。網絡多媒體應用系統主要包括可視電話、多媒體會議系統、視頻點播系統、遠程教育系統、IP 電話等。

多媒體網絡是多媒體應用的一個重要方面，通過網絡實現圖像、語音、動畫和視頻等多媒體信息的即時傳輸是多媒體時代用戶的極大需求。這方面的應用非常多，如視頻會議、遠程教學、遠程醫療診斷、視頻點播以及各種多媒體信息在網絡上的傳輸。遠程教學是發展較為突出的一個多媒體網絡傳輸應用。多媒體網絡的另一目標是使用戶可以通過現有的電話網絡、有線電視網絡實現交互式寬帶多媒體傳輸。

多媒體技術的廣泛應用必將給人們的工作和生活的各個方面帶來新的體驗，而越來越多的應用也必將促進多媒體技術的進一步發展。

小結

數據處理的目的是為了更好地利用各類信息資源，為管理決策服務，數據處理的核心是數據管理。數據管理先後經歷了人工管理、文件系統和數據庫系統階段。

數據庫系統是由計算機系統、數據、數據庫管理系統以及有關人員組成的有高度組織的整體，是一個企業、組織或部門涉及的全局數據及其管理系統的綜合。

計算機網絡是管理信息系統的一項基本使用技術，把分佈式信息處理通過計算機網絡集成起來，是管理信息系統運行的基礎。企業內部一般組建局域網，局域網之間通過 TCP/IP 協議實現互聯。採用互聯網技術的局域網結構也稱為 Intranet。

多媒體技術就是計算機交互式綜合處理多種媒體信息——文本、圖形、圖像和聲音，使多種信息建立邏輯連接，集成為一個系統並具有交互性。簡言之，多媒體技術就是計算機綜合處理聲、文、圖信息的技術，具有集成性、即時性和交互性。多媒體應用系統可以處理的信息種類和數量越來越多，極大地縮短了人與人之間、人與計算機之間的距離，多媒體技術的標準化、集成化以及多媒體軟件技術的發展，使信息的接收、處理和傳輸更加方便快捷。

思考題

1. 簡述數據庫系統的組成。
2. 什麼是關係模型？關係模型有哪些特點？
2. 計算機網絡的分類有哪幾種？拓撲結構如何？
3. 簡述數據庫系統的三級模式結構和兩層映像的功能。
4. 數據庫設計需要哪幾個階段？

3 管理信息系統的戰略規劃和開發

本章主要內容：

本章介紹了管理信息系統的戰略規劃以及相關實施方法和管理信息系統戰略規劃的意義、方法以及信息系統的幾種開發方法和開發方式特點。

本章學習目標：

通過本章的學習，瞭解管理信息系統總體規劃的必要性、總體規劃的內容，總體規劃的工作步驟和組織工作；掌握總體規劃的常用方法，即關鍵成功因素法、戰略目標集轉化法、企業系統規劃法；掌握進行項目可行性分析的任務、內容，以及如何編寫可行性分析報告。

3.1 信息系統戰略規劃概述

受信息系統項目本身特點的影響，管理信息系統項目的開發是一項複雜的系統工程，人們對於它的認識，並不像對一般工程項目那樣，更易於掌握並開展工作。在信息系統的建設過程中，由於各類人員之間的協調工作不到位，開發人員一門心思地開發各自負責的部分系統，雖然從局部的角度考慮，屬於「界面友好」的系統，但真正把各子系統組裝成一個大系統時，問題便暴露出來，往往需要做大量的修改工作，甚至有些系統集成後，由於修改工作量太大，無法進行修改而被迫宣布重新再來。以往的教訓，使人們越來越清楚地認識到，一個完整的管理信息系統應該由許多分離的功能模塊組成，各模塊之間依靠數據聯繫在一起，即數據是被各功能模塊所共享的。只有這些數據被有效地設計出來，各功能模塊的開發設計工作才能有效地進行，同時也有利於今後的開發、調試工作。只有在統一的總體規劃指導下，這種分散的功能模塊，才能被有機結合起來，構成一個有效的大系統。對於管理信息系統的開發設計工作來說，總體規劃是不可或缺的。

現代企業用於信息系統的投資越來越多，如寶鋼投資已多達數億元。由於信息系統建設投資巨大並且歷時很長，系統的成敗將對企業經營產生重大影響。美國和德國的調查統計結果表明，管理信息系統項目的失敗差不多有 70% 是由規劃不當造成的。

在管理信息系統建設中，如果一個操作錯誤會造成幾萬元損失的話，那麼，一個設計錯誤就會損失幾十萬元，一個計劃錯誤會損失幾百萬元，而一個規劃錯誤能導致企業損失幾千萬元甚至上億元。信息系統規劃的損失不僅僅是巨大的，而且還是隱性的、長遠的，往往要到系統、全面推廣實施後才能在實踐中慢慢顯現出來。所以，我們應該克服只考慮實施的片面性，把信息系統的規劃擺到重要的戰略位置上。

自20世紀60年代起，信息系統規劃就受到企業界和學術界的高度重視，許多學者和組織在實踐的基礎上提出了不同的方法。但是，由於組織的特點、類型和對規劃的具體需求的多樣性，在信息系統規劃的進行過程中經常會遇到各種各樣的問題。因此，如何正確應用信息系統規劃方法，針對組織的具體特點和需求來進行規劃，成為企業信息系統建設中的重要問題。

3.1.1 信息系統戰略規劃的內涵

3.1.1.1 企業戰略和信息系統戰略的意義

目前，隨著信息技術的迅猛發展和普及，世界經濟一體化趨勢的發展，市場變化速度加快，企業競爭愈加激烈，企業經營戰略的實現已經離不開信息技術的支撐，企業信息化建設成為企業生存發展、實現經營戰略目標的必然選擇。

正因為信息技術對企業經營戰略的影響關係重大，因此企業在建設信息系統時應當有正確的戰略。企業建設管理信息系統的戰略可以以企業經營戰略為基礎來制定，也可以與企業經營戰略的某些重要部分整合起來，或者完全與企業經營戰略合為一體。

企業戰略決策層應在掌握企業戰略管理的基礎上，認真分析企業經營戰略目標對信息系統建設的要求，從戰略層次上考慮企業信息系統建設的方向、目標，從而形成企業經營戰略目標實現的強有力支撐，共同推動企業走向成功。

3.1.1.2 信息系統戰略規劃的意義

企業建設管理信息系必然會造成組織變革，對組織影響很大，涉及企業業務流程再造。再者，運用信息技術強調「整合」，整合不善，往往浪費組織資源，甚至造成系統棄置不用的情形。信息系統的建設是一個巨大的工程，不僅涉及技術方面，而且涉及經營管理業務，甚至經營管理思想與觀念。因此，建設信息系統應該事先做規劃，先預期組織可能的變化、可能產生的問題以及組織期待在未來所要實現的目標，並預先考慮各子系統、各種技術之間的整合問題，以及信息科技和組織基礎建設，如人力、資本等的整合問題，再進一步制定配合各項工作的日程表和安排所需的財力與人力。這些工作就是信息系統規劃的工作。

3.1.1.3 信息系統戰略規劃的必要性

（1）信息是企業的重要資源，應當被全企業所共享，只有經過規劃和開發的信息資源才能發揮其應有作用。由於企業或組織內外的信息資源很多，其內外之間都有大量的信息需要交換和共享，如何收集、存儲、加工和利用這些信息，以滿足各種不同層次的需要，這顯然不是分散的、局部的考慮所能解決的問題，必須有來自高層的、

統一的、全局的規劃，將這些信息提取並設計出來，才能實現信息的共享。

（2）各子系統除了完成相對獨立的功能外，相互之間還需要協調工作，總體戰略規劃的目的是使信息系統的各組成部分之間，能夠相互協調。子系統之間的協調必須有來自高層的總體規劃，總體規劃是站在總體的高度，識別並規劃出支持各項管理的數據、數據產生的地點、使用的部門，負責協調相互之間的關係，以克服手工管理方式中的弊病。

（3）總體規劃主要使人力、物力、時間的安排合理、有序，以保證將來的子系統的開發工作順利進行。由於信息系統的開發是一項長期而艱鉅的任務，其內部各子系統的開發不能齊頭並進地進行，往往是採用先開發一部分，再開發另外一部分。這樣一種循序漸進的開發過程，究竟哪些子系統先開發、在什麼時間完成，哪些子系統后開發、在什麼時間開始。在整個開發過程中，什麼時間內完成哪個階段的任務，這些任務的完成需要什麼人，做什麼樣的工作等有關開發進度的安排、人員的調配、設備的配置等一系列問題，都必須在總體規劃階段給予解決。

3.1.1.4 信息系統戰略規劃的概念

戰略規劃是在系統開發之前指定的總體戰略，主要包括描述系統總體結構，給出資源配置計劃，選擇開發方案和確定子系統的開發次序等。戰略規劃是宏觀指導性的長期計劃，是制定執行規劃的基礎，也是保證信息系統開發全過程順利進行的重要因素。

企業組織中所要實現的信息技術應用或所開發的信息系統往往不止一個，企業要全面實現計算機管理也不是一項短期的任務。信息系統的戰略規劃是關於信息系統的長遠發展規劃，需要在組織戰略業務規劃的指導下，考慮企業管理環境和信息技術水平，對企業內部的信息技術和信息資源開發工作進行合理安排，確定信息系統在組織中的地位以及結構關係，並確定分階段的發展目標、發展重點、實現目標的途徑和措施等（如圖3-1所示）。通過戰略規劃的制定，可以使系統的開發嚴格地按計劃有序地進行，以保證信息技術應用和信息系統的開發能夠為企業的發展目標服務；同時，也可以使各種獨立開發的應用系統良好地銜接，對企業業務形成全面的支持，使各種應用系統與組織環境相匹配，實現信息系統開發的經濟效益。

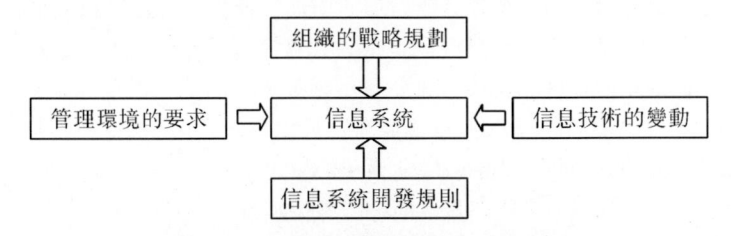

圖3-1 制定信息系統戰略規劃的相關因素

信息系統戰略規劃是基於企業發展目標與經營戰略制定的，面向組織信息化發展遠景的，關於企業信息系統的整個建設計劃，既包含戰略計劃也包括信息需求分析和

資源分配。信息系統戰略規劃可以幫助組織充分利用信息系統及其潛能來規範組織內部管理，提高組織工作效率和顧客滿意度，為組織獲取競爭優勢，實現組織的宗旨、目標和戰略。

信息系統戰略規劃主要解決四個問題：

（1）如何保證信息系統戰略規劃同它所服務的組織和總體戰略上的一致？

（2）怎樣為該組織設計出一個信息系統總體結構，並在此基礎上設置、開發應用系統？

（3）對相互競爭的應用系統，應如何擬訂優先開發計劃和營運資源的分配計劃？

（4）面對前三個階段的工作，應怎樣選擇並應用行之有效的設計方法？

3.1.2 信息系統戰略規劃的目的和內容

3.1.2.1 管理信息系統戰略規劃的主要目的

管理信息系統戰略規劃的主要目的在於企業如何合理利用信息資源來創造價值，並作為資源分配及控製的基礎，節省 MIS 投資，明確 MIS 的任務。管理信息系統戰略規劃一般既包含三年或更長的長期規劃，也包含一年的短期規劃。長期規劃部分指明了總的發展方向，而短期規劃部分則為確定作業和資金工作的具體責任提供依據。

3.1.2.2 管理信息系統戰略規劃的主要內容

（1）信息系統的目標、約束與結構。

（2）組織的現狀、業務流程現狀、存在的問題、流程重組，包括硬件情況、通用軟件情況、應用系統及人員情況、硬件與軟件人員及費用的使用情況、項目進展狀況及評價等。

（3）對影響計劃的信息技術發展的預測。

（4）近期計劃。

3.1.3 信息系統戰略規劃的過程

信息系統戰略規劃的過程就是應用一定的方法（在本章第二節中詳細敘述），從企業的發展戰略和經營管理需求出發，結合當前信息化的狀況，逐步理清企業管理提升和信息系統建設的總體方向；客觀分析當前所處的位置，分析當前和未來（遠景）之間的差距，將先進信息技術與企業發展戰略和管理控製手段有機地結合起來，確定企業信息系統建設的總體目標和總體方案；然後根據具體的信息需求，分析數據，建立全局一致信息架構，完善企業數據環境體系；最后制定策略、明確原則、給出路線、明確信息系統建設的各項目之間的時序關係和依賴關係，並確定信息系統建設各項目、各階段的目標。制定信息系統戰略規劃的總體思路如圖 3-2 所示。

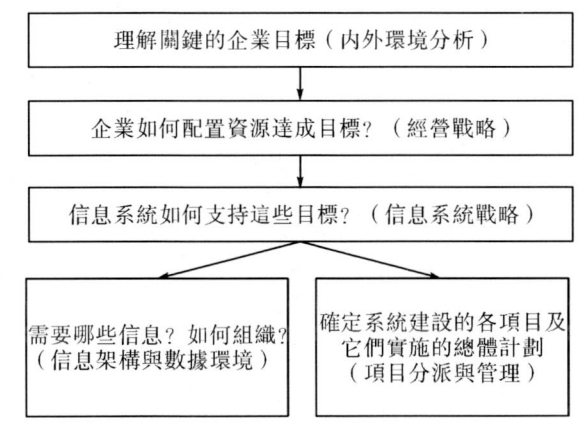

```
┌─────────────────────────────┐
│ 理解關鍵的企業目標（內外環境分析）│
└──────────────┬──────────────┘
               ↓
┌─────────────────────────────┐
│ 企業如何配置資源達成目標？（經營戰略）│
└──────────────┬──────────────┘
               ↓
┌─────────────────────────────┐
│ 信息系統如何支持這些目標？（信息系統戰略）│
└──────┬───────────────┬──────┘
       ↓               ↓
┌──────────────┐ ┌──────────────────┐
│需要哪些信息？如何組織？│ │確定系統建設的各項目及│
│（信息架構與數據環境）│ │它們實施的總體計劃   │
│              │ │（項目分派與管理）   │
└──────────────┘ └──────────────────┘
```

圖 3-2　信息系統戰略規劃的總體思路

信息系統戰略規劃大致要經過以下幾個過程：

（1）確定規劃的基本問題。包括確定規劃的年限，規劃方法的選擇、規劃方式（集中或分散）的選擇以及是採取進取型還是保守型的規劃等。

（2）收集初始信息。包括從各級主管部門、競爭者、本企業內部各職能部門，以及從各種文件、書籍和報紙、雜誌中收集信息。

（3）現狀評價、識別計劃約束。包括：分析系統的目標、系統開發方法；對現行系統存在的設備、軟件及其質量進行分析和評價；對系統的人員、資金、運行控制和採取的安全措施，以及各子系統在中期和長期開發計劃中的優先順序等進行計劃和安排。

（4）設置目標。由企業組織的領導和系統開發負責人，依據企業組織的整體目標來確定信息系統的目標，包括系統的服務質量和範圍、人員、組織以及要採取的措施等。

（5）準備規劃矩陣。由信息系統規劃的內容，依據相互之間的關係組成的矩陣。

（6）識別各種活動。將上面列出的各項活動進行分析，分為一次性的工程項目活動和重複性的要經常進行的活動，並指出需優先進行的項目。由於資源受到限制，各項活動和項目不可能同時進行，應該依據項目的重要性、風險的大小，以及效益的好壞等，正確選擇工程類項目和日常性重複類項目的組成，並排出執行的先後次序。

（7）確定項目的優先權和估計項目的成本費用。

（8）編製項目的實施進度計劃。

（9）寫出管理信息系統開發的總體規劃。將信息系統開發的總體規劃整理成規範的文檔，在成文過程中，要與用戶、系統信息的開發人員及各級領導不斷協商，交換意見。

（10）報送總經理批准。整理成文的管理信息系統的總體規劃，必須經過總經理批准才能生效，否則只能返回到前面某一個步驟，重新再來。

總體戰略規劃步驟如圖 3-3 所示。

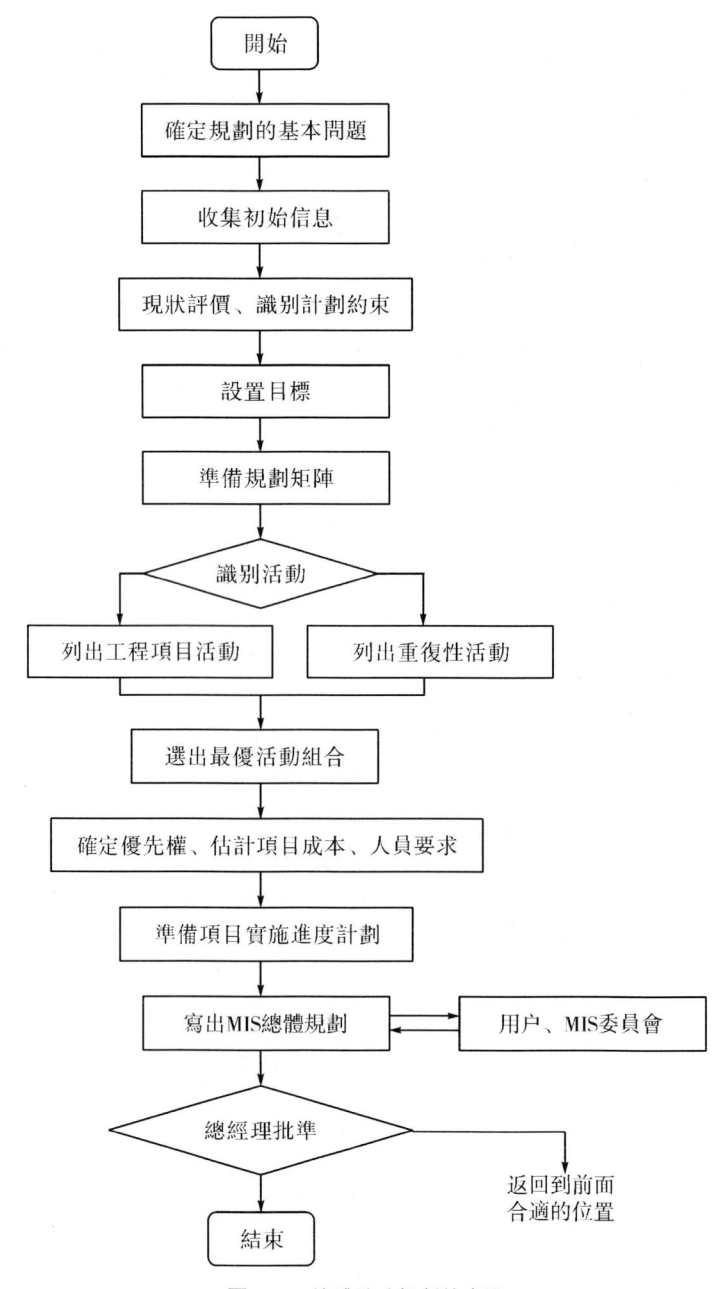

```
┌──────┐
│ 開始 │
└───┬──┘
    ↓
┌──────────────────┐
│ 確定規劃的基本問題 │
└────────┬─────────┘
         ↓
┌──────────────┐
│ 收集初始信息 │
└──────┬───────┘
       ↓
┌────────────────────────┐
│ 現狀評價、識別計劃約束 │
└───────────┬────────────┘
            ↓
┌──────────┐
│ 設置目標 │
└────┬─────┘
     ↓
┌──────────────┐
│ 準備規劃矩陣 │
└──────┬───────┘
       ↓
    識別活動
    ↙      ↘
┌──────────────┐  ┌──────────────┐
│ 列出工程項目活動 │  │ 列出重復性活動 │
└──────────────┘  └──────────────┘
         ↓
┌──────────────────┐
│ 選出最優活動組合 │
└────────┬─────────┘
         ↓
┌──────────────────────────────────┐
│ 確定優先權、估計項目成本、人員要求 │
└─────────────────┬────────────────┘
                  ↓
┌────────────────────┐
│ 準備項目實施進度計劃 │
└──────────┬─────────┘
           ↓
┌──────────────────┐      ┌────────────────┐
│ 寫出MIS總體規劃  │←────→│ 用戶、MIS委員會 │
└────────┬─────────┘      └────────────────┘
         ↓
     總經理批準 ──→ 返回到前面合適的位置
         ↓
      ┌──────┐
      │ 結束 │
      └──────┘
```

圖 3-3　總體戰略規劃的步驟

3.1.3.1　環境分析、收集初始信息、現狀評價

環境分析、收集初始信息和現狀評價是信息系統戰略規劃的依據。在這部分，首先要明確企業的發展目標、發展戰略和發展需求，明確實現企業管理信息系統的總目標，企業各個關鍵部門要做的各種工作。其次要研究整個行業的發展趨勢和信息技術

產品的發展趨勢。不僅分析行業的發展現狀、發展特點、發展動力、發展方向以及信息技術在行業發展中所起的作用，還要掌握信息技術本身的發展現狀、發展特點和發展方向。最後要瞭解競爭對手對信息技術的應用情況，包括具體技術、實現功能、應用範圍、實施手段以及成果和教訓等。最後要認識企業目前的信息化程度和基礎條件。信息化程度分析包括現有技術水平、功用、價值、組織、結構、需求、不足和風險等。基礎條件分析的內容包括基礎設施（如網絡系統、存儲系統和作業處理系統）、信息技術架構（如數據架構、通信架構和運算架構）、應用系統（如各種應用程序）、作業管理（如方法、開發、實施和管理）、企業員工（如技能、經驗、知識和創新）。

3.1.3.2 設置目標

根據第一部分形勢分析的結果，來制定和調整企業信息系統建設的指導綱領，爭取企業以最適合的規模、最適合的成本，去做最適合的工作。首先是根據本企業的戰略需求，明確企業信息系統建設的遠景和使命，確定企業信息系統建設的發展方向和企業信息系統建設在實現企業戰略過程中應起的作用。其次是起草企業信息系統建設的指導綱領。它代表著信息化管理部門在管理和實施工作中要遵循的企業條例，是有效完成信息系統建設使命的保證。最後是制定信息系統建設目標。它是企業在未來幾年為了實現遠景和使命而要完成的各項任務。

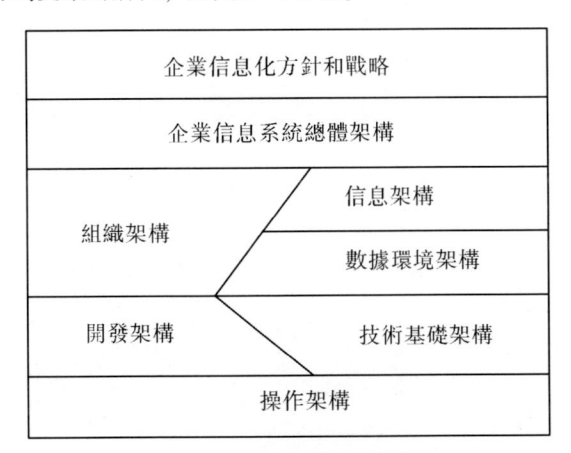

3.1.3.3 設計信息系統總體架構

信息系統總體架構是基於前兩部分而設計的信息系統建設的結構和模塊。它以層次化的結構涉及企業信息系統建設的各個領域，每一層次由許多的功能模塊組成，每一功能模塊又可分為更細的層次，如圖3-4所示。

圖3-4 **信息系統總體架構**

在總體架構下，構造信息應用層次架構如圖3-5所示。構造數據資源架構如圖3-6所示。

圖 3-5　信息架構

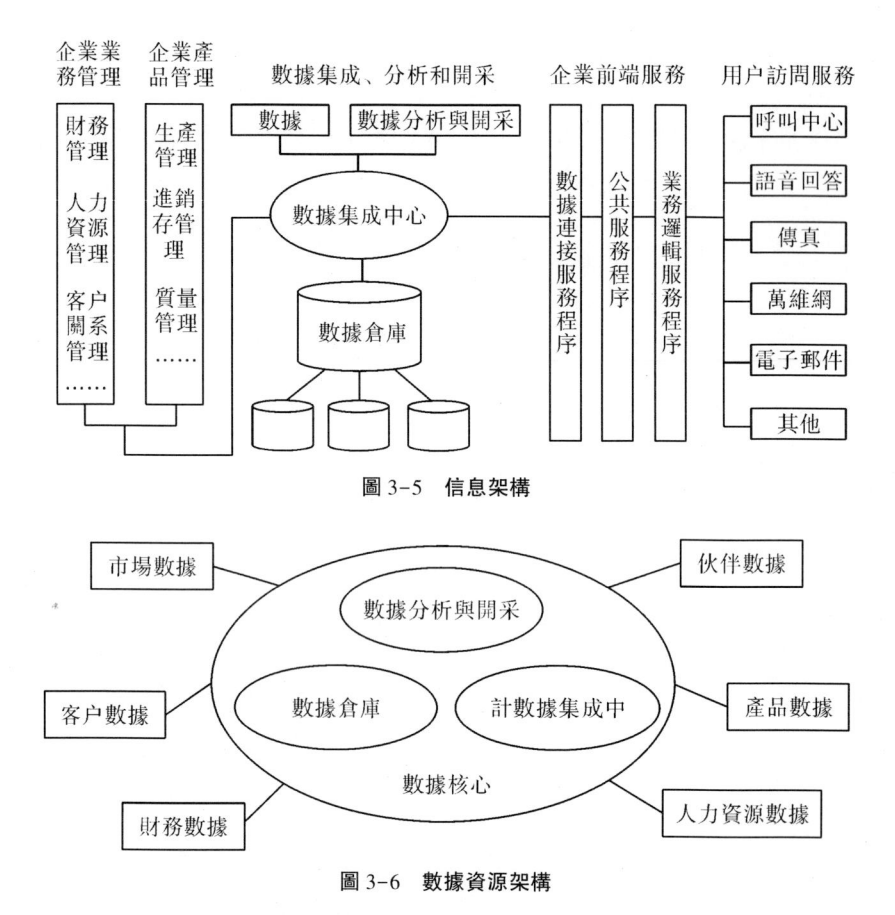

圖 3-6　數據資源架構

3.1.3.4　擬定信息技術標準

信息技術標準涉及對具體技術產品、技術方法和技術流程的採用，是對信息系統總體架構的技術支持。通過選擇具有工業標準、應用最為廣泛、發展最有前景的信息技術為標準，可以使企業信息系統具有良好的可靠性、兼容性、擴展性、靈活性、協調性和一致性，從而提供安全、先進、有競爭力的服務，並且降低開發成本和時間。

3.1.3.5　項目分派和管理

在第二、第三、第四步的基礎上，首先對每一層次上的各個功能模塊以及相應的各項企業信息系統建設的任務進行優先級評定、統籌計劃和項目提煉，明確每一項目的責任、要求、原則、標準、預算、範圍、程度、時間以及協調和配合；然後，選擇每一項目的實施部門或小組；最後，確定對每一項目進行監控與管理的原則、過程和手段。

企業通過信息系統戰略的制定，實現信息系統戰略與經營戰略、信息系統戰略與信息系統建設實施無縫銜接，確保後期的實施建設過程中不走樣，並通過構建企業的信息架構，完善滿足各種應用的數據環境體系，確保 IT 投資支持企業的經營戰略，確保在信息架構內各 IT 系統的整體集成和應對業務流程與組織的變化，有效地規避了信

息化建設過程中的風險，提高 IT 投資的效益。

課堂案例討論：

項目規劃，為何難以繼續

開雲公司是浙江省寧波市的一個小型零售連鎖企業，總部設在寧波。隨著企業業務的不斷擴展，目前已在寧波下屬一些縣區設有分部。

改造信息孤島

開雲公司業務擴張后使企業內部出現了一系列的問題。各門店之間、門店與總部之間、與供應商之間的信息管理系統是不相連接的，各店也是分別向供貨商採購。如此一來，開雲公司實際上的營運模式就成了單店經營，一個個店其實就是一個個信息孤島，規模優勢和集團化勢難以發揮。

面對這些問題，開雲公司急於借力信息技術來提升其整體管控能力，滿足擴張需求。作為公司首席信息官（CIO）的張勵計劃上在線供應鏈管理系統（Supply Chain Management，SCM）。

在 2005 年 12 月得到老總的支持後，張勵就積極地和一些 IT 供應商聯繫，最終確定了宏研公司為項目合作夥伴。宏研公司的項目經理李楷負責這個項目。

但是，直到 2006 年 6 月，雙方還沒有確定出一個認可的方案，而且，項目的進展幾乎陷入困境。按照李楷的話說：「我現在已經害怕接到張勵的電話。」這是為什麼呢？

方案反覆修改

最初，經過雙方的協商，李楷為開雲公司量身打造了一個以該門店為中心的 B2B 的電子商務平臺。平臺主要包括基於 Intranet 內網的報表統計系統；基於 Extranet 外網的 E-SCM 供應鏈管理系統。系統功能有在線結算、信息分享（銷售、庫存、補貨、結算）以及品類管理及分析。

最初的方案確定實現了開雲公司多家門店與供貨商之間的電子訂單、對帳、經營數據分析、查詢等協同商務工作。

但是不久之後，張勵就發現，其上游供貨商由於各自業務統計和分析的需要，會對自己所經營的商品制定一定的分類標準和編碼規則，即使同一連鎖集團內，各門店所經營的商品種類、商品編碼、價格等各種屬性也可能各不相同。因此，項目方案內必須要解決如何按照一定的標準將信息進行轉換，否則，B2B 的電子商務平臺將成為一句空談。

對於張勵新問題的提出，李楷又對以前的方案做出了調整，做出了異構系統之間的「翻譯」模塊。由於這個調整，在整體的項目方案中做了不小的改動。

就在雙方基本確定了方案可行性后的不久，張勵根據自身企業的特點又提出了新的問題，在總部建設數據中心系統，包括基於數據倉庫的 CRM 顧客關係管理系統。當然，李楷不辭辛苦地又對項目方案做了進一步的調整。每一次方案的調整，對李楷來說都是一次繁忙的工作，要對開雲公司的工作流程仔細調研，制訂方案，甚至要和其一些上游廠商進行溝通、確保方案的可行性。

本以為經過幾次的調整，這次應該是讓張勵滿意了。然而，事情又出現了新的變化，

經過進一步的考慮，張勵又提出需要一套 BI 商業智能系統為企業的決策提供支持。

到底怎麼做

這一次，李指再也坐不住了。第一，項目方案又要調整，這又會是一個較長的時間，而其不知道以后又會怎樣去繼續變化；第二，李楷認為，對於開雲公司，BI 商業智能系統的考慮太長遠，目前的數據量太少，項目實施后數據量的增加也會是一個長期過程，沒必要現在就做全部規劃。

作為企業 CIO，張勵有不同的意見，現在的零售連鎖競爭相當激烈，企業要考慮長遠的規劃，當系統上線后，隨著供貨商和各門店的數據共享，當信息量不斷擴大，需要一套 BI 商業智能系統為企業領導的決策提供幫助。這樣才會在競爭中保持不敗。

到現在，項目初期就遇到了如此多的問題，張勵認為「用戶更喜歡一個能提出個性化的解決方案、碰到問題時都能夠解決的供應商，能根據我們企業的發展提供符合要求的差別化服務。」

而李楷卻有自己的苦惱，客戶要求不斷改變方案，經常遇到客戶要將做好的方案推倒重來。這樣一來，作為解決方案供應商根本沒有辦法控制成本。導致反覆推倒重來的局面，使得 IT 供應商無所適從。更何況，李楷認為，有些方面的規劃對目前來說不是急需的。

資料來源：www.ccidnet.com/2006/1018/925535.shtml.

討論題：

1. 在項目規劃上，IT 供應商與客戶之間如何更好地溝通和協調？
2. 項目究竟應該滿足現有的應用需求，還是要滿足未來的應用需求？

3.2 信息系統規劃模型

信息系統戰略規劃是實施信息系統的關鍵步驟，以合理的模型與方法作為指導是提高信息系統規劃的重要基礎。模型刻畫了信息系統規劃過程中的指導模式，而方法描述了具體實施規劃時的步驟。目前使用比較多的信息系統規劃模型有諾蘭的階段模型、戰略一致性模型和三階段模型。而規劃方法有很多，信息系統規劃的常用方法有企業系統規劃法、戰略數據規劃法、組織計劃引出法、戰略方格法、戰略目標集轉換法、關鍵成功因素法、目的手段分析法、投資回收法、零點預算法、收費法等。

3.2.1 諾蘭階段模型

3.2.1.1 諾蘭階段模型概述

計算機在企業管理中的應用，一般要經歷若干階段。諾蘭在 1973 年首次提出的信息系統發展階段理論確定了信息系統生長的四個不同階段，到 1980 年，諾蘭又把該模型擴展成六個階段，如圖 3-7 所示。

這是一種波浪式的發展歷程，其前三個階段具有計算機數據處理時代的特徵，后三個階段則顯示出信息技術時代的特點，前后之間的「轉折區間」是在整合期中，由

於辦公自動化機器的普及、終端用戶計算環境的進展而導致了發展的非連續性，這種非連續性又稱為「技術性斷點」。

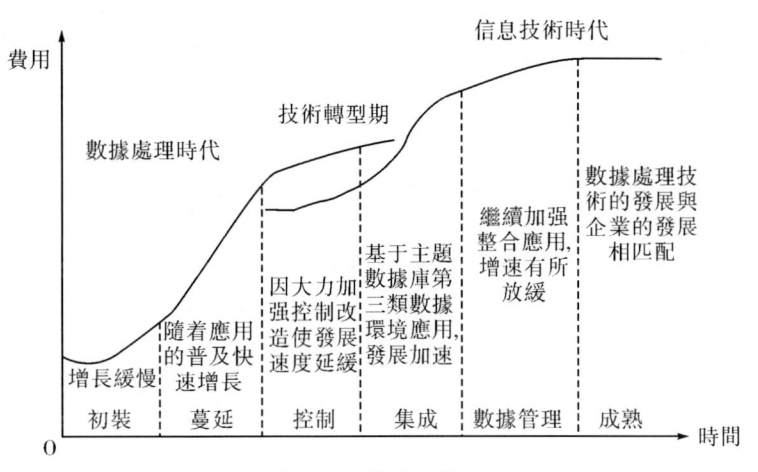

圖 3-7　諾蘭階段模型

諾蘭的階段模型反應了信息系統的發展階段，並使信息系統的各種特性與系統生長的不同階段對應起來，從而成為信息系統戰略規劃工作的框架。根據這個模型，只要一個信息系統存在某些特性，便知處在哪一階段，而這一理論的基本思想是一個組織的信息系統在能夠轉入下階段之前，必須首先經過系統生長的前幾個階段。因此，如果能夠診斷出一個企業目前所處的成長階段，就能夠對它的規劃提出一系列的限制條件和做出針對性的規劃方案。

3.2.1.2　諾蘭階段模型的階段劃分

(1) 初裝階段

從企業購置第一臺計算機開始，一般是在財務部門和統計部門應用。該階段的特點是組織中只有少數人使用計算機，計算機是分散控制的，沒有統一的計劃。

(2) 蔓延階段

隨著計算機的應用見到成效，應用面迅速擴大，從企業少數部門擴展到各個部門，以至於在對信息系統的管理和費用方面都產生了危機。在此階段，計算機處理能力得到飛速發展，但在組織內部又出現大量數據冗余、數據不一致以及數據無法共享等許多問題。

(3) 控制階段

組織開始制定管理方法，控制對計算機的隨意使用，使得計算機的使用正規化、制度化，推行成本—效益分析方法，但這種控制可能影響一些潛在效益的實現。而且針對已開發的應用系統的不協調和數據冗余等問題，建立統一的計劃。

(4) 集成階段

在經過控制階段的全面分析、引入數據庫技術、建立數據通信網技術的條件下，數據處理系統進入一個高速發展階段。建立集中式的數據庫和能夠充分利用及管理組織各種信息資源的系統。

（5）數據管理階段

諾蘭認為，在集成階段之后才會真正進入數據管理。這時，數據真正成為企業的重要資源。由於美國在20世紀80年代時多數企業還處在第四階段，因此諾蘭對第五階段還無法給出詳細的描述。

（6）成熟階段

信息系統的成熟表現在它與組織的目標完全一致，可以滿足組織中各管理層次的要求，能夠適應任何管理和技術的新的變化，從而真正實現信息資源的管理。

3.2.1.3 諾蘭階段模型的意義

諾蘭的階段模型總結了發達國家信息系統發展的經驗和規律。一般認為，模型中的各階段都是不能跳躍的。因此，無論在確定開發管理信息系統的策略，或者在制定管理信息系統規劃的時候，都應首先明確本企業當前處於哪一個發展階段，進而根據該階段的特徵指導信息系統的建設。

諾蘭的階段模型既可以用於診斷當前所處在哪個成長階段、向什麼方向前進、怎樣管理對開發最有效，也可以用於對各種變動的安排，進而以一種可行方式轉至下一個生長階段。雖然系統成長現象是連續的，但各階段則是離散的。在制定規劃過程中，根據各階段之間的轉換和隨之而來的各種特性的逐漸出現，運用諾蘭的階段模型輔助規劃的制定，將它作為信息系統規劃指南是十分有益的。

3.2.2 戰略一致性模型

3.2.2.1 模型簡介

戰略一致性模型是哈佛商學院約翰·亨德森（John Henderson）於1999年提出的一套進行信息技術戰略規劃的思考架構，幫助企業檢查企業經營戰略與信息技術戰略之間的一致性。

Henderson認為，企業戰略和信息科技戰略都有外部與內部兩個方面。眾所周知，在企業戰略領域中外部定位與內部安排之間的協調配合程度對企業經營績效非常重要。同理，在制定信息技術戰略時也應該依照外部領域（企業在信息科技市場的地位）以及內部領域（信息科技基礎設施與流程的組態及管理）的觀念來進行規劃。

在Henderson模型的定義中，企業戰略的外部領域是企業競爭的範圍，包括關於企業範疇、競爭力及治理結構的決策；內在領域則包括管理結構、關鍵企業流程的設計及再設計、人力資源技能的取得及發展。在對應的信息技術戰略方面，其外在領域包括技術範疇、系統競爭力與信息科技駕馭機制；內在領域則包含信息科技結構、信息科技流程及信息科技技能，如圖3-8所示。

傳統上，信息技術戰略多半反應出內部導向的特性，扮演著公司經營中非必要的支持角色。但隨著信息科技成為企業轉型的重要催化劑后，組織也應該開始重視信息科技的外部要素。

模型中的縱軸表示內、外兩個領域的戰略適配度，強調任何戰略都應該同時處理內、外兩個領域。在許多組織中，信息科技內、外領域的不適配往往是無法取得信息科技投資效益的主要原因。

模型中的橫軸則表示功能整合的向度，考慮的是信息科技領域及企業領域內所做的選擇會如何對彼此造成衝擊；它又可以分為戰略層級的整合及運作層級的整合。Henderson 等人主張，任何信息系統規劃流程必須同時考慮到這兩個向度的整合，而信息技術的有效管理則必須在所有四個領域間求得平衡。

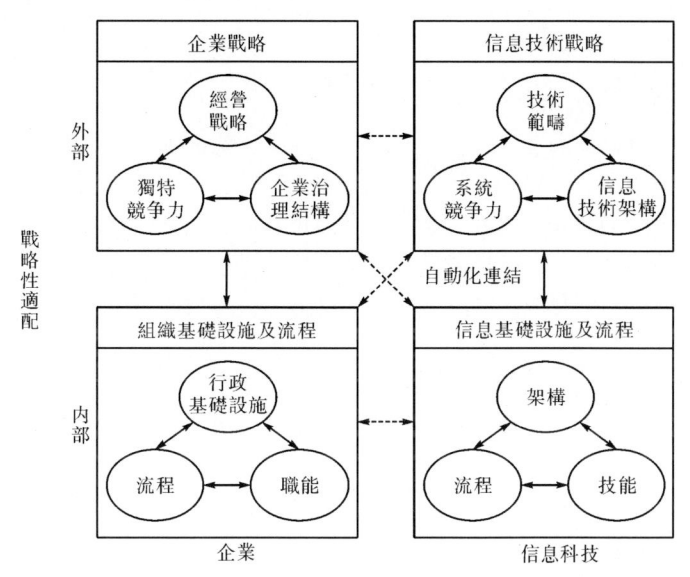

圖 3-8　戰略一致性模型

3.2.2.2　信息化路線

根據這個模型，企業在進行信息化建設時，可能會出現兩種情況，採取四種不同的路線。

情況一，當企業戰略是驅動企業變革的動力時，可能採取兩種路線：

（1）以企業戰略為動力，驅動組織設計的選擇及信息系統基礎設施的設計。即經營戰略→組織結構與業務流程設計→信息系統基礎設施設計。

📖 實例 1

柯達公司在其削減作業成本戰略的驅動下，與 IBM 達成外包協議，由 IBM 負責柯達四個數據中心的工作，並且 300 名柯達的人員成為 IBM 的雇員。此外，柯達還將其電信網絡的管理委託給 DEC，而將其個人電腦的維護交給 Computerland 公司。

（2）通過信息科技戰略的制定及信息系統基礎設施的設計，保障企業戰略實施。即經營戰略→信息技術戰略→信息系統基礎設施設計。

📖 實例 2

美國保險業的一家領導廠商 USAA 的企業戰略是通過電話營銷及優越的文件處理系統來提供低價的保險。由於這種文件系統需要市面上還沒有的最新電子影像技術，因此它們決定與 IBM 合作開發。為此，USAA 制定了信息科技戰略，包含該關鍵技術範疇的界定、對應的關鍵競爭力及對技術聯盟的承諾，同時在該戰略管理流程中也定

義了執行該技術戰略所需的信息科技基礎設施。

情況二，當信息技術戰略成為推動者時，則可能採取另外兩條路線：

（1）利用信息技術能力來衝擊新的產品與服務（企業範疇）、影響戰略的關鍵屬性（獨特競爭力）並發展新的關係形式（企業治理結構），即信息技術戰略→信息系統基礎設施→企業戰略調整。這種觀點會通過信息技術能力來促成企業戰略的調適。

📖 實例 3

Baxter Healthcare 公司通過對其信息技術的定位，與 IBM 合資向醫療市場提供軟件服務，從而使它可以提供優越的增值信息服務給其醫院的客戶。如聯邦快遞公司，通過其 COS-MOS/PULSAR 系統創造隔夜遞送的新標準等。

（2）瞭解信息技術戰略與其對應的信息科技基礎設施及流程，建立提供第一流信息系統服務的組織，即信息技術戰略—信息系統基礎設施—組織結構與業務流程重新設計。這種信息技術的戰略性適配能創造滿足信息系統顧客需求的能力。

📖 實例 4

P&G 與 Wal-Mart 就建立新的整合式信息系統以重新設計其重要業務流程，借此改變它們北美分銷渠道上產品的流動。這兩家公司都在作業成本上獲得重大改善，更重要的是，它們也增加了對本地市場狀況與需求的快速回應能力。

3.2.3 三階段模型

由比爾·鮑曼（B.Bowman）等人提出的信息系統規劃三階段模型對規劃過程和方法論進行分類研究，是具有普遍意義的模型。這個模型將信息系統規劃活動按活動的順序分為戰略計劃、組織的信息需求分析和資源分配三個部分，其相應的任務及有關方法論的分類描述如圖 3-9 所示。

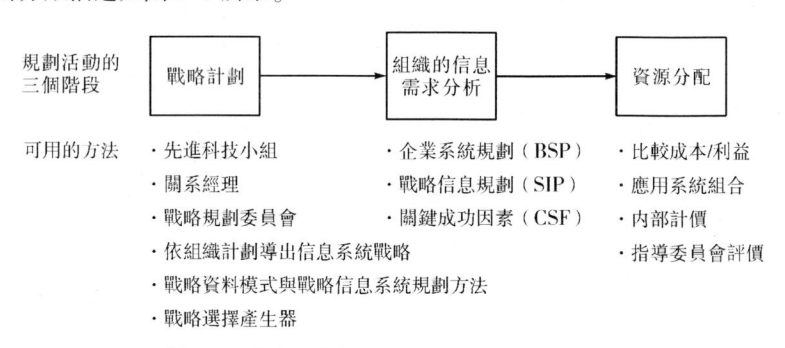

規劃活動的三個階段	戰略計劃	組織的信息需求分析	資源分配
可用的方法	・先進科技小組 ・關系經理 ・戰略規劃委員會 ・依組織計劃導出信息系統戰略 ・戰略資料模式與戰略信息系統規劃方法 ・戰略選擇產生器	・企業系統規劃（BSP） ・戰略信息規劃（SIP） ・關鍵成功因素（CSF）	・比較成本/利益 ・應用系統組合 ・內部計價 ・指導委員會評價

圖 3-9　信息系統規劃的三階段模型及可用方法

戰略計劃是為了在整個組織的計劃和信息系統規劃間建立關係。其內容包括：提出組織的目標和實現目標的戰略；確定信息系統的任務；估計系統開發的環境；定出信息系統的目標和戰略。

組織的信息需求分析是要研究廣泛的組織信息需求，建立信息系統總體結構，並用來指導具體應用系統的開發。其內容包括：確定組織在決策支持、管理控制和日常事務處理中的信息需求；制訂主開發計劃。

資源分配是為實行在組織的信息需求分析階段中確定的主開發計劃而制訂計算機硬件、軟件、通信、人員和資金計劃，即對信息系統的應用、系統開發資源和營運資源進行分配。

3.3 信息系統規劃方法

在管理信息系統的開發中，可以用於總體規劃的方法很多，主要包括關鍵成功因素法（Critical Success Factors，CSF）和企業系統規劃法（Business System Planning，BSP）。

3.3.1 關鍵成功因素法

3.3.1.1 方法簡介

關鍵成功因素法是一種重點問題突破法，即首先抓住影響系統成功的關鍵因素，進行分析，確定企業組織的信息需求。這種方法於1970年由哈佛大學教授威廉·扎尼（Willian Zani）提出，是一種較早應用於管理信息系統開發規劃的方法。

關鍵成功因素法認為一個組織的信息需求取決於少數管理者的關鍵性成功因素。關鍵性成功因素特指某些工作目標，如果這些目標能夠達到，那麼企業或組織的成功就有了保障。

關鍵性成功因素是由行業、企業、管理者以及周圍環境形成的。關鍵成功因素法的一個重要前提就是有一些易於被管理者識別和信息系統能夠作用其上的目標。例如：對汽車製造業，關鍵成功因素可能是製造成本控製；對保險業，關鍵成功因素是新項目開發和工作人員的效率。

3.3.1.2 關鍵成功因素分析

在關鍵性成功因素分析中使用的主要方法是面談。通過與一些高層管理者的若干次面談，辨明其目標及由此而產生的關鍵性成功因素；將這些個人的關鍵性成功因素進行匯總，從而導出企業整體的關鍵性成功因素；據此建立能夠提供與這些關鍵性成功因素相關信息的系統。圖3-10給出了組織中開發關鍵性成功因素的方法。

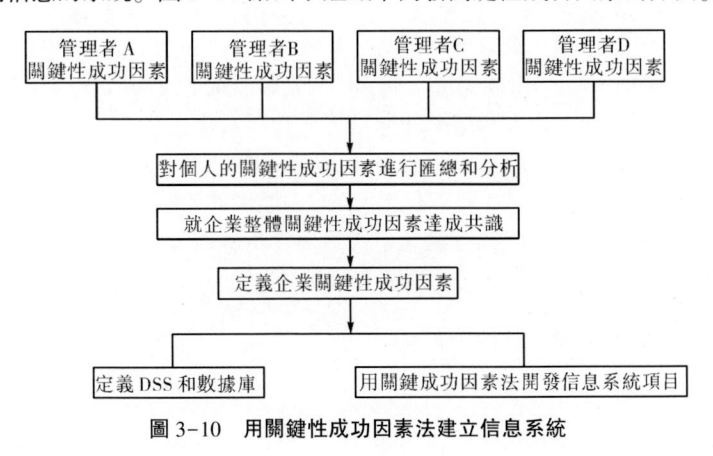

圖3-10 用關鍵性成功因素法建立信息系統

3.3.1.3 關鍵成功因素法的步驟

任何一個企業組織中，都存在著對該組織的成功起關鍵作用的影響因素，關鍵成功因素總是與那些能夠確保企業生存和發展的方面與部門相關。在不同的業務活動中，在不同的時期，關鍵成功因素也會不同。隨著時間的改變，某個時期的關鍵成功因素可能會變成一般的影響因素，一些很一般的因素可能會成為關鍵成功因素。問題的關鍵是，當我們制定管理信息系統規劃時，都要明確弄清哪些影響因素是規劃涉及期內最重要的。

以數據庫的分析與建立為例，關鍵成功因素法的工作步驟是：
(1)瞭解企業組織的目標；
(2)識別關鍵成功因素；
(3)識別性能指標和標準；
(4)識別測量性能的數據。
這四個步驟，如圖 3-11 所示。

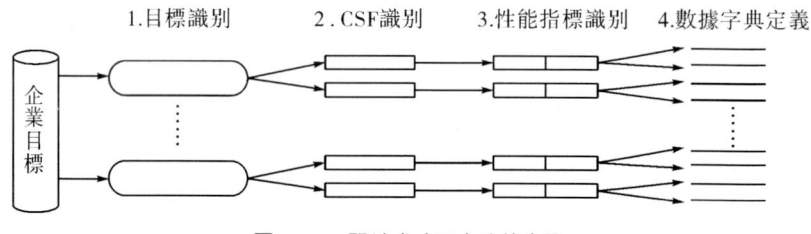

圖 3-11 關鍵成功因素法的步驟

3.3.1.4 關鍵成功因素法的優缺點

關鍵成功因素法的優點：

（1）數據量較小。因為只有高層管理者參與面談，所以問題也集中在少數幾個關鍵性成功因素上，而不是泛泛地調查使用哪些和需要哪些信息。

（2）它注意到了組織和管理者必須面對變化的環境。該方法要求管理者要著眼於環境，在對其環境分析的基礎上認真考慮如何形成自己的信息要求。

關鍵成功因素法的缺點：

（1）數據的匯總過程和數據分析都是一種隨意的方式，缺乏一種專門、嚴格的方法將眾多個人關鍵性成功因素匯總成一個明確的企業關鍵性成功因素。

（2）在被訪問者中，個人和組織的關鍵性成功因素往往是不一致的，兩者的界限有時被混淆。也就是說，有時對管理者個人是關鍵性的因素，而對組織就未必重要。而且用這種方法由於高層管理者參與面談，則容易明顯地傾向於他們的意見。

（3）這一方法並不一定能夠克服環境或管理變革所帶來的影響。由於環境和管理常常迅速發生改變，因此信息系統也須做出相應調整。

3.3.2 企業系統規劃法

3.3.2.1 企業系統規劃法簡介

企業系統規劃法是美國 IBM 公司在 20 世紀 70 年代初用於企業內部系統開發的一

種方法。這種方法是基於信息支持企業運行的思想，首先是自上而下地識別系統目標、識別企業的過程與識別數據，然後自下而上地設計系統目標，最後把企業的目標轉化為管理信息系統規劃的全過程，如圖 3-12 所示。

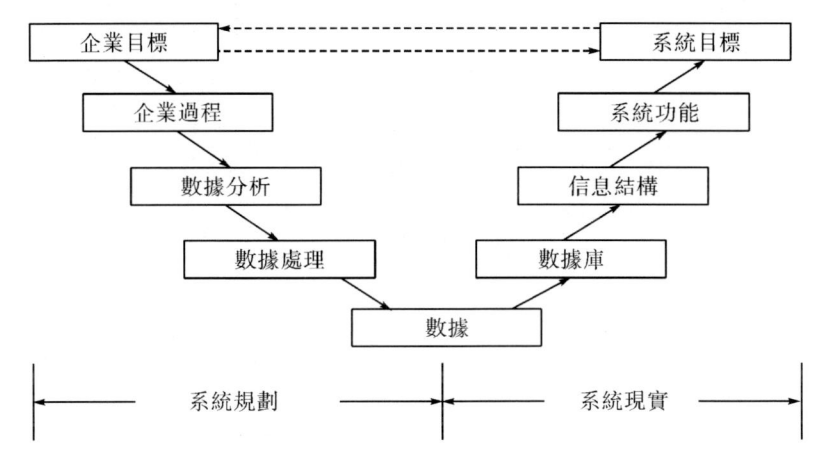

圖 3-12　企業系統規劃法過程示意圖

企業系統規劃法認為對企業信息需求的認識是建立在充分觀察整個組織中各部門、職能、工作過程和數據元素基礎上的。企業系統規劃法能幫助標示出組織中數據的主要實體和屬性。企業系統規劃法源於這樣一種思想：只有對組織整體具有徹底認識，才能明確企業或各部門的信息需求。

企業系統規劃法的中心環節就是對眾多的管理者進行抽樣調查，瞭解他們如何使用信息，信息的來源有哪些，他們所處的環境是什麼，以及他們的目標是什麼，如何做決策，他們的數據需求是什麼。

3.3.2.2　企業系統規劃法的作用

（1）確定出未來信息系統的總體結構，明確系統的子系統組成和開發子系統的先後順序。

（2）對數據進行統一規劃、管理和控制，明確各子系統之間的數據交換關係，保證信息的一致性。

案例：用企業系統規劃法開發一個企業信息系統

表 3-1（a）給出了一個企業系統規劃法開發信息系統，並利用 U/C 矩陣法劃分子系統的範例。它先將對管理者大量調查的結果匯總到一個表上。

表 3-1（a）

主要問題	問題解	價值說明	信息系統要求	過程/組影響	過程/組起因
由於生產計劃影響利潤	計劃機械化	改善利潤 改善客戶關係 改善服務和供應	生產計劃	生產	生產

然后將調查數據進行分類，任何採訪的數據均可以分為三類：①現行系統的問題和解；②新系統的需求和解；③非 IS 問題。第三類問題雖不是信息系統所能解決的，但也應充分重視。下一步是把問題和過程關聯起來，可用問題/過程矩陣表示。見表 3-1（b），表中的數字表示這種問題出現的次數。

表 3-1（b）

過程組問題	市場	銷售	工程	生產	材料	財務	人事	經營
市場/客戶選擇	2	2						2
預測質量	3						4	
產品開發			4			1		1

最后根據信息的產生和使用建立 UC 矩陣，利用 U/C 矩陣定義系統的總體結構。在對數據類和企業流程瞭解的基礎上，下一步就要對它們的關係進行綜述。為此，將數據類對照企業流程安排在一個矩陣中，用字母 C（Create）表示該流程產生數據，用字母 U（Use）表示該流程使用數據。在矩陣中，按關鍵資源的生命週期順序放置過程，即計劃過程、度量和控制流程、直接涉及產品的流程、管理支持資源的流程。之後，根據流程產生數據的順序將數據類排在另一軸上，開始是由計劃過程產生的數據，接著把所有其他數據類列入矩陣中，並在適當的行列交叉處填上字母 C 和 U，如表 3-1（c）所示。

表 3-1（c）

數據類 \ 功能	計劃	財務計劃	產品	零件規格	材料表	材料庫存	成本庫存	任務單	設備負荷	物資供應	工藝流程	客戶	銷售區域	訂貨	成本	職工
經營計劃	C	U												U	U	
財務規劃	U	C													U	U
資產規模			U													
產品預測				U								U	U			
產品設計開發	U		C	C	C							U				
產品工藝			U	U	U	U										
庫存控制						C	C	U		U						
調　度			U				U	C	U		U					
生產能力計劃								C	U	U						
材料需求				U	U	U				C						
操作順序								U	U	U	C					
銷售管理			U	U	U			U				C	U	U		
市場分析				U	U							U	C	U		
訂貨服務				U				U				U	U	C		
發　運				U	U							U	U			
財務會計	U	U	U					U				U	U	U		

表3-1(c)(續)

功能\數據類	計劃	財務計劃	產品	零件規格	材料表	材料庫存	成本庫存	任務單	設備負荷	物資供應	工藝流程	客戶	銷售區域	訂貨	成本	職工
成本會計	U	U			U									U	U	
用人計劃																C
業績考評																U

恰當調整數據類的排列，即對該矩陣進行行變換和列變換，使矩陣中的字母C和U盡可能集中分佈在對角線上及其附近。

確定主要系統。將業務流程和數據類依據其管理的資源而劃分成若干組，並用方框框起來，如表3-1（d）所示。這些方框代表邏輯子系統的組合，表明產生和維護某些特定的、相關的數據類的責任。

表3-1（d）

功能	數據類	計劃	財務計劃	產品	零件規格	材料表	材料庫存	成品庫存	工作令	機器負荷	材料供應	工艺流程	客户	销售区域	订货	成本	职工
经营计划	经营计划	C	U												U	U	
	财务规划	U	C												U	U	
	资产规模		U														
技术准备	产品预测			U									U	U			
	产品设计开发	U		C	C	C							U				
	产品工艺			U	U	U											
生产制造	库存控制						C	C	U		U						
	调 度				U			U	C	U		U					
	生产能力计划								C	U	U						
	材料需求				U		U	U			C						
	操作顺序								U	U	U	C					
销售	销售管理			U	U								C	U	U		
	市场分析			U									U	C	U		
	订货服务			U									U	U	C		
	发 运			U	U								U		U		
财会	财务会计	U	U	U									U		U		U
	成本会计	U	U	U										C			
人事	人员计划																C
	人员招聘/考评																U

表示數據流向。落在系統方框外的那些字母U表示對數據流的應用，用箭頭表示數據從一個系統流向另一個系統。

識別子系統。用方框和箭頭表示數據的產生和使用後，可以去掉字母C和U，並給每個子系統命名，這就是一個完整的管理信息系統的總體結構圖，如表3-1（e）所示。

表 3-1（e）

功能 \ 数据类		计划	财务计划	产品	零件规格	材料表	材料库存	成品库存	工作令	机器负荷	材料供应	工艺流程	客户	销售区域	订货	成本	职工
经营计划	经营计划	经营计划子系统														U	U
	财务规划															U	U
	资产规模																
技术准备	产品预测			产品工艺子系统							U	U					
	产品设计开发	U	→							U	U						
	产品工艺					U											
生产制造	库存控制							生产制造计划子系统									
	调 度					U	→										
	生产能力计划																
	材料需求					U	→										
	操作顺序																
销售	销售管理	U	U			U							销售子系统				
	市场分析	U	U														
	订货服务		U														
	发 运		U														
财会	财务会计	U	U	U			U				U			U	①	U	
	成本会计	U	U	U											①		
人事	人员计划																
	人员招聘/考评																②

注：①——财会子系统；②——人事档案子系统。

3.3.2.3 企业系统规划法的工作步骤（图 3-13）

```
┌─────────────────┐
│    确定項目     │
└────────┬────────┘
┌─────────────────┐
│   規劃準備工作   │
└────────┬────────┘
┌─────────────────┐
│  研究開始階段   │
└────────┬────────┘
┌─────────────────┐
│  定義企業過程   │──── BSP方法的核心
└────────┬────────┘
┌─────────────────┐
│   定義數據類    │
└────────┬────────┘
┌─────────────────┐
│  分析現行系統   │
└────────┬────────┘
┌───────────────────────┐
│ 確定管理部門對系統的要求 │
└────────┬──────────────┘
┌───────────────────────┐
│  評價企業問題和收益    │
└────┬──────────────┬───┘
┌─────────────────┐  ┌──────────────────┐
│評價信息資源管理工作│  │定義信息系統的總體結構│ ─── 劃分子系統，使用 U/C矩陣
└────────┬────────┘  └─────────┬────────┘
         │          ┌──────────────────┐
         │          │確定子系統開發優先順序│
         │          └─────────┬────────┘
┌──────────────────────────────┐
│     開發建議書和行動計劃      │
└──────────────┬───────────────┘
┌─────────────────┐
│   規劃工作結束   │
└─────────────────┘
```

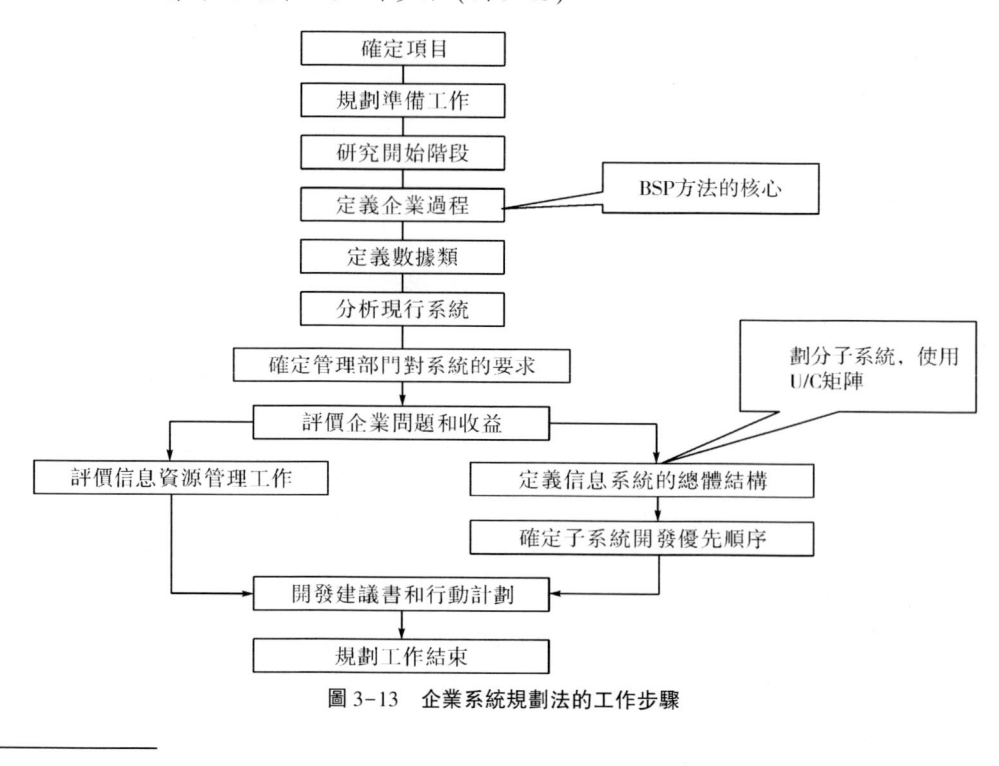

圖 3-13 企業系統規劃法的工作步驟

3.3.2.4 企業系統規劃法的優缺點

企業系統規劃法的優點：

（1）它全面展示了組織狀況、系統或數據應用情況以及差距。它尤其適用於剛剛啓動或產生重大變化的情況。

（2）可以幫助眾多管理者和數據用戶形成組織的一致性意見；並通過對管理者們自認為的信息需求調查，來幫助組織找出在信息處理方面應該做些什麼。

企業系統規劃法的缺點：

（1）收集數據的成本較高，數據分析難度大，一些有偏見的高層管理者認為這是一項昂貴的技術，數據處理成本高昂；

（2）採用該方法的多數調查、會談只是在高層或中層管理者之間進行，很少從基層工作人員那裡收集信息；

（3）問題往往不是集中在確需信息的主要管理目標上，而是集中在目前被使用的信息上，其結果往往導致信息系統只是一種把現有手工過程實現自動化的翻版。在很多情況下，「企業如何經營」可能需要一種全新的方法，而這種需要卻沒在該方法中反應出來或被提出。

📖 閱讀材料：信息化規劃五大平衡問題

1. 如何在長遠規劃與適應變化之間取得平衡

在信息化規劃過程中最突出的問題之一是，既要盡可能地保持開放性和長遠性，以確保系統的穩定和延續性；同時又因為規劃沒有變化快，再長遠的規劃也難以保證能跟上企業環境的變化。老實說，解決這一問題沒有非常理想的方法。相對有效的做法是：在信息化規劃時，認真分析企業的戰略與 IT 支撐之間的影響度，並合理預測環境變化可能給企業戰略帶來的偏移，在規劃時留有適當的余地，從商務戰略到信息戰略，做務實的牽引，不要追求大而全。

2. 如何在組織流程與系統流程之間取得平衡

信息化推廣中一直在爭論的話題就是，到底應該是通過改變企業業務流程來適應軟件，還是通過修改軟件來適應企業業務流程？管理諮詢公司會毫不遲疑地告訴你是前者，客戶則更願意堅持后者。而供應商的態度則非常微妙，他們往往會取中間路線，比如：通過修改軟件的部分模塊或開發接口程序，來迎合用戶「以我為主」的心態。

從根本上說，組織採用新技術的方式決定著新技術對組織結構和流程的影響程度。而組織及管理模式也影響著信息技術和信息系統。這就要求信息技術和信息系統在理論和應用上要不斷創新，同時要具有適應變化的能力。解決這一問題，通常是基於企業自身的動因，即是出於戰略考慮還是出於實際考慮。如果著眼於企業長遠發展戰略，則傾向於讓企業行為和業務流程適應系統；相反，如果著眼於更現實的需求，則可能更樂意讓系統適應企業流程。

2. 如何在管理變革與技術變革之間取得平衡

企業管理的變革需求往往是信息化建設的一個重要原因，比如出於提高管理效率

的考慮，而縮短生產週期和交貨期，加快資金和存貨週轉；出於提高管理效益的考慮，而加強成本控制，降低製造成本，集中資金管理；出於提高競爭力的考慮，而改善服務方式，提高投訴回應速度；等等。技術的變革同樣是迫切和必要的，從單主機應用到 C/S 應用，再到 B/S 應用，每一次技術的演進都能帶來管理上巨大的變革和更大的想像空間。

那麼是不是越先進的技術就越適合企業？答案是不確定的。因為至少有三個方面會導致不同的企業對管理變革有不同的需求。一是不同行業的企業需求有可能不同；二是不同業務流程的企業可能有不同的需求；三是不同管理模式的企業可能有不同的需求。不同的管理變革需求必須有不同的解決方案，特別是不同的技術方案去滿足。

3. 如何在信息化規劃的各層級之間取得平衡

信息化規劃的四個層次之間，同樣應該有一個很好的平衡。完整的信息化規劃，無疑應具備這四個層次，而且理想的規劃應該是分層遞進的。然而不同性質的企業、不同規模的企業，也可能採取靈活的方法。比如信息化基礎空白的企業在上信息化時，就可能有多種選擇，比如：不經過信息資源規劃，直接進行信息系統規劃；不經過企業資源規劃，就選擇最急需的、又容易實施的模塊（如 OA、財務等）先上，待見成效后再回頭做企業資源規劃。

4. 如何在信息化規劃與建設實施之間取得平衡

信息化規劃的目的是為信息化建設和實施提供框架指南。事實上，這二者之間存在天然的斷層。原因主要出自於不同的參與者所站立場不同。在信息化規劃階段，通常應該是以第三方專家為主導、業主積極參與配合；而在信息化建設實施階段，則以供應商為主導、業主參與配合。如何確保信息化規劃在后期的實施建設過程中不走樣，單純靠業主去協調和監督，效果往往是不理想的。解決這一問題的最好辦法是，讓第三方諮詢監理進來，由他們來協調業主和供應商之間的步調，站在第三方立場，本著客觀公正、忠於信息化規劃、忠於系統需求的原則，來全力推動和監控信息化建設實施過程，並對竣工工程進行專業的驗收測試。有了第三方的介入，信息化規劃才有了剛性約束力，才能確保與信息化建設實施的無縫銜接。

資料來源：作者根據多方面資料整理。

3.4 企業業務流程重組

📖 案例：快魚吃慢魚

「物競天擇，適者生存」。在生物界，弱肉強食，大魚吃小魚；在人類社會，這種現象似乎不是那麼明顯了，弱和強沒有明顯的分水嶺，「河東」「河西」不斷地交換角色，往往在有的時候，小魚卻能吃掉大魚。

沿著這個現象，我們進一步思考，在信息社會中，不管是大企業還是小企業，終

歸有它們存在的道理和價值，總是有它們施展能力的空間。然而大浪淘沙，為什麼我們每天早上翻開報紙時，總是會看到包含「兼併」「破產」等刺眼文字的頭版頭條呢？這些新聞的主角中，有「大魚」也有「小魚」。但是一旦睜大了你的雙眼，透過新聞的紙面，每一次你都會看到這樣的字眼：「快魚吃慢魚」。

提問：
為什麼成本領先等戰略失效了？
為什麼出現了「快魚吃慢魚」的現象？

提示：
傳統企業的成功模式：以最低的成本提供最高的價值。
現代企業的成功模式：在最短的時間內以最低的成本提供最高的價值。

提問：時間上的浪費是怎樣產生的呢？

提示：
「流程限制」，如日常審批占用了太多的時間。
「質量問題」，如因設計、操作、檢測疏忽等問題造成返工浪費時間。
「組織缺陷」，主要是指因為組織結構不合理導致信息流動和溝通方面的低效率。

3.4.1 企業流程與企業信息流

3.4.1.1 流程

流程：為了實現某一共同目標，將一系列單獨的活動組合在一起，實現將「輸入」經過流程變化為「輸出」的全過程。

流程包括四個方面的要素，如圖 3-14 所示。

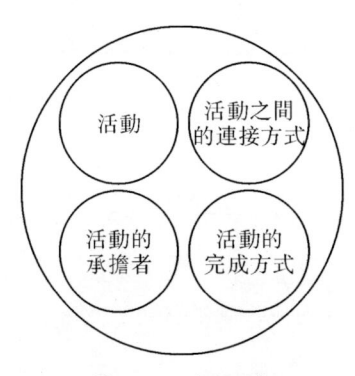

圖 3-14 流程要素

實例：泡茶的流程如圖 3-15 所示。

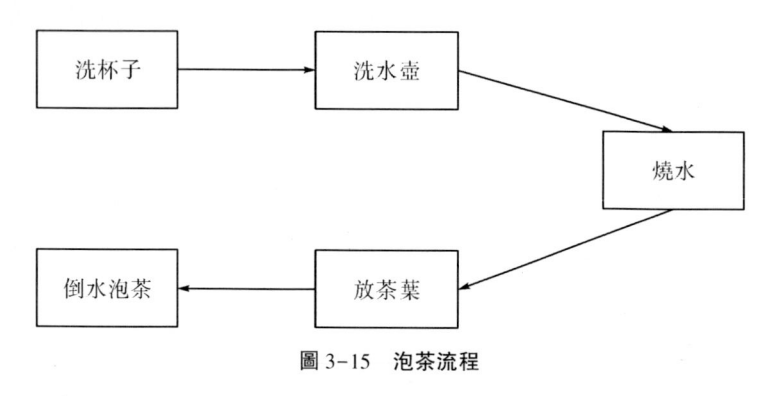

圖 3-15　泡茶流程

3.4.1.2　企業流程
企業流程：企業為了完成其業務獲得利潤的過程。一組共同為顧客創造價值而相互關聯，具有邏輯性、變動性、可分解性、時序性的企業活動。

3.4.1.3　企業信息流
企業信息流是企業「物流」「資金流」和「工作流」的反應。企業管理工作正是通過「企業信息流」得到反應，並且企業管理者通過「信息流」實現對企業的管理和控製。

3.4.1.4　企業信息流類型
（1）向下的信息流；
（2）向上的信息流；
（3）水平方向的信息流；
（4）縱向的信息流。

企業信息流如圖 3-16 所示。

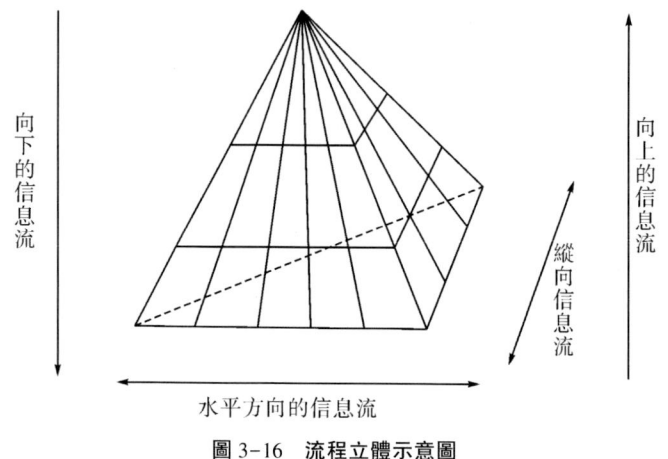

圖 3-16　流程立體示意圖

📖 **實例：財務部門縱向的信息流**

財務部門縱向信息流如圖 3-17 所示。

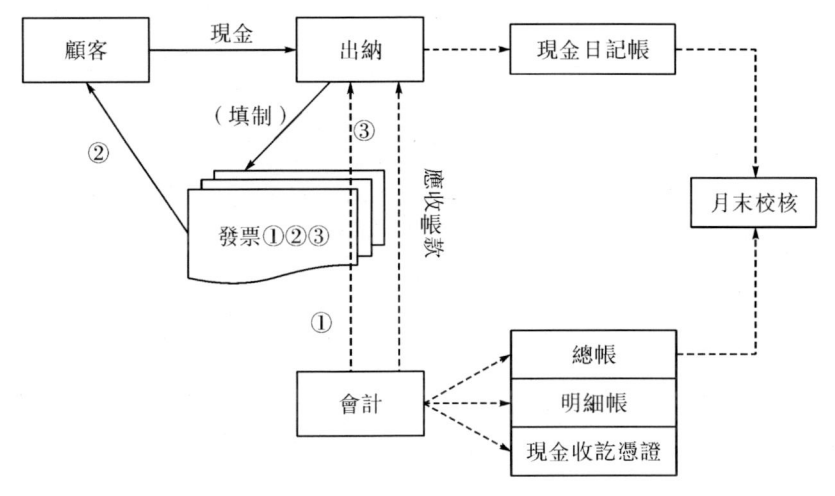

圖 3-17 財務部信息流示意圖

3.4.1.5 信息流在企業中的作用

信息流的作用如表 3-2 所示。

表 3-2　　　　　　　　　　　信息流在企業中的作用

信息流的類型	作用
向下的信息流	控制著商流、物流、資金流產生的時間、大小、快慢和方向（控制）
向上的信息流	反應商流、物流、資金流的速度
水平信息流	協調商流、物流、資金流的速度
縱向信息流	加速商流、物流、資金流的速度

3.4.2 企業業務流程重組

3.4.2.1 信息技術和組織變革

新的信息系統可以成為組織變革的強有力手段，使組織重新設計它們的結構、範圍、權利關係、工作流程、產品和服務。實際上，信息技術在企業中應用的不同深度可以促使組織發生由低到高不同程度的變化。圖 3-18 給出了四種信息技術能夠予以支持的結構化組織變革方式：自動化、合理化、企業流程重組和立足點轉移。上述幾種變革所帶來的風險和收益各不相同。

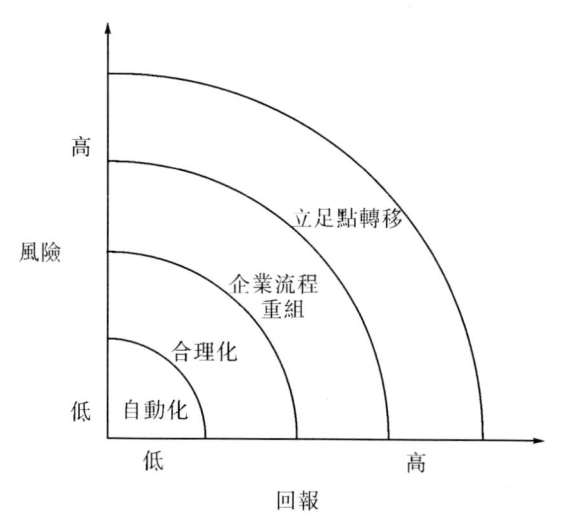

图 3-18　不同程度的組織變革帶來的風險和回報

　　（1）自動化（Automation）。信息技術能夠予以支持組織變革的最常見方式就是自動化。信息技術最早的應用主要是用於幫助員工提高其工作效率，如：計算工資單；使銀行出納快速存取顧客存款記錄；為航空公司開發一個航空預售票的全國網絡等都是早期的自動化應用。自動化就如同為已有的汽車再裝上一個更大功率的馬達。

　　（2）過程的合理化（Rationalization of Procedures）。一種更為深入的組織變革形式就是過程的合理化。在生產過程中，自動化常常暴露出一些新的瓶頸，使現有過程的安排和結構繁瑣、不方便。過程的合理化就是簡化標準操作過程，消除明顯的瓶頸，以便運用自動化使操作過程更加高效。如標準化庫存零件的代碼。

　　（3）企業流程重組（Business Process Reengineering）。在這一變革過程中，要對企業過程進行分析、簡化並重新設計。企業流程重組主要包括對工作流的重新認識和為降低企業成本而用於產品製造與服務的企業過程的重新認識。企業過程是指一系列為實現企業產出而執行的邏輯上相互關聯的任務，如開發新產品、向供應商訂貨或處理和支付保險索賠等。利用信息技術，組織能夠重新認識並設計自己的業務過程，以改進效率、服務和質量。企業流程重組對工作流程進行重新組織，減少了浪費並消除了重複性工作，比過程的合理化更加雄心勃勃，它需要用一種全新的眼光來對過程進行重新組織。

　　（4）立足點轉移（Paradigm Shift）。它包括對企業性質及組織自身性質的重新認識。例如，銀行可能決定並不對出納員工作進行自動化、合理化或流程重組，取而代之的是決定取消各支行並力爭較為廉價的資金來源（如國際貸款）；可能還要求零散客戶使用國際互聯網或專用網進行其所有商業活動。形象地說，立足點轉移不僅要求重新認識汽車，還包括交通運輸本身。

提示說明：

當然，世上沒有不需付出代價的事情。因為要想通過多方面的組織變革來達到預期結果難度相當大，所以立足點轉移和企業流程重組的結果常常以失敗告終，甚至有些專家認為失敗的可能性高達70%。那麼為什麼還有眾多企業對這種根本性變革躍躍欲試呢？因為儘管風險、難度較大，但回報相當高；而且確實有相當一部分企業通過實施立足點轉移和企業流程重組的戰略獲得了驚人的投資回報，生產率大幅度提高。

3.4.2.2 業務流程重組

（1）業務流程重組概述。業務流程重組（Business Process Reengineering，BPR）是20世紀90年代初由美國學者哈默（Michael Hammer）和錢皮（James Champy）等提出的一種觀念。BPR的思想一經提出，即引起美國輿論的廣泛注意，成為管理學界的一個重大成就。

哈默和錢皮給BPR下的定義是：對企業過程進行根本的再思考和徹底的再設計，以求企業當代關鍵的性能指標獲得巨大的提高，如成本、質量、服務和速度。

這裡描繪BPR用了三個關鍵詞：根本的、徹底的和巨大的。

① 根本的。「根本的」的意思是指不是枝節的、不是表面的，而是本質的。也就是說，它是革命性的。是要對現存系統進行徹底的懷疑。首先認為「現存的均是不合理的」。按照美國的說法是：在管理科學家的眼裡，美國現在所有政府和企業的管理均是「一無是處」。所有這些均是強調要用敏銳的眼光看出企業的問題。只有看出問題、看透問題，才能更好地解決問題。

② 徹底的。「徹底的」的意思是要動大手術，是要大破大立，不是一般性的修補。正像中國政府改革那樣，先轉變職能，再精簡組織，只有這樣才能徹底。

③ 巨大的提高。「巨大的提高」是指成十倍成百倍的提高，而不是改組了很長時間，才提高百分之二三十。例如，有的企業人員減到只剩10%，產量提高10倍，總體效益就提高了百倍。有的企業在兩三年內營業額由上億元猛增到百億元。這種巨大的增長是在原來線性增長的基礎上的一個非線性跳躍，是量變基礎上的質變。抓住躍變點對BPR是十分關鍵的。

（2）業務流程重組的原則。

① 以過程管理代替職能管理，取消不增值的管理環節；
② 以事前管理代替事後監督，減少不必要的審核、檢查和控製活動；
③ 取消不必要的信息處理環節，消除冗餘信息集；
④ 以計算機協同處理為基礎的並行過程取代串行和反饋控制管理過程；
⑤ 用信息技術實現過程自動化，盡可能拋棄手工管理過程。

📖 案例：福特汽車採購業務流程重組

公司成立之初，採用的傳統的採購流程如下：
（1）採購部向供貨商發訂單，並將訂單的複印件送往應付款部門。
（2）供貨商發貨，福特的驗收部門收檢，並將驗收報告送到應付款部門（驗收部

門自己無權處理驗收信息)。

（3）供貨商將產品發票送至應付款部門，當且僅當「訂單」「驗收報告」以及「發票」三者一致時，應付款部門才能付款。而問題就在於該部門的大部分時間都花費在處理這三者的不吻合上，從而造成了人員、資金和時間的浪費。

隨著社會的進步和技術的發展，福特汽車公司的採購部門進行了業務流程重組。業務流程重組後的新流程如下：

（1）採購部門發出訂單，同時將訂單內容輸入聯機數據庫。

（2）供貨商發貨，驗收部門核查來貨是否與數據庫中的內容相吻合。如果吻合就收貨，並在終端上按鍵通知數據庫，計算機會自動按時付款。

經過再造流程後，福特公司無論是工作效率還是企業形象都獲得了較大的提高和改善。福特公司的新流程採用的是「無發票」制度，大大地簡化了工作環節。主要表現如下：

（1）以往應付款部門需在訂單、驗收報告和發票中核查14項內容，而如今只需3項——零件名稱、數量和供貨商代碼。

（2）實現裁員75%，而非原定的20%。

（3）由於訂單和驗收單的自然吻合，使得付款也必然及時而準確，從而簡化了物料管理工作，並使得財務信息更加準確。

通過對福特汽車公司對其採購流程的重組可以看出，業務流程重組有以下幾個特點：

（1）面向流程而不是單一部門。倘若福特僅僅重建應付款一個部門，那將會發現是徒勞的。正確的重建應是將注意力集中於整個「物料獲取流程」，包括採購、驗收和付款部門，這樣才能獲得顯著改善。

（2）大膽挑戰傳統原則。福特的舊原則是收到發票時，我們付款。福特的業務重組後的新原則是收到貨物時，我們付款。舊原則長期支配著付款活動，並決定了整個流程的組織和運行，從未有人試圖推翻它，而BPR的實施就是要求我們要大膽質疑、大膽反思，而不能禁錮於傳統。

資料來源：余菁.企業再造：重組企業的業務流程［M］.廣州：廣東經濟出版社，2000.

3.4.2.3 業務流程重組的使能器

BPR實現的手段是兩個使能器（Enabler）：一個是IT（信息技術），另一個是組織。

（1）BPR之所以能達到巨大的提高在於充分的發揮IT的潛能，即利用IT改變企業的過程，簡化企業過程。

📖案例：某化纖公司營銷部門流程重組方案

某化纖公司營銷部門BPR之前的銷售流程如圖3-19所示。

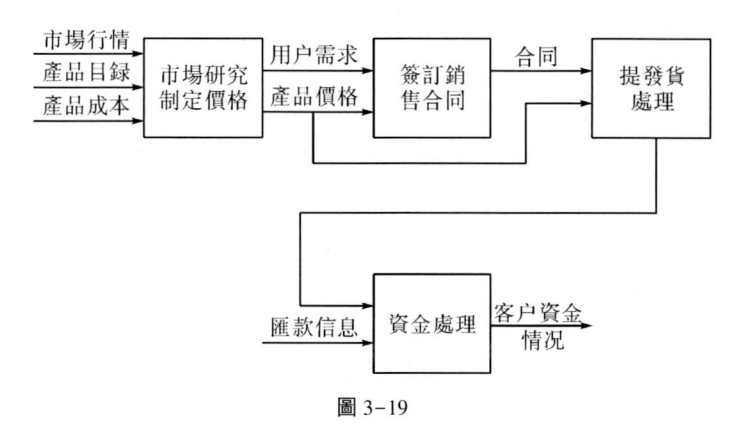

```
市場行情 ─┐
產品目錄 ─┤市場研究│ 用戶需求  ┌簽訂銷┐ 合同  ┌提發貨┐
產品成本 ─┤制定價格├─────→│售合同├────→│處理  │
          └───────┘ 產品價格 └─────┘       └─────┘
                                                      │
          匯款信息 ┌資金處理┐ 客戶資金                │
         ────────→│        ├──────→                  │
                   └────────┘ 情況                    │
```

圖 3-19

存在的問題：效率低下；無人對整個流程負責；顧客的滿意度步伐得到保障。

某化纖公司營銷部門借助信息技術對其流程進行了重組，重組之後的流程如圖 3-20 所示。

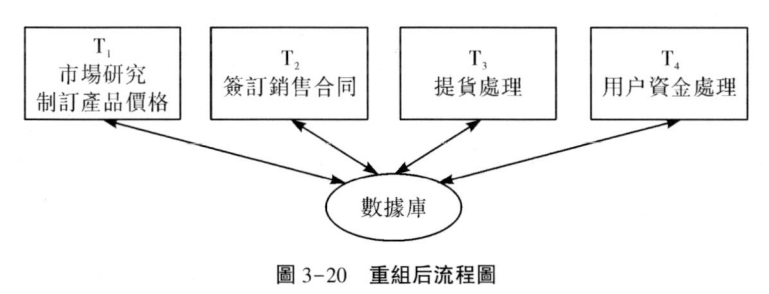

```
  T₁              T₂            T₃          T₄
市場研究        簽訂銷售合同    提貨處理    用戶資金處理
制訂產品價格
      \            \           /           /
              (   數據庫   )
```

圖 3-20　重組后流程圖

資料來源：http://www.docin.com/p-590146102.html.

📖 案例：流程重組案例

福特公司

在福特公司改革前的舊流程中，驗收部門雖然產生了關於貨物到達的信息，但無權處理它，而需將驗收報告交至應付款部門。在新流程下，福特公司採用新的計算機系統，實現信息的收集、存儲和分享，使得驗收部門自己就能夠獨立完成產生信息和處理信息的任務，極大地提高了流程效率，使得精簡 75% 的員工的目標成為可能。

惠普公司

惠普公司在採購方面一貫是放權給下屬製造單位的，它們最清楚自己需要什麼，因此其 50 多個製造單位在採購上完全自主。這種安排具有較強的靈活性，對於市場變化需求也有較快的反應速度，但是對於總公司來說，這樣可能會損失採購時的數量折扣優惠。現在運用信息技術，惠普公司重建其採購流程，總公司與各製造單位使用一個共同的採購軟件系統，各部門依然是自己訂貨，但必須使用標準採購系統。總部據此來掌握全公司的需求狀況，並派出採購部與供應商談判、簽訂總合同。在執行合同時，各單位根據數據庫，向供應商發出各自的訂單。這一流程重建的效果是驚人的，

公司的發貨及時率提高150%，交貨期縮短50%，潛在顧客丟失率降低75%，並且由於獲得折扣，所購產品的成本也大為降低。

資料來源：作者根據多方面資料整理。

（2）變革組織結構，達到組織精簡，效率提高。沒有深入的應用IT，沒有改變組織，嚴格地說不能算是實現了BPR。

業務流程重組組織結構應該以產出為中心，而不是以任務為中心。不是讓一個人或一個小組來完成流程中所有的步驟，而是讓那些需要得到流程產出結果的人自己來執行流程。

在扁平化組織模型中，原來中層領導的職能、作用發生了變化，由業務負責人轉化為監督、訓導、行政管理角色，並對企業的業務全局平衡。而各個流程控製點、負責人實際是對企業的最終流程業務負責，也就是對企業最高領導負責。

📖案例：MBL 的 BPR

MBL是全美國第18大人壽保險公司。在重建前，從顧客填寫保單開始，須經過信用評估、承保直到開具保單等一系列過程。這其間包括30個步驟，跨越5個部門，須經過19位員工之手。因此，他們最快也需要24小時才能完成申請過程，而正常則需要5~25天。這麼漫長的時間中創造的附加價值（Value-added）究竟有多少呢？

有人推算，假設整個過程需要22天的話，則真正用於創造價值的只有17分鐘，還不到0.05%，而98.95%的時間都在從事不創造價值的無用工作。這種僵化的處理程序將大部分時間都耗費在部門間的信息傳遞上，使本應簡單的工作變得複雜。

例如，一位顧客想將自己現有的保單進行現金結算，並同時購買一份新保單。這是他們每天都要遇到的尋常工作。可是在這種流程下，卻變得格外複雜，必須先由財務部計算出保單的現金價值，開具發票，然后再經過承保部的一系列活動，最后客戶才能拿到所需的保單。

企業現有的組織結構如圖3-21所示。

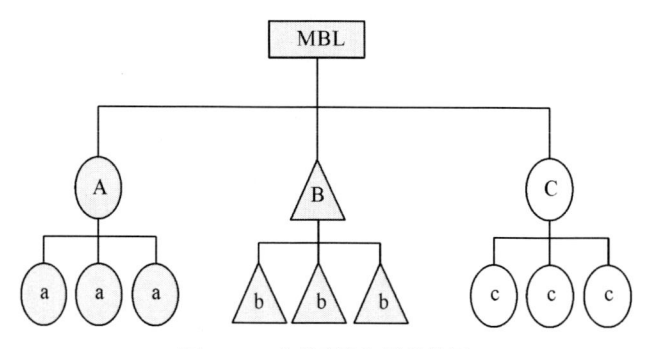

圖 3-21　企業現有組織結構圖

面對上述這種情形，MBL的總裁提出了將效率提高60%的目標。這種野心勃勃的60%的目標是不可能通過修補現有流程達到的，唯一方案就是實施BPR。

MBL 的新做法是掃清原有的工作界限和組織障礙，設立一個新職位——專案經理（Case Manager），對從接收保單到簽發保單的全部過程負有全部責任，也同時具有全部權力，如圖 3-22 所示。好在有共享數據庫、計算機網絡以及專家系統的支持，專案經理對日常工作處理起來遊刃有余。只有當遇到棘手的問題時，他們才請求專家幫助。

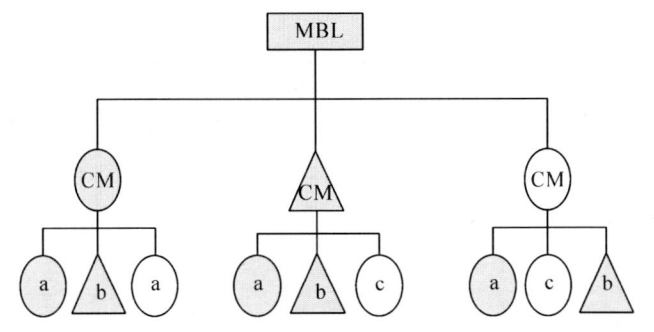

圖 3-22　改變后的組織結構圖

這種由專案經理處理整個流程的做法，不僅壓縮了線形序列的工作，而且消除了中間管理層。這種從兩個方面同時進行的壓縮，取得了驚人的成效。MBL 在削減 100 個原有職位的同時，每天工作量卻增加了一倍，處理一份保單只需要 4 個小時，即使是較複雜的任務也需要 2~5 天。

除了這兩個使能器，對 BPR 更重要的是企業領導的抱負、知識、意識和藝術。沒有企業領導的決心和能力，BPR 是絕不能成功的。領導的責任在於克服中層的阻力，改變舊的傳統。在當今飛速變化的世界中，經驗不再是資產，而往往成了負債，對改變經驗的培訓的投入也越來越多。領導只有給 BPR 創造一個好的環境，或給 BPR 創造一個好的「勢」，BPR 才能得以成功。

資料來源：http://www.docin.com/p-590146102.html.

3.4.2.4　業務流程重組的步驟

業務流程重組須建立一個企業職能運作的過程模型，分析各業務部門之間的相互關係，減少冗余過程，使業務部門更高效率地運作。流程重組的專家們歸納出企業過程再造的五個主要步驟：

步驟 1：建立企業目標和過程目的

高層管理者要樹立明確的實施業務流程重組的戰略目標（如降低成本、加速新產品開發、使企業成為行業巨頭）。

步驟 2：找出需重新設計的過程

企業應找出幾個最有可能產生極大回報的核心業務過程進行重新設計。低效的過程一般具有如下特徵：過多的數據冗余和信息重複輸入；處理例外和特殊情況需花費較多時間，或大量時間用於糾錯和重新工作上。分析人員應找出哪些組織職能和部門與該業務過程有關以及該過程需如何變革。

步驟3：瞭解並衡量現有過程的績效

例如，我們假設重新設計的過程其目的是減少新產品開發或填寫一份訂單所需的時間和成本，那麼組織就需要測出原有過程所花費的時間和成本。可以採用列表的方式進行業務流程重組工程的量化分析。

步驟4：確定應用信息技術的機遇

設計系統常規的方法是先確定業務職能或過程的信息需求，然後確定如何通過信息技術來支持這些需求。信息技術能夠創造出新的設計，即幫助組織進行流程重組，它能夠應付那些束縛企業實現其長期目標的工作所提出的挑戰。表3-3給出了一些創新的實例，它已經改變了企業的一些傳統過程。業務流程重組從開始就應該允許信息技術對企業過程設計產生影響。

表 3-3　　　　　　　　　　信息技術支持新的企業過程選擇

傳統過程	信息技術	新的選擇
工作人員要靠辦公室來接收、存儲和傳輸信息	無線通信	無論在何地工作的人員都能夠發送或接收信息
信息同時只能出現在一個地點	共享數據庫	人們可以分散在不同地點，朝同一項目進行協作；信息能夠被需要的地方同時使用
事件位於的地點需要由人去確定	自動識別跟蹤技術	事件能夠自動地告訴人們它們發生的位置
企業需保持庫存以防缺貨	電子通信網絡與EDI	即時供貨和缺貨支持

步驟5：建立一個新過程的原型

組織應在實驗的基礎上設計這個新過程，在重新設計的過程獲得批准之前，還要進行一系列的修訂和改進。

說明：

以上步驟只是重新設計企業的一般過程，並不意味著照這些步驟去做，就一定保證業務流程重組工程會成功。「業務流程重組」這一術語本身在某種程度上易使人產生一些誤解，認為如按照已找到的一些原則去做，就一定會達到預期結果。事實上，大多數業務流程重組項目不可能在企業績效上產生突破性結果。邁克爾·哈默是再造工程的主要倡導者之一，他宣稱所觀察到的70%的再造工程均告失敗。其他學者對不成功的流程重組項目也有相同的評價。流程重組只是大目標中的一部分，這個大目標就是為使組織變革達到最大的效益，而引入包括信息技術在內的所有新的革新方法。對管理的變革既不能簡單化也不能憑直覺。一個經過再造的業務過程或一個新的信息系統必然會影響到工作、技能需求、工作流和匯報關係。而由於對這種變革的畏懼會形成變革的阻力、混亂，甚至會有意識地去破壞這一變革。組織變革對新的信息系統的需求是非常重要的。

3.5 管理信息系統的開發方法

管理信息系統的開發是一項複雜的系統工程工作。它涉及的知識面廣、部門多，不僅涉及技術而且涉及管理業務、組織和行為。它不僅是科學而且是藝術，至今也還沒有一種完全有效的方法來很好地完成管理信息系統的開發。但也確有一些方法在系統開發的不同方面和不同的階段帶來了有益的幫助。

3.5.1 管理信息系統的發展歷程

從 20 世紀 60 年代開始，人們已開始注意信息系統開發的方法和工具。到了 20 世紀 70 年代，系統開發的生命週期法誕生了。它較好地給出了過程的定義，也大大地改善了開發的過程。然而，問題的累積，成本的超支，性能的缺陷，加深了系統開發的困難。20 世紀 80 年代以後，友好的語言和自動化編程工具的出現，使得開發方法又有些進步，但是維護費用又差不多佔去了百分之七八十的系統開發費。20 世紀 90 年代利用模塊化和模塊連接技術，大大降低了維護成本和大大提高了開發者的勞動生產率。20 世紀 90 年代中期，由於 Web 技術的出現，開發方法又出現了新的機遇，許多工作可以推給用戶去做，這可能是一種很好的趨勢。但系統工作仍然很多，需要信息部門自己完成或借用外力去完成。下面我們根據時代的特點，介紹系統開發方法的演變。

3.5.1.1 20 世紀 70 年代

開發環境：

◆第三代語言用於編程。
◆已有數據庫管理系統，用於數據管理。
◆聯機處理和批處理混合使用。
◆主要針對主幹機開發。
◆只由專業程序員進行程序開發。
◆利用標準符號來說明過程。
◆用戶只在定義需求階段和安裝階段介入開發。
◆企圖用結構化的程序設計方法和自動化的項目管理。

開發方法：結構化生命週期法，「瀑布模型」，見圖 3-23。

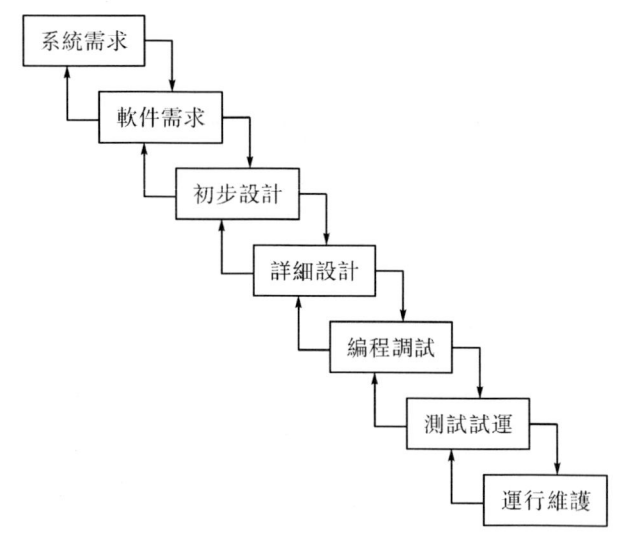

图 3-23 瀑布模型

由於開發不可能一條直路走到底，Glass 提出了蛛網模型，見圖 3-24。

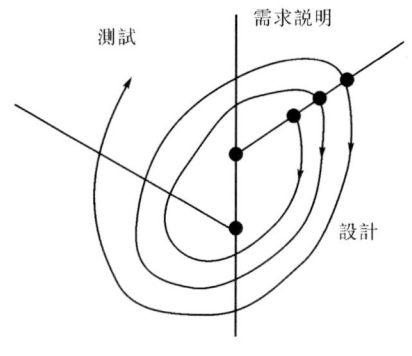

圖 3-24 蛛網模型

在 20 世紀 70 年代后期，人們開始強調「初期階段」的重要性。差錯產生得越早，后面為糾正差錯所花的成本越高；反過來說，糾正差錯越早所花成本越低。

3.5.1.2 20 世紀 80 年代

開發環境：4GL（關係數據庫系統、數據字典、非過程語言、交互查詢機構、報告生成器、排序和選取、字處理和文本編輯、圖形處理、數據分析和模型工具、宏命令庫、程序界面、復用程序、軟件庫、支持和恢復、安全和保密）、WEB 交互方式。

開發方法：原型方法（Prototyping）、面向對象（Object-Oriented，OO）、計算機輔助軟件工程（Computer Aided Software Enneering，CASE）。

原型方法和結構化生命週期法是完全不同思路的兩種方法。結構化生命週期法企圖在動手開發前，完全定義好需求，然後經過分析、設計、編程和實施，從而一次全面地完成目標；而原型法則相反，在未定義好全局前，先抓住局部設計實現，然后不

斷修改，達到全面滿足要求。這兩種方法實現的最終系統應當是同功能的，但它們實現的軌跡完全不相同。一種是單次的，另一種是多重循環的。

20世紀80年代末期，計算機輔助軟件工程和面向對象的開發方法得到很大的發展。面向對象的方法在20世紀80年代初已用於計算機科學，20世紀80年代末開始用於企業系統。20世紀90年代初，面向對象的分析與設計和面向對象的語言，如C++，開始實際應用。

對象是一組數據和一組操作的集合，這組操作可以存取和處理這組數據，見圖3-25。

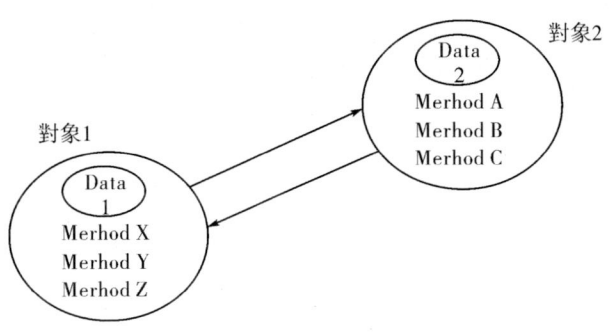

圖3-25 對象示意圖

面向對象的方法有以下特點：它把數據和操作綁扎在一起作為一個對象。這裡數據是主動的，操作跟隨數據，不像通常的程序，程序是主動的，而數據是被動的；面向對象的方法很容易做到程序重用，重用也較規範，不像傳統程序，重用是很隨意的；面向對象技術使新系統開發和維護系統很相似，因為均是重用已有部件，當用於企業管理時，面向對象的方法就像給出一個企業模型，模擬企業的運行。這時開發者和企業管理者的溝通用的是企業語言，如會計、顧客、報告等，而不是技術術語。面向對象的方法特別適用於圖形、多媒體和複雜系統。

如上所述，20世紀六七十年代是結構化系統分析和設計時代，20世紀80年代初是Prototyping時代，20世紀80年代末是CASE和OO（Object Oriented）時代，那麼20世紀90年代的特點是什麼呢？是客戶/服務器的時代，或基於Web的開發時代。這時客戶寧願買現成的軟件包甚至是整個系統，而不願自己開發。用戶買來許多軟件部件，自己或請顧問公司把它們集成起來。這就是系統集成或基於部件的開發，在20世紀90年代中後期這種趨勢越來越明顯。

3.5.2 系統開發的任務與特點

3.5.2.1 系統開發的任務

系統開發的任務是根據企業管理的戰略目標、規模、性質等具體情況，從系統論的觀點出發，運用系統工程的方法，按照系統發展的規律，為企業建立起計算機化的信息系統。其中核心是設計出一套適合於現代企業管理要求的應用信息系統。

3.5.2.2 系統開發的特點

（1）複雜性；

（2）基於原系統，高於原系統；

（3）一般手工程；

（4）產品是有形和無形的。

3.5.2.3 系統開發的原則

（1）領導參加的原則；

（2）優化與創新的原則；

（3）充分利用信息資源的原則；

（4）實用和時效的原則；

（5）規範化原則；

（6）發展變化的原則；

（7）面向用戶原則；

（8）系統性原則。

3.5.3 系統開發階段

在系統開發過程中有一些公用階段或活動可能會在各種方法中出現，為簡化以后的敘述，我們把它們抽出來先加以介紹。這些階段或活動甚至在一種開發方法中也可能反覆出現。

3.5.3.1 問題的識別

系統開發要搞清楚5個W，即What、Why、Who、Where、When，即要做什麼、為什麼要做、由誰來做、在什麼地方做和什麼時候做。

3.5.3.2 可行性研究

可行性研究是指在當前組織內外的具體條件下，系統開發工作必須具備資源和條件，看其是否滿足系統目標的要求。在系統開發過程中進行可行性研究，對於保證資源的合理使用，避免浪費和一些不必要的失敗，都是十分重要的。

系統開發可行性研究包括如下幾方面：

（1）目標和方案的可行性。

（2）技術方面的可行性：

① 人員和技術力量的可行性；

② 基礎管理的可行性；

③ 組織系統開發方案的可行性；

④ 計算機硬件的可行性；

⑤ 計算機軟件的可行性；

⑥ 環境條件以及運行技術方面的可行性。

（3）經濟方面的可行性。

（4）社會方面的可行性。

3.5.3.3 系統開發前的準備工作

搞好系統開發前的準備工作是信息系統開發的前提條件，系統開發前的準備工作一般包括基礎準備和人員組織準備兩部分。

（1）基礎準備工作：

① 管理工作要嚴格科學化，具體方法要程序化、規範化；

② 做好基礎數據管理工作，嚴格計量程序、計量手段、檢測手段和數據統計分析渠道；

③ 數據、文件、報表的統一化。

（2）人員組織準備工作：

① 領導是否參與開發是確保系統開發能否成功的關鍵因素；

② 建立一支由系統分析員、管理崗位業務人員和信息技術人員組成的研製開發隊伍；

③ 明確各類人員（系統分析員、企業領導、業務管理人員、程序員、計算機軟硬件維護人員、數據錄入人員和系統操作員等）的職責。

3.5.3.4 系統開發策略與開發計劃

（1）接收式的開發策略。經過調查分析，認為用戶對信息需求是正確的、完全的和固定的，現有的信息處理過程和方式也是科學的，這時可以採用接收式的開發策略，即根據用戶需求和現有狀況直接設計編程，過渡到新系統。這種策略主要適用於主系統規模不大、信息和處理過程結構化程度高、用戶和開發者又都很有經驗的場合。

（2）直接式的開發策略。這種策略是指經調查分析后，即可確定用戶需求和處理過程，且以后不會有大的變化，則系統的開發工作就可以按照某一種開發方法的工作流程（如結構化系統開發方法中系統開發生命週期的流程等），按部就班地走下去，直至最后完成開發任務。這種策略對開發者和用戶要求都很高，要求在系統開發之前就完全調查清楚實際問題的所有狀況和需求。

（3）迭代式的開發策略。這種策略是指當問題具有一定的複雜性和難度，一時不能完全確定時，就需要進行反覆分析、反覆設計，隨時反饋信息，發現問題，修正開發過程的方法。這種策略一般花費較大，耗時較長，但對用戶和開發者的要求較低。

（4）實驗式的開發策略。這種策略是指當需求的不確定性很高時，一時無法制訂具體的開發計劃，則只能用反覆試驗的方式來做。這種策略一般需要較高級的軟件支撐環境，且對大型項目在使用上有一定的局限性。

系統開發計劃主要是針對已確定的開發策略，選定相應的開發方法。但是選定開發方法時必須注意到這種方法所適用的開發環境、所需要的計算機軟硬件技術支撐以及開發者對它的熟悉程度。這對開發方法的選擇是很重要的。

開發計劃主要是制訂系統開發的工作計劃、投資計劃、進度計劃、資源利用計劃。開發計劃一般多是根據具體問題、具體情況而定，沒有什麼統一的模式。在一般情況下，我們常用甘特（Gautt）圖來記載和描繪開發計劃的時間、進度、投入和工作順序之間的關係。

經改造后的甘特圖如圖 3-26 所表示。它的橫坐標表示開發階段、縱坐標表示人員的工作投入，圖中的陰影部分表示工作計劃所跨越的階段和擬投入的人力。

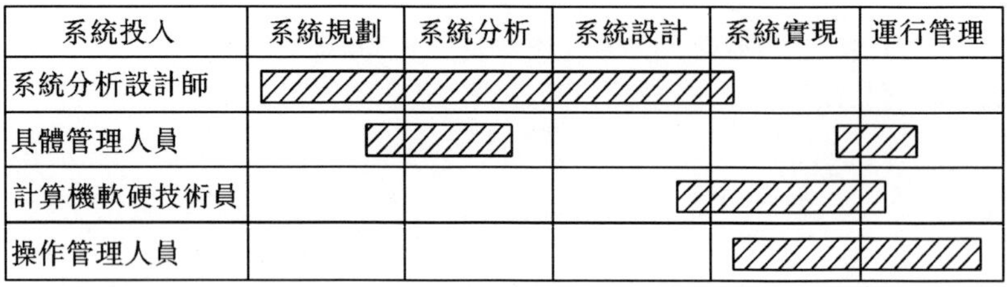

系統投入	系統規劃	系統分析	系統設計	系統實現	運行管理
系統分析設計師	/////	/////	/////		
具體管理人員		/////			/////
計算機軟硬技術員				/////	
操作管理人員					/////

圖 3-26　系統開發計劃

3.5.4　系統開發的方法

系統開發方法種類很多，鑒於結構化生命週期法和原型方法是傳統開發方法的代表，是所有開發方法的基礎，而面向對象的開發方法又有其特殊性。下面重點介紹結構化生命週期法、原型方法和面向對象等開發方法。

3.5.4.1　結構化系統開發方法（結構化生命週期法）

結構化系統開發方法，是自頂向下結構化方法、工程化的系統開發方法和生命週期方法的結合，它是迄今為止開法方法中應用最普遍、最成熟的一種。

結構化的意思是用一組規範的步驟、準則和工具進行開發。結構化系統開發方法是用系統工程的思想和工程化的方法，遵照用戶至上的原則，從系統的角度分析問題和解決問題，按照規定的步驟和任務要求，使用圖標工具完成規定的文檔，採用自頂向下整體分析和設計，自底向上逐步實施的系統開發過程。

（1）結構化系統開發方法的基本思想

結構化系統開發方法的基本思想是：用系統工程的思想和工程化的方法，按用戶至上的原則，結構化、模塊化、自頂向下地對系統進行分析與設計。

（2）結構化系統開發方法的特點

① 自頂向下整體性的分析與設計和自底向上逐步實施的系統開發過程，即在系統分析與設計時要從整體全局考慮，要自頂向下的工作（從全局到局部，從領導至普通管理者）。而在系統實現時，則根據設計的要求先編製一個個具體的功能模塊，然後自底向上逐步實現整個系統。

② 用戶至上。

③ 深入調查研究。

④ 嚴格區分工作階段。

⑤ 充分預料可能發生的變化。

⑥ 開發過程工程化。

（3）系統開發的生命週期

用結構化系統開發方法開發一個系統，將整個開發過程劃分為五個首尾相連接的階段，一般稱之為系統開發的生命週期，如圖 3-27 所示。

系統開發的生命週期各階段的主要工作有：系統規劃階段；系統分析階段；系統設計階段；系統實施階段；系統運行階段。

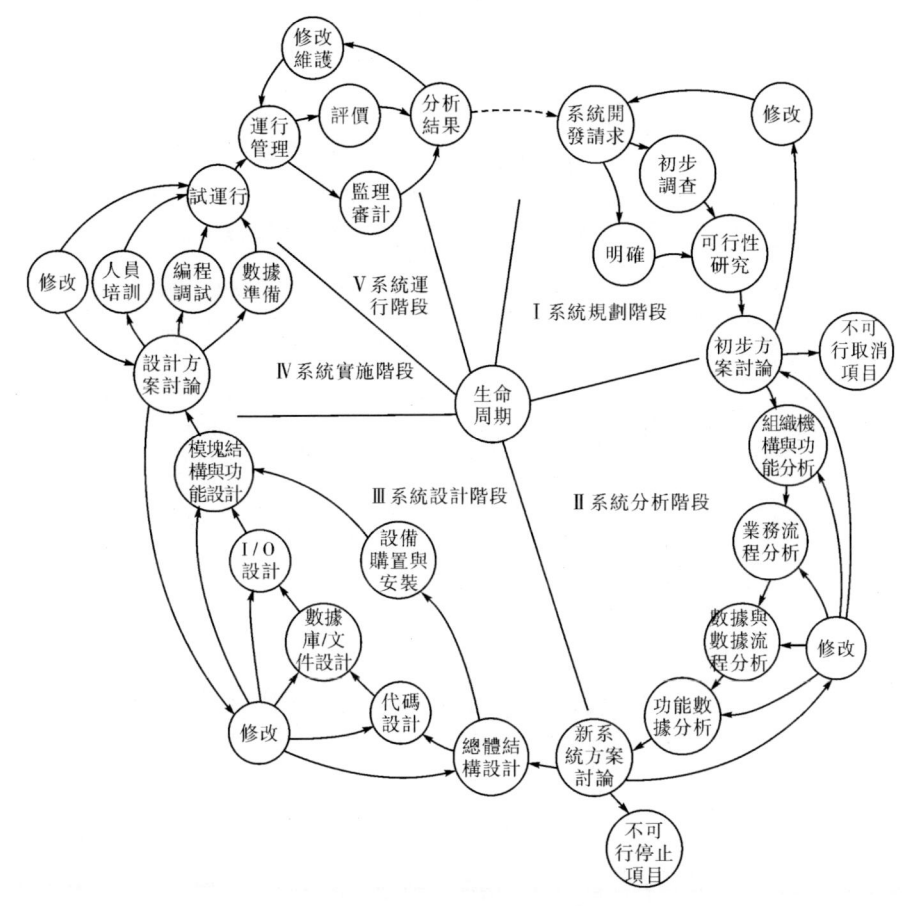

圖 3-27　系統開發生命週期

（4）結構化系統開發方法的優缺點。

結構化系統開發方法的優點：面向用戶的觀點；嚴格區分工作階段；設計方法結構化、模塊化；文檔標準化、規範化。

結構化系統開發方法的缺點：開發週期長；繁瑣；不能充分應變可能發生的變化；不直觀。

3.5.4.2　原型方法

原型方法是20世紀80年代隨著計算機軟件技術的發展，特別是在關係數據庫系統（Relational Data Base System，RDBS）、第4代程序生成語言（4th Generation Language，4GL）和各種系統開發生成環境產生的基礎之上，提出的一種從設計思想、工具、手段都全新的系統開發方法。與前面介紹的結構化方法相比，它揚棄了那種一步步周密細緻地調查分析，然后逐步整理出文字檔案，最后才能讓用戶看到結果的繁瑣做法。原型方法一開始就憑藉著系統開發人員對用戶要求的理解，在強有力的軟件環境支持下，給出一個實實在在的系統原型，然后與用戶反覆協商修改，最終形成實際系統。

（1）原型方法的工作流程。原型方法的工作流程如圖 3-28 所示。首先由用戶提出開發要求，開發人員識別和歸納用戶要求，根據識別、歸納的結果，構造出一個原型（程序模塊），然後同用戶一道評價這個原型，如果不行，則回到第三步重新構造原型；如果不滿意，則修改原型，直到用戶滿意為止。這就是原型方法工作的一般流程。

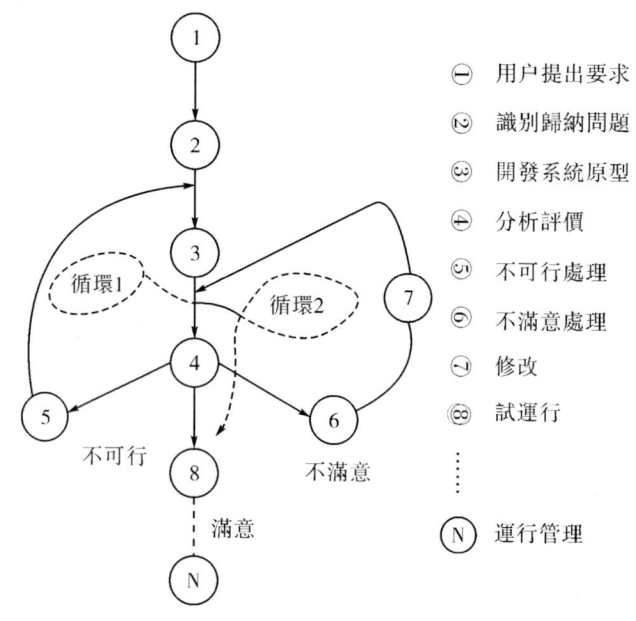

圖 3-28　原型方法的工作流程

（2）原型方法的特點。

① 從認識論的角度來看，原型方法更多地遵循了人們認識事物的規律，因而更容易為人們所普遍接受。

② 原型方法將模擬的手段引入系統分析的初期階段，溝通了人們的思想，縮短了用戶和系統分析人員之間的距離，解決了結構化方法中最難於解決的一環。

③ 充分利用了最新的軟件工具，擺脫了老一套工作方法，使系統開發的時間、費用大大地減少，效率、技術等方面都大大地提高。

（3）原型方法的類型。

① 丟棄式原型法。丟棄式原型法把原型系統作為用戶和開發人員之間進行通信的媒介，並不打算把它作為實際系統運行。開發這類原型的目的是為了對最終系統進行研究，使用戶和開發人員借助這個系統進行交流，共同明確新系統的要求。通常，這種方法可以作為結構化生命週期法的一個階段。

② 演化式原型法。演化式原型法的開發思想與丟棄式原型法完全相反。其思想為：用戶的要求及系統的功能都無時不在地發生變化，與其花大力氣瞭解不清楚的東西，不如先按照基本需求開發出一個系統，讓用戶先使用起來，有問題隨時修改完善。該方法在實施時，要注意加強管理和控制，必須圍繞系統的基本需求進行。

③ 遞增式原型法。對於遞增式原型法，其面對的系統框架、模塊、功能比較成形，

只是各個部分需要完善。

（4）原型方法的軟件支持環境。

① 功能強大、安全可靠、方便靈活的關係數據庫系統（RDBS）；

② 面向對象的可視化的軟件開發工具。

（5）原型方法不適用的範圍。

作為一種具體的開發方法，原型方法不是萬能的，有一定的適用範圍和局限性。這主要表現在以下幾個方面：

① 大型的系統；

② 大量運算的、邏輯性較強的程序模塊，原型方法很難構造出模型來供人評價；

③ 原基礎管理不善、信息處理過程混亂的問題，使用有一定的困難；

④ 對於一個批處理系統，其大部分是內部處理過程，這時用原型方法有一定的困難。

（6）原型方法的優缺點。

① 原型方法的優點：便於滿足用戶要求。原型方法與用戶交流比較多，能夠較好地滿足用戶要求，使用戶容易接受和使用系統。發揮了用戶和開發人員的密切配合作用，容易激發用戶的積極性，增強用戶信心，更好地體現了逐步完善、逐步發展的原則。在上述反覆迭代的修改過程中，每循環一次都要求用戶體驗原型並提出修改意見。這樣的開發機制較好地溝通了開發人員與用戶的思想，極大地提高了用戶參與的積極性，從而為開發成功提供了重要保障。事實上，用戶的所有需求不可能在開發初期確定。原型方法就是遵循了人們認識事物的這種規律，先建立原型，在此基礎上不斷地修改和完善。

② 原型方法的缺點：頻繁的需求變化使開發進程難以管理。由於需求依賴用戶修改意見，如果用戶本身考慮不周，可能會造成系統偏離開發方向。

3.5.4.3 面向對象的開發方法

（1）面向對象的開發方法的基本概念

面向對象（Object Oriented，OO）是當前計算機界關心的重點，它是 20 世紀 90 年代軟件開發方法的交流。面向對象的概念和應用已經超越了程序設計和軟件開發，擴展到了很廣的範圍，如數據庫系統、交互式界面、應用結構、應用平臺、分佈式系統、網絡管理結構、cad 技術、人工智能等領域。

面向對象至今還沒有一個統一的概念，這裡把它描述為：按人們認識客觀世界的系統思維方式，採用基於對象（實體）的概念建立模型，模型客觀世界分析、設計、實現軟件的辦法。通過面向對象的理念使計算軟件系統能夠與現實世界中的系統一一對應。它的基本思想是將客觀世界抽象地看成若干相互聯繫的對象，然后根據對象和方法的特性研究出一套軟件工具，直接完成對象的思想已經涉及軟件開發的各個方面，如面向對象的分析（Object Oriented Analysis，OOA）、面向對象的設計（Object Oriented Design，OOD）以及面向對象的編程實現（Object Oriented Programming，OOP）。當然，面向對象的開發方法和原型方法一樣需要支持其系統開發的工具，其中應用最廣泛的一種就是統一建模語言（Unified Modeling Language，UML）。下面結合實例來說明面向

對象的開發方法的基本概念。

對象（Object）。對象是對客觀世界裡的任何實體的抽象，是客觀世界實體的軟件模型，由數據和方法兩部分組成。面向對象的開發方法就是把數據及施加在這些數據上的操作合併為一個統一體，並把它稱為對象。這種方法把客觀世界看成由各種對象組成的，因此用面向對象的開發方法開發出來的系統也由對象組成。

類（Class）。類是對一類相似對象的描述，這些對象具有相同的屬性和行為、相同的變量（數據結構）和方法實現。類定義就是對這些變量和方法實現進行描述。類代表一種抽象，作為具有類似特性與共同行為的對象的模板，可用來產生對象。比如，可以把客觀世界的車看成由各種車輛對象組成，車這個抽象概念就是一個類，將車具體化為車的對象，如奔馳車等。每個類都定義一組數據和一組方法。數據用於表示對象的靜態屬性（Attribute），是對象的狀態信息。方法（Method）是允許施加於該對象上的操作，為該類對象所共享。

繼承（Inheritance）。把若干個對象類組成一個層次結構的系統，下層的子類具有和上層父類相同的特性，稱為繼承。如車即一個父類，自行車和汽車除繼承了與車相同的數據和方法以外，還分別增加了新的數據和方法，自行車和汽車都是車的子類。

消息（Message）。對象之間的相互作用是通過消息發生的。消息由某個對象發出，請求其他某個對象執行某一處理或回答某些信息。對象之間只能通過外部接口傳遞消息來相互聯繫。比如，奔馳車、別克車在進行相互消息傳遞時，並不知道傳遞的對象內含什麼樣的數據和方法，但仍然可以正常完成消息傳遞。

（2）面向對象的開發方法的步驟

面向法按系統開發的一般過程可分為如下幾個階段：

系統調查和需求分析。要對系統面臨的具體管理問題以及用戶對系統開發的需求進行調查研究，即先弄清「要幹什麼」的問題。

面向對象分析（OOA），即分析問題。在系統調查資料的基礎上，將面向對象方法所需的素材進行歸類、分析和整理。面向對象分析模型包括對象模型、動態模型和功能模型象、對象間的關係和服務等，建立對象模型；然后，以對象模型為基礎，將對象的交互作用和時序關係等建立動態模型；最后設計有關對象功能的功能模型。

面向對象設計（OOD），即整理問題。從 OOA 到 OOD 是一個逐漸擴充模型的過程，OOA 模型反應問題域和系統任務，OOD 模型則進一步反應需求的實現，填入或擴展有關需求的信息。OOD 工作的內容主要包括主體部件設計和數據管理部件設計。

面向對象編程（OOP），即程序實現。OOP 任務是為實現 OOD 各對象應完成的預定功能而編程，分為可視化和代碼設計兩個階段。可視化設計階段主要是進行用戶界面設計。代碼設計階段的主要任務是為對象編寫所需要回應的時間代碼，建立不同對象間的正確連接關係等。

（3）面向對象的開發方法的優點與缺點

面向對象的開發方法的優點：

① 與人們習慣的思維方法一致，面向對象以對象為核心，按照人類對現實世界的認識將現實世界中的實體抽象為對象，避免了其他方法可能出現的客觀世界問題領域

與軟件系統結構不一致的問題。

② 穩定性好。面向對象方法基於構造問題領域的對象模型，而不是基於算法和應完成功能的分解。當系統功能需求發生變化時並不會帶來軟件結構的整體變化。

③ 可重用性好。對象固有的封裝性、多態性等特點使對象內部的實現與外界隔離，因而具有較強的獨立性，為可重用性提供支持。類和對象提供了面向對象軟件系統的模塊化機制，極大地提高了類的可重用性，這種重用也較為規範。

④ 可維護性好。面向對象的軟件容易理解、修改、測試及調試，從而縮短了開發週期，並有利於系統的修改、維護。

面向對象的開發方法的缺點：

目前，這種方法需要有一定的軟件環境支持，對系統開發的人力、財力、物力要求也比較高。由於面向對象的視角缺乏全局性的控製，若不經過自頂向下的整體劃分，而是一開始就自底向上地採用 OO 方法開發系統，可能會造成系統結構不合理、各部分關係失調等問題。面向對象的開發方法特別適合於圖形、多媒體和複雜的系統。由於存在上述不足，在大型信息系統開發過程中，要將 OO 方法和結構化方法與結構方法互補使用，以防止系統結構不合理的情況發生。

3.5.4.4　計算機輔助開發方法

自計算機在工商管理領域應用以來，系統開發過程特別是系統分析、設計和開發過程，就一直是制約信息系統發展的一個瓶頸。這個問題一直延續到 20 世紀 80 年代，計算機圖形處理技術和程序生成技術的出現才得以緩和。解決這一問題的工具就是集圖形處理技術、程序生成技術、關係數據庫技術和各類開發工具於一身的計算機輔助開發方法（CASE）。

(1) CASE 方法的基本思路

如果嚴格地從認知方法論的角度來看，計算機輔助開發並不是一門真正獨立意義上的方法，但目前就 CASE 工具的發展和它對整個開發過程所支持的程度來看，又不失為一種實用的系統開發方法，值得推薦。

CASE 方法解決問題的基本思路是：在前面所介紹的任何一種系統開發方法中，如果對象系統調查後，系統開發過程中的每一步都可以在一定程度上形成對應關係的話，那麼就完全可以借助於專門研製的軟件工具來實現上述一個個的系統開發過程，這些系統開發過程中的對應關係包括：結構化方法中的業務流程分析—數據流程分析—功能模塊設計—程序實現；業務功能一覽表—數據分析、指標體系—數據/過程分析—數據分佈和數據庫設計—數據庫系統等；OO 方法中的問題抽象—屬性、結構和方法定義—對象分類—確定範式—程序實現等。

另外，由於在實際開發過程中上述幾個過程很可能只是在一定程度上對應（不是絕對的一一對應），故這種專門研製的軟件工具暫時還不能一次「映射」出最終結果，還必須實現其中間過程。即對於不完全一致的地方由系統開發人員再做具體修改。上述 CASE 的基本思路決定了 CASE 環境的特點：

①在實際開發的一個系統中，CASE 環境的應用必須依賴於一種具體的開發方法，如結構化系統開發方法、原型方法、OO 方法等，而一套大型完備的 CASE 產品，能為

用戶提供支持上述各種方法的開發環境。

②CASE 只是一種輔助的開發方法，這種輔助主要體現在它能幫助開發者方便、快捷地產生出系統開發過程中各類圖表、程序和說明性文檔。

③由於 CASE 環境的出現從根本上改變了我們開發系統的物質基礎，從而使得利用 CASE 開發一個系統時，在考慮問題的角度、開發過程的做法以及實現系統的措施等方面都與傳統方法有所不同，故常有人將它稱之為 CASE 方法。

(2) CASE 方法的特點

① 解決了從客觀世界對象到軟件系統的直接映射問題，強有力地支持軟件/信息系統開發的全過程；

② 使結構化方法更加實用；

③ 自動檢測的方法大大地提高了軟件的質量；

④ 使原型方法和 OO 方法付諸實施；

⑤ 簡化了軟件的管理和維護；

⑥ 加速了系統的開發過程；

⑦ 使開發者從繁雜的分析設計圖表和程序編寫工作中解放出來；

⑧ 使軟件的各部分能重複使用；

⑨ 產生出統一的標準化的系統文檔；

⑩ 使軟件開發的速度加快而且功能進一步完善。

3.5.5 各種開發方法的比較

目前這些工具技術的發展主要支持的都是在信息系統開發的后幾個環節，如系統實施、系統設計和系統分析中各種流程圖的繪製等，這就導致了目前信息系統開發工作中工作量重心的偏移。從國外最新的統計數據來看，在信息系統開發過程中各環節工作量所占的比重如表 3-4 所示。

表 3-4　　　　　　　　　開發過程中各環節所占的比重

階段	調查	分析	設計	實現
工作量	>30%	>40%	<20%	<10%

從表 3-4 中不難看出系統調查、需求分析和管理功能分析兩個環節占到總開發工作量的 60% 以上，而系統設計和系統實現兩個環節只占總開發工作量的不到 40%，其中原來在開發工作中占工作量最大的編程與調試工作，而今只占不到 10% 的工作量。這一切都要歸功於 4GL、RDBS 以及各種開發工具的出現。

前面所討論過的幾種常用方法對系統開發過程中的幾個主要環節支持情況如何呢？我們分析如下：

(1) 原型方法。它是一種基於 4GL 的快速模擬方法。它通過模擬以及對模擬后原型的不斷討論和修改最終建立系統。要想將這樣一種方法應用於一個大型信息系統開發過程中的所有環節是根本不可能的，故它多被用於小型局部系統或處理過程比較簡

單系統的設計到實現環節。

（2）面向對象的開發方法。它是一種圍繞對象來進行系統分析和系統設計，然后用面向對象的工具建立系統的方法。這種方法可以普遍適用於各類信息系統開發，但是它不能涉及系統分析以前的開發環節。

（3）CASE 方法。它是一種除系統調查外全面支持系統開發過程的方法，同時也是一種自動化（準確地說應該是半自動化）的系統開發方法。因此，從方法學的特點來看，它既具有前面所述方法的各種特點，又具有其自身的獨特點之處——高度自動化的特點。但值得注意的是，在這個方法的應用以及 CASE 工具自身的設計中，自頂向下、模塊化、結構化卻是貫穿始終的。這一點從 CASE 自身的文檔和其生成系統的文檔中都可以看出。

綜上所述，只有結構化系統開發方法是真正能較全面支持整個系統開發過程的方法。其他幾種方法儘管有很多優點，但都只能作為結構化系統開發方法在局部開發環節上的補充，暫時都還不能替代其在系統開發過程中的主導地位，尤其是在占目前系統開發工作量最大的系統調查和系統分析這兩個重要環節。這裡再一次強調所列舉的幾種方法不是相互獨立的，它們經常是可以混合應用的。

3.6 管理信息系統的開發方式

3.6.1 系統的開發方式

信息系統的開發方式主要有獨立開發、委託開發、合作開發、購買現成軟件四種。這四種開發方式各有其優點和不足，需要根據開發單位的技術力量、資金狀況、外部環境等各種因素進行綜合考慮和選擇，也可以將多種開發方式結合使用。

3.6.1.1 獨立開發方式

獨立開發方式適合有較強的系統分析與設計隊伍的組織和單位，如大學、研究所、高科技公司等。相比而言，獨立開發的優點是：開發費用較少，實現開發后的系統能夠適應本單位的需求，單位滿意度較高，系統維護工作方便。其缺點是：由於不是專業開發隊伍，容易受業務工作的限制，系統優化不夠。由於開發人員是臨時從各部門抽調出來的，在其原部門還有其他工作，精力有限，容易造成系統開發時間長，開發人員調動后系統維護工作沒有保證，新平臺兼容性等問題，系統維護問題也比較突出。

3.6.1.2 委託開發方式

委託開發方式適合於使用單位無系統軟件開發人員或開發隊伍力量較弱，但資金較為充足的單位。雙方應簽訂系統開發項目協議，明確新系統的目標和功能、開發時間與費用、系統標準及驗收方式、人員培訓等內容。委託開發方式的優點是省時、省事，開發的系統技術水平高。其缺點是費用高、系統維護需要開發單位的長期支持。

3.6.1.3 合作開發方式

合作開發方式適合於使用單位有一定的系統分析、設計及軟件開發人員，但開發

隊伍力量較弱，希望通過信息系統的開發完善和提高自己的技術隊伍，便於系統維護工作的單位。該方法的優點是：相對於委託開發方式而言節約了資金，並可以培養、增強使用單位的技術力量，便於日后的系統維護工作。其缺點是：雙方在合作中易出現溝通問題，需要及時協調達成共識。

3.6.1.4　購買現成軟件

目前，軟件的開發正在向專業化方向發展。一批專門從事信息系統開發的公司已經開發出一批使用方便、功能強大的專項業務信息系統軟件。為了避免重複勞動，提高系統開發的經濟效益，也可以購買信息系統的成套軟件或開發平臺。這一方式的優點是節省時間和費用、技術水平較高；其缺點是通用軟件的專用性較差，需要有一定的技術力量根據用戶的要求做軟件接口改善等二次開發工作。

3.6.2　IT外包與主要風險

IT外包是隨著社會經濟的發展流行起來的一種經營管理方式。近年來，中國的外包市場增長很快。外包有利於降低成本、形成戰略聯盟。但是，外包並不適合所有的單位，不可預見的因素很多，存在較大風險，甚至可能導致重大的法律糾紛。對IT外包項目風險的分析和控製是十分必要的。

3.6.2.1　IT外包概述

IT外包是將組織中與信息相關的活動，部分或全部交給組織外的信息服務提供者來完成。外包內容包括信息處理服務、業務流程支持、應用軟件系統開發、網絡系統建設、硬件設備選型與維護、IT知識培訓、企業信息化方案諮詢等。

軟件行業是人力資源成本、技術含量相對較高的行業，採用外包形式，有利於降低人力資源成本，提高效率，用較為先進的信息科技增強企業對環境的應變能力。更重要的是，企業可以把精力放在自己最擅長的領域，充分發揮自身核心競爭力，支持其戰略目標的實現。

3.6.2.2　採用IT外包的主要優點

有益於企業將力量集中到核心能力上。選擇IT外包及相關的顧問諮詢服務將外圍業務逐漸外包出去，可以利用外部專業人員、資源優化企業IT投資。企業的IT工作由對過程的管理轉變為對結果的管理，能夠充分發揮企業在信息化建設上的投資效益。更重要的是，外包的目的不僅僅是簡單地變換一種經營方式，而是有助於企業核心競爭力的提升，有利於企業差異化、創新化的戰略方向。外包並不是一種「卸包袱」的手段，而是基於對成本和利潤的戰略分析與評估的一種結果。

有益於預見成本。通過IT業務外包，企業不必對IT人員進行無休止的培訓，也不必擔心人才流失，從而節省了人力資源成本和管理成本。另外，外包需要簽訂合同，以合同價款為參考可以提高未來信息化成本的預見性。

簡化內部的管理工作。提高辦公效率和質量，減少IT系統故障發生率，避免網管人員的流動給企業IT系統帶來的不穩定，確保企業網絡系統始終處於良好的運行狀態，讓系統及時得到合理優化和升級，簡化了企業內部的管理工作。IT外包還可以使企業以較低的成本不斷地接觸最新的信息技術創新與升級。

促進企業資源整合。IT 外包后，企業原有 IT 部門的去留、部門功能的全面程度等都將發生重大變化。業務流程的優化改進必將給企業的核心業務部門帶來較大的調整。外包企業所提供的是經過整合的 IT 服務包，具有很強的系統性和完整性，是一般企業靠自己力量難以達到的，通過對企業業務流程和數據流程的分析、重組與優化，為企業帶來更有效的經營、生產模式，增強了企業在市場當中的競爭力。

3.6.2.3 IT 外包的主要風險

當然，我們對 IT 外包也不應過分樂觀，從外包的委託方本身和外包商兩個角度講，它們都將面臨一定的風險。從委託外包的公司角度講，如果沒有透澈理解產業模式的變化和這種新的商業關係的意義就將自己 IT 的業務外包出去，就有可能面臨很大的風險。具體來說，IT 外包的主要缺點如下：

（1）降低了企業的控製能力。某些 IT 外包可能導致企業自動放棄對信息系統的控製，從而喪失企業的部分職能。外包還會降低企業對在某些技術的跟蹤和對新技術的瞭解程度。

（2）委託代理關係複雜，容易引起法律糾紛。企業一旦把工作交給了外包商就基本不再插手管理，造成管理過程不易控製。特別是在合同內容不明確或者含糊的情況下，一旦企業和外包商發生誤會或者不一致，雙方各自站在自己的立場上，則會產生矛盾甚至法律糾紛。這樣，就很難形成戰略合作夥伴關係了。

3.6.2.4 IT 外包與風險管理

規避 IT 外包的風險可以參考以下方法：

（1）依照相關法律和政策健全合同文檔管理。按照相關法律和政策定義與規範合同和子合同。制訂承包商開發計劃，跟蹤開發計劃，實施規範的更改管理，定期審核、評價承包商的能力。為此，企業一定要對整個外包項目有足夠的瞭解，其中包括項目需求、實現方法和預期的經濟利益效益等，建立一個具有交叉職能的合同管理團隊，制定各方可度量和實施的共享目標。在合同簽訂和項目啓動之前，雙方應就項目的工作範圍達成一致，包括項目需求、所有要完成的任務以及完成任務的基礎條件等；否則，項目實施時會有很多不清楚的地方，驗收時將會出現由於對項目範圍理解不一致帶來的許多麻煩。

（2）供應商的選擇需要參考國際評估標準。IT 服務商最好選擇通過 ISO 9000 或 CMM 認證級別較高的規範企業。項目開始前就要建立起完整的服務和質量保證規則，並將其寫入簽訂的合同中。對於已經完成的部分，要有一套合理的評估方法，建立績效基準，執行定期競爭性評估和基準檢查。

（3）引入多個供應商。選擇同一家服務供應商會節省一些管理費用，但是不利於分散風險。IT 外包有時候也可以考慮將大項目分割成多塊能夠更好管理的小計劃，每一塊都有特定的目標，可以獨立運作，每一塊都可以由不同的服務商來開發。如此一來，外包廠商就可以不止一家，從而減少風險。

綜觀 IT 外包市場，目前占主導地位的仍是大型的傳統外包服務供應商。國內許多傳統 IT 廠商、增值經銷商都看到了外包服務的前景，正紛紛向這一領域轉型。與具有豐富經驗的外國專業服務商相比，國內企業在外包市場中還略顯稚嫩。但隨著國內 IT

企業技術水平、管理機制和管理觀念上的提高，用戶對於外包服務認識程度的加深以及外包服務運作水平的提高，國內IT資源外包服務市場將進一步發展並走向成熟。

小結

通過本章的學習，同學們應該掌握以下三個方面的問題：

1. 管理信息系統總體規劃，包括進行總體規劃的必要性、總體規劃的內容、進行總體規劃的工作步驟和總體規劃組織工作。

2. 在管理信息系統的開發中，進行總體規劃的常用方法有關鍵成功因素法、戰略目標集轉化法、企業系統規劃法。

3. 進行項目可行性分析的任務、可行性分析的內容，以及如何編寫可行性分析報告。

案例

信息系統的外包——索尼公司的信息系統外包的成功應用

「做你做得最好的，其余的讓別人去做」——企業只關注自己的核心競爭業務，將生產和經營管理的一個或幾個環節交給最擅長的企業去做，這已經成為全球企業重要的戰略思想和經營管理模式。

信息系統外包從美國開始流行起來，這種趨勢正變得越來越明顯。進行外包的公司常常雇用開發商完成各種數據處理服務，包括數據中心運作、電子通信、軟件維護、硬件支持及應用程序的開發。外包的最主要原因之一是成本低。外部合約者提供的服務成本通常要比公司內部數據中心自行管理的成本要低一些。

外包的主要好處之一是使MIS工作成員從傳統的、維護型的項目中解脫出來，從事更具有戰略價值的應用開發項目。例如，托民聯邦儲蓄信貸公司（Talman Federal Saving and Loan）決定外包數據中心運作業務，以便使公司的信息系統人員開發出複雜的分支銀行產品和服務，在儲蓄與貸款市場中獲得競爭優勢。其中一項服務是家庭銀行，讓客戶可以在家裡在帳戶之間調用資金，處理金融業務。還有一項服務是讓客戶通過按鍵式電話處理金融業務。從這個例子中可以看到，公司可以將沒有戰略意義的活動外包出去，如數據中心的管理，而將注意力集中到對經營活動有重要影響的項目上。這種方法符合將業務範圍縮小至必須完成的核心經營活動這一總的經營戰略思想。

外包的缺陷是，一旦管理層決定外包數據中心業務，就很難再將這些業務做重新組織。如果最初沒有詳細的計劃，外包機構提供的服務不會比內部管理運作好。聖路易斯市農業信貸銀行的管理層在20世紀80年代中期外包了一個項目。外購合同包括網絡管理、數據中心運作、計算機處理、應用程序開發、PC機支持系統維護、人員配置和數據庫管理。然而，外包機構提供的服務效果不好，主要問題是缺少瞭解銀行業務

的系統分析人員。為改變這種情況，該銀行購進了一臺中型計算機，並雇用了熟識銀行業務的開發人員。這些銀行內部開發人員致力於開發關鍵的系統項目，而數據中心的管理和運作則外包給外部簽約人。

外包的另一個弊端是將自己限制在不靈活的合同裡。合同應該是發展變化的，這樣公司才能不斷地追尋新技術和開發方法。合同還應把雙方的關係看成互利互惠的合作。固定成本的合同一旦商議通過，缺少激勵，開發商將只會提供最小限度的服務。

但如果將收入與項目的成果掛勾，公司和外包商就都會獲益。索尼公司的信息系統外包的成功應用就很好地證明了這一點。

索尼是日本最棒的電子產品製造商，其競爭優勢主要體現在永不疲倦的創新精神和精益求精的製造工藝上。這家全球化的、產品眾多的跨國公司，如何證明能做得和成長過程一樣好，除了繼續發揚無可比擬的核心競爭力，還需適應新的變革時代。

1. 信息化五年

索尼信息化的最初兩年，花了大量精力投入在基礎網絡和硬件平臺建設的準備工作上。后三年的數字化和信息化的建設中，應用了 ERP 系統——SAP 系統，處理索尼日常的銷售、財務管理和庫存管理。SAP 系統是一套單獨的系統，硬件設備與其他的系統是分開的，由 SAP 中國公司負責管理；數據倉庫系統為決策層和市場部進行數據分析和決策，數據來源主要依靠 SAP 和其他的系統；供應鏈系統主要建立上游供應鏈的管理以及市場的預測。除了這三大系統以外，索尼還有一些 ERP 所不能覆蓋的信息化系統，比如辦公用的 OA 系統，包括：在全國 20 個地方通用的負責管理考勤、員工評估的 e-HR 系統；實現員工付款和公司部門費用管理的 e-ACCOUNTING 系統以及公司郵件系統；電子商務系統。

經過五年的信息化建設，索尼信息化規模日益龐大，擁有 40 多條網絡專線，40 多臺 UNIX 的服務器（其中 80% 都是 IBM 的產品），80 多臺 NT 服務器。隨著越來越多的應用項目的開展，索尼基礎建設的規模開始面臨越來越重的 IT 包袱。

2. 相互滲透——兩國際巨頭握手在中國

在索尼信息化的五年中，IBM 的產品起到了關鍵的應用。IBM 作為一家處於國際領導地位的 IT 公司，與索尼一直在中國有著長期深入的合作。索尼在網絡建設、網絡安全及內部網與互聯網的連接等方面，都用到了 IBM 的產品。在電子商務上，索尼自 1999 年以來陸續在國內推出了定位於公司信息和融合電子營銷與時尚生活的網站——Sony 在中國（www.sony.corn.cn）與 Sony Style（www.Sonystyle.com.cn）網站。前者可以使瀏覽者簡單、方便地獲得關於索尼公司及其產品和服務支持的重要信息；后者則通過互聯網在消費者中間普及索尼產品知識，推廣索尼產品，並提供網上購物服務。因此，網絡的信息安全非常的重要。索尼內網系統總用戶數為 1,000 人左右，主要用戶有 600 人。公司與工廠的網絡分開，信息共享的內容也不一樣。如何保持網絡與客戶資料的管理的安全性，索尼應用了防火牆及 IBM 的 NQ 等信息安全解決方案。NQ 服務器保證數據時時的交換、傳輸 100% 的準確。另外，保證數據加密、保護內網系統。

3. 外包服務

索尼樂當「甩手掌櫃」和其他公司一樣，索尼的業務在不同的時間對 IT 的需要體

现不同。如何保持公司是先進的公司，要各個方面達到先進。IT 設備更新很快，三年更新一次，而供這些龐大的 IT 系統成為索尼一個很大的負擔。「我們開始了外包的探索，剛開始是簡單的租用，后來增加了 IT 專業服務。IT 設備的專業性，需要專人和專有的知識。產品的更新，技術也會更換，如果自己管理這些 IT 產品，人力成本很高，所以我們把租用加上服務，一起外包給一些專業公司去做。」

「IBM 的 IDC 的基礎建設以及藍色快車的覆蓋率，對網點實現 7×24 小時的監測，可以很好地為我們 IT 系統服務。」日前索尼很多的站點都由 IBM 來做 7×24 小時的監測服務。另外，索尼現有的 14 個倉庫，位置比較分散，也一同交給 IBM 和藍色快車來負責。這樣，索尼的客戶端機器、網絡與應用的維護，都由 IBM 的藍色快車做現場的支持。把 IT 外包，索尼可以更專注於自己核心業務的發展。為自己的用戶提供優質的產品和服務。索尼在華的售后服務，以「創造 21 世紀的服務新標準」為主題，通過建立更加完善、科學的售后服務網絡、強化顧客諮詢和互動的職能、創建新型顧客關係而不斷提高服務水平。目前，索尼在國內建立了 3 家技術服務中心、30 多家特約維修站和 400 多家指定維修站及技術認定店，為遍布在全國的廣大索尼用戶提供高水平的維修服務。

「在成本下降，質量沒有降低的情況下，租的確是比買要好的方案，符合我們實施的要求。另外，由於索尼的分公司比較多，可以有效結合 IBM 或是其他公司的基礎建設和服務的資源。」基於此，索尼現在正在考慮把公司的 PC 賣給 IBM，將來資產也歸 IBM 所有。不僅僅是 PC，索尼把一些高端的機器也做了外包。因為這些高端機器的技術含量越來越高，管理它們要用到專業人的專業知識，否則很難運行不同的系統。

從以上角度分析和評估下來，外包是一個很好的解決方案。嘗到甜頭的索尼越來越發揚外包。索尼 IT 外包正在和 IBM 商談下一步的具體操作。

IBM 在華的打包服務為索尼提供了信息化建設所需的軟硬件產品、諮詢及 IT 服務，並幫助其建立起一套針對自身應用的信息系統。該系統整合了索尼內部及上下游的信息流、資金流和物流，極大地提高了索尼的企業競爭力。

資料來源：http://tech.ccidnet.com/art/20/20060322/486545_1,html.

某高等學校學生管理信息系統的開發

1998 年 9 月的一天，A 高校校長辦公室的會議室中正在召開一次關於學生管理信息系統的討論會。參加會議的有主管學校信息化的鄭副校長、現代軟件開發公司的總工程師李總、管理學院 MIS 教研室主任楊教授、學校計算中心的張主任和負責 MIS 項目的王老師、學生處劉處長、經濟系的趙老師等十余人。過去開這類討論會大家都是談笑風生，而今天的氣氛卻是迥然不同。會場上青荌裊裊，經常是無言的冷場，人們發表意見時都輕聲慢語，再三斟酌。大家似乎都在迴避著什麼。

A 校是中國一所有名的重點大學，不僅在教學質量上屬於國內一流，在院校教學設施等方面也一直是名列前茅。A 校在信息系統建設方面也頗有遠見，鄭副校長早在 5 年前就提出了建設全校信息系統的目標，設想將所有的教務、人事、辦公、圖書情報和教學設備等信息全部用計算機管理起來。當時在全國高校中提出這樣宏大目標的院

校真是鳳毛麟角。

學生管理信息系統是1996年9月開始實施的，原計劃於1997年7月完工。當時，隨著局域網絡的發展和計算機價格的大幅度降低，學校辦公自動化的普及成為可能，各高校紛紛開始注意建設學校信息系統。同時，隨著國內高教事業的發展，A校的規模迅速擴大，短短幾年內學生人數就由5千人猛增至上萬人，原有的教務人員已難以應付隨之猛增的學生管理工作。正是在這樣的情況下，鄭副校長提出了建立學生管理信息系統的方案，想通過辦公自動化來提高該校的辦公效率，以應付越來越多的學生管理業務。另外，這也是考慮到，為了在高等院校辦公自動化的發展過程中，在與兄弟院校的競爭中佔有有利地位，增強A校在國內該領域的信譽。如有可能，也希望將此信息系統推廣到全國各地的高等院校去。

該項目涉及的部門有學生處和全校二十幾個院系的教務處。其中，學生處擁有全校學生的基本信息，負責處理全校性的學生管理業務，如學生證的製作與管理、全校所有課程的選課安排等，同時學生處還要督導各院系教務處的管理工作，雙方存在著比較松散的領導與被領導的關係。而各院系教務處負責本院系具體的學生工作，如本院系學生成績的錄入與編排、學生選課的登記等，同時將有關數據如學生成績等上報學生處，供其用於存檔等處理。因此，建立一個統一的數據庫系統將使數據共享、重用更為方便。

因此，在鄭副校長的責令下，由學生處全權負責，學校計算中心負責開發，其他相關部門協同工作，開始了該系統的開發實施。為此，學校撥款50萬元給計算中心購買了兩臺奔騰II服務器以及集線器等設備，在學生處和計算中心又安裝了十多臺計算機作為客戶端，而其他各院系的計算機則自行解決。起初，學生處劉處長和計算中心張主任當著鄭副校長的面說定，計算中心於1997年7月完成開發工作，在系統完成後學生處將付給計算中心10萬元開發費。

系統具體實施開始后，計算中心派了一位負責此項目的王老師帶領2名學生到學生處進行系統分析，對項目進行了整體的系統規劃。他們花了3個月時間，找學生處每一個人都談了一次話，並寫了一份很詳細的系統分析報告。該系統分析報告內列出了所有的數據項，有20個表和400多個數據項。另外，他們還列出了整個學生處業務的詳細流程圖。學生處負責該項目的劉處長看到王老師夜以繼日地工作很感動，對圖文並茂的精美的分析報告也很滿意。張主任請劉處長就此報告談談意見，劉處長和處裡的幾個同志研究了一下。由於該處沒有負責計算機系統的專業人員，對計算機的使用僅限於應用軟件WPS、WORD等的操作，對於報告中系統開發方面的圖表和術語沒人能看懂，抱著對計算中心王老師等人完全信任的態度，劉處長說：「技術上由你們負責，我們完全放心。」當時劉處長主要關心的是另一件事：在系統運行後，自己的任務量究竟是多少。因為當時學生處的工作量過於繁重，他希望該系統能夠改變這一情況，因此希望計算中心王老師等在系統設計中能考慮將學生管理業務在學生處和各院系之間重新進行分配。如學籍管理數據，原系統規劃中是由學生處在學生入學前統一錄入數據庫，供各院系和學生處共同使用；后來按劉處長的要求，此項工作被分佈到

各院系的教務處去執行。另外，學生證原來也是由學生處統一製作，而現在學生處也要求劃分到各院系完成，學生處只負責加蓋公章。王老師等根據學生處的要求修改了系統分析報告書，並按此報告書開始了具體的開發實施。

系統開發期間，王老師由於另有其他工作任務，並沒有參與實際的開發工作，具體的編程工作就交給兩位學生負責。王老師考慮系統分析報告書已經寫好並得到用戶認可，編程工作可以讓編程能力較強的學生來做，關鍵是程序設計是否按系統設計方案實現。於是，他就將這項工作作為兩位學生的畢業設計課題，要求他們按時保質保量地完成任務。學生們很樂意做這項工作並很快開始了程序設計。開發該系統選擇的是最先進的開發工具POWERBUILDER（當時是4.0版）和SYBASE數據庫。雖然當時他們對此開發工具並不熟悉，但對赫赫有名的POWERBUILDER十分感興趣。在此期間，他們經常工作到很晚，從入門開始學習POWERBUILDER和SYBASE數據庫系統，經過一段時間，他們逐漸精通了這些工具。直到1997年7月，他們順利完成了系統設計和實施，同時也完成了畢業論文，走上了工作崗位。

1997年8月，系統按期安裝上學生處的機器。學生處的第一印象是：該系統設計的界面十分漂亮。看慣了DOS下文字界面的用戶對於圖形界面精美的畫面和用鼠標指指點點很感興趣，他們讚嘆計算中心的技術高人一籌。但不久就出現了一系列問題。首先是在這期間，許多院系都開始購買新的586機器，代替了過去的486機器，而操作系統也從WINDOWS3.1升級到WINDOW 95。這時，原來開發的應用系統就必須安裝到新機器上。計算中心的同志幫助安裝後，系統可以工作了，但是在屏幕顯示和打印時又出現了一些問題，有時候死機，有時打印出亂碼。學生處想找計算中心來解決問題，可是兩位編程的同學已經不在學校，而其他人又都不敢貿然接手。學生處派人到各院系去瞭解系統的使用情況時，發現許多院系還未開始使用或很少使用該管理系統。當問及原因時，還未使用該系統的教務人員說，他們最近工作很繁重，還沒有時間學習新系統。院系的教務人員說，他們已習慣於使用WPS、Word等辦公軟件而且用得很好，他們不明白為什麼還要弄一套學生系統。更有教務人員說，新系統不但沒有減輕他們的工作量，反而增加了一些不必要的操作，還不如手工處理來得方便。此種情況出現後，學生處的劉處長和計算中心的王老師談過，計算中心王老師說用戶只要使用一段時間就熟悉了。於是，劉處長要求各院系的教務部門盡快將系統投入使用，但事隔一個月之後，各院系仍未有起色。當學生處再次問及他們的原因時，許多人都反應說系統使用不方便，有些數據不知道怎麼輸入，有的數據要輸入好幾遍。有一位教務人員說，昨天我輸入一個數據，但我不知道怎麼輸入，就想跳過去，但是系統不讓我跳過去，我也退不出來，只好關機了。學生處將此情況反應給計算中心，要求計算中心人員對該系統進行修改。而計算心則認為該系統的設計達到了系統規劃書的設計要求，要求學生處盡快付給他們開發費，否則就不能進行新的修改工作。而學生處則認為系統沒有投入使用不能付款。這樣誰也不肯讓步，系統應用也就被擱置了下來。

一晃一年時間過去了，系統的正常運作仍遲遲未能通過。在系統設計前和系統開發期間，準備購買該系統的學校很多。但隨著時間的不斷推移，各學校也都失去了等

待的耐心，紛紛取消了購買該系統的計劃。據說至少有 100 萬元的計劃付諸東流。

該系統的擱淺以及產生的矛盾也引起了學校領導的重視。鄭副校長多次找劉處長和張主任談話，但雙方各執一詞，一直未能解決。1998 年 9 月，鄭副校長主持召開了學生處、計算中心、各院系以及相關部門參加的會議，並邀請了校內外幾位信息系統方面的專家列席會議。會上，鄭副校長要求大家坦誠相見，將所有遇到的問題和要求都擺出來。這樣就出現了本文開頭的那一幕。而后，各部門的負責人還是對系統在本部門使用中遇到的問題發表了意見。

經濟系的趙老師首先發言。他認為，在整個系統設計過程前和過程中，沒有人徵詢過他們的意見，因此，在系統開始使用後，出現了諸多問題。首先，系統的應用並沒有減少日常的工作量，而且還增加了一些原本不屬於他們工作範圍內的任務。增加這些額外的任務時，計算中心和學生處也未事先予以通告。另外，系統投入使用前，也沒有進行必要的培訓，工作人員對系統的功能很不瞭解。出現了一些問題也沒有人來指導。這樣一個系統大家不願意使用是必然的。趙老師的發言得到了一些院系的教務工作人員的支持，他們也談了一些對系統的意見。

計算中心負責該項目的王老師認為，系統的硬件、軟件的選型是合理的，整體設計是成功的。系統分析報告交給學生處看過，也得到了他們的首肯。系統開發完成后，學生處的同志曾經大加讚揚，而現在卻又將它說得一無是處。使用過程中遇到問題是必然的，然而這並不是系統設計的失敗，操作人員面對新生事物首先要學習。不學習怎麼能會？另外還要多使用，針對使用中出現的問題提意見讓我們修改，而不應該把系統閒置不用。另外，各院系和其他部門認為自己的工作量增加了，這並不是我們的責任，我們的設計是根據學生處的要求來做的。另外，這個系統剛開始時都需要輸入大量基礎數據，以后就不會增加工作量了。同時，計算中心在設計過程中只是對學生處單一用戶負責，而與各院系和其他部門的溝通是學生處的任務，並不屬於計算中心的工作範圍。況且，學生處一直拖欠系統開發費用，計算中心本身也沒有財力投入系統的修正和維護。

學生處劉處長不同意計算中心王老師的說法。他說，我們對計算中心提出的系統分析報告在技術上並不瞭解，抱著信任計算中心的態度，相信他們能夠做出令我們滿意的系統。比如我們買電視機，不需要廠家將電路圖給我們看，但是電視機的功能必須保證。現在信息系統出現不少問題，而計算中心非但沒有對使用過程中出現的問題進行及時的修改，反而以開發人員畢業離校為由來推諉，這是不負責任的做法。對於這樣一個有很多缺陷的系統，我們不付給他們開發費用是理所當然的。另外，關於給各部門增加工作量的問題，我們和計算中心的同志談過，他們認為這樣做是合理的，可以給用戶和辦事人員帶來方便。

鄭副校長最后也做了總結。他認為系統至今未投入使用，自己有一定責任。過去一直認為計算中心有足夠的技術力量，因此對系統的進展情況關心不夠。從剛才談的情況來看，確實有許多尚待解決的問題。我們一定要盡快解決這些問題，早日將系統投入使用。學生處至今還沒有付開發費也不合適，應當先付給一部分費用，等系統完

全投入使用后再將余款付清。計算中心要盡快找到問題所在，解決各院系提出的問題。各院系也要抓緊時間學習使用，向計算中心反應自己的要求。

會后，應鄭副校長的要求，李總和楊教授從技術角度對系統的設計進行了分析。他們認為：該系統的開發過程基本上是符合軟件開發規範的，所選擇的開發工具和數據庫以及系統結構都是合理的。之所以至今尚未使用，有很多原因。首先，WINDOWS 的升級是一個很重要的外因。現在大家都使用 WINDOW 95，這就使得在舊的操作系統上開發的系統引不起用戶的興趣。另外，舊操作系統上開發的應用系統移植到新的操作系統上會產生很多意想不到的問題，如打印驅動程序不完備，這樣用戶也不能使用。產生問題的另一個原因是，該系統數據邏輯模型的設計還不夠細緻。有些數據項目之間存在著冗余，同時還缺少一些必要的數據項目。數據模型還應當進一步精練，很好地正規化。而這個問題一旦進入了編程工作就很難通過修改的方法來輕易解決，最好從數據模型重新設計開始做。目前，在系統開發期間所使用的開發工具已經升級。現在要進行修改，需要在新的操作系統上使用新的開發工具來工作。從程序設計的情況來看，由於設計者並沒有寫下對於程序功能的詳細的文檔描述，所以很難判斷其性能如何。用戶界面的設計不夠友好。開發這樣一個系統，通常在軟件開發企業中需要有一個隊伍，大約要有 5 個人一年的工作量，李總聽說是兩個學生干了半年就完成了，認為這可能會因為搞得太快而使得有些地方工作不到位，編程不夠細緻。他讀了一些原程序，認為有些部分（據推測大概是學生剛開始工作時的作品）寫得不太好，而整體來看，缺少文字的說明，所以很難看懂。由於沒有辦法對原系統簡單地進行修改，所以如果想投入使用，就只有兩種可能性：一個方案是對現有系統打補丁，這樣最後不太可能得到一個完美的系統，一些現在的系統隱患還將殘留在系統中，恐怕只能將一部分目前的手工工作轉移到計算機上；另一個方案是重新進行系統分析和系統設計，完善數據邏輯模型，這樣基本上需要重新編程。

1998 年 9 月下旬，A 校決定再次開發該系統，並成立了以鄭副校長為首的，包括所有相關部門負責人在內的信息化委員會，對學生管理信息系統的開發進行直接領導，重新開發該系統。

資料來源：周少華. 管理信息系統［M］. 長沙：湖南大學出版社，2007.

討論題：

1. 原來是否有好的開發領導機構？新的開發領導小組應如何設置？
2. 評價原來的開發小組，應採用何種開發策略？
3. 如何處理原有信息系統？廢止它還是修補它？
4. 對原有信息系統開發的失敗，你認為是技術的失敗還是其他原因？

思考題

1. 什麼是管理信息系統的總體規劃？為什麼要進行總體規劃？
2. 管理信息系統的總體規劃內容有哪些？
3. 簡述總體規劃的工作步驟。
4. 在總體規劃的組織中，高層領導有何作用？
5. 關鍵成功因素法的主要過程和特點是什麼？
6. 如何應用關鍵成功因素法？
7. 企業系統規劃法的主要過程是什麼？
8. 定義企業過程主要有哪些內容？
8. 在系統規劃中，如何利用「自下而上、自上而下」的策略？
10. 外包的特點和風險是什麼？如何進行外包管理？

4 管理信息系統的系統分析

本章主要內容：

本章首先概述了管理信息系統分析階段的主要任務、工作步驟及使用的主要分析工具，對系統分析在整個管理信息系統的設計過程中的地位、作用以及包含的工作步驟等有一個總體的講述。然后，詳細地講述了對現行系統的分析方法，包括現行系統的詳細調查、業務流程圖的繪製、數據流程圖的繪製和數據字典的編製。接下來，講述了管理信息系統中的數據分析，包括數據庫的概念設計和邏輯設計，並介紹了數據倉庫的應用。在此基礎上，講述了如何對現行系統進行優化，從而建立新系統的邏輯模型。最后，論述了作為系統分析階段的工作成果的系統分析報告的作用與內容。

本章學習目標：

通過本章的學習，瞭解系統分析在整個管理信息系統設計中的地位、基本任務、工作步驟和使用的分析工具；掌握業務流程圖、數據流程圖的繪製方法，掌握數據字典的編製方法；掌握數據庫的概念設計方法，瞭解數據倉庫的概念及應用；掌握新系統邏輯模型包括的內容，能夠根據現行系統的分析結果建立新系統的邏輯方案；掌握系統分析報告的作用與內容。

4.1 系統分析概述

4.1.1 系統分析階段的任務

系統分析是在總體規劃的指導下，對系統進行深入詳細的調查研究，通過問題識別、可行性分析、詳細調查、系統化分析，最后確定新系統邏輯方案的過程。系統分析階段的主要任務是定義或制定新系統應該「做什麼」的問題，而不涉及「如何做」的問題。

系統分析是信息系統開發工作中重要的、必不可少的環節。特別是針對中、大規模的信息系統開發，系統分析工作的好壞直接影響整個系統的成敗。

信息系統分析的任務是，在充分認識原信息系統的基礎上，通過問題識別、可行性分析、詳細調查、系統化分析，最后完成新系統邏輯方案設計，或稱邏輯模型設計。邏輯方案不同於物理方案，前者解決做什麼的問題，是系統分析的任務；后者解決怎樣做的問題，是系統設計的任務。

4.1.1.1 系統分析的基本任務

系統分析員與用戶在一起，充分瞭解用戶的要求，並把雙方的理解用系統分析報告表達出來。系統分析報告經審核通過后，將成為系統設計的依據和將來驗收系統的依據。簡言之，在系統分析階段要回答新系統要「做什麼」的問題。

擬建的信息系統既要源於原系統又要高於原系統。系統分析員要在總體規劃的基礎上，與用戶密切配合，用系統的思想和方法，對企業的業務活動進行全面的調查分析，詳細掌握有關的工作流程，收集票據、帳單、報表等資料，分析現行系統的局限性和不足之處，找出制約現行系統的「瓶頸」，確定新系統的邏輯功能，根據企業的條件，找出幾種可行的解決方案，分析比較這些方案的投資和可能的收益。

系統分析的困難主要來自三個方面：問題空間的理解、人與人之間的溝通和環境的不斷變化。由於系統分析員缺乏足夠的對象系統的業務知識，在系統調查中往往感到無從下手，不知道該問用戶一些什麼問題，或者被各種具體數字、大量的資料、龐雜的業務流程搞得眼花繚亂。一個規模較大的系統，有反應各種業務情況的數據、報表、帳頁，業務人員手中各種正規的、不正規的手冊，技術資料等，數量相當大。各種業務之間的聯繫繁雜。不熟悉業務情況的系統分析員往往感到好像處在不見天日的大森林中，各種信息流程像一堆亂麻，不知如何理出頭緒，更談不上如何分析制約現行系統的「瓶頸」。

另外，用戶往往缺乏計算機方面的知識，不瞭解計算機能做什麼和不能做什麼。許多用戶雖然精通自己的業務，但往往不善於把業務過程明確地表達出來，不知道該給系統分析員介紹些什麼。對一些具體的業務，他認為理所當然就該這樣或那樣做。尤其是對於某些決策問題，根據他的經驗，憑直覺就應該這樣或那樣做。在這種情況下，系統分析員很難從業務人員那裡獲得充分有用的信息。

系統分析員與用戶的知識構成不同，經歷不同，使得雙方的交流十分困難，因而系統調查容易出現遺漏和誤解，會使系統開發偏離正確方向，同時還使編寫系統分析報告變得十分困難。系統分析報告是這一階段工作的結晶，它實際上是用戶與研製人員之間的技術合同。作為設計基礎和驗收依據，系統分析報告應當嚴謹準確，盡可能詳盡；作為技術人員與用戶之間的交流工具，它應當簡單明確，盡量不用技術上的專業術語。這些要求是不容易達到的，但必須努力達到。

最使系統分析員困惑的是環境的變化。系統分析階段要通過調查分析，抽象出新系統的概念模型、鎖定系統邊界、功能、處理過程和信息結構，為系統設計奠定基礎。但是信息系統生存在不斷變化的環境中，環境對它不斷提出新的要求。只有適應這些要求，信息系統才能生存下去。在系統分析階段，要完全確定系統模式是困難的有時甚至是辦不到的。

4.1.1.2 系統分析員的任務和應具備的素質

在系統開發中，系統分析員起著十分重要的作用。系統分析員要與各類人員打交道，是用戶與技術人員的橋樑和「翻譯」，並為管理者提供控製開發的手段。系統分析

員還必須考慮系統的硬件設備、數據輸入、系統安全等各個方面。總之，系統分析員必須考慮系統的各種成分。

系統分析員的知識水平和工作能力決定了系統的成敗。一個稱職的系統分析員不但應具備堅實的信息系統知識、瞭解計算機技術的發展，而且必須具備管理科學的知識。缺乏必要的管理科學知識，就沒有與各級管理人員打交道的「共同語言」。很難設想，缺乏財務知識的人能設計出實用的財務系統。系統分析員應有較強的系統觀點和較好的邏輯分析能力，能夠從複雜的事物中抽象出系統模型。另外，他還應具備較好的口頭和書面表達能力、較強的組織能力，善於與人共事。總之，系統分析員是應具有現代科學知識的，具有改革思想和改革能力的專家。

為了克服這些困難，做好系統分析工作，需要系統分析員與用戶精誠合作。系統分析員應樹立「用戶第一」的思想，虛心向用戶學習，「不恥下問」。雖然隔行如隔山，但「隔行不隔理」。這個「理」就是人們認識事物的共同規律，就是系統的思想與方法，這是我們分析複雜事物的有力武器。系統論的思想方法強調系統的整體性、綜合性和層次性，強調系統元素之間的有機聯繫。這也是我們常說的要全面地看問題，認識事物要由表及裡、去偽存真，要從事物之間的聯繫去認識事物，而不要孤立地看待事物。不論技術人員與用戶的業務有多大差距，人們認識事物的方法都是相通的。如果說隔行如隔山，那麼根據這個原理，就可以在這座山中打一個「隧道」使兩邊相通。為此，還要有一定的技術和工具。這些工具可以幫助系統分析員理順思路，同時也便於同用戶進行交流。

4.1.2 系統分析的步驟

4.1.2.1 現行系統的詳細調查

現行系統的詳細調查是對被開發對象通過各種途徑做全面、充分和詳細的調查研究，弄清現行系統的邊界、組織機構、人員分工、業務流程、各種計劃、單據和報表的格式、種類及處理過程等，為系統開發做好原始資料的準備工作。

4.1.2.2 組織結構與業務流程分析

新系統的開發實質是一種對組織有目的的改造過程，通過對組織結構的分析，詳細瞭解各級組織的職能和有關人員的工作職責、決策內容及對新系統的要求。業務流程的分析應當在原系統中信息流動的過程中逐步進行，通過業務流程圖詳細描述各個環節的處理業務和信息的流程。

4.1.2.3 系統數據流程分析

數據流程分析就是在組織結構與業務流程分析的基礎上，把數據在原系統內部的流動情況抽象的獨立出來，捨棄具體組織機構、信息載體、處理工作、物資、材料等，僅從數據流動過程考察實際業務的數據處理模式。主要包括信息的流動、傳遞、處理和存儲的分析。

4.1.2.4 建立新系統邏輯模型

邏輯模型是新系統開發中要採取的管理模型和信息處理方法。系統分析階段的詳

細調查、組織結構與業務流程分析、數據流程分析都是為建立新系統的邏輯模型做準備。

4.1.2.5 提出系統分析報告

系統分析報告是系統分析階段的成果，它反應了系統分析階段調查分析的全部情況，也是下一階段系統設計的工作依據。

系統分析步驟如圖 4-1 所示。

```
現行系統的詳細調查
       ↓
組織結構與業務流程分析
       ↓
   系統數據流程分析
       ↓
  建立新系統邏輯模型
       ↓
   提出系統分析報告
```

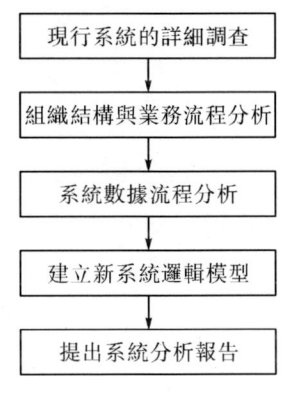

圖 4-1　系統分析的步驟

4.1.3　結構化的系統分析方法

結構化的系統分析方法（Structured Analysis，SA）是由美國 Yourdon 公司提出的，主要用於分析大型的數據處理系統，是企事業管理信息系統開發的一種比較流行的方法。它是在系統詳細調查的基礎上，描述新系統邏輯模型的一種方法，常常和設計階段的結構化設計（Structured Design，SD）和系統實施階段的結構化程序設計（Structured Programming，SP）等方法銜接起來使用。

SA 方法使用自頂向下、逐層分解的方式來理解和表達將開發的管理信息系統的功能，即由大到小、由表及裡，逐步細化，逐層分解，直到能對整個系統清晰地理解和表達。

圖 4-2 是一個複雜系統的分解示意圖，首先抽象出系統的基本模型 X，弄清它的輸入和輸出。為了進一步理解該模型，可以將其分解為 1、2、3、4 個子系統。如果其中的子系統 3 和子系統 4 仍然很複雜，可以再進一步分解為 2.1、2.2、2.3 等子系統；如此繼續分解，直到子系統足夠簡單，能夠清楚被理解和表達為止。

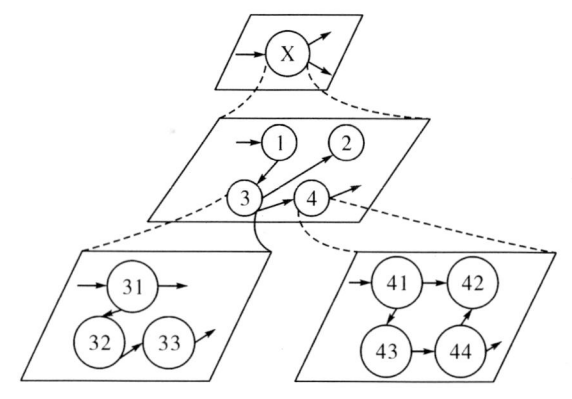

图 4-2 结构化系统分析方法示意图

按照这种方式，无论系统多么复杂，分析工作都可以有条不紊地进行。这样，对复杂系统的理解和描述转化为对那些基本操作的理解和描述。问题由繁化简，由难转易，有效地控制了系统的复杂性。

用 SA 方法进行系统分析可以通过数据流程图和数据字典来实现，所得的系统分析报告主要由数据流程图、数据字典等组成。

4.2　现行系统详细调查

现行系统详细调查也被称作需求分析，是系统开发工作中最重要的环节之一。实事求是地全面调查是分析与设计的基础，也就是说这一步工作的质量对于整个开发工作的成败来说都是决定性的。同时需求分析工作量很大，所涉及的业务和人、数据、信息都非常多。所以，如何科学地组织和适当地着手展开这项工作是非常重要的。

📖 课堂案例讨论

航空订票信息系统分析

本系统是专为乘坐飞机的旅客准备的，旅客只需把自己的信息（姓名、性别、工作单位、身分证号、旅行时间、旅行目的地）预先交给旅行社，旅行社就可以将信息输入本系统，系统就可以为旅客安排航班，打印出取票通知和帐单。旅客只要在飞机起飞的前一天凭取票通知单和帐单交款取票，系统校对无误后即可打印出机票给旅客。

（1）数据的准确性与及时性：作为一个航空公司，拥有一个功能完备的订票系统是很重要的。因为这毕竟关系到很多旅客的生命安全。一个订票信息系统必须及时地将各个航班的起飞和降落时间准确地反应在系统里，以便公司安排其他的航班。还有就是为了方便旅客能够及时瞭解各个航班的信息，便于选择适合自己的航班并及时预定机票。尤其是在旅游高峰的时候，更能体现拥有一个完备的订票信息系统的重要性。有了这个系统，公司就能及时地调整航班，最大程度地满足顾客的要求。以实现提高

公司的信譽度的目的。當然要實現這個目標，數據的準確性是關鍵。在一個系統中，哪怕是 0.1 的誤差也會導致系統出現錯誤。所以數據的準確性是重中之重。

（2）對突發事件的處理：航空相對於其他的交通工具，更加容易受天氣的影響。若因天氣因素導致航班不能正常運行時，則及時出示停止訂票信息與解釋說明。若已經完成訂票之後發生航班不能運行情況，應與售票系統密切聯繫，輔助售票系統做好事後工作。

（3）系統的開放性和系統的可擴充性：機票預訂系統在開發過程中，應該充分考慮以後的可擴充性。例如，隨著訂票系統的方式的改變（網上訂票），用戶查詢的需求也會不斷地更新和完善。所有這些，都要求系統提供足夠的手段進行功能的調整和擴充。而要實現這一點，應通過系統的開放性來完成，即系統應是一個開放系統，只要符合一定的規範，可以簡單地加入和減少系統的模塊，配置系統的硬件。通過軟件的修補、替換完成系統的升級和更新換代。

（4）系統的易用性和易維護性：機票預定系統是直接面對使用人員的，而使用人員往往對計算機並不是非常熟悉。這就要求系統能夠提供良好的用戶界面和易用的人機交互界面。要實現這一點，就要求系統應該盡量使用用戶熟悉的術語和中文信息的界面；針對用戶可能出現的使用問題，要提供足夠的在線幫助，縮短用戶對系統熟悉的過程。

機票預訂系統中涉及的數據是航空公司的相當重要的信息，系統要提供方便的手段供系統維護人員進行數據的備份、日常的安全管理、系統意外崩潰時數據的恢復等工作。

（5）系統的先進性：目前計算機系統的技術發展相當快，作為機票預訂系統工程，應該保證系統在 21 世紀仍舊是先進的，在系統的生命週期內盡量做到系統的先進，充分完成企業信息處理的要求而不至於落後。這一方面通過系統的開放性和可擴充性，不斷完善系統的功能；另一方面，在系統設計和開發的過程中，應在考慮成本的基礎上盡量採用當前主流又有良好發展前途的產品。

資料來源：馮仁德. 管理信息系統［M］. 重慶：重慶出版社，2010.

4.2.1 調查原則

在系統調查過程中應始終堅持正確的方法，以確保調查工作的客觀性、正確性。系統調查的工作應該遵循如下幾點：

（1）自上而下全面展開；
（2）弄清它存在的道理再分析有無改進的可能性；
（3）工程化的工作方式；
（4）全面鋪開與重點調查結合；
（5）主動溝通和親和友善的工作方式。

4.2.2 詳細調查的範圍

詳細調查的範圍應該是圍繞組織內部信息流所涉及領域的各個方面。但應該注意

的是，信息流是通過物流而產生的，物流和信息流又都是在組織中流動的。故我們所調查的範圍就不能僅僅局限於信息和信息流，而且應該包括企業的生產、經營、管理等各個方面。我們把它大致歸納為九類：

(1) 組織機構和功能業務；
(2) 組織目標和發展戰略；
(3) 工藝流程和產品構成；
(4) 數據與數據流程；
(5) 業務流程與工作形式；
(6) 管理方式和具體業務的管理方法；
(7) 決策方式和決策過程；
(8) 可用資源和限制條件；
(9) 現存問題和改進意見。

以上九個方面只是一種大致的劃分，實際工作時應視具體情況增加或修改之。

4.2.3 詳細調查的方法

在做出開發新系統的決策之後，就應當組織力量成立調查小組，採用多種方法對現有系統進行調查分析。詳細調查應當遵循用戶參與的原則。調查組應由使用單位的業務人員、領導和設計單位的系統分析員、系統設計員共同組成。詳細調查的方法主要有以下幾種：

4.2.3.1 人員訪問調查法

人員訪問調查就是由系統調查人員直接走訪被調查者，當面詢問問題的方法。這是一種最常見的系統調查方法。這種方法具有調查情況更真實、具體、深入的優點；但是也存在調查成本高、調查資料受調查人主觀偏見影響大的缺點。

4.2.3.2 問卷調查法

問卷調查表通常由問題和答案兩部分組成。問題由主持調查工作的系統分析人員列出，然後交由被調查單位的業務人員完成。利用問卷調查表進行調查可以減輕被調查部門的工作負擔，方便系統調查人員，得到的調查結果系統、準確。利用問卷調查法最大的困難在於問卷調查表的設計。

4.2.3.3 召開調查會

這是一種集中調查的方法，適合於基層的管理者。通過開調查會，瞭解基層管理者的業務範圍、工作方式、業務的內外關係等。為了開好調查會，應先擬好調查提綱，發給每個被調查對象，讓其有一定的準備時間。這樣便於把問題講清楚。

4.2.3.4 直接參加業務實踐

開發人員親自參加業務實踐，不僅可以獲得第一手資料，而且便於開發人員和業務人員的交流，使系統的開發工作接近用戶；用戶直接參加系統開發工作的實踐，也便於用戶更加深入地瞭解新系統。

此外，系統調查人員也可以採用查閱企業的有關資料、個別訪問、由用戶的管理人員向開發者介紹情況、專家調查等調查方法來瞭解現行系統的現狀。系統調查人員

應當根據系統調查的具體需要確定調查方法，有些情況可以將上面提到的幾種方法混合起來使用，以瞭解清楚現狀為最終目標。

4.3 組織結構與功能分析

組織結構與功能分析是整個系統分析工作中最簡單的一環。組織結構與功能分析主要有三部分內容：組織結構分析、業務過程與組織結構之間的聯繫分析、業務功能一覽表。其中，組織結構分析通常是通過組織結構圖來實現的，是將調查中所瞭解的組織結構具體地描繪在圖上，作為后續分析和設計之參考。業務過程與組織結構聯繫分析通常是通過業務與組織關係圖來實現的，是利用系統調查中所掌握的資料著重反應管理業務過程與組織結構之間的關係，它是后續分析和設計新系統的基礎。業務功能一覽表是把組織內部各項管理業務功能都用一張表的方式羅列出來，它是今后進行功能/數據分析、確定新系統擬實現的管理功能和分析建立管理數據指標體系的基礎。

4.3.1 組織結構圖

組織結構圖是一張反應組織內部之間隸屬關係的樹狀結構圖，見圖4-3。在繪製組織結構圖時應注意，除后勤（如食堂、修繕、醫務室、幼兒園、小學等）與企業生產、經營、管理環節無直接關係的部門外，其他部門一定要反應全面、準確，為了表明企業的運行過程，我們往往也畫出企業物流和管理組織關係圖，見圖4-4。

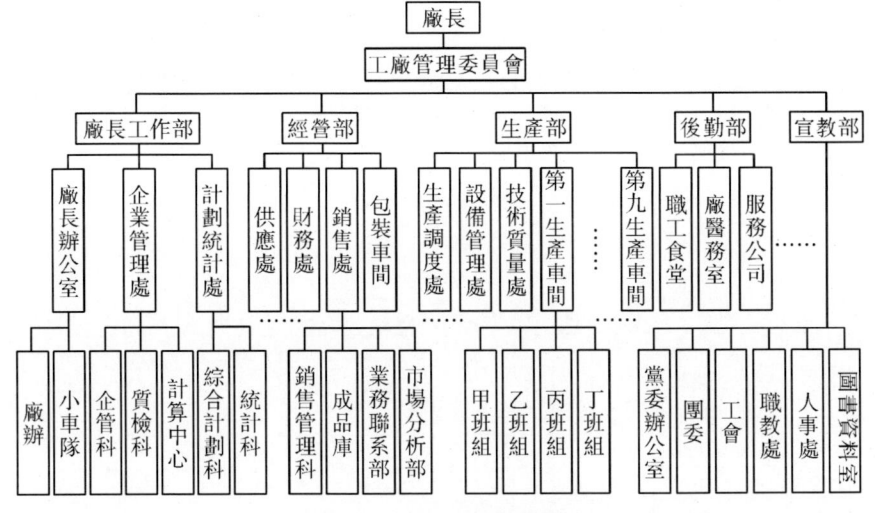

圖4-3 企業的組織結構圖

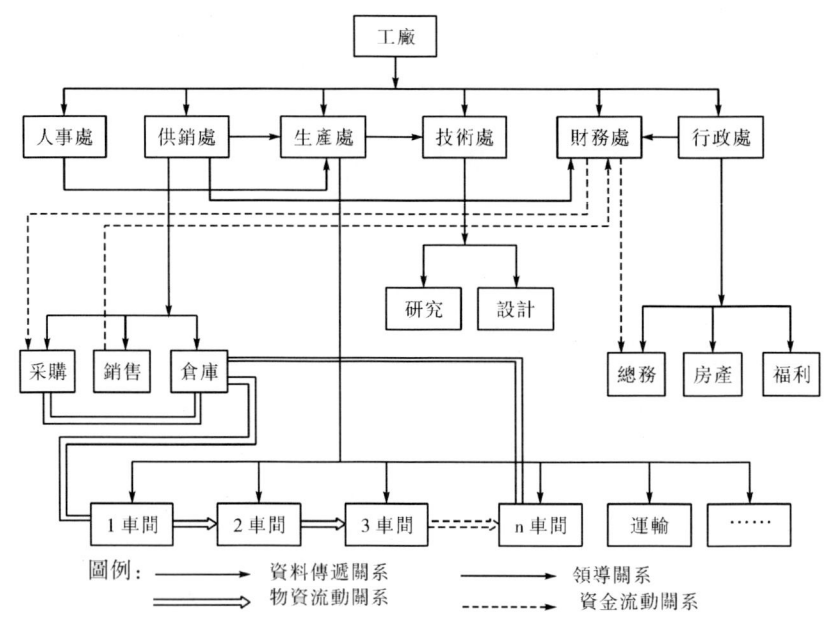

图 4-4　組織管理機構與物流的關係

4.3.2　組織/業務關係分析

組織結構圖反應了組織內部和上下級關係。但是對於組織內部各部分之間的聯繫程度，組織各部分的主要業務職能和它們在業務過程中所承擔的工作等卻不能反應出來。這將會給后續的業務、數據流程分析和過程/數據分析等帶來困難。為了彌補這方面的不足，通常增設組織/業務關係圖來反應組織各部分在承擔業務時的關係，見表 4-1。我們以組織/業務關係表中的橫向表示各組織名稱，縱向表示業務過程名，中間欄填寫組織在執行業務過程中的作用。

表 4-1　　　　　　　　　　　　組織/業務關係表

功能	序號	聯繫的程度\組織\業務	計劃科	質量科	設計科	工藝科	機動科	總工室	研究所	生產科	供應科	人事科	總務科	教育科	銷售科	倉庫	……
功能與業務	1	計劃	*					✓		×	×				×	×	
	2	銷售		✓											*	×	
	3	供應	✓							×	*				✓		
	4	人事										*	✓	✓			
	5	生產	✓	×	×	×		*		*	×				✓	✓	
	6	設備更新			*	✓	✓	✓	×								
	7	……															

註：「*」，表示該項業務是對應組織的主要業務（主持工作的單位）
　　「×」，表示該單位是參加協調該項業務的輔助單位
　　「✓」，表示該單位是該項業務的相關單位（或稱有關單位）
　　空格，表示該單位與對應業務無關

4.3.3 業務功能一覽表

在組織中，常常有這種情況，組織的各個部分並不能完整地反應該部分所包含的所有業務。因為在實際工作中，組織的劃分或組織名稱的取定往往是根據最初同類業務人員的集合而定的。隨著生產的發展，生產規模的擴大和管理水平的提高，組織的某些部分業務範圍越來越大，功能也越分越細，由原來單一的業務派生出許多業務。這些業務在同一組織中由不同的業務人員分管，其工作性質已經逐步有了變化。當這種變化發展到一定的程度時，就要引起組織本身的變化，裂變出一個新的、專業化的組織，由它來完成某一類特定的業務功能。如最早的質量檢驗工作就是由生產科、成品庫和生產車間各自交叉分管的，后來由於產品激烈的市場競爭和管理的需要，這時質量檢驗科產生了。對於這類變化，我們事先是無法全部考慮到的，但對於其功能是可以發現的。所以，在分析組織情況時還應該畫出其業務功能一覽表。這樣做可以使我們在瞭解組織結構的同時，對於依附於組織結構的各項業務功能也有一個概貌性的瞭解，也可以對於各項交叉管理、交叉部分各層次的深度以及各種不合理的現象有一個總體的瞭解，在后面的系統分析和設計時切記避免這些問題。

這裡所要製作的業務功能一覽表是一個完全以業務功能為主體的樹型表。其目的在於描述組織內部各部分的業務和功能。

下面我們僅列舉某廠業務功能一覽表中的一部分，來說明其具體的畫法（見圖4-5）。

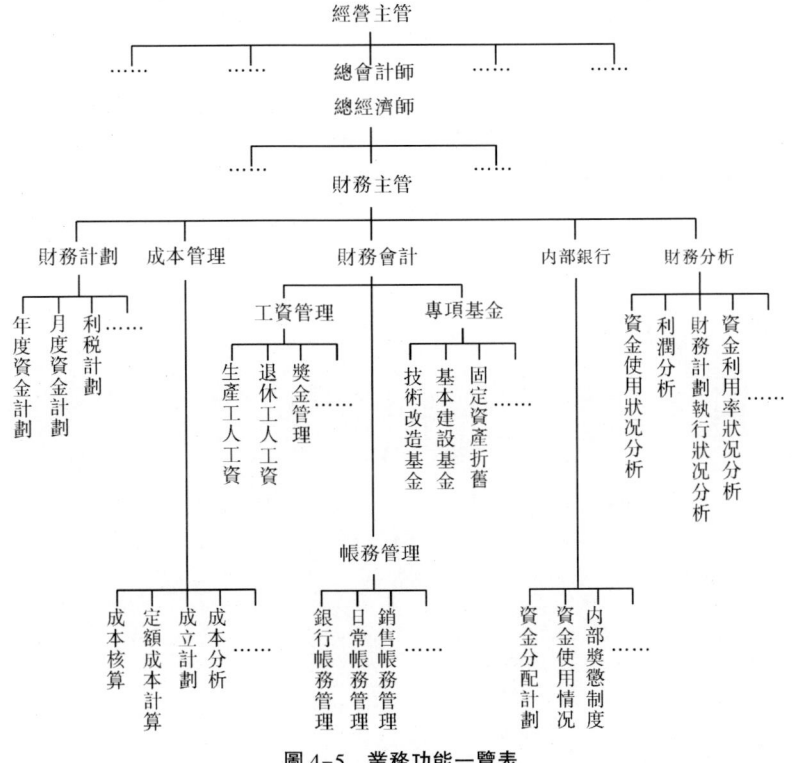

圖 4-5 業務功能一覽表

4.4 業務流程分析

在對系統的組織結構和功能進行分析時，需從一個實際業務流程的角度將系統調查中有關該業務流程的資料都串起來做進一步的分析。業務流程分析可以幫助我們瞭解該業務的具體處理過程，發現和處理系統調查工作中的錯誤和疏漏，修改和刪除原系統的不合理部分，在新系統基礎上優化業務處理流程。

4.4.1 業務流程調查的任務和方法

4.4.1.1 業務流程調查的任務
調查系統中各環節的業務活動，掌握業務的內容、作用及信息的輸入、輸出、數據存儲和信息的處理方法及過程等。

4.4.1.2 業務流程調查的方法
調查業務流程應順著原系統信息流動的過程逐步地進行，內容包括各環節的處理業務、信息來源、處理方法、計算方法、信息流經去向、提供信息的時間和形態（報告、單據、屏幕顯示等）。

4.4.2 業務流程的描述工具

4.4.2.1 業務流程圖
業務流程圖（Transaction Flow Diagram，TFD）是用規定的符號來表示具體業務處理過程。業務流程圖的繪製基本上按照業務的實際處理步驟和過程繪製。

（1）業務流程圖圖例及畫法。業務流程圖圖例沒有統一標準，但在同一系統開發過程中所使用圖例應是一致的。如圖 4-6 所示。

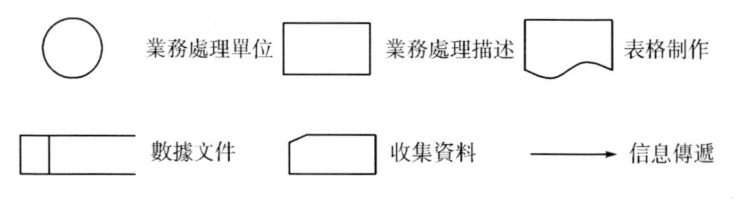

圖 4-6 業務流程圖的基本圖形符號

（2）業務流程圖的繪製步驟（見圖 4-7）。有關業務流程圖的繪製步驟，目前尚不太統一，但大同小異，只是在一些具體的規定和所用的圖形符號方面有些不同，而在準確明瞭地反應業務流程方面是非常一致的。

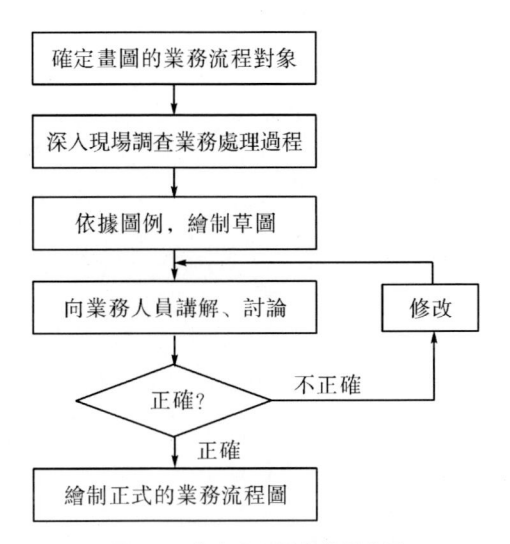

图 4-7 業務流程圖的繪製步驟

實例

圖 4-8 是一個簡單的工資處理業務流程圖。

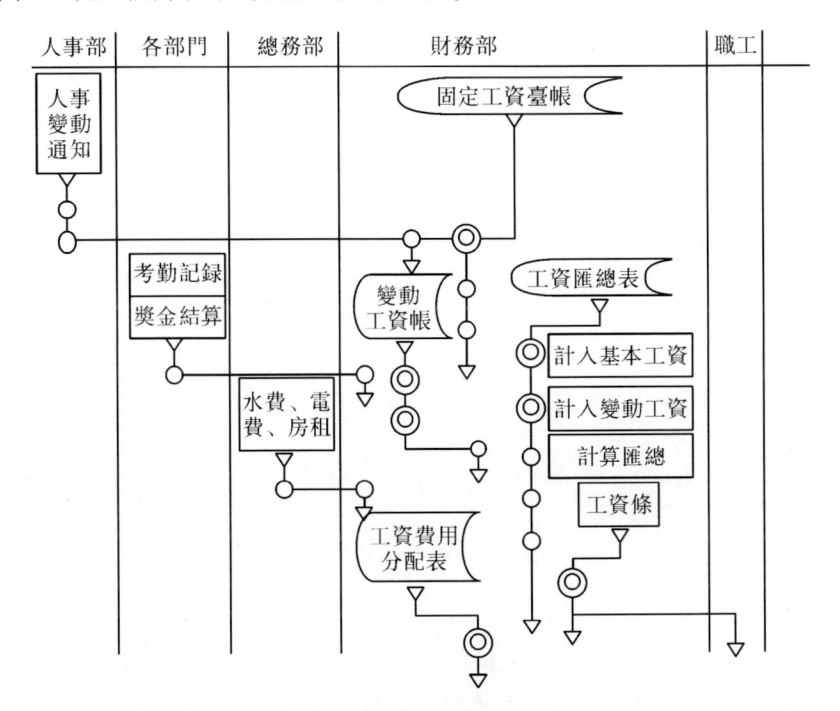

圖 4-8 某業務流程圖舉例

圖 4-8 中，財務會計首先根據人事部門的人事變動通知（離職、調入、提級、降級等），更新固定工資臺帳；再根據各單位報來的職工考勤、扣款或獎金，以及總務部

門報來的職工交通補貼、房租、水電費等生成變動工資臺帳。由工資固定數據和變動數據，可以進行工資計算，產生核算表和工資條。發放工資時，將工資條發給職工個人，以便核對。對工資核算表進一步匯總，按工資的用途編製工資費用分配表。如生產工人的工資應計入「生產成本」帳戶，行政管理人員和離退休人員的工資應計入「管理費用」帳戶等，供成本核算用。

4.4.2.2 表格分配圖

表格分配圖可以幫助系統分析員表示出系統中各種單據和報告在各個部門之間傳遞和處理的情況。

📖 實例

圖4-9是一張能反應採購過程的表格分配圖，其中每一列表示一個部門，箭頭表示複製單據的流向，每張複製報告上都標有號碼，以示區別。由圖4-9可見，採購單一式四份：第一張交賣方；第二張交到收貨部門，用來登記收貨清單；第三張交給財會部門，登記應付帳；第四張存檔。到貨時，收貨部門接待收貨清單校對貨物后填寫收貨單四張：第一張交財務部門，通知付款；第二張通知採購部門取貨；第三張存檔；第四張交給賣方。

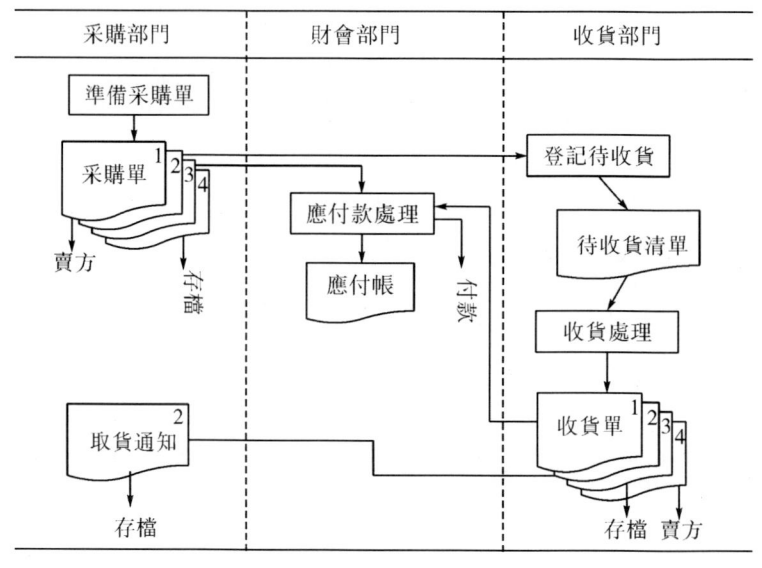

圖 4-9　表格分配圖

4.4.3　業務流程分析

通過細緻的業務流程調查，就可以對現行系統的業務流程有了深入、詳盡的理解。然而，通過對業務流程的分析，我們可以看到系統業務流程存在很多的問題：可能是管理思想和方法落后、業務流程不盡合理，也可能是因為計算機信息系統的建設為優化原業務流程提供的新的可能性。這時，就需要在對現有業務流程進行分析的基礎上進行業務流程重組，產生新的更為合理的業務流程。

業務流程分析過程包括以下內容：

（1）現行流程的分析。分析原有的業務流程的各處理過程是否具有存在的價值。其中，哪些過程可以刪除或合併，原有的業務流程中哪些過程不盡合理，可以進行改進或優化。

（2）業務流程的優化。現行業務流程中哪些過程存在冗余信息處理，可以按計算機信息處理的要求進行優化，流程的優化可以帶來什麼好處。

（3）確定新的業務流程。畫出新系統的業務流程圖。

（4）新系統的人機界面。新的業務流程中人與機器的分工，即哪些工作可以由人機分工，哪些必須有人的參與。

管理信息系統受到組織機構的影響，同時管理信息系統對組織結構和功能也會產生重大影響。這種影響產生的結果是，組織結構發生重大變革，組織的功能出現重新組合。

4.5 數據與數據流程分析

數據是信息的載體，是今后系統要處理的主要對象。因此，必須對系統調查中所收集的數據以及統計和處理數據的過程進行分析和整理。如果有沒弄清楚的問題，應立刻返回去弄清楚。如果發現有數據不全、採集過程不合理、處理過程不暢、數據分析不深入等問題，應在分析過程中研究解決。數據與數據流程分析是今后建立數據庫系統和設計功能模塊處理過程的基礎。

4.5.1 調查數據的匯總分析

經過大量詳細的業務流程調查，我們得到了組織的有關業務的業務流程圖，進而我們還要進行組織數據流程的抽取。所謂數據流程的抽取，就是在現行系統的業務流程圖的基礎上，抽取出現行系統的信息（數據）流動情況，繪製出現行系統的數據流程圖。在此過程中，我們只關心組織的業務處理過程中信息的存儲、流動和加工情況，並將其用數據流程圖的方式表達出來。

如何在業務流程圖的基礎上繪製出組織的數據流程圖？我們可以將這個過程看成一個從業務流程圖到數據流程圖的轉換過程。具體轉換過程可以參考如下的啟發性規則：

（1）將業務流程圖中的業務處理單位轉換成數據流程圖中的外部項；

（2）將業務流程圖中的業務處理描述轉換成數據流程圖中的數據加工；

（3）將業務流程圖中的表格製作轉換成數據流程圖中的數據流；

（4）業務流程圖中的數據文件直接轉換成數據流程圖中的數據存儲。

由於目前業務流程圖還沒有一個統一的標準，因此上述規則只能是一些啟發性的規則，僅供數據流程抽取時作為參考。在具體的數據流程抽取過程中，要根據具體情況進行一些變通，如添加一些必要的外部項等。

在系統調查中我們曾收集了大量的數據載體（如報表、統計表文件格式等）和數據調查表，這些原始資料基本上是由每個調查人員按組織結構或業務過程收集的，它們往往只是局部地反應了某項管理業務對數據的需求和現有的數據管理狀況。對於這些數據資料必須加以匯總、整理和分析，使之協調一致，為以后在分佈式數據庫內各子系統充分的調用和共享數據資料奠定基礎。調查數據匯總分析的主要任務首先是將系統調查所得到的數據分為如下三類：

（1）輸入數據類（主要指報來的報表），即今后下級於系統或網絡要傳遞的內容。

（2）本系統內要存儲的數據類（主要指各種臺帳、帳單和記錄文件），它們是今后本系統數據庫要存儲的主要內容。

（3）本系統產生的數據類（主要指系統運行所產生的各類報表），它們是今后本系統輸出和網絡傳遞的主要內容。

然后再對每一類數據進行如下三項分析：匯總並檢查數據有無遺漏；數據分析，即檢查數據的匹配情況；建立統一的數據字典。

（1）數據匯總。

數據匯總是一項較為繁雜的工作。為使數據匯總能順利進行，通常將它分為如下幾步：

①將系統調查中所收集到的數據資料，按業務過程進行分類編碼，按處理過程的順序排放在一起。

②按業務過程自頂向下地對數據項進行整理。例如，對於成本管理業務，應從最終成本報表開始，檢查報表中每一欄數據的來源，然后檢查該數據來源的來源，一直查到最終原始統計數據（如生產統計、成本消耗統計、產品統計、銷售統計、庫存統計等）或原始財務數據（如單據、憑證等）。

③將所有原始數據和最終輸出數據分類整理出來。原始數據是以后確定關係數據庫基本表的主要內容，而最終輸出數據則是反應管理業務所需求的主要數據指標。這兩類數據對於后續工作來說是非常重要的，所以將它們單獨列出來。

④確定數據的字長和精度。根據系統調查中用戶對數據的滿意程度以及今后預計該業務可能的發展規模統一確定數據的字長和精度。對數字型數據來說，它包括數據的正、負號，小數點前后的位數，取值範圍等；對字符形數據來說，只需確定它的最大字長和是否需要中文。

（2）數據分析。

數據的匯總只是從某項業務的角度對數據進行了分類整理，還不能確定收集數據的具體形式以及整體數據的完備程度、一致程度和無冗余的程度。因此，還需對這些數據做進一步的分析，分析的方法可以借用 BSP 方法中所提倡的 U/C 矩陣來進行。U/C 矩陣本質是一種聚類方法，它可以用於過程/數據、功能/組織、功能/數據等各種分析中。這裡我們只是借用它來進行數據分析。

①U/C 矩陣。U/C 矩陣是通過一個普通的二維表來分析匯總數據。通常將表的縱坐標欄目定義為數據類變量（X_i），橫坐標欄目定義為業務過程類變量（Y_i），將數據

與業務過程之間的關係（即 Xi 與 Yi 之間的關係）用使用（U，use）和建立（C，create）來表示，那麼將上一步數據匯總的內容填於圖 4-10 內就構成了所謂的 U/C 矩陣。

數據類\功能	客戶	訂貨	產品	工藝流程	材料表	成本	零件規格	材料庫存	成本庫存	職工	銷售區域	財務計劃	計劃	設備負荷	物資供應	任務單	型號 Y
經營計劃		U				U						U	C				1
財務規劃						U					U	C	C				2
資產規模												U					3
產品預測	C		U								U						4
產品設計開發	U		C	U	C		C						U				5
產品工藝			U			C		C	U								6
庫存控製							C	C						U	U		7
調度			U	U			U							U		C	8
生產能力計劃				U										C	U		9
材料需求			U		U		U									C	10
操作順序				C										U	U	U	11
銷售管理	C	U	U				U				U						12
市場分析	U	U	U								C						13
訂貨服務	U	C	U														14
發運		U	U							U	U						15
財務會計	U	U							U		U						16
成本會計		U	U		U						U						17
用人計劃										C							18
業績考評										U							19
行號 X	1	2	3	4	5	6	7	8	9	10	11	12	13	14	15	16	

圖 4-10 U/C 矩陣

②數據正確性分析。

在建立了 U/C 矩陣之后就要對數據進行分析，其基本原則就是「數據守恒原理」，即數據必定有一個產生的源，而且必定有一個或多個用途（在后面第五節中我們還要將其細分為完備性、一致性和無冗余性三條檢驗規則）。具體落實到對圖 4-10 的分析中則可以概括為如下幾點：

◆原則上每一個列只能有一個 C。如果沒有 C，則可能是數據收集時有錯；如果有多個乙則有兩種可能性：其一，是數據匯總有錯，誤將其他幾處引用數據的地方認為是數據源；其二，數據欄是一大類數據的總稱，如果是這樣應將其細劃。

◆每一列至少有一個 U。如果沒有 U，則一定是調查數據或建立 U/C 陣時有誤。

◆不能出現空行或空列。如果出現有空行或空列，則可能是下列兩種情況：其一，數據項或業務過程的劃分是多余的；其二，在調查或建立 U/C 陣過程中漏掉了它們之間的數據聯繫。

③數據項特徵分析。

◆數據的類型以及精度和字長：這是建庫和分析處理所必須要求確定的。

◆合理取值範圍：這是輸入、校對和審核所必需的。

◆數據量即單位時間內（如天、月、年）的業務量、使用頻率、存儲和保留的時間週期等等，這是在網上分佈數據資源和確定設備存儲容量的基礎。

◆所涉及的業務，即圖 4-10 中每一行有 U 或 C 的列號（業務過程）。

4.5.2 數據流程分析

有關數據分析的最后一步就是對數據流程的分析。即把數據在組織（或原系統）內部的流動情況抽象地獨立出來，舍去了具體組織機構、信息載體、處理工作、物資、材料等，單從數據流動過程來考查實際業務的數據處理模式。數據流程分析主要包括對信息的流動、傳遞、處理、存儲等的分析，數據流程分析的目的就是要發現和解決數據流通中的問題。這些問題有數據流程不暢、前后數據不匹配、數據處理過程不合理等。問題產生的原因：有的是屬於原系統管理混亂、數據處理流程本身有問題，有的是我們調查瞭解數據流程有誤或作圖有誤。總之，這些問題都應該盡量地暴露並加以解決。一個通暢的數據流程是今后新系統用以實現這個業務處理過程的基礎。

現有的數據流程分析多是通過分層的數據流程圖（Data Flow Diagram，DFD）來實現的。其具體的做法是：按業務流程圖理出的業務流程順序，將相應調查過程中所掌握的數據處理過程繪製成一套完整的數據流程圖，一邊整理繪圖，一邊核對相應的數據和報表、模型等。如果有問題，則一定會在這個繪圖和整理過程中暴露無疑。

4.5.2.1 基本圖例符號

常見的數據流程圖有兩種：一種是以方框、連線及其變形為基本圖例符號來表示數據流動過程，另一種是以圓圈及連接弧線作為其基本符號來表示數據流動過程。這兩種方法實際表示一個數據流程的時候，大同小異，但是針對不同的數據處理流程各有特點。故在此我們介紹其中一種方法，以便讀者在實際工作中根據實際情況選用。

4.5.2.2 方框圖圖形符號

方框圖圖形符號及基本用法如下：

①外部實體：外部實體用一個小方框並外加一個立體輪廓線表示（見圖 4-11），在小方框中用文字註明外部實體的編碼屬性和名稱。如果該外部實體還出現在其他數據流程中，則可以在小方框的右下角畫一條斜線，標出相對應的數據流程圖編號。

图 4-11　方框图图形符号

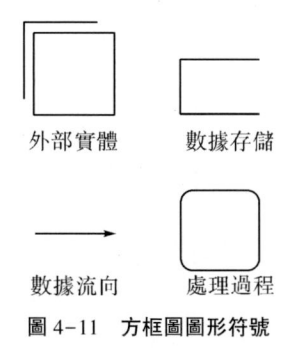

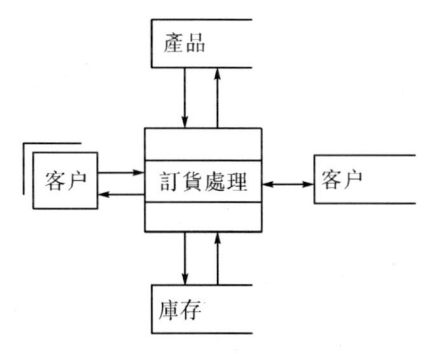

②数据流动用直线、箭头加文字说明组成，如销售报告送销售管理人员、库存数据送盘点处理等，详见图 4-12 所示。

图 4-12　方框图数据流程图举例

③数据处理用圆角小方框来表示。方框内必须表示清楚三个方面的信息：一是综合反应数据流程、业务过程及本处理过程的编号；二是处理过程文字描述；三是该处理过程的进一步详细说明。因为处理过程一般比前几种图例所代表的内容要复杂得多，故必须在它的下方再加上一个信息——注释，用它来指出进一步详细说明具体处理过程的图号。

④数据存储即是对数据记录文件的读写处理，一般用一个右边不封口的长方形来表示。同上述图例符号一样，它也必须标明数据文件的标示编码和文件名称两部分信息（见图 4-13、图 4-14）。

由于实际数据处理过程常常比较繁杂，故应该按照系统的观点，自上而下地分层展开绘制。即先将比较繁杂的处理过程（不管有多大）当成一个整体处理块来看待；然后绘出周围实体与这个整体块的数据联系过程；最后再进一步将这个块展开。如果内部还涉及若干个比较复杂的数据处理部分的话，又将这些部分分别视为几个小「黑匣子」，同样先不管其内部，而只分析它们之间的数据联系，这样反复下去，以此类推，直至最终搞清了所有的问题为止。也有人将这个过程比喻为使「黑匣子」逐渐变「灰」，直到「半透明」和「完全透明」的分析过程。

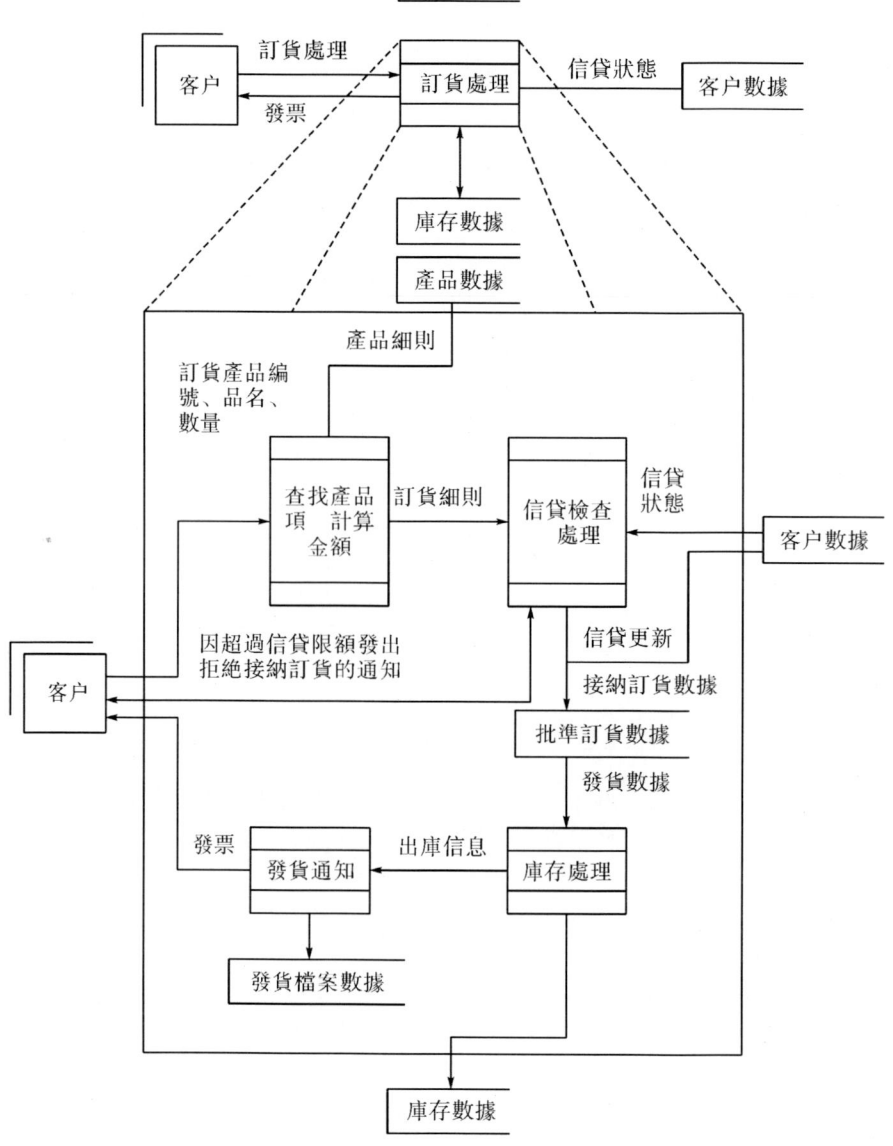

圖 4-13　圖 4-12 的展開圖

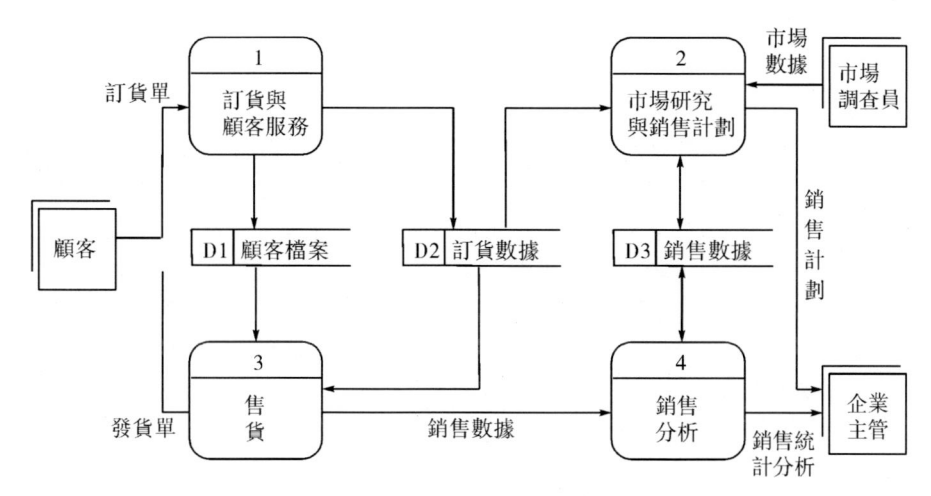

圖 4-14　市場營銷系統數據流程圖

4.5.2.3　繪製數據流程圖的主要原則

由於數據流程圖在系統建設中的重要作用，繪製數據流程圖必須堅持正確的原則和運用科學的方法。繪製數據流程圖應遵循的主要原則有：

（1）明確系統邊界：一張數據流程圖表示某個子系統或某個系統的邏輯模型。系統分析人員要根據調查材料，首先識別出那些不受所描述的系統控製但又影響系統運行的外部環境，這就是系統的數據輸入的來源和輸出的去處。把這些因素都作為外部項確定下來。確定了系統和外部環境的界面，就可以集中力量分析、確定系統本身的功能。

（2）自頂向下逐層擴展：管理信息系統龐大而複雜，具體的數據加工可能成百上千，關係錯綜複雜，不可能用一兩張數據流程圖明確、具體地描述整個系統的邏輯功能，自頂向下的原則為我們繪製數據流程圖提供了一條清晰的思路和標準化的步驟。

4.5.2.4　數據流程圖的特徵與作用

數據流程圖具有抽象性和概括性的特徵。

（1）抽象性。在數據流程圖中具體的組織機構、工作場所、人員、物質流等都已去掉，只剩下數據的存儲、流動、加工、使用的情況。這種抽象性能使我們總結出信息處理的內部規律性。

（2）概括性。它把系統對各種業務的處理過程聯繫起來考慮，形成一個總體。而業務流程圖只能孤立地分析各個業務，不能反應出各業務之間的數據關係。

數據流程圖作為系統分析的主要工具，其作用主要體現在以下幾個方面：
（1）系統分析員借助這種工具自頂向下分析系統信息流程；
（2）在圖上畫出計算機處理的部分；
（3）根據邏輯存儲，進一步做數據分析，可向數據庫設計過渡；
（4）根據數據流向，決定存取方式；
（5）對應一個處理過程，可用相應的程序語言來表達處理方法，向程序設計過渡。

4.6　數據字典

字典的作用是給詞彙以定義和解釋。在結構化分析中，數據字典的作用是對數據流程圖上的每個成分給以定義和說明。換句話說，數據流程圖上所有成分的定義和解釋的文字集合就是數據字典。上面討論的數據流程圖只能給出系統邏輯功能的一個總框架而缺乏詳細、具體的內容。數據字典對數據流程圖中的各種成分起註解、說明作用，給這些成分賦以實際內容。除此之外，數據字典還要對系統分析中其他需要說明的問題進行定義和說明。

數據字典描述的主要內容有數據流、數據元素、數據存儲、數據加工、外部項，其中數據元素是組成數據流的基本成分。在系統分析中，數據字典起著重要的作用，它包含關於系統的詳細信息。一般來說，系統分析人員把不便於在數據流程圖上註明而系統分析應該獲得、對整個系統開發以至於將來系統運行與維護時必需的信息盡可能放入數據字典。除了上述有關成分的定義與解釋之外，比如關於數據流與加工發生頻率、出現的時間、高峰期與低谷期、加工的優先次序、加工週期及安全保密等方面的信息，在數據字典中都在有關成分的基本定義與說明後面，根據系統開發、維護和運行的需要加以說明。總的來說，數據字典對數據流程圖中有關成分的描述應盡可能說明下列問題：

（1）什麼（是什麼或做什麼）；

（2）何處（在何處或者來自何處，去向何處）；

（3）何時（何時出現、時間長短）。

由此可見，數據字典是系統邏輯模型的詳細、具體說明，是系統分析階段的重要文件，也是內容豐富、篇幅很大的文件，編寫數據字典是一項十分重要而繁重的任務。編寫數據字典的基本要求是：

（1）對數據流程圖上的各種成分的定義必須明確、易理解、唯一。

（2）命名、編號與數據流程圖一致，必要時（如計算機輔助編寫數據字典時）可以增加編碼，方便查詢檢索、維護和統計報表。

（3）符合一致性和完整性的要求，對數據流程圖上的成分定義與說明無遺漏項。數據字典中無內容重複或內容相互矛盾的條目。在數據流程圖中同類成分的數據字典條目中，無同名異義或異名同義者。

（4）格式規範、風格統一、文字精練，數字與符號正確。

數據字典的格式是根據各類條目的內容以及編寫、維護、使用方便來設計的。通常使用的是一種圖表式格式，這種格式有利於數據字典各條目的內容描述清晰、明確、規範。

4.6.1　數據項的定義

數據項又稱數據元素，是最小的數據組成單位，也就是不可以再分的數據單位，如學號、姓名等。分析數據特性應從靜態和動態兩個方面去進行。在數據字典中，定

義數據的靜態特性，具體包括以下幾項：

（1）數據項的名稱、編號、別名和簡述；

（2）數據項的長度；

（3）數據項的取值範圍和取值含義；

（4）與它有關的數據結構等。

表 4-2 是數據項定義的一個例子。

表 4-2　　　　　　　　　　　　　數據項定義

數　據　元　素				
系統名：學籍管理			編號：	
條目名：學號			別名：	
屬於數據流： F1-F7			存儲處：D1　學生名冊 　　　　D2　學生成績	
數據元素結構： 　　代碼類型　　　　取值範圍　　　　　　意義 　　字符　　　　00010001-992999　　×× ×× ××× （由數字組成的字符串）　　　　　　　　　　編號 　　　　　　　　　　　　　　　　系別代号 　　　　　　　　　　　　　　学生入学年号				
簡要說明： 　　學號是學生的識別符，每個學生都有唯一的學號。				
修改記錄：	編寫	張××	日期	2002 年 6 月 6 日
	審核	王××	日期	2002 年 6 月 16 日

4.6.2 數據結構的定義

數據結構描述某些數據項之間的關係。一個數據結構可以由若干個數據項組成，也可以由若干個數據結構組成，還可以由若干個數據項和數據結構組成。如表 4-3 所示，訂貨單就是由三個數據結構組成，表中用 DS 表示數據結構，用 I 表示數據項。

表 4-3　　　　　　　　　用戶訂貨單的數據結構

DS03：用戶訂單		
DS03-01：訂貨單標示	DS03-02：用戶情況	DS03-03：配件情況
I1：訂貨單編號	I3：用戶代碼	I10：配件代碼
I2：訂貨日期	I4：用戶名稱	I11：配件名稱
	I5：用戶地址	I12：配件規格
	I6：聯繫人	I13：訂貨數量
	I7：電話	
	I8：開戶銀行	
	I9：帳號	

數據字典中對數據結構的定義包括以下幾項內容：
(1) 數據結構的名稱和編號；
(2) 簡述，簡單說明數據結構的信息；
(3) 數據結構的組成。

4.6.3 數據流的定義

數據流是數據的流動情況的說明，是處理邏輯的輸入和輸出，由一個或一組固定的數據項組成。定義數據流時，不僅要說明數據流的名稱、組成等，還應指明它的來源、去向和數據流量等，如表4-4所示。

表4-4　　　　　　　　　　　　　數據流的定義

數據流定義		
數據流名稱：期末成績單		數據流編號：FD3-05
簡　　　述：學期末任課教師填寫的成績單		
數據流來源：教師（外部實體）		數據流量：200份/學期
數據流去向：P2.1（成績分析處理邏輯） 　　　　　P2.2（成績統計處理邏輯）		
數據流組成：考試科目 　　　　　學生成績＊ 　　　　　　　學號 　　　　　　　姓名 　　　　　　　成績 　　　　　任課教師		

4.6.4 數據存儲的定義

數據存儲的條目，主要描述數據存儲的結構以及相關的數據流、處理邏輯等。例如，數據存儲D2「學習成績一覽表」的條目，如表4-5所示。

表4-5　　　　　　　　　　　　　數據存儲的定義

數據存儲定義	
名稱：學習成績一覽表	編號：D2
簡述：學期結束，按班級匯總的學生成績	
數據存儲組成：班級 　　　　　　學生成績＊ 　　　　　　　　學號 　　　　　　　　姓名 　　　　　　　　成績	有關數據： P2.1.1→D2 D2→P2.1.2 D2→P2.1.3 D2→P2.1.4

4.6.5 處理邏輯的定義

對於數據流程圖中的處理邏輯，需要在數據字典中詳細描述其編號、名稱、功能

說明、有關的輸入和輸出等。表 4-6 是對處理邏輯 P2.1.4「填寫成績單」的定義。

表 4-6　　　　　　　　　　　　處理邏輯的定義

處理邏輯的定義	
名稱：填寫成績單	編號：P2.1.4
說明：通知學生成績，如有不及格科目則說明重修日期	
輸入：D2→P2.1.4	
輸出：P2.1.4→學生（成績通知單）	
處理：查 D2（成績一覽表），打印每個學生的成績通知單，如有不及格科目，不夠留級的，則在「成績通知單」填寫重修事項；若直接留級，則註明留級。	

4.6.6　外部實體的定義

外部實體是數據的來源和去向，因此在數據字典中關於外部實體的定義，主要說明外部實體產生的數據流和傳給外部實體的數據流以及該外部實體的數量等。表 4-7 是描述「學生」這個外部實體的定義。

表 4-7　　　　　　　　　　　　外部實體的定義

外部實體的定義	
名稱：學生	編號：S001
說明：	
輸出數據流：	個數：約 4,000 個
輸入數據流：　　P2.1.4→學生（成績通知單）	

數據字典實際上是「關於系統數據的數據庫」。在整個系統開發過程中以及系統運行后的維護階段，數據字典都是必不可少的工具。數據字典是所有人員工作的依據、統一的標準。在數據字典的建立、修正和補充過程中，始終要注意保證數據的一致性和完整性。

數據字典可以用人工建立卡片的辦法來管理，也可以存儲在計算機中用一個數據字典軟件來管理。

4.7　功能/數據分析、數據倉庫

在對實際系統的業務流程、管理功能、數據流程以及數據分析都做了詳細的瞭解和形式化的描述以後，就可以在此基礎上進行系統化的分析，以便整體地考慮新系統的功能子系統和數據資源的合理分佈。進行這種分析的有力工具之一就是功能/數據分析。

功能/數據分析法是 IBM 公司於 20 世紀 70 年代初的 BSP 中提出的一種系統化的聚

類分析法。功能/數據分析法是通過 U/C 矩陣的建立和分析來實現的。這種方法不但適用於功能/數據分析，也可以適用於其他各方面的管理分析。例如，用此方法我們就曾經嘗試過解決崗位職能和人員定編等管理問題，同樣取得了良好的結果。另外，對於這種方法我們並不陌生，在前面就曾借用它來分析收集數據的合理性和完備性等問題。

軟件系統本質上是信息處理系統，因此，在軟件系統的整個開發過程中都必須考慮兩個方面的問題：數據及對數據的處理。在需求分析階段既要分析用戶的數據要求（即需要那些數據、數據之間有什麼聯繫、數據本身有什麼性質、數據的結構等），又要分析用戶的處理要求（即對數據進行哪些處理、每個處理的邏輯功能等）。

為了把用戶的數據要求清晰地表達出來，系統分析員通常建立一個概念性的數據模型（也稱為信息模型）。概念性數據模型是一種面向問題的數據模型，是按照用戶的觀點來對數據和信息建模。它描述了從用戶角度看到的數據，反應了用戶的現實環境，且與在軟件系統中的實現方法無關。

數據庫的生命週期分為兩個階段：一是數據庫分析與設計階段；二是數據庫實現階段。其中，數據庫分析與設計階段又可分為以下四個子階段：需求分析、概念設計、邏輯設計和物理設計。在信息系統分析階段主要完成數據庫的需求分析、概念設計和邏輯設計階段。也就是說，根據用戶對數據的需求進行數據庫的概念設計和邏輯設計。

4.7.1 數據庫的概念設計與邏輯設計

信息是人們提供關於現實世界客觀存在事物的反應，數據則是用來表示信息的一種符號。要將反應客觀事物狀態的數據經過一定的組織成為計算機機內的數據，需經歷四個不同的狀態：現實世界、信息世界、計算機世界、數據世界，如圖 4-15 所示。

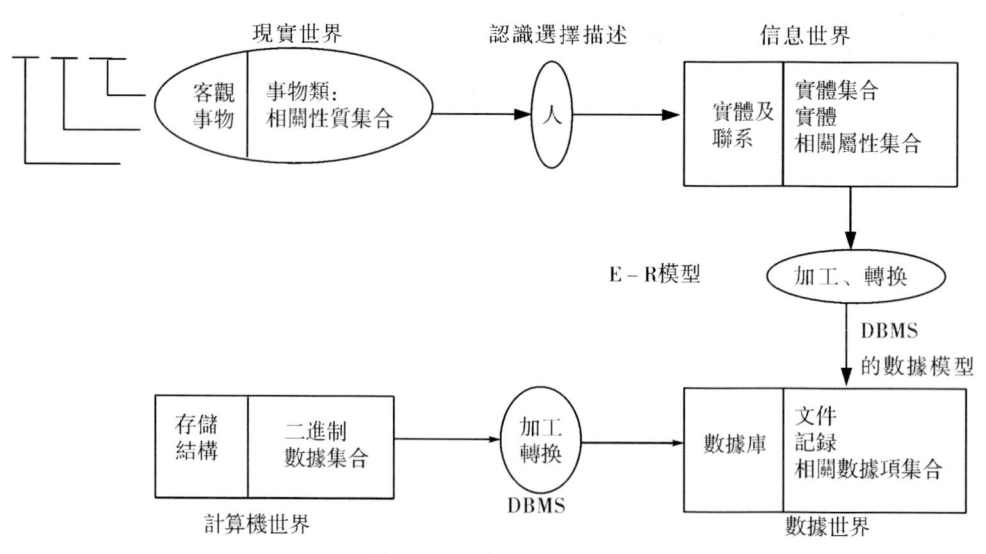

圖 4-15 三個不同的世界

在不同的世界中使用的概念與術語是不同的，但它們在轉換過程中都有一一對應關係，如表 4-8 所示。

表 4-8　　　　　　　　　　　三個不同世界術語對照表

客觀世界	信息世界	數據世界
組織（事物及其聯繫）	實體及其聯繫	數據庫（概念模型）
事物類	實體集	文件
事物（對象、個體）	實體	記錄
特徵（性質）	屬性	數據項

　　例如，現實世界中的一個「事物」，對應於信息世界中是一個「實體」。實體可以是一個學生、一個零件或一張訂貨合同。事物總有一些性質反應事物的特徵。實體總是有一些屬性反應實體的特徵。如學生的學號、姓名等。在數據世界中實體的屬性用數據項描述，實體屬性的集合用記錄描述。具有相同屬性的事物的集合，如一群學生、一群教師和授課計劃就形成了事物類，它們是信息世界中的實體集（簡稱實體），在數據世界中則形成一個個數據文件，如學生文件、教師文件、課程計劃文件。但是客觀事物是複雜的，因此反應在信息世界就有實體及它們的聯繫（學習關係），反應在計算機世界就形成了邏輯數據庫（許多數據文件的集合）。計算機世界中的數據在數據庫管理系統 DBMS 的支持下映射成計算機世界的以二進製表示的物理數據，最后形成了數據世界。當具體研究某個實體時，就要對實體型、屬性型賦以一定的值，在數據世界就是面向用戶的一條記錄值、一項數據值。

4.7.1.1　數據庫的概念設計

　　最常用的表示概念性數據模型的方法，是實體—聯繫方法（Entity-Relationship Approach，E-R）。這種方法用 E-R 圖（見圖 4-16）描述現實世界中的實體、屬性和關係，而不涉及這些實體在系統中的實現方法。用這種方法表示的概念性數據模型又稱為 E-R 模型。

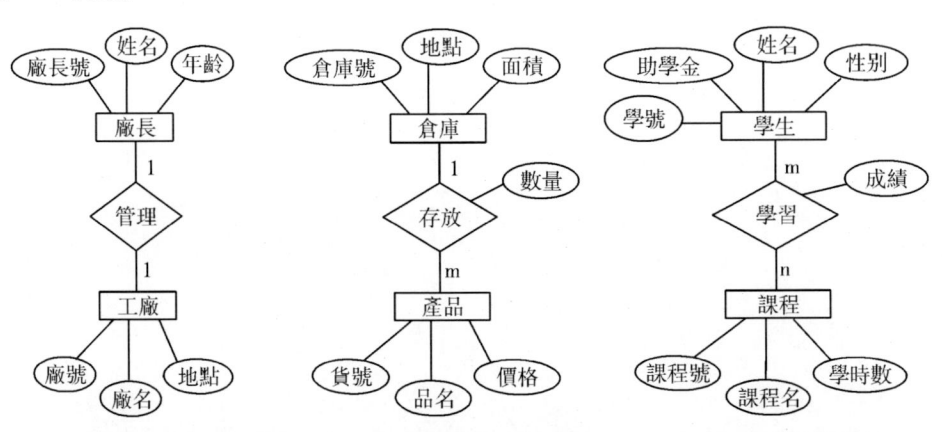

圖 4-16　E-R 圖

(a) 廠長與工廠一對一關係　　(b) 倉庫與產品一對多關係　　(c) 學生與課程多對多關係

(1) E-R 圖：E-R 圖中包括實體、屬性和聯繫三種基本圖素。約定實體用方框表示，屬性用橢圓框表示、聯繫用菱形框表示，框內填入相應的實體名、屬性名及聯繫名以做標識。如圖 4-16 表示了兩個實體間的三種不同聯繫方式（1：1，1：m，m：n）。從圖 4-16 可以看到實體有屬性、聯繫也有可能有屬性，如圖 4-16（c）中的聯繫「學習」也有屬性「成績」，它反應了某個學生學習某課程的成績。

(2) 設計 E-R 圖：E-R 圖直觀易懂，能比較準確地反應出現實世界的信息聯繫，並從概念上表示了一個數據庫的信息組織情況，數據庫系統設計人員可以根據 E-R 圖結合具體 DBMS 所提供的數據模型類型，再演變為 DBMS 所能支持的數據模型。

例如，假定某企業的信息系統，要求適應以下不同用戶的應用要求：人事科處理職工檔案、供應科處理採購業務、生產科處理產品組裝業務、總務科處理倉儲業務。根據要求，我們假定各個用戶的局部 E-R 圖如圖 4-17 所示。

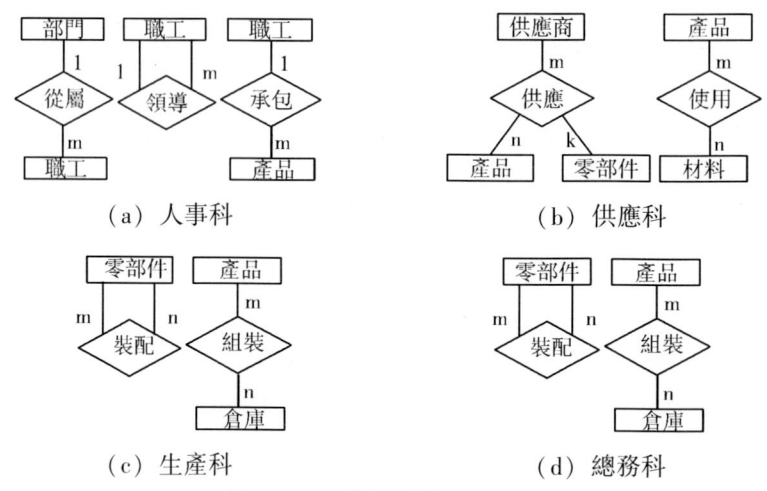

(a) 人事科　　　　　　　　　(b) 供應科

(c) 生產科　　　　　　　　　(d) 總務科

圖 4-17　企業各部門局部 E-R 圖

現在需要對各部門 E-R 圖加以綜合，產生總體 E-R 圖，綜合后的總體 E-R 圖如圖 4-18 所示。

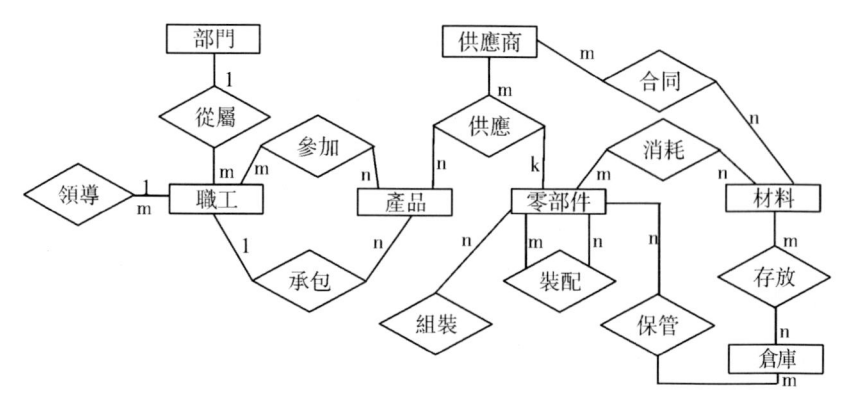

圖 4-18　綜合后的 E-R 圖

注意：

（1）在綜合中，同一實體只出現一次。

（2）保存基本關係，除去導出關係。總體 E-R 圖中並未反應「產品」與「材料」之間的聯繫，即供應科圖中出現的「產品」與「材料」之間的聯繫在總體 E-R 圖中被除去了。因為這種聯繫是多余的，它可以從「零件」所「消耗」的「材料」，一種更為基本的聯繫中推導出來。

（3）總體 E-R 圖中「供應商」與「材料」之間被增加了新的聯繫「合同」，該聯繫並未出現在局部 E-R 圖中，這裡增加它是允許的，表示該信息系統能支持「材料」合同處理。

4.7.1.2 數據庫的邏輯設計

（1）從 E-R 圖導出關係數據模型

E-R 圖是建立數據模型的基礎，從 E-R 圖出發導出計算機系統上安裝的 DBMS 所能接受的數據模型，這一步工作在數據庫設計中稱為邏輯設計。我們的重點是掌握由 E-R 圖轉換為關係型數據模型，即把 E-R 圖轉換為一個個關係框架，使之相互聯繫構成一個整體結構化了的數據模型。具體轉換方法如下：

E-R 圖中的每個實體都相應地轉換為一個關係，該關係應包括對應實體的全部屬性，並應根據該關係表達的語義確定出關鍵字，因為關係中的關鍵字屬性是實現不同關係聯繫的主要手段。

對於 E-R 圖中的聯繫，要根據聯繫方式的不同，採取不同的手段以使它聯繫的實體所對應的關係彼此實現某種聯繫。

具體方法是：

①如果兩實體間是 1∶m 聯繫，就將「1」方的關鍵字納入「m」方實體對應關係中作為外部關鍵字，同時把聯繫的屬性也一併納入「m」方的關係中。如圖 4-16（b）所示，E-R 圖對應的關係數據模型為：

倉庫（倉庫號、地點、面積）

產品（貨號、品名、價格、倉庫號、數量）

②如果兩實體間是 m∶n 聯繫，則需對聯繫單獨建立一個關係，用來聯繫雙方實體，該關係的屬性中至少要包括被它所聯繫的雙方實體的關鍵字，如果聯繫屬性有屬性，也要歸入這個關係中。圖 4-16（c）表示「學生」與「課程」兩實體間是 m∶n 聯繫，根據上述轉變原則，對應的關係數據模型如下：

學生（學號、姓名、性別、助學金）

課程（課程號、課程名、學時數）

學習（學號、課程號、成績）

③如果兩實體間是 1∶1 聯繫，如圖 4-16(a) 表示「工廠」與「廠長」兩實體間聯繫，聯繫本身並無屬性，轉換時只要在「工廠」的關係中增加「廠長」的關鍵字作為屬性項，就能實現彼此間 1∶1 聯繫。如：

廠長（廠長號、廠號、姓名、年齡）

工廠（廠號、廠名、地點）

或：

廠長（廠長號、姓名、年齡）

工廠（廠號、廠長號、廠名、地點）

（2）關係模式的規範化

通常，軟件系統中有許多數據是需要長期保存的。為減少數據冗余，簡化修改數據的過程，應該對數據進行規範化。數據庫是信息系統的核心組成部分。數據庫設計在信息系統的開發中佔有重要的地位，數據庫設計的質量將影響信息系統的運行效率及用戶對信息系統使用的滿意度。如何根據用戶的需求，在指定的數據庫規律系統上，設計數據庫的邏輯模型，最后建成數據庫。這是一個從現實世界向計算機世界轉換的過程。

通常用「範式」（Normal Forms）定義消除數據冗余的程度。第一，第一範式（1NF）數據冗余程度最大，第五範式（5NF）數據冗余的程度最小。但是，範式級別越高，存儲同樣數據就需要分解成更多張表，因此，「存儲自身」的過程也就越複雜。第二，隨著範式級別的提高，數據的存儲結構與基於問題域的結構間的匹配程度也隨之下降，因此，在需求變化時數據的穩定性較差。第三，範式級別提高則需要訪問的表增多，因此性能（速度）將下降。從實用角度來看，在大多數場合選用第三範式都比較恰當。

通常按照屬性間的依賴情況區分規範化的程度。屬性間依賴情況滿足不同程度要求的為不同範式，滿足最低要求的是第一範式，在第一範式中再進一步滿足一些要求的為第二範式，其餘依次類推。下面給出第一範式、第二範式、第三範式的定義：

① 第一範式：每個屬性值都必須是原子值，即僅僅是一個簡單值而不含內部結構。

② 第二範式：滿足第一範式的條件，而且每個非關鍵字屬性都由整個關鍵字決定（而不是由關鍵字的一部分來決定）。

③ 第三範式：符合第二範式的條件，每個非關鍵字屬性都僅由關鍵字決定，而且一個非關鍵字屬性不能僅僅是對另一個非關鍵字屬性的進一步描述（即一個非關鍵字屬性值不依賴於另一個非關鍵字屬性值）。

高度規範化的數據庫固然有數據冗余小、結構清晰、操作不易出錯等各種優點，但相關表之間大量的連接在執行查詢等操作時都需要耗費大量資源，所以，並非規範化程度越高效果就越好。在設計數據庫時，需要具體情況具體分析，權衡利弊，再做決策。

完成了數據庫的概念設計和邏輯設計后，還要進行數據庫的物理設計，即為每個關係模式選擇合適的存儲結構和存取方法，使得數據庫上的事務能夠高效地運行，從而完成整個數據庫的全部設計過程。

4.7.2 數據倉庫的應用

隨著計算機技術的飛速發展，數據倉庫（Data Warehouse）技術應運而生。主要是以下兩個方面的需求促成了數據倉庫技術的誕生。

計算機從產生至今已有半個多世紀了，其軟、硬件技術更替十分迅速。國外許多

企業在其發展過程中逐步形成了多種應用（子）系統；另外，一些公司由地點上分佈的多個子公司或部門組成，子公司或部門獨立地使用著各自的業務處理系統，而這些系統往往是異質的，如就數據庫來說可能有文件系統、層次數據庫、網狀數據庫以及關係數據庫等。當企業或公司需要企業範圍內的全局應用時，直接在繁雜的多個子系統上實施是很困難或不可能的。而數據倉庫中存儲的是經過集成的信息，具有公司範圍內的全局模式。通過集成，來自各種數據源的相關數據被轉換成統一的格式，以便進行全局範圍內的應用開發。

另外，在信息技術不斷發展的今天，人們對信息的使用也越來越複雜。企業中除了對業務數據進行增、刪、改等事務處理操作和簡單的統計匯總以外，高層管理者還要使用數據（歷史的、現在的）進行各種複雜分析以支持決策。從大量的歷史數據中獲取信息，要求系統保存大量的歷史數據，而且還要進行複雜的分析處理（每次處理涉及大量數據）。這些功能對用於頻繁操作性處理的數據庫系統而言，將成為沉重的負擔。

數據倉庫的建立使企業的信息環境劃分為兩大部分：操作環境和信息提供環境（或分析環境）。操作性數據庫負責數據的日常操作性應用，當數據在操作環境中不再使用時，若它對分析有用，就將其歸到數據倉庫中。數據倉庫存儲舊的、歷史數據，留作分析性應用。在分析環境中，數據很少變動，因而數據倉庫沒有日常的增、刪、改等操作，只有存取和裝入等操作，專用於各種複雜分析，為高層決策者服務。

由此可見，數據倉庫可以集成企業範圍內的數據，數據倉庫的建立便於進行複雜分析，以對高層決策提供強有力的支持。

4.7.2.1 數據倉庫的概念與特點

20世紀80年代中期，英蒙在其《建立數據倉庫》一書中定義了數據倉庫的概念：數據倉庫是支持管理決策過程的、面向主題的、集成的、隨時間而變的、持久的數據集合。隨後許多人又給出了數據倉庫的其他定義，其中較為精確的是：數據倉庫是在企業管理和決策中面向主題的、集成的、與時間相關的、不可修改的數據集合。與其他數據庫應用不同的是，數據倉庫是一種觀點，而不是可以直接購買的產品。它包括電子郵件文檔、語音郵件文檔、CD-ROM、多媒體信息以及還未考慮到其他數據，而且這些數據並非是最新的、專有的，而是來源於其他數據庫。

數據倉庫的建立並不是要取代數據庫，它建立在一個較全面和完善的信息應用基礎之上，用於支持高層決策的分析。它存儲的數據在量和質上都與操作性數據庫不同，其有如下的特點：

（1）面向主題。與傳統數據庫面向應用進行數據組織的特點相對應，數據倉庫中的數據是面向主題進行組織的。主題是一個抽象的概念，是較高層次上企業信息系統中的數據綜合、歸類並進行分析利用的抽象。在邏輯意義上，它是對應企業中某一分析領域所涉及的分析對象。面向主題的數據組織方式，就是在較高層次上對分析對象的數據的一個完整、一致的描述，它能完整、統一地刻畫各個分析對象所涉及的企業中的各項數據以及數據之間的聯繫。

（2）集成。數據倉庫中的數據是從原有的分散的數據庫數據抽取來的。操作型數

據與管理決策中的分析型數據之間差別很大。第一，數據倉庫的每一個主題所對應的源數據分散在各個原有的各數據庫中，有許多重複和不一致的地方，且來源於不同的聯機系統的數據都和不同的應用邏輯捆綁在一起；第二，數據倉庫中的綜合數據不能從原有的數據庫系統直接得到。因此，在數據進入數據倉庫之前，必然要經過統一和綜合，這一步是數據倉庫建設中最關鍵最複雜的一步。這步所要完成的工作有：

①統一數據源中所有矛盾之處，如字段的同名異義、異名同義、計量單位不統一、字長不一致等。

②進行數據綜合和計算。數據倉庫中的數據綜合工作可以在從原有數據庫抽取數據時生成，但許多是在數據倉庫內部生成的，即進入數據倉庫以後進行綜合生成的。

（3）不可更新。數據倉庫中的數據主要供企業決策分析之用，所涉及的數據操作主要是數據查詢，一般情況下並不進行修改操作。其中的數據反應的是一段相當長的時間內歷史數據的內容，是不同時點的數據庫快照的集合，以及基於這些快照進行統計、綜合和重組的導出數據，而不是聯機處理的數據。由於數據倉庫的查詢數據量往往很大，所以就對數據查詢提出了更高的要求，比如採用各種複雜的索引技術；同時由於數據倉庫面向的是商業企業的高層管理者，他們會對數據查詢的界面友好性和數據表示提出更高的要求。

（4）隨時間不斷變化。數據倉庫中的數據不可更新是針對應用來說的，也就是說，數據倉庫的用戶進行分析處理時是不進行數據更新操作的。但並不是說，在從數據集成輸入數據倉庫開始到最終被刪除的整個數據生存週期中，數據倉庫中的所有數據都是永遠不變的。

數據倉庫的數據是隨著時間的變化而不斷變化的。這主要表現在如下三個方面：

①數據倉庫隨著時間變化不斷增加新的數據內容。數據倉庫系統必須不斷捕捉聯機事務處理（OLTP）數據庫中變化的數據，追加到數據倉庫中去，也就是要不斷地生成 OLTP 數據庫快照，經統一集成后增加到數據倉庫中。

②數據倉庫隨時間變化不斷刪去舊的內容。數據倉庫單擊數據也有存儲期限，一旦超過了這個期限，過期數據就要被刪除，只是數據倉庫內的數據時限要遠遠長於操作型環境中數據的時限。在操作型環境中一般只保存有 60~90 天的數據，而在數據倉庫中則需要保存較長時期的數據（如 5~10 年），以適應管理決策中進行趨勢分析的要求。

③數據倉庫中包含有大量的綜合數據，這些綜合數據中很多跟時間有關，如數據經常按照時間段進行綜合，或隔一定的時間片進行抽樣等。這些數據要隨著時間的變化不斷地進行重新綜合。

因此，數據倉庫的數據特徵都包含時間項，以表明數據的歷史時期。

4.7.2.2 數據倉庫的體系結構

斯坦福大學「WHPS」課題組提出的一個基本的數據倉庫模型如圖 4-19 所示。

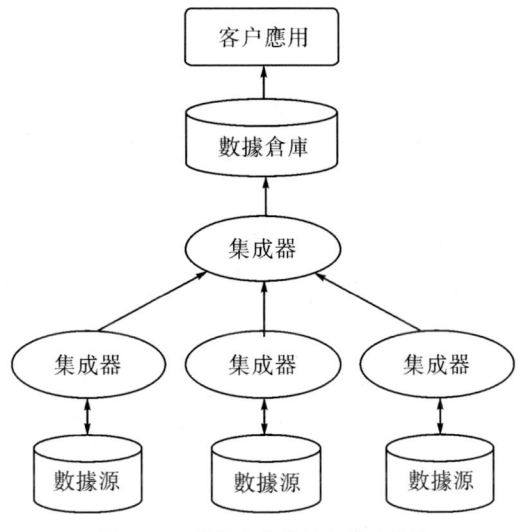

```
                    ┌──────────┐
                    │ 客戶應用  │
                    └──────────┘
                    ╭──────────╮
                    │ 數據倉庫  │
                    ╰──────────╯
                    ┌──────────┐
                    │  集成器   │
                    └──────────┘
           ┌───────────┼───────────┐
      ┌────┴─────┐┌────┴─────┐┌────┴─────┐
      │  集成器  ││  集成器  ││  集成器  │
      └──────────┘└──────────┘└──────────┘
           │            │            │
      ╭────┴────╮  ╭────┴────╮  ╭────┴────╮
      │ 數據源  │  │ 數據源  │  │ 數據源  │
      ╰─────────╯  ╰─────────╯  ╰─────────╯
```

圖 4-19　數據倉庫的基本體系結構

（1）數據源：指為數據倉庫提供最底層數據的運作數據庫系統以及外部數據。

（2）監視器：負責感知數據源發生的變化，並按照數據倉庫的要求提取數據。

（3）集成器：將從運作數據庫中提取的數據經過轉換、計算、綜合等操作，並集成到數據倉庫中。

（4）數據倉庫：存儲已經按企業級視圖轉換的數據，供分析處理用。根據不同的分析要求，數據按不同的綜合程度存儲。此外，數據倉庫中還應存儲元數據，記錄數據的結構和數據倉庫的所有變化。以支持數據倉庫的開發和使用。

（5）客戶應用：供用戶對數據倉庫中的數據進行訪問查詢，並以直觀的方式表示分析結果的工具。

IBM、Oracle、Sybase、Informix、SAS Tnstitute、Prism Software 等廠商都提出了自己的數據倉庫解決方案和結構。圖 4-19 為構成數據倉庫的最基本的框架，任何一個數據倉庫結構都可以從這一基本框架發展而來。圖 4-20 是數據倉庫的一種較為複雜的結構圖。

（1）數據倉庫管理系統：實現數據倉庫的安全和特權管理、跟蹤數據的更新、數據質量檢查、元數據的管理和更新、審計和報告數據倉庫的使用和狀態、存儲管理等。

（2）數據集市：為了特定的應用目的或應用範圍，而從數據倉庫中獨立出來的一部分數據，也可稱為部門數據或主題數據。在數據倉庫的事實施過程中往往可以從一個部門的數據集市著手，以后再將幾個數據集市組成一個完整的數據倉庫。

（3）數據抽象工具：把數據從各種各樣的存儲方式中拿出來，進行必要的轉化、整理，再存放到數據倉庫內。對各種不同數據存儲方式的訪問能力是數據抽取工具的關鍵，應能生成 COBOL 程序、MVS 作業控制語言（JCL）、UNIX 腳本和 SQL 語句等，以訪問不同的數據。數據抽取、數據轉換和數據載入要包括以下內容：刪除對決策應用沒有意義的數據段；統一數據名稱和定義；計算統計和衍生數據；給數據賦缺省值。

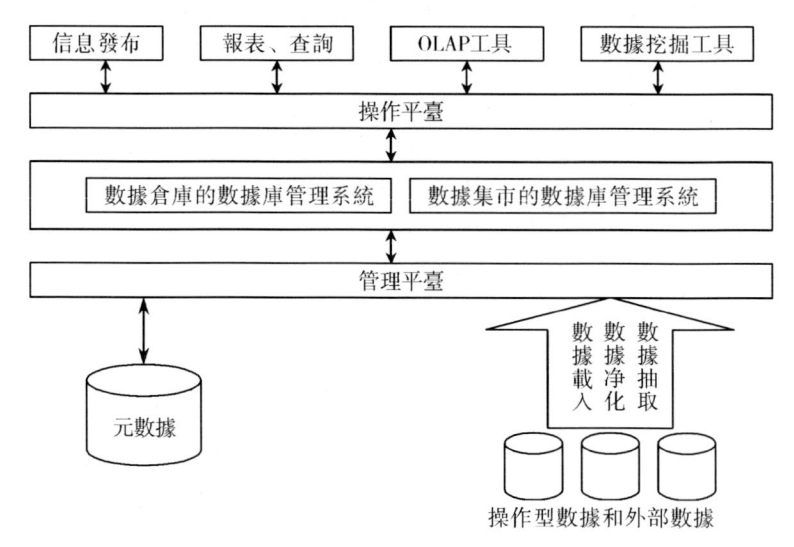

图 4-20 數據倉庫的體系結構

（4）元數據：元數據是描述數據倉庫內數據的結構和建立方法的數據。按用途的不同可以將其分為技術元數據和商業元數據。技術元數據是數據倉庫的設計和管理人員用於開發和日常管理的數據，包括：數據源信息；數據轉換的描述；數據倉庫內對象和數據結構的定義；數據清理和數據更新使用的規則；用戶訪問權限、數據備份歷史記錄、數據導入歷史記錄、信息發布歷史記錄等。商業元數據從業務的角度描述了數據倉庫中的數據，包括業務主題的描述、報表等。

元數據為訪問數據倉庫提供了一個信息目錄（Information Directory）。這個目錄全面描述了數據倉庫中有什麼數據、這些數據是怎麼得到的和如何訪問這些數據的。信息目錄是數據倉庫運行和維護的中心，數據倉庫服務器利用它來存儲和更新數據，用戶通過它來瞭解和訪問數據。

（5）信息發布：把數據倉庫中的數據或其他相關的數據發送到不同的地點或用戶，基於 Web 的信息發布系統是對付多用戶訪問的最有效方法。

（6）訪問工具：為用戶訪問數據倉庫提供手段，包括數據查詢和報表工具、聯機分析處理（OLAP）工具、數據挖掘工具等。

在整個體系結構中，數據倉庫的數據庫是整個數據倉庫環境的核心，它存放數據並提供對數據檢索的支持。相對於操縱型數據庫來說，其突出的特點是對海量數據的支持和快速的檢索技術。

4.7.2.3 數據倉庫的發展前景

數據倉庫概念已經逐漸被接受，並在多個領域得到應用。比如：在證券業中，它可以處理客戶分析、帳戶分析、證券交易數據分析、非資金交易分析等多個業界關心的主題，這是證券業擴大經營、防範風險的預警行動；在稅務領域中，通過對大量數據資料的分析來掌握各行各業、各種產品和各類市場的從業人員以及企業的納稅能力，並與實際納稅金額進行對比，從而查出可能的偷漏稅者。此外，數據倉庫技術還在保

險業、銀行業、營銷業等客戶關係管理中都有廣泛的應用。

隨著各種計算機技術，如數據模型、數據庫技術和應用開發技術的不斷進步，數據倉庫技術也在不斷發展。中國的數據倉庫市場前景廣闊，更是充滿無限商機。

但是，數據倉庫絕不是對數據庫的替代。數據倉庫和操作性數據庫在企業的信息環境中承擔著不同的任務（高層決策分析和日常操作性處理），並發揮著不同的作用。用於高層決策的數據倉庫需要豐富的數據基礎，存儲的數據量龐大，同時要使數據倉庫真正發揮作用，還要有高層分析工具，因而數據倉庫的成本一般比較高。對國內各公司和企業來說，建不建數據倉庫，取決於有沒有相應的基礎和需求，還要考慮成本和效益問題。總之，要具體情況具體分析。

4.7.2.4 數據挖掘簡介

在數據倉庫的應用中，要對大量的數據進行分析，從中提取數據中隱含的某些事物的發展規律和事物之間的聯繫，這需要用到一些統計、建模、分析的技術與工具。數據挖掘就是新興的一種從大量數據中提取有用信息以支持管理決策的技術。

數據挖掘又稱為數據庫中的知識發現（Knowledge Discovery in Database，KDD），是從大量數據中提取出可信、新穎、有效並能被人理解的模式的高級處理過程。數據挖掘的重要性就來源於數據倉庫中巨大的數據量。數據倉庫組合許多不同來源的信息，創建一個具有比任何單個數據源有更多列或屬性的數據實例。儘管這會增加數據挖掘工具的精確度，但是也會使得人們很難對大量的信息進行排序並尋找其中的趨勢，而且，因為數據倉庫中信息太多，從而無法完全利用每一條信息。所有這些因素，都促使人們對數據倉庫使用數據挖掘工具。數據挖掘的結果可以增加收入、降低費用，甚至兩者兼而有之。數據挖掘所涉及的學科領域和方法很多，比如：

（1）數據總結：其目的是對數據進行濃縮，給出它的緊湊描述。

（2）數據分類：其目的是學會一個分類函數或分類模型（也稱為分類器），該模型能把數據庫中的數據項映射到給定類別中的某一個。

（3）數據聚類：把一組個體按照相似性歸成若干類別，使屬於同一類別的個體間的距離盡可能小，而不同類別的個體間的距離盡可能大。

數據挖掘技術從一開始就是面向應用的。它不僅是面向特定數據庫的簡單檢索查詢調用，而且要對這些數據進行統計、分析、綜合和推理，以指導實際問題的求解，發現事物間的相互關聯，甚至利用已有的數據對未來的活動進行預測。為了實現數據挖掘，現在已經開發出許多軟件工具，並且形成了若干產品。

數據挖掘的用途很多。在客戶關係管理中，可以使用數據挖掘來發現使客戶盈利的因素或促進客戶轉向競爭對手的因素；在醫學領域中，可以使用數據挖掘來確定哪些過程更為有效，哪些病人最適合做外科手術；在市場營銷領域中，可以使用數據挖掘來確定哪些客戶對哪些特定商品或增加銷售收入的方法更感興趣；在製造領域中，可以使用數據挖掘來確定哪些過程參數最能影響產品的質量。

4.8 新系統邏輯方案的建立

經過前面的業務流程調查、數據流程的抽取以及數據分析，系統分析員已經對現行系統有了比較深刻的認識，再進一步調查最終用戶對系統的功能需求、系統性能需求、運行需求以及預測將來可能的需求，便可以建立新系統的邏輯模型。

新系統邏輯方案指的是經分析和優化后，新系統擬採用的管理模型和信息處理方法。因它不同於計算機配置方案和軟件結構模型方案等實體結構方案，故稱其為邏輯方案。

詳細地瞭解情況，進行系統分析都是為最終確立新系統的邏輯方案做準備。所以說，新系統邏輯方案的建立是系統分析階段的最終成果。它對於下一步的設計和實現都是基礎性的指導文件。

新系統的邏輯方案主要包括以下內容：對系統業務流程分析整理的結果；對數據及數據流程分析整理的結果；子系統劃分的結果；各個具體的業務處理過程，以及根據實際情況應建立的管理模型和管理方法。同時，新系統的邏輯方案也是系統開發者和用戶共同確認的新系統處理模式以及打算共同努力的方向。

4.8.1 新系統信息處理方案

在本章前面各節中已經對原有系統進行了大量的分析和優化，這個分析和優化的結果就是新系統擬採用的信息處理方案。它包括如下幾部分：

（1）確定合理的業務處理流程。

其具體內容包括：

①刪去或合併了哪些多餘的或重複處理的過程？

②對哪些業務處理過程進行了優化和改動？改動的原因是什麼？改動（包括增補）后將帶來哪些好處？

③給出最後確定的業務流程圖。

④指出在業務流程圖中哪些部分（主要指計算機軟件系統）可以完成，哪些部分需要用戶完成（或是需要用戶配合新系統來完成）？

（2）確定合理的數據和數據流程。

其具體內容包括：

①請用戶確認最終的數據指標體系和數據字典。確認的內容主要是指標體系是否全面合理，數據精度是否滿足要求並可以統計得到這個精度等。

②刪去或合併了哪些多餘的或重複的數據處理過程？

③對哪些數據處理過程進行了優化和改動？改動的原因是什麼？改動（包括增補）后將帶來哪些好處？

④給出最後確定的數據流程圖。

⑤指出在數據流程圖中哪些部分（主要指計算機軟件系統）可以完成，哪些部分

需要用戶完成（或是需要用戶配合新系統來完成）？

（3）確定新系統的邏輯結構和數據分佈。

①新系統邏輯劃分方案（子系統的劃分）。

②新系統數據資源的分佈方案，如哪些在本系統設備內部，哪些在網絡服務器或主機上。

4.8.2 新系統可能涉及的管理模型

確定新系統的管理模型就是要確定今后系統在每一個具體的管理環節上的處理方法。這個問題一般應根據系統分析的結果和管理科學方面的知識來定。在此無法給出一個預先規定的新系統模型或產生該模型的條條框框。但為了方便讀者，我們示意性地給出若干新系統管理模型，以供借鑑和參考。

4.8.2.1 綜合計劃模型

綜合計劃是企業一切生產經營、管理活動的綱領性文件。一個切實可靠的綜合計劃方案，基本上就奠定了企業生產、經營活動的基礎。綜合計劃模型一般由綜合發展計劃模型和資源限制模型兩大部分組成。到目前為止常用的綜合計劃模型有以下幾種：

①綜合發展模型。該模型主要是用來反應企業的近期發展目標，包括利稅發展指標、生產發展規模等。一般常用的綜合發展模型有：

◆企業的中長期計劃模型。

◆廠長（或經理）任期目標的分解模型。

◆新產品開發和生產結構調整模型。

◆中長期計劃滾動模型。

②資源限制模型。該模型主要是用來反應企業現有各類資源和實際情況對綜合發展模型的限制情況。常用的資源限制模型有：

◆數學規劃模型。

◆資源分配限制模型。

4.8.2.2 生產計劃管理模型

生產計劃的制訂主要包括兩方面的內容：一是生產計劃大綱的編製；二是詳細的生產作業計劃。它們分別包括如下幾方面的內容：

①生產計劃大綱的編製主要是安排與綜合計劃有關的生產量指標。一般來說這部分涉及以下內容：

◆安排預測和合同訂貨的生產任務模型。

◆物料需求計劃模型。

◆設備負荷和生產加工能力模型。

◆量—本—利分析模型。

◆投入產出模型。

◆數學規劃模型。

②生產作業計劃是要具體給出產品生產數量加工路線、時間安排、材料供應以及設備生產能力負荷平衡等方面。具體方法有：

◆投入產出矩陣模型。

◆網絡計劃（PERT）模型/關鍵路徑法（CPM）模型。

◆排序模型。

◆物料需求模型。

◆設備能力負荷平衡模型。

◆滾動式生產作業計劃模型。

◆甘特圖（Gantt chart）模型。

◆經驗方法。

生產計劃模型在選定了上述方法以後，根據單位的實際情況還會有很多具體的變化，這需要視系統分析的情況而定。

4.8.2.3 庫存管理模型

庫存管理有很多不同的模型，如最佳經濟批量模型等。但我們一般常用的是下面介紹的這種程序化的管理模型。

（1）庫存物資的分類法。

據統計分析，一般庫存物資都遵循 ABC 分類規律，即 A 類物資品種數占庫存物資總數的不到 10%，但金額數約占總數的 75%；B 類物資這兩項比例數分別為 20% 和 20% 左右；C 類物資則為 70% 和 5%，據此建立模型。所以，庫存管理首先得確定庫存物資的分類以及具體的分類方法。

（2）庫存管理模型。

例：把庫存量的時間變動曲線畫出，根據重訂貨點和經濟訂貨批量等控製模型。

4.8.2.4 財會管理模型

財會管理模型相對比較固定，確定一個財會管理模型主要有如下幾個方面：

（1）會計記帳科目的設定（一般第一、第二級科目都由國家和各行業/部規定，第三、第四級由單位自定）。

（2）會計記帳方法的確定（主要是借貸法和增減法）。

（3）財會管理方法（如計劃、決策、調整以及具體的管理措施等）。

（4）内部核算制度或内部銀行的建立以及具體的核算方法等。

（5）安全、保密措施以及與其相對應的運行制度和管理方法。

（6）文檔、數據、原始憑證的保存方法與保存週期。

（7）審計和隨機抽查的形式、範圍與對帳方法等。

4.8.2.5 成本管理模型

對於成本管理我們應考慮如下幾個方面的管理方法（或稱模型）：

（1）成本核算模型。產品的成本一般由生產成本和銷售成本兩部分組成，故成本核算也必須考慮兩方面的計算問題。

①間接費用分配方法的選取目前常用的方法有完全成本計算方法和變動成本計算方法。

②直接生產過程消耗部分計算方法的選取目前常用的計算方法有品種法、分步法、逐步結轉法、平行結轉法、定額差異法等。

（2）成本預測模型。目前常用的有數量經濟模型、投入產出模型、迴歸分析模型、指數平滑模型等。

（3）成本分析模型。成本分析模型有很多種，一般常用的方法有以下幾個：

①實際成本與定額成本比較模型。

②本期成本與歷史同期可比產品成本比較模型。

③產品成本與計劃指標比較模型。

④產品成本差額管理模型。

⑤量—本—利分析模型。

4.8.2.6 經營管理決策模型

經營管理決策是一個廣義的概念，它涉及企業高層管理人員圍繞經營管理目標所進行的所有努力，包括信息的收集、信息的處理（模型算法等）、決策者的經驗、背景和分析判斷能力、環境條件的約束限制等多個方面。經營管理決策模型可以說是整個信息系統的核心和最高層次的處理環節，也是企業領導層（決策者）最為關心的內容。

確定一個有效的經營管理決策模型不是一件容易的事情，一般需要同用戶（即決策者）在系統分析階段進行反覆的協商來共同確定。其研究的範圍包括：

（1）組織決策體系的研究。

（2）確定適當的決策過程。

（3）確定收集、處理、提煉對決策有用信息的渠道、步驟和方法。

（4）確定適當的決策模型，對確定性的決策問題可得到具體的優化模型，對不確定性（半結構化）的決策問題得到的就不是某個具體的數學模型了，而是今后動態地構成這些決策模型的方式，如前面介紹過的模型庫系統、知識系統、推理方式等。

（5）確定和選擇優化解的方式，對確定性問題得到的是唯一的解，但對不確定性問題得到的是若干不同的解，故必須確定選擇和優化解的方式。

（6）系統支持決策的方式。

（7）模擬決策執行過程。

（8）決策評價指標體系的研究以及反饋控製決策系統運行的方式。

4.8.2.7 統計分析模型

統計分析模型常常是用以反應銷售狀況、市場佔有情況、質量指標、財務狀況等方面的綜合、總量變化狀況。這類模型在信息系統中常用各種分析圖形的方式給出，而常用的統計分析方法有以下幾個：

（1）產品市場佔有率分析。

（2）市場消費變化趨勢分析。

（3）產品銷售統計分析。

（4）產品銷售額與利潤變化趨勢分析。

（5）質量狀況及指標分佈狀況分析。

（6）生產統計分析。

（7）財務統計分析。

（8）企業綜合經濟效益指標統計分析。

4.8.2.8 預測模型

預測模型同統計分析模型一樣可以廣泛地用於生產產量、銷售量、市場變化趨勢等方面。常用的預測模型有以下幾個：

（1）多元迴歸預測模型（如一元、二元、……）。
（2）時間序列預測模型。
（3）普通類比外推模型等。

4.9 系統分析報告

4.9.1 系統分析報告的作用

系統分析階段的成果就是系統分析報告，它反應了這一階段調查分析的全部情況，是下一步設計與實現系統的綱領性文件。系統分析報告形成後必須組織各方面的人員（包括組織的領導、管理人員、專業技術人員、系統分析人員等）一起對已經形成的邏輯方案進行論證，盡可能地發現其中的問題和疏漏等。對於問題、疏漏要及時糾正，對於有爭論的問題要重新核實當初的原始調查資料或進一步地深入調查研究，對於重大的問題甚至可能需要調整或修改系統目標，重新進行系統分析。總之，系統分析報告是一個非常重要的文件，必須進行非常認真地討論和分析。

系統分析報告的作用主要表現在以下兩個方面：

（1）系統分析報告是系統分析階段的工作成果，它反應了這一階段調查分析的全部情況；

（2）經審議后的系統分析報告成為有約束力的指導性文件，成為用戶與技術人員之間的技術合同，是系統設計階段工作的前提和出發點，是進行系統設計的依據。

4.9.2 系統分析報告的內容

一份好的系統分析報告應該不但能夠充分展示前段調查的結果，而且還要反應系統分析結果—新系統的邏輯方案，這是非常重要的（特別是后者）。系統分析報告要包括以下內容：

（1）引言。

說明項目名稱、目標、功能、背景、引用資料（如核准的計劃任務書或合同）、本文所用的專門術語等。

（2）項目概述。

① 項目的主要工作內容：簡要說明本項目在系統分析階段所進行的各項工作的主要內容。這些是建立新系統邏輯模型的必要條件，而邏輯模型是書寫系統說明書的基礎。

② 現行系統的調查情況：新系統是在現行系統基礎上建立起來的。設計新系統之前，必須對現行系統調查清楚，掌握現行系統的真實情況，瞭解用戶的要求和問題

所在。

列出現行系統的目標、主要功能、組織結構、用戶要求等，並簡要指出主要問題所在。以數據流程圖為主要工具，說明現行系統的概況。

數據字典、判定表等篇幅較大，可以作為附件。但是由它們得到的主要結論，如主要的業務量、總的數據存儲量等，應列在正文中。

③ 新系統的邏輯模型：通過對現行系統的分析，找出現行系統的主要問題所在，進行必要的改動，即得到新系統的邏輯模型。

新系統的邏輯方案是系統分析報告的主體。這部分主要反應分析的結果和我們對今後建造新系統的設想。它包括本章各節分析的結果和主要內容：

◆新系統擬定的業務流程及業務處理工作方式。

◆新系統擬定的數據指標體系和分析優化後的數據流程，以及計算機系統將完成的工作部分。

◆新系統在各個業務處理環節擬採用的管理方法、算法或模型。

◆與新的系統相配套的管理制度和運行體制的建立。

◆系統開發資源與時間進度估計。

(3) 實施計劃。

① 工作任務的分解：對開發中應完成的各項工作，按子系統（或系統功能）劃分，指定專人分工負責。

② 進度：給出各項工作的預定開始日期和結束日期，規定任務完成的先後順序及完成的界面，可用 PERT 圖或甘特圖表示進度。

③ 預算：逐項列出本項目所需要的勞務以及經費的預算，包括各項工作所需人力及辦公費、差旅費、資料費等。

4.9.3 系統分析報告的審議

系統分析報告是系統分析階段的技術文檔，也是這一階段的工作報告，是提交審議的一份工作文件。系統分析報告一旦審議通過，則成為有約束力的指導性文件，成為用戶與技術人員之間的技術合同，成為下階段系統設計的依據。因此，系統分析報告的編寫很重要。它應簡明扼要，抓住本質，反應系統的全貌和系統分析員的設想。它的優劣是系統分析人員水平和經驗的體現，也是系統分析員對任務和情況瞭解深度的體現。

對系統分析報告的審議是整個系統研製過程中的一個重要的里程碑。審議應由研製人員、企業領導、管理人員、局外系統分析專家共同進行。審議通過後，系統分析報告就成為系統研製人員與企業對該項目共同意志的體現，系統分析作為一個工作階段，宣告結束。若有關人員在審議中對所提方案不滿意，或者發現研製人員對系統的瞭解有比較重大的遺漏或誤解，就需要返回，重新進行詳細調查和分析。也有可能發現條件不具備、不成熟，導致項目中止或暫緩。一般來說，經過認真的可行性分析之後，不應該出現後一種情況，除非情況有重大變動。

上面提到的局外專家，是指研製過類似系統而又與本企業無直接關係的人。他們

一方面協助審查研製人員對系統的瞭解是否全面、準確；另一方面審查提出的方案，特別是對實施后會給企業的運行帶來的影響做出估計。這種估計需要借助他們的經驗。

小結

系統規劃階段對系統建設提出了總體設想，在此階段對現行系統進行過調查，但不是很細緻，甚至可以說是「跑馬觀花」，致使從宏觀上對新型系統現狀進行調查，真正要弄清楚現行系統「是什麼」「做什麼」和「怎麼做」的，還需要從上而下，從粗到細，由表及裡地對現行系統進行詳細調查，並在此基礎上進行分析，提出新的管理信息系統邏輯模型，為系統設計階段提供依據。

新系統的開發往往來自於對原系統的不滿，在系統開發之前，應根據組織的戰略目標和用戶要求，對原系統存在的問題進行識別，對原有系統展開詳細調查。詳細調查主要針對現行系統的組織結構、管理功能和數據流程進行，以便完整掌握現行系統的現狀，找出存在的問題和薄弱環節，產生業務流程圖和數據流程圖。在詳細調查的基礎上，找出不合理的業務流程和數據流程，最終提出新系統的邏輯方案，反應系統分析的結果和對新系統的設想。

案例

企業組織結構調整后的管理重組

石油行業在進行組織結構調整后，隨之而來的企業內部的管理重組工作不容忽視。

實行管理重組的必要性

所謂管理重組（MRP），是指當外部環境、企業資源及其結構發生變化時，重新選擇確定一種科學合理的、有助於提高企業競爭力和發展能力的管理模式或管理體系的過程。

企業經營環境的變化，要求企業必須做出戰略性調整，進行適應性管理重組。經過外部的企業組織結構調整后，企業所處的外部環境發生了很大的變化，形成了新的市場競爭格局，由企業的供應、研發、生產、銷售等構成的企業價值鏈進行了新的整合，同時企業自身在經歷蛻變后也成為新的實體。企業吸納了新的資源，包括資本、物資、人力、文化、品牌、渠道和市場等，這些可控資源較之企業組織結構調整前也都發生了巨大變化。正確地認識和規劃利用好這些資源，是企業形成新的競爭力，獲取未來競爭優勢的基礎。因此，企業必須重視管理重組的作用，通過管理重組，協調企業各方的價值取向，形成共同的企業價值觀和企業目標；協調各方的利益衝突，形成新的企業文化，發揮資源整合的協同作用。

管理重組的重點及內容

在當前石油行業企業組織結構調整的大框架內，企業管理重組的重點要抓好以下

幾個方面的工作：

（1）企業戰略重組。企業戰略主要由企業目標、企業使命、企業價值觀、企業文化等組成。企業戰略的重要意義已被越來越多的企業所認識和利用。但是戰略也不是永遠不變的，好的戰略應當具有應對環境變化的「柔性」。在環境變化程度足夠大時，就需及時做出戰略的調整或重新規劃，而不能再拘泥於原有的企業戰略。在經過企業組織結構調整后，企業的規模擴大了，生產能力增強了，但能否將生產力同步增大，能否保持和進一步提高企業效益是決定企業能否生存的關鍵。對企業的內外部環境進行深刻的考察和認識，進行切合實際的 SWOT 分析（Strength，優勢；Weakness，劣勢；Opportunity，機會；Threat，威脅），並在此基礎上制定和完善企業戰略，以完成新企業的戰略重組。

（2）組織重組。全面的組織重組包括兩層含義：一是組織架構的重組，二是人員重組。所謂組織架構的重組，是指關於組織的理論與組織形成的創新與再造，是一種組織的改造和創新，如企業組織機構改造、建立學習型組織等。而組織是人的組織、人的集合，組織和人之間的高度依存性，決定了組織架構的調整必然伴隨著人的調整，也即人員重組。

在信息時代和網絡時代，企業需要在信息流的基礎上重新構建組織。石油企業經過新一輪行業組織結構調整和實施了戰略重組後，企業的組織重組應當提上重要議事日程。企業通過兼併、託管和重組等實行了資本重組後，原來獨立運作的經濟實體合而為一，成為一個全新的經濟聯合體。原有各獨立實體必須按照新企業發展戰略的要求，打破體制、歸屬、地域、利益、文化、制度等方面各不相同的組織要素，而後實行重組，形成符合要求的生產中心、研發中心、營銷中心、利潤中心或者兼顧各種企業職能的事業部，以利於充分發揮組織的功能，提高資源配置效率。

（3）業務流程重組。企業組織結構的調整，必將伴隨企業業務流程的變化。企業要維持組織高效運轉，必須有科學合理的工作流程。在市場經濟條件下，這些工作流程，應當是建立在增加顧客價值的基礎上的。在企業業務流程重組中必須精簡或廢除一切對增加顧客價值無益的流程。特別是進入了信息社會之後，信息技術的發展為企業進行業務流程重組提供了物質基礎和技術平臺。跨地域的各種職能和流程完全可以在企業內部局域網和因特網的基礎上實現溝通。而現代集成製造系統（CIMS）、企業資源計劃系統（ERP）等各種先進的管理信息系統（MIS）都將在企業流程重組中發揮舉足輕重的作用。作為整合后的大石油企業，必須深入研究業務流程重組或再造工作，充分利用信息技術發展的最新成果，搞好業務流程重組（BPR），以高效和富有柔性的業務流程構建企業新的競爭能力和競爭優勢。

（4）企業資源重組。企業資源重組包括產業資源重組、人力資源重組、技術資源重組、市場資源重組等。企業組織結構調整後，面臨的是新的更加廣泛的資源。企業要做好資源的大文章，解決好企業「輸入」問題，才能保證有好的「輸出」產品。當然，被兼併或託管的企業，其原先視之為「資源」的資源，在新的標準下，可能將只視為一種不堪使用的「資源」或「成本」，如規模很小、知名度很低且沒有拓展潛力的蒹葭「品牌」，不能勝任新的崗位的員工，相對落后陳舊的生產線，小範圍內行之有

效的營銷手段或渠道等，所有這些都將是企業資源重組的對象。企業應當善於進行資源的轉化和整合工作，將各種資源進行科學的分析並加以利用。

企業的管理重組又是一項深刻複雜的管理變革的系統工程。它牽涉企業的方方面面，需要企業領導班子深謀遠慮。為了實施這樣的管理重組，必須尋求堅強的智力支持、技術支持、財力支持和政策支持。

資料來源：http://www.tobaccochina.com/news/data/20034/421094843.html.

思考題

1. 什麼是管理信息系統開發中的系統分析？其主要目標和活動內容有哪些？系統分析的主要工作是什麼？
2. 簡述業務流程圖繪製的步驟與方法。
3. 簡述數據流程圖繪製的主要原則、步驟與方法。
4. 簡述數據字典在系統分析中的作用和編寫數據字典的基本要求。
5. 請指出業務流程圖和數據流程圖有哪些異同？
6. 系統分析報告應該包括哪些內容？
7. 請調查一個儲蓄所的存（取）款業務過程，然後用業務流程圖描述該過程，並畫出相應的數據流程圖。
8. 對所在學校的圖書借閱業務進行系統分析：
（1）畫出業務流程圖；
（2）畫出數據流程圖；
（3）編寫相應的數據字典。

5 管理信息系統的系統設計

本章主要內容：

本章主要介紹管理信息系統的系統設計，包括代碼的功能、代碼設計的原理及代碼的種類；輸入和輸出設計、用戶界面設計、系統物理配置方案設計；數據庫存儲設計以及系統設計說明書。

本章學習目標：

通過本章學習，瞭解系統設計在整個信息系統開發過程中的地位、基本任務和系統設計的目標、原則；瞭解由數據流程圖導出結構圖的方法；掌握數據庫設計的方法和步驟；掌握代碼設計的原則、種類和代碼校驗的方法；掌握信息系統硬件、軟件和網絡結構的設計原則；掌握系統輸入和輸出設計的原則，能夠根據用戶要求進入輸入和輸出介質的選擇；掌握系統設計的內容，能夠根據系統分析得到的邏輯模型進行物理模型設計，掌握系統設計報告的作用和內容。

系統設計是信息系統開發過程中另一個重要階段。在這一階段中我們要根據前一階段系統分析的結果，在已經獲得批准的系統分析報告的基礎上進行新系統設計。系統設計包括兩個方面，一是總體結構的設計，二是具體物理模型的設計。系統設計的主要目的就是為下一階段的系統實現（如編程、調試、試運行等）描繪藍圖。在系統設計階段，我們的主要任務就是在各種技術和實施方法中權衡利弊，精心設計，合理地使用各種資源，最終勾畫出新系統的詳細設計方案。系統設計的結果是一系列的系統設計文件（藍圖），這些文件是實現一個信息系統（包括安裝硬件設備和編製軟件程序）的重要基礎。

到目前為止，系統設計所使用的主要方法還是自上向下結構化的設計方法，但是在局部環節上（或是針對某些規模較小的系統）使用原型方法、面向目前的方法。這是目前的發展趨勢。

5.1 系統設計的主要工作

5.1.1 系統設計的概念

系統設計又稱為物理設計，是開發管理信息系統的第二階段。系統設計通常可分為兩個階段進行，首先是總體設計，其任務是設計系統的框架和概貌，並向用戶單位

和領導部門做詳細報告並得到認可；在此基礎上進行第二階段——詳細設計，這兩部分工作是互相聯繫的，需要交叉進行，本章將這兩個部分內容結合起來進行介紹。

系統設計是開發人員的工作，他們將系統設計階段得到的目標系統的邏輯模型轉換為目標系統的物理模型，該階段得到的工作成果——系統設計說明書是下一個階段系統實施的工作依據。

5.1.2 系統設計的目標

系統設計的目標應該是在保證實現系統邏輯模型的基礎上，盡可能地提高系統的各項指標，如系統的工作效率、可靠性、工作質量、可變性和經濟性等。

5.1.2.1 系統的功能

系統功能是系統設計中最根本的要求。在系統設計中應以系統分析報告作為系統設計的依據，完整地實現系統分析階段提出的系統邏輯模型。系統功能主要考察系統是否解決了用戶希望解決的問題，是否具有較強的數據校驗功能，能否進行必需的運算，能否提供符合用戶需求的信息輸出，等等。保證擬建的系統滿足用戶需要的功能，正是系統設計階段的中心任務。

5.1.2.2 系統的工作效率

系統的工作效率指系統對數據的處理能力（單位時間內處理事務的能力）、處理速度（處理單個事務所需要的平均時間）、回應時間（即從發出要求到得到應信號的時間）等與時間有關的指標。影響系統效率的因素很多，包括系統的硬件及其組織結構、人機接口設計的合理性、計算機處理過程的設計質量等。

5.1.2.3 系統的可靠性

系統的可靠性是指系統在運行過程中抵禦各種干擾、保證系統正常工作的能力，包括錯誤檢查、錯誤糾正的能力，系統災難恢復的能力，軟、硬件的可靠性，系統安全保護能力等。系統平均無故障時間、系統平均修復時間是衡量系統可靠性的重要指標。

5.1.2.4 系統的工作質量

系統的工作質量指系統提供信息的準確程度、使用的方便性、輸出表格的實用性和清晰性等。為了保證系統良好的工作質量，要求系統設計人員在各個環節都要精心設計，如輸出/輸出設計、代碼設計、人機接口設計等。設計時既要考慮應用的要求，還要考慮使用者的能力和心理反應。

5.1.2.5 系統的可變更性

系統的可變更性指修改和維護系統的難易程度。系統在實施的過程中，需要測試、修改，即使是在系統交付使用後，有時也會因為發現系統存在的某些錯誤或不足之處需要對系統進行修改或維護。另外，隨著系統環境的變化，用戶會對系統提出新的要求。因此，系統的修改的難易程度直接關係到系統的生命週期。

5.1.2.6 系統的經濟性

系統的經濟性是指系統的收益和支出之間的對比關係。值得注意的是，在衡量系統的經濟費用的同時，還要定性考慮系統實施後取得的社會效益和經濟效益等。

5.1.3 系統設計的內容

系統設計階段的任務是提出實施方案。該方案是系統設計階段工作成果的體現，以書面的正式文件——系統設計說明書提出，批准後將成為系統實施階段的工作依據。

系統設計的基本任務可以分為兩個：總體設計和詳細設計。下面分別介紹它們的具體內容。

5.1.3.1 總體設計（Architectural Design）

總體設計又稱為概要設計（Preliminary Design），包括功能結構圖設計、信息系統流程圖設計、系統平臺設計等。其基本任務是：

(1) 將系統劃分為模塊，並決定每個模塊的功能；

(2) 決定模塊之間的調用關係及模塊之間的信息傳遞關係；

(3) 信息系統平臺設計，包括計算機處理方式、網絡結構設計、軟件及硬件平臺設計等。

5.1.3.2 詳細設計

在總體設計的基礎上，進行的是詳細設計，主要有處理過程設計，以確定每個模塊內部的詳細執行過程，包括局部數據組織、控製流、每一步的具體加工要求等，一般來說，處理過程模塊詳細設計的難度已不太大，關鍵是用一種合適的方式來描述每個模塊的執行過程；除了處理過程設計，還有代碼設計、界面設計、數據庫設計、輸入輸出設計等。表5-1列出了系統設計各部分的主要內容。

表 5-1　　　　　　　　　系統設計的主要內容

系統功能結構	子系統、功能模塊劃分；功能模塊之間關係的確定
系統平臺設計	網絡結構設計 計算機軟件、硬件選擇 數據庫管理系統選擇
代碼設計	代碼結構的設計 使用範圍、期限和維護修改權限 代碼編寫
系統輸出設計	決定輸出設備和輸出介質 確定輸出內容、格式和精度 確定輸出時間
系統輸入設計	數據源的確定，輸入檢查糾錯 數據輸入格式、內容和精度 選擇數據輸入設備和輸入方式
用戶界面設計	用戶界面風格的設計 編寫聯機幫助 錯誤信息提示與處理
數據庫設計	邏輯數據模型設計 數據一致性 物理數據模型

表5-1(續)

安全性設計	設備備份與數據備份 用戶權限設定 事故處理與災難恢復
文檔編寫	系統設計報告 用戶操作手冊編寫

5.2　系統的功能結構圖設計

5.2.1　系統設計的原則

系統設計總的原則是保證系統設計目標的實現，並在此基礎上讓技術資源的運用達到最佳。系統設計中，應遵循以下原則：

5.2.1.1　系統性原則

系統是一個有機整體。因此，在系統設計中，要從整個系統的角度進行考慮，使系統有統一的信息代碼、統一的數據組織方法、統一的設計規範和標準，以此來提高系統的設計質量。

5.2.1.2　經濟性原則

經濟性原則是指在滿足系統要求的前提下，盡可能地減少系統的費用支出。一方面，在系統硬件投資上不能盲目追求技術上的先進，而應以滿足系統需要為前提。另一方面，系統設計中應避免不必要的複雜化，各模塊應盡可能簡潔。

5.2.1.3　可靠性原則

可靠性既是評價系統設計質量的一個重要指標，又是系統設計的一個基本出發點。只有設計出的系統是安全可靠的，才能在實際中發揮它應有的作用。一個成功的管理信息系統必須具有較高的可靠性，如安全保密性、檢錯及糾錯能力、抗病毒能力、系統恢復能力等。

5.2.1.4　管理可接受的原則

一個系統能否發揮作用、是否具有較強的生命力，在很大程度上取決於管理上是否可以接受。因此，在系統設計時，要考慮到用戶的業務類型、用戶的管理基礎工作、用戶的人員素質、人機界面的友好程度、掌握系統操作的難易程度等諸多因素的影響。因此在系統設計時，必須充分考慮到這些因素，才能設計出用戶可接受的系統。

5.2.2　系統功能結構圖設計的方法

5.2.2.1　功能結構圖設計的步驟

系統功能結構圖的設計，可以分成兩個步驟進行：

（1）從新系統數據流程圖出發導出初始結構圖。即先把整個系統看作一個模塊，然後對其逐層分解。分解時，要遵守劃分模塊的基本原則和完成數據流程圖所規定的

各項任務及其處理順序。每分解出一層模塊，都要標明信息傳遞情況並考慮每一模塊的實現方法，同時還要考慮系統結構的層數。

（2）對系統結構圖進行改進。即從提高模塊的獨立性目標出發，檢查每一個模塊，是否還可以降低關聯度，提高聚合度，如果可以，就要對其改進，直到理想為止。

5.2.2.2 功能結構圖設計的方法

對於任何一個系統，都可以根據新系統的數據流程圖，畫出新系統的功能結構圖。功能結構圖設計的方法有三種：

（1）變換分析

變換分析是從變換型結構數據流程圖中導出模塊的結構圖的一種方法，變換型結構的數據流程圖是一種線狀結構，它可以明顯地分為輸入、主處理和輸出三部分，其主要功能是完成對輸入數據的變換。變換分析的過程一般可以分為三步：

第一步：把數據流程圖劃分為主處理和邏輯輸入、邏輯輸出三部分。在數據流程圖中，往往幾股數據流的匯合處就是主處理部分，而在它兩邊所對應的分別就是邏輯輸入和邏輯輸出。

第二步：以主處理為中心，設計結構圖的最上層模塊和最下層模塊。數據流程圖的主處理，決定了結構圖的最上層模塊的功能和位置。有了最上層模塊之後，就可以分別按輸入、變換和輸出設計下一層的模塊。

第三步：進一步設計結構圖的中、下層模塊。這一步是從上向下對模塊組成分解和細化的過程。對輸入和輸出部分，要一直分解到數據流程圖的輸入端和輸出端為止。根據數據流程圖中相應的主處理組成部分的實際情況，再進行分解模塊的設計。

（2）事物分析

事物分析是根據事務型結構的數據流程圖導出結構圖的一種方法。在事務型結構的數據流程中，是通過某一個主處理將它的輸入分隔成一串平行的數據流，然后選擇性地執行后面的某個處理。在應用事務分析方法設計結構圖時，也是從上向下逐步細化的過程，即首先分析事務型結構的數據流程圖，找出事務處理中心，並據此設計主模塊和第一層模塊。第一層模塊一般包括輸入檢查和選擇處理兩部分。然后為每一種類型的事務處理設計一個事務處理模塊，再為每個事務處理模塊設計下面的操作模塊，再繼續分解，直到每項事務處理都有一個具體的操作模塊為止，就形成了一個完整的系統功能結構圖。

（3）混合結構分析

規模較大的數據處理系統，其數據流程圖往往是變換型和事務型的混合結構。在這種情況下，通常以變換分析為主、事務分析為輔進行設計，先找出系統的輸入、主加工的輸出，用變換分析法設計系統模塊結構圖的上層，然后，根據數據流程圖各部分的特點，適當進行變換分析或事務分析，就可以導出初始模塊結構圖。

通常用功能結構圖的形式來描述系統的層次結構和功能的從屬關係，功能結構圖的一般形式，如圖5-1所示。圖中每一長方框代表一種功能。目標可看成是系統，第二層功能可看作是子系統，第三層表示被分解的各項更具體的功能。

將系統劃分為若干子系統和功能模塊，所依據的是系統分析階段所形成的數據流

程圖。操作時，可以參照數據處理模型，即數據流程圖描述了數據的輸入、存儲、傳輸、處理及輸出等過程。可把系統分為數據輸入、數據處理、信息輸出、與系統管理四大部分。這就把系統看成一個大的、具有多環節的數據變換器。系統管理子系統承擔系統的自身管理與維護職能，如用戶的戶名與口令的分配和管理、系統的運行準備、數據的備份、數據庫的跨年度管理以及打印機參數的設定等。

對於綜合性的企事業管理信息系統，在進行子系統劃分時，可以將管理職能作為主要因素。圖 5-2 是按職能劃分的企業管理信息系統功能結構圖。在此基礎上，可以進一步劃分功能模塊，形成某一個子系統的功能結構圖。

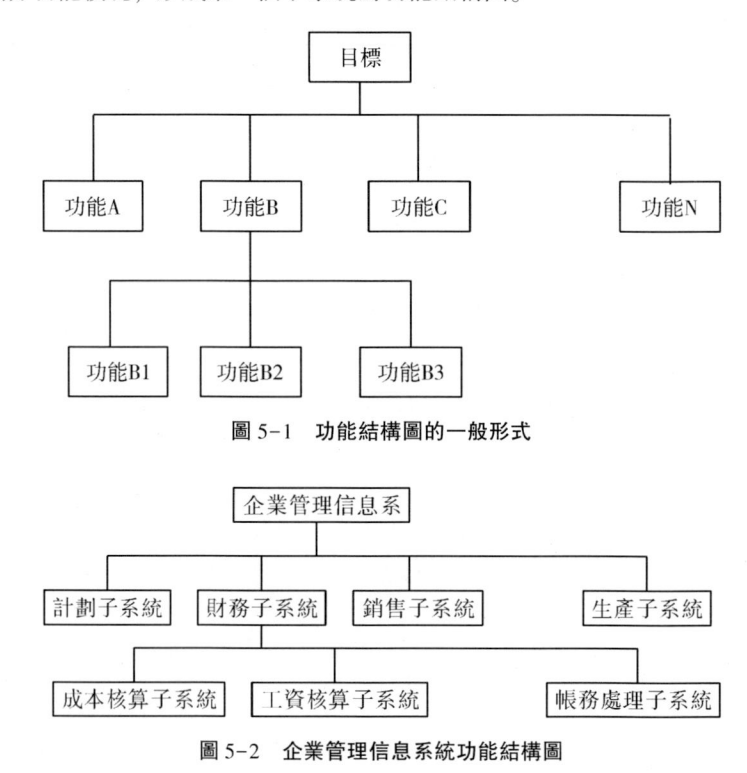

圖 5-1　功能結構圖的一般形式

圖 5-2　企業管理信息系統功能結構圖

5.2.3　系統結構設計的基本概念

系統結構設計是從計算機實現的角度出發，對前一階段劃分的子系統進行校核，使其界面更加清楚和明確，並在此基礎上，將子系統進一步逐層分解，直至劃分到模塊。自 20 世紀 70 年代以來，出現了許多種先進的系統結構設計方法，比較有代表性的是杰克遜方法、帕納斯方法、結構化設計方法等。在眾多的系統結構設計方法中，結構化設計方法是應用比較廣泛並且比較受重視的一種方法。下面重點討論這種方法在系統結構設計中的應用。

5.2.3.1　結構化設計的起因

在進行系統結構設計時，必須把系統的可變更性放在首要位置考慮。因為整個系

統的工作效率、工作質量和可靠性等都在很大程度上依賴於系統的可變更性。系統在設計和運行過程中，根據條件的變化和發現的新問題，不可避免地要對系統進行修改和維護，以提高系統的工作效率、工作質量和可靠性。

那麼，一個系統具有什麼樣的特點才具有良好的可變更性呢？由於任何一個系統，不論多麼複雜，都可以通過一定的方式將其逐層分解為相對簡單的子系統。因此，對於一個系統的修改，無非是對其子系統的修改，或是對各子系統之間相互關係的修改。由於在系統的各個組成部分之間存在著互相調用、互相控製和信息變換等關係，所以對系統的某一部分的任何修改，都可能影響到系統的其他部分。因此，要想提高系統的可變更性，必須從系統的內部結構入手。

如果能將一個系統分解為由一些相互獨立、功能簡單、易於理解的模塊所組成的系統，則這樣的系統就會容易修改和維護。由模塊組合構成的系統一般稱之為模塊化結構系統。在模塊化結構系統中，由於各個模塊之間基本上是相互獨立的，所以每個模塊都可以獨立地被理解、編程、調試和修改，使複雜的系統設計工作變得相對簡單。模塊的相對獨立性也能有效地防止某個模塊出現錯誤並在系統中擴散的問題，從而可以提高系統的可靠性。另外，在模塊化結構系統中，想要增加或刪除一些功能時，只要增加或刪除相應的模塊就可以了，對系統的其他功能和結構不會產生太大的影響，使系統的修改和維護工作比較容易進行。而採用結構化設計發法就是要將系統設計成模塊化結構系統。

5.2.3.2 結構化設計的原理

結構化設計方法的基本思想是使系統模塊化，即把一個系統自上而下逐步分解為若干個彼此獨立而又有一定聯繫的組成部分，這些組成部分稱為模塊。對於任何一個系統都可以按功能逐步由上向下、由抽象到具體分解為一個多層次的、具有相對獨立功能的模塊所組成的系統。在這一基本思想的指導下，系統設計人員以邏輯模型為基礎，並借助於一套標準的設計準則和圖表等工具，逐層地將系統分解成多個大小適當、功能單一、具有一定獨立性的模塊，把一個複雜的系統轉換成易於實現、易於維護的模塊化結構系統。

結構化設計的工作過程可以分為兩步，第一步是根據數據流程圖導出系統初始結構圖，第二步是對結構圖的反覆改進過程。因此，系統結構圖是結構化設計的主要工具，它不僅可以表示一個系統的層次結構關係，還反應了模塊的調用關係和模塊之間數據流的傳遞關係等特性。

5.2.3.3 結構化設計的工具

系統結構化設計的主要工具是結構圖。結構圖的構成主要有以下幾個基本部分。

（1）模塊。模塊用矩形方框表示。矩形方框中要寫有模塊的名稱，模塊的名稱應恰當地反應這個模塊的功能。

（2）調用。用從一個模塊指向另一個模塊的箭頭線，表示前一個模塊中含有對後一個模塊的調用關係。

（3）數據。調用箭頭線旁邊帶圓圈的小箭頭線，表示從一個模塊傳送給另一個模塊的數據。

(4) 控制信息。調用箭頭線旁邊帶圓點的小箭頭，表示從一個模塊傳遞給另一個模塊的控制信息。

圖 5-3 (a) 的結構圖說明了模塊 A 調用模塊 B 的情況。當模塊 A 調用模塊 B 時，同時傳遞數據 x 和 y，處理完後將數據 z 返回模塊 A。如果模塊 B 對數據 y 修改后，再送回給模塊 A，則數據 y 應該出現在調用箭頭線的兩邊，如圖 5-3 (b) 所示。圖 5-3 (c) 表示模塊 A 調用模塊 B，且模塊 A 把數據 x 和 y 及控製信息 C 傳送給模塊 B，模塊 B 把數據 z 返回到模塊 A。

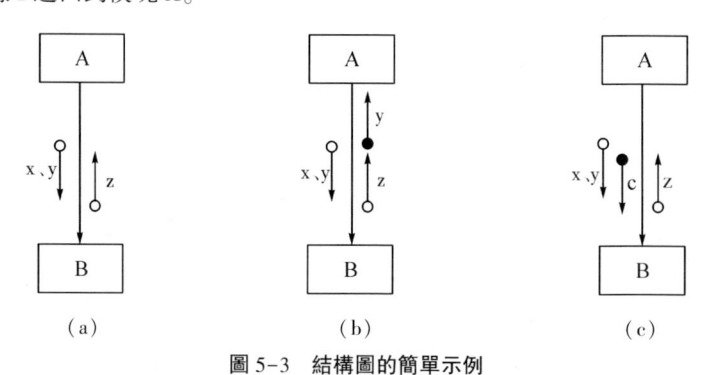

圖 5-3　結構圖的簡單示例

在結構圖中，除了以上幾個基本符號之外，還有表示模塊有條件調用和循環調用的符號。圖 5-4 (a) 表示模塊 A 有條件地選擇調用模塊 B 或 C 或 D，圖中的菱形符號表示選擇調用關係。圖 5-4 (b) 表示模塊 A 循環地調用模塊 B 和 C，圖中的弧形箭頭表示循環調用關係。

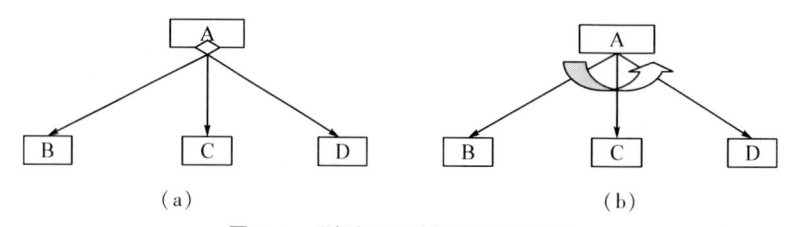

圖 5-4　選擇調用和循環調用示意圖

應該指出的是，我們把結構圖設定為樹狀組織結構，以保證系統的可靠性。一個模塊只能有一個上級，但可以有幾個下級。在結構圖中，一個模塊只能與它的上一級模塊或下一級模塊進行直接聯繫，而不能越級或與它同級的模塊發生直接聯繫。若要進行聯繫，則必須通過它的上級或下級模塊進行傳遞。另外，這裡談到的結構圖與程序框圖是兩個不同的概念。結構圖是從空間角度描述了系統的層次特徵，而程序框圖則主要描述了模塊的過程特徵。

5.2.3.4　模塊劃分的標準

結構化設計要解決的主要問題是把系統分解成一個個模塊，並以結構圖的形式表達出其內在的聯繫。因此，模塊劃分的是否合理，直接影響到系統設計的質量，影響系統開發的時間、開發成本以及系統實施和維護的方便程度等。為了能夠合理地劃分

系統的各個模塊，使其具有較強的獨立性，在劃分模塊時要遵循的總原則是：盡量把密切相關的子問題劃歸到同一模塊；把不相關的子問題劃歸到系統的不同模塊。而評價和衡量系統的結構化程度及模塊的獨立性可以通過模塊與模塊之間的關聯度和模塊內部各個組成部分之間的聚合度兩條標準來詳細討論。

(1) 模塊之間的關聯度

模塊之間的關聯度，是用來表示一個模塊與其他模塊之間聯繫的緊密程度。關聯度越低則說明模塊之間的聯繫越少，模塊的獨立性就越強，就越容易獨立地進行編程、調試和修改，一個模塊中產生的錯誤對其他模塊的影響也就越小。對於模塊之間的關聯度，可以從以下三個方面來衡量和評價。

① 模塊之間的聯繫方式

如果一個模塊直接調用另一個模塊內部的數據或指令，這說明被調用模塊內含有多方面不相關的內容，導致模塊間聯繫增多，修改一個模塊將直接影響其他的模塊，降低了模塊的獨立性。因此在系統設計中，應盡量避免使用這種聯繫方式。另一種聯繫方式是通過被調用的模塊的名稱來調用整個模塊，使其完成一定的功能，這樣可以降低模塊間的聯繫，增加其獨立性。因此在系統設計中，應盡量採用這種聯繫方式。

② 模塊之間使用控製信息的數量

由於控製信息直接影響程序的運行過程，所以過多地使用控製信息，必然會增加模塊之間的聯繫，影響模塊的獨立性。因此，在模塊之間盡可能不用或少用控製信息。圖 5-5 (a) 是應用控製信息的一個例子。模塊 A 將計算「平均工資/工資總額」的控製信息傳送給模塊 B，模塊 B 根據這個控製信息求出平均工資或者工資總額，然後再將數據傳送給模塊 A。由於控製信息的存在，增加了模塊之間的關聯度，從而影響了模塊的獨立性。圖 5-5 (b) 是消除控製信息的例子。把模塊 B 分成 B1 和 B2 兩個功能單一的模塊，模塊 A 根據要求，有條件調用 B1 或 B2。而模塊 B1 和 B2 可以分別按照模塊 A 的要求發送數據，兩者之間互不影響。

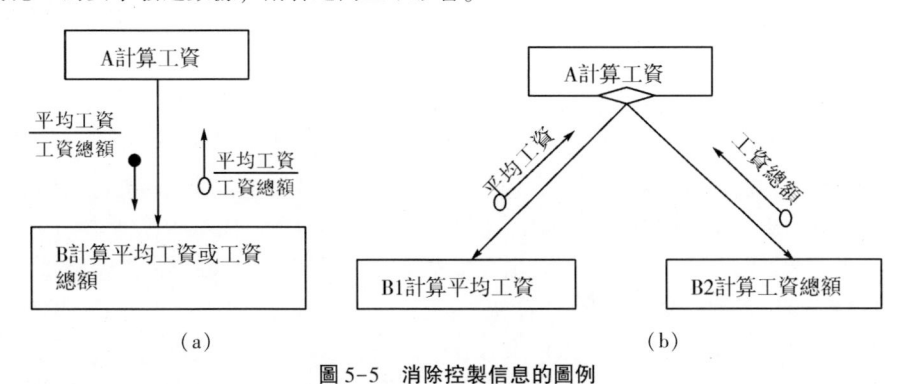

圖 5-5　消除控製信息的圖例

③ 模塊之間傳送數據的數量

模塊之間通過調用關係傳送數據，是一種比較理想的聯繫方式。但是，如果模塊之間傳送的數據過多，同樣會給調試和修改模塊帶來困難，降低系統的可變更性。一個模塊同其他模塊之間傳遞的數據越少，模塊間的相互獨立性就越強，也就越便於系

統的設計和維護。

要降低模塊之間的關聯度，除了從以上幾方面考慮之外，還可以從模塊界面的清晰性來考慮。模塊之間的界面越簡單、清晰、易於理解，則關聯度越低，模塊的獨立性也就越強。

（2）模塊內部的聚合度

模塊內部的聚合度，是用來描述和評價模塊內部各個組成部分之間聯繫的緊密程度。一個模塊內部的各個組成部分之間聯繫的越密切，其聚合度越高，模塊的獨立性也就越強。模塊的聚合度是由模塊的聚合方式決定的。根據模塊內部的構成情況，其聚合方式可以分成以下七種形式。

① 偶然性聚合。將幾個毫無聯繫的功能組合在一起，形成一個模塊，叫偶然性聚合模塊。這種模塊內部的各個組成部分之間幾乎沒有什麼聯繫，只是為節省存儲空間或提高運算速度而結合在一起，因此聚合度最低。

② 邏輯性聚合。將幾個邏輯上相似，但彼此並無聯繫的功能組合在一起所形成的模塊，叫邏輯性聚合模塊。這種聚合形式，其聚合度也非常低，模塊中的各種功能要通過控制變量選擇執行。

③ 時間性聚合。將幾個需要在同一時段進行處理的各項功能組合在一起所形成的模塊，叫時間性聚合模塊。如系統的初始化模塊、結束處理模塊等均屬於時間性聚合方式。

④ 過程性聚合。將為了完成某項業務處理過程，而執行條件受同一控製流支配的若干個功能組合在一起所形成的模塊，叫過程性聚合模塊。這類模塊的聚合度較前幾個要高一些。

⑤ 數據性聚合。將對同一數據加工處理的若干個功能組合在一起所形成的模塊，叫數據性聚合模塊。這種模塊能合理地定義功能，結構也比較清楚，因此其聚合度也較高。

⑥ 順序性聚合。把若干個順序執行的、一個處理的輸出是另一個處理的輸入的功能組合在一起所構成的模塊，叫做順序性聚合模塊。這種模塊的聚合度要更高一些。

⑦ 功能性聚合。為了完成一項具體任務，由簡單處理功能所組成的模塊，叫做功能性聚合模塊。這種模塊功能單一，內部聯繫緊密，易於編程、調試和修改，因此其獨立性最強，聚合度也最高。

在上述七種模塊聚合方式中，其聚合度是依次升高的。由於功能性聚合模塊的聚合度最高，所以在劃分模塊的過程中，應盡量採用功能性聚合方式。其次根據需要可以適當考慮採用順序性聚合或數據性聚合方式，但要避免採用偶然性聚合和邏輯性聚合方式，以提高系統的設計質量和增加系統的可變更性。

在劃分系統模塊的設計時，除了要考慮降低模塊之間的關聯度和提高模塊的聚合度這兩條基本原則之外，還要考慮到模塊的層次數和模塊結構的寬度。如果一個系統的層數過多或寬度過大，則系統的控製和協調關係也就相應複雜，系統的模塊也要相應的增大，結果將使設計和維護的困難增大。

5.3 計算機處理流程設計

在確定了子系統的劃分和系統的設備配置之后，還必須根據系統分析方案大體勾畫出設計者關於部計算機內部每個子系統處理流程的草圖，作為后續設計詳細模塊調用關係、模塊處理功能以及數據和業務在新系統的計算機內部處理過程的基礎。通常用於描述開發者關於計算機處理流程設計思想的是計算機處理流程圖，該圖主要說明的是信息在新系統內部的流動、轉換、存儲和處理情況。它既不是對具體處理或管理分析模型細節的描述，也不是對模塊調用關係或具體功能的描述。它只是設計者對系統詳細設計過程中，信息在計算機內部處理過程的大致想法，它不是固定不變的，常常隨著后續的設計過程而不斷改變。

5.3.1 計算機處理流程圖例

系統處理流程圖是以新系統的數據流程圖為基礎繪製的。首先為數據流程圖中的處理功能畫出數據關係圖。圖 5-6 是數據關係的一般形式，它反應了數據之間的關係，即輸入什麼數據、產生什麼中間數據和輸出什麼信息之間的關係。

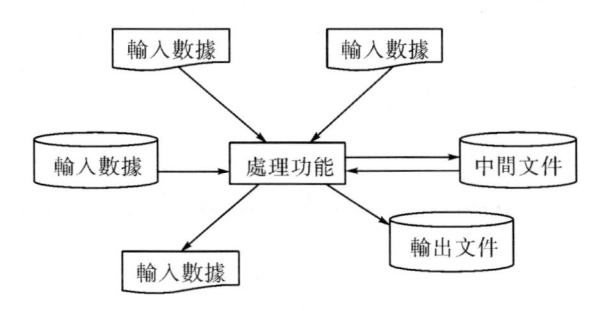

圖 5-6　數據關係的一般形式

接著，把各個處理功能的數據關係圖綜合起來，形成整個系統的數據關係圖，即系統處理流程圖。

繪製系統處理流程圖應當使用統一符號。目前中國國家標準 GB1526—79 信息處理流程圖符號和國際標準化組織標準 ISO1028、2636 以及美國國家標準協會 ANSI 的圖形符號大致相同，常用的符號如圖 5-7 所示。圖中的卡片文件符號原是 20 世紀五六十年代計算機輸入數據的一種方式，它已經被淘汰了，目前我們常用這個符號來表示原始數據統計，並且是待輸入計算機系統的報表。其他符號與一般計算機類書中介紹的基本一致。

管理信息系統

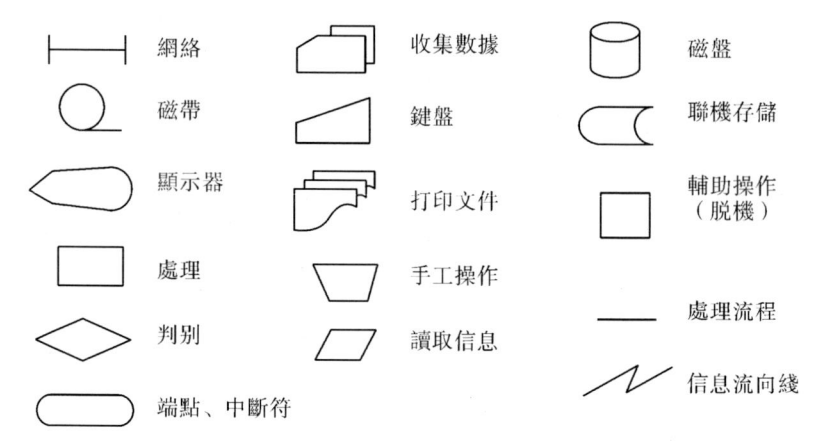

⊤	網絡	▱	收集數據	⌷	磁盤
◯	磁帶	▱	鍵盤	⊃	聯機存儲
▱	顯示器	▱	打印文件	□	輔助操作（脫機）
□	處理	▱	手工操作	─	處理流程
◇	判別	▱	讀取信息	⚡	信息流向綫
▱	端點、中斷符				

圖 5-7　計算機處理流程圖例

　　在圖 5-7 中，我們還常以文字或特定符號填入圖例中來描述具體的處理內容。從數據流程圖到系統處理流程圖並非單純的符號改換，系統處理流程圖表示的是計算機的處理流程，而並不像數據流程圖那樣還反應了人工操作那一部分。因此繪製系統處理流程圖的前提是已經確定了系統的邊界、人機接口和數據處理方式，同時還要考慮哪些處理功能可以合併，或進一步分解，把有關的處理看成是系統流程圖中的一個處理功能。

5.3.2　計算機處理流程應用舉例

　　計算機處理流程圖的繪製，通常與開發者關於新系統未來實現的方式和本單位的實際情況有關。下面我們以一個實例來說明計算機處理流程圖的繪製方法。這是一個成本管理子系統的計算機處理流程圖，如圖 5-8 所示。圖中表示規劃設計中數據輸入子系統的數據輸入有兩種方式，一種為生產統計報表和其他與成本相關的報表通過鍵盤輸入，另一種為直接從生產統計傳過來的軟磁盤中讀取數據。輸入后的數據不直接參與成本核算和成本分析，而是暫存在相應的 6 個輸入中間文件中。在成本核算子系統中，旬報、月報處理是指設置一個處理開關，后面不論按什麼時間方式計算成本，其后續處理過程都是一致的，即先讀入本期成本發生數據、計算成本，然后寫回到 8 個相應的成本主文件中。而按完全成本方法和按變動成本方法計算成本，也是設置一個算法（確定產品成本中固定成本部分的分配算法），然后讀成本數據和相應的報表格式，並將最終報表打印出來。定額成本計算部分也類似，即首先讀入產生數據，計算定額成本，然后將結果打印成定額成本報表，並同時存入定額成本文件（以供今后成本分析、控制使用）。

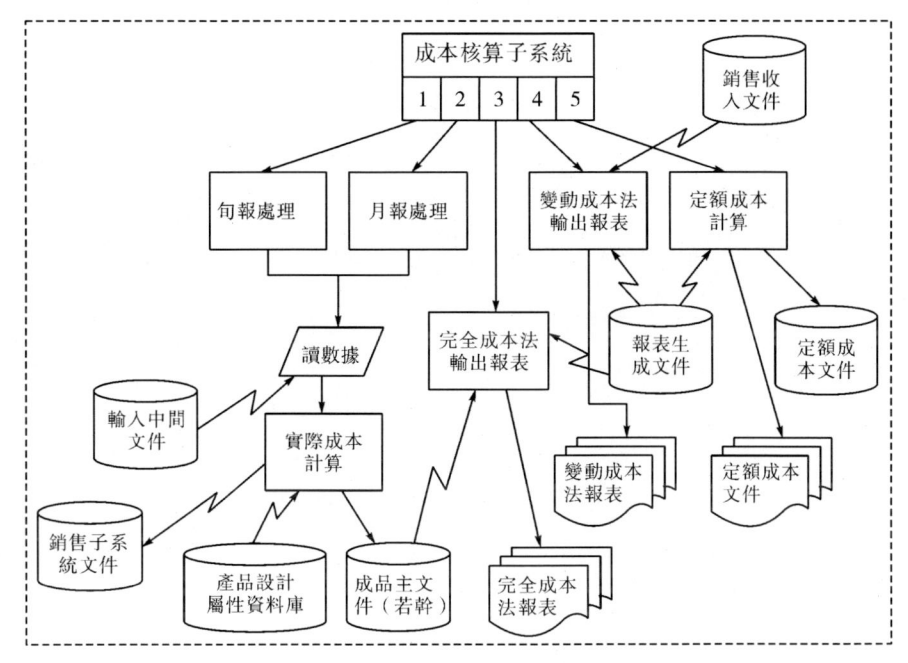

圖 5-8　計算機處理流程圖繪製

從圖 5-8 可知，用計算機處理流程圖來表述設計者關於新系統處理過程的大致設想是非常直觀和有效的。

5.4　系統物理配置方案設計

總體設計的主要內容之一是設計計算機物理系統配置方案，按照新系統的目標及功能要求，綜合考慮環境和資源等實際情況，在總體規劃階段進行的計算機系統軟硬件平臺選型的基礎上，從系統的目標出發，根據信息系統要求的不同處理方式，視批處理、聯機輸入批處理及分佈式處理或混合方式的處理方式，進行具體的計算機軟硬件系統及其網絡系統的選擇和配置，並提交一份詳細的計算機物理系統配置方案報告。

由於滿足同一企業用戶功能要求不同的計算機物理系統配置，其結構可能存在較大差異，而且計算機物理系統投資較大，少則幾十萬元、幾百萬元，多則千萬元。因此，選擇一個合適的計算機物理系統配置方案至關重要。

5.4.1　設計依據

系統平臺的設計，一般遵循以下原則：

5.4.1.1　系統吞吐量

系統吞吐量，即每秒鐘執行的作業數。系統吞吐量越大，則系統的處理能力就越強。系統吞吐量與系統硬軟件的選擇有著直接的關係，如果要求系統具有較大的吞吐

量，就應當選擇具有較高性能的計算機和網絡系統。

5.4.1.2 系統回應時間

系統回應時間是從用戶向系統發出一個作業請求開始，經系統處理後給出應答結果的時間。如果要求系統具有較短的回應時間，就應當選擇運算速度較快的 CPU 及具有較高傳遞速率的通訊線路，如即時應用系統。

5.4.1.3 系統可靠性

系統可靠性是系統可以連續工作的時間。例如，對於每天需要 24 小時連續工作的系統，可以採用雙機雙工結構方式。

5.4.1.4 集中式（Centralized Processing）或分佈式（Distributed Processing）

如果一個系統採用集中式的處理方式，則信息系統既可以是主機系統，也可以是網絡系統；若系統處理方式是分佈式的，則應採用微機網絡。

5.4.1.5 地域範圍

對於分佈式系統，要根據系統覆蓋的範圍決定採用廣域網還是局域網。

5.4.2 計算機處理方式的選擇與設計

計算機的處理方式可以根據系統的功能、業務處理的特點、性能、價格比等因素，選擇批處理、聯機即時處理、聯機成批處理、分佈式處理等方式。在實際信息系統的開發設計中，也可以混合使用各種方式。

5.4.3 系統軟、硬件選擇

從信息系統採取的計算機處理方式出發，針對批處理、聯機即時處理、聯機成批處理，還是採取分佈式處理，考慮硬件系統的主機和外設的配置。與此同時，系統的應用軟件的獲得途徑也要慎重考慮。

5.4.3.1 計算機硬件的選擇

計算機硬件的選擇取決於數據的處理方式和運行的軟件。管理對計算機的基本要求是速度快、容量大、通道能力強、操作靈活方便，但是計算機的性能越高，其價格也就越昂貴，因此，在計算機硬件的選擇上應考慮全面。一般來說，如果系統的數據處理是集中式的，系統應用的主要目的是利用計算機的強大的計算能力，則可以採用主機—終端系統，以大型機或中小型機作為主機，可以讓系統具有較好的性能。若對企業進行管理，其應用本身就是分佈式的，使用大型主機主要是為了利用隨著計算機產業的發展，出現的許多商品化應用軟件，這些軟件技術成熟、設計規範、管理思想先進，直接應用商品化軟件既可以節省投資，又能夠規範管理過程，加快了系統應用的進度。其多用戶能力，則不如微機網絡更為靈活、經濟。硬件的選擇原則是：

（1）選擇技術上成熟可靠的標準系列機型；

（2）處理速度快，數據存儲容量大；

（3）具有良好的兼容性、可擴充性與可維修性；

（4）有良好的性能、價格比；

（5）廠家或供應商的技術服務與售后服務；

(6) 操作方便。

同時應該注意的是，為了保證系統在一定時間內的先進性，在硬件選擇時可以「適度超前」。

5.4.3.2 應用軟件的選擇

選擇應用軟件應考慮：

(1) 軟件是否能夠滿足用戶的需求。

(2) 軟件的靈活性。由於存在管理需求上的不確定性，系統應用環境會經常發生變化。因此，應用軟件要有足夠的靈活性，以適應對軟件的輸入、輸出和系統平臺升級的要求。

(3) 軟件的技術支持。對於商品化軟件，穩定的技術支持是必需的。這一方面是為了保證軟件能夠滿足需求的變化，另一方面是便於今后系統的升級。

(4) 同時，通過考察相關企業對應用軟件的選擇情況，也可以幫助和指導系統應用軟件的選擇。

5.4.4 計算機網絡系統的設計

在信息系統開發過程中，應該根據實際系統的需要選擇中、小型主機方案或微機網絡方案。對於微機網絡方案而言，由於存在眾多商家的技術和產品，也面臨網絡的選型問題。

5.4.4.1 網絡拓撲結構

網絡拓撲結構一般有總線型、星型、環型、混合型等。在網絡拓撲結構選擇上應根據應用系統的地域分佈、信息流量進行綜合考慮。

5.4.4.2 網絡邏輯結構設計

通常將系統從邏輯上分為各個子系統，然后按照需要分配設備（如主服務器、主交換機、子系統交換機、集線器、路由器等），並考慮各個設備之間的連接結構。

5.4.4.3 網絡操作系統

網絡操作系統有 Netware、Windows NT、UNIX 等。UNIX 出現得最早，是唯一能夠適用於所有應用平臺的網絡操作系統。Netware 網絡操作系統適用於文件服務器/工作站模式。Windows NT 隨著 Windows 操作系統的發展和客戶機—服務器（Client/Server，簡稱 C/S）模式向瀏覽器—服務器（Brower/Server，簡稱 B/S）模式延伸，是很有發展前景的網絡操作系統。

5.4.5 數據庫管理系統的選擇

數據庫管理系統選擇的原則是：

(1) 支持先進的處理模式，具有分佈式處理數據、多線索查詢、優化查詢數據、聯機事務處理的能力；

(2) 具有高性能的數據處理能力；

(3) 具有良好圖形界面的開發工具包；

(4) 具有較高的性能、價格比；

(5) 具有良好的技術支持和培訓等。

目前，軟件市場上有許多數據庫管理系統，例如 Oracle、Sybase、SQL Server、Informix、FoxPro 等。Oracle、Sybase 是大型數據庫管理系統，運行於客戶—服務器模式，是開發大型 MIS 的首選，FoxPro 在小型 MIS 中最為流行。Microsoft 推出的 Visual FoxPro 在大型管理信息系統開發中也獲得了大量應用，而 Informix、SQL Server 則適用於中型 MIS 的開發。

5.4.6 設計計算機物理系統配置方案時應該注意的問題

5.4.6.1 滿足新系統的應用需求

在新系統的設計中，提出了新系統的目標、處理功能、存儲容量、信息交互方式等。這就要求所選擇的計算機系統能夠滿足新系統的需求。同時兼顧購置的設備能被充分的利用，並且留有擴充的余地。在進行計算機物理系統配置時要注意如下傾向：

(1) 以價格為依據，認為價格越高性能越好；

(2) 以計算機系統性能指標為依據，認為計算機性能指標越高越好；

(3) 以計算機類型大小為依據，認為越大越好，外設和系統軟件越多越好等。

計算機物理系統配置應該以應用的實際需求為依據，以新系統的處理功能為準則，減少不必要的投資。

5.4.6.2 實用性能強

所選擇的計算機物理系統的實用性可從以下幾個方面體現：

(1) 易於開發，方便使用。根據應用需求，要求計算機系統有豐富的應用軟件，工具齊全，有利於用戶的開發和使用，具有較強的漢字處理能力等。

(2) 選擇的機型具有較強的生命力。盡量優先考慮選用主流機型，以便於計算機系統的維護。另外，所選擇的計算機系統應盡量與本行業或本系統的機型一致和兼容，這有利於本行業、本系統的信息交換及應用軟件的交流和資源的共享。

(3) 有較強的通信能力。為了達到系統的資源共享和信息交換的目的，所選擇的計算機系統要充分考慮新系統內部的聯網和通信的選用，還要考慮以系統為公用數據網的交互能力。

(4) 性能價格比。選擇計算機系統時應提出幾種選型方案，並進行認真分析比較，選取性能價格比較高的計算機系統。一般情況下，先進的新產品性能價格比較高。

5.4.6.3 可擴充性

通常新系統採用「統一規劃，分步實施」的方案。開始建立的系統規模不可能很大，隨著應用需求的擴大，需逐步增添設備，擴充功能，這就要求所選擇的計算機系統具有靈活的擴充能力和升格能力，使得先期購置的設備和開發的應用軟件不被浪費。

5.4.7 計算機物理系統配置方案報告的具體內容

5.4.7.1 計算機物理系統配置概述

計算機物理系統配置概述主要介紹物理系統總體結構情況，以及選擇計算機物理系統的背景、要求、原則、制約因素等。

5.4.7.2 計算機物理系統選擇的依據

選擇計算機物理系統的依據，主要包括功能要求、容量要求、性能要求、硬件設備配置要求、通訊與網絡要求、應用環境要求等。

5.4.7.3 計算機物理系統配置

計算機物理系統配置包括四方面內容：

（1）介紹硬件結構情況以及硬件的組成及其連接方式，還要說明硬件所能達到的功能，並畫出硬件結構配置圖（見主機終端網結構與微機網的結構）。

（2）介紹硬件系統配置的選擇情況，列出硬件設備清單，標明設備名稱、型號、規格、性能指標、價格、數量、生產廠家等。

（3）介紹通訊與網絡系統配置的選擇情況，列出通訊與網絡設備清單，標明設備名稱、型號、規格、性能指標、價格、數量、生產廠家等。

（4）介紹軟件系統配置的選擇情況，列出所需軟件清單，標明軟件名稱、來源、特點、適用範圍、技術指標和價格等。

5.4.7.4 指出費用情況

介紹計算機硬件、軟件、機房及其他附屬設施、人員培訓及計算機維護等所需費用，並給出預算結果。

5.4.7.5 具體配置方案的評價

從使用性能和價格等方面進行分析，提供多個物理系統配置方案。通過對各個配置方案進行評價，在結論中，提出設計者傾向性的選擇方案。

5.5 代碼設計

案例導入：

中國浙江省某服裝企業在信息化過程中遇到了問題：在 ERP 軟件設計中，為了對服裝有生產、銷售進行全方位的跟蹤掌握，需要對每一塊面料、輔料、產品進行單件編碼。但由於服裝生產數量大，半成品多，單位價值低，造成軟件設計時數據庫過大，運行速度慢，投資效益低。如果採用按批次編碼的方法，第一有可能編碼不完全，造成信息缺口；第二必須在生產流通過程中加批次碼，具有一定困難。

課堂討論：

（1）代碼設計問題是在什麼條件下凸現出來的？為什麼會出現代碼設計的問題？

（2）代碼設計在該服裝企業的 ERP 設計過程中起到了什麼作用？代碼設計出現了什麼樣的難題？

代碼是代表事物名稱、屬性、狀態等的符號，它以簡短的符號形式代替具體的文字說明。在 MIS 中，為了便於計算機處理，節省存儲空間和處理時間，提高處理的效率和精度，需要將處理對象代碼化。代碼的設計和編製問題在系統分析階段就開始考慮，經過一段時間的分析之後，在系統設計階段才能最後確定。

5.5.1 編碼的目的

5.5.1.1 唯一化

在現實世界中有很多東西如果我們不加標示是無法區分的，這時機器處理就十分困難。所以能否將原來不能確定的東西，唯一地加以標示是編製代碼的首要任務。最簡單、最常見的例子就是職工編號。在人事檔案管理中我們不難發現，人的姓名不管在一個多麼小的單位裡都很難避免重名。為了避免二義性應唯一地標示每一個人，因此編製了職工代碼。

5.5.1.2 規範化

唯一化雖是代碼設計的首要任務。但如果我們僅僅為了唯一化來編製代碼，那麼代碼編出來後可能是雜亂無章的，使人無法辨認，而且使用起來也不方便。所以我們在唯一化的前提下還要強調編碼的規範化。例如，財政部關於會計科目編碼的規定，以「1」開頭的表示資產類科目；以「2」開頭的表示負債類科目；「3」開頭的表示權益類科目；「4」開頭的表示成本類科目等。

5.5.1.3 系統化

系統所用代碼應盡量標準化。在實際工作中，一般企業所用大部分編碼都有國家或行業標準。在產成品和商品中各行業都有其標準分類方法，所有企業必須執行。另外一些需要企業自行編碼的內容，例如生產任務碼、生產工藝碼、零部件碼等，都應該參照其他標準化分類和編碼的形式來進行。

5.5.2 代碼設計的原則

代碼設計是一項重要的工作，合理的編碼結構是使管理信息系統具有生命力的重要因素。設計代碼的基本原則是：

（1）具備唯一確定性。每一個代碼都僅代表唯一的實體或屬性。

（2）標準化與通用性。凡國家和主管部門對某些信息分類和代碼是有統一規定和要求的，應採用標準形式的代碼，以使其通用化。

（3）可擴充且易修改。要考慮今後的發展，為增加新代碼留有餘地。當某個代碼在條件或代表的實體改變時，容易進行變更。

（4）短小精悍即選擇最小值代碼。代碼的長度會影響所占據的內存空間、處理速度以及輸入時的出錯概率，因此要盡量短小。

（5）具有規律性、便於編碼和識別。代碼應具有邏輯性強、直觀性好的特點，便於用戶識別和記憶。

5.5.3 代碼的種類

一般來說，代碼可以按照文字種類或功能進行分類。按文字種類可以分成數字代碼、字母代碼和數字—字母混合碼。按功能則可以分成以下四類：

5.5.3.1 順序碼

順序碼又稱為系列碼，是一種用連續數字代表編碼對象的代碼。例如：用1001代

表張三，1002 代表李四。順序碼的優點是簡單，缺點是沒有邏輯基礎且不便於對代碼的操作。新增加的代碼只能列在最後，刪除則會造成空碼。通常作為其他分類編碼之後，進行細分類的一種補充手段。

作為順序碼的一個特例是分區順序碼。它將順序碼分為若干個區，給每個區以特定的含義，並且可以在每個區預留些空碼，以備擴展之需。例如職工代碼：

0001 為張三，0002 為李四，0001～0009 的代碼還表示為廠部人員；
……
1001 為王五，1002 為趙六，1001～1999 的代碼還可以表示為第一車間職工。

5.5.3.2　層次碼

層次碼也稱區間碼。這種代碼把數據項分成若干組，每一區間代表一個組，碼中數字的值和位置都代表一定意義。典型的例子是郵政編碼，如圖 5-9 所示。

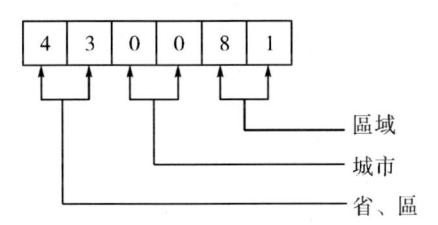

| 4 | 3 | 0 | 0 | 8 | 1 |

區域
城市
省、區

圖 5-9　層次碼示例

層次碼的優點是容易進行數據處理的操作，例如排序、分類、檢索等，缺點是有時會造成代碼過長。這種代碼的長度與分類概念有關，在編碼設計時，首先要對各種代碼分類進行平衡，避免造成有很長的碼或有很多多余的碼。

5.5.3.3　十進位碼

十進位碼相當於圖書分類中沿用已久的十進位分類碼。如 610.736，小數點左邊的數字組合代表主要分類，小數點右邊的是子分類。子分類劃分雖然很方便，但所占位數長短不齊，不適用於計算機處理。顯然，只要把代碼的位數固定下來，才可利用計算機處理。

5.5.3.4　助憶碼

助憶碼將編碼對象的名稱、規格等用漢語拼音或英文縮寫等形式編寫成代碼，使的用戶可以通過聯想幫助記憶。

例如：

TVB14　　　14 寸黑白電視機
TVC20　　　20 寸彩色電視機
DFI1×8×20　規格 1"×8"×20" 的國產熱軋平板鋼。

助記碼適用於數據項數目較少的情況，否則容易引起聯想出錯。

5.5.4　代碼的校驗

代碼的正確性直接影響計算機處理的質量，因此需要對輸入計算機中的代碼進行校驗。

校驗代碼的一種常用做法是事先在計算機中建立一個「代碼字典」，然後將輸入的代碼與字典中的內容進行比較，若不一致則說明輸入的代碼有錯。

校驗代碼的另外一種做法，是設校驗位，即設計代碼結構時，在原有代碼基礎上加上一個校驗位，使其成為代碼的一個組成部分，校驗值通過事先規定的數學方法計算出來。當代碼輸入后，計算機會以同樣的數學方法按輸入的代碼計算出校驗值，並將它與輸入的校驗值進行比較，以證實是否有錯。

5.5.4.1 常見的錄入錯誤

識別錯誤：例如 1 識別成 7，數字 0 識別成字母 O，字母 Z 識別為數字 2 等；

易位錯誤：例如 12345 寫成 13245；

雙易位錯誤：例如 12345 寫成 13254；

隨機錯誤：包括以上兩種或三種綜合性錯誤或其他錯誤。

5.5.4.2 代碼校驗位的確定

為了保證正確輸入，可以在原有代碼結構的基礎上加上一個校驗位，使它事實上變成代碼的一個組成部分。

計算校驗位的方法主要有：算術級數法、幾何級數法、質數法等。它們的基本原理都是屬於隨機數法。其計算過程是：輸入原代碼；將原代碼的各位數分別乘以權重；計算各乘積之和；用一個模數去除乘積之和；所得余數作為校驗位；將校驗位置於原代碼之後，組成新代碼。

設有一組代碼為：$C_1C_2C_3C_4 \cdots C_i$（稱為原碼）。

第一步：為設計好的每一位代碼確定一個權數（權數可為算術級數、幾何級數或質數）。

第二步：求每一位代碼與其對應的權數的乘積之和 S。

$S = C_1P_1 + C_2P_2 + C_3P_3 + \cdots + C_iP_i$（$i = 1, 2, \cdots\cdots, n$）

第三步：確定模 M。

第四步：取余 $R = S MOD(M)$。

第五步：校驗位 $C_{i+1} = R$。

最終代碼為：$C_1C_2C_3C_4 \cdots C_i C_{i+1}$。

下面舉例說明校驗碼的設計過程。

設原代碼為：12345

對應的權數：32，16，8，4，2

求乘積之和：$S = 1 \times 32 + 2 \times 16 + 3 \times 8 + 4 \times 4 + 5 \times 2 = 114$

取模（設模為 11）：$R = Smod(11) = 4$

得校驗碼：$C_6 = 11 - 4 = 7$

最后得到帶校驗位的代碼 123457，其中 7 是校驗碼。

5.5.5 代碼設計書

確定了代碼的類型及校驗方法后，需要編寫代碼設計書，如圖 5-10 所示。

代碼對象名		廠內部門				
代碼類型	層次碼		位數	4	校驗位	1
代碼數量	200	使用期限		—	使用範圍	本廠內
代碼結構 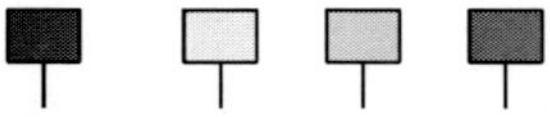	\[廠部分　廠辦/車間　科室　班組\]					
代碼示例：1024 企業管理部管理辦公室下的計算機組						
備註：						
設計人		審核人			年　月　日	

圖 5-10　代碼設計書

5.6　數據存儲設計

任何一個 MIS 都要處理大量的數據，如何以最優的方式組織這些數據，形成以規範化形式存儲的數據庫，是 MIS 開發中的一個重要問題。

如何將客觀世界事物以及事物之間的聯繫描述出來，並最終轉化為以數據庫形式組織的規範化數據？為此，我們首先瞭解一下數據庫、數據庫系統、關係規範化、實體—關係（Entity-Relation）模型等基本概念。

5.6.1　數據庫基本概念

為了實現整個組織數據的結構化，就要求數據組織結構中不僅能夠描述數據本身，而且還能描述數據之間的關係。數據庫就是一種不僅可以描述數據本身，而且還可以描述數據之間管理的數據組織形式。

5.6.1.1　數據庫、數據庫管理系統和數據庫系統

數據庫（Data Base，DB）：以一定的組織方式存儲在一起的相關數據的集合，它能以最佳的方式、最少的數據冗餘為多種應用服務，程序與數據具有較高的獨立性。它不僅描述了數據本身，也描述了數據之間的關係。

數據庫管理系統（Database Management System，DBMS）是管理數據庫資源的通用工具軟件。當前較有影響的數據庫管理系統有 ORACLE、SYBASE、INFORMIX、FoxPro、Access。

數據庫系統（Database System，DBS）是指在計算機系統中引入數據庫後的系統構成，一般由數據庫、數據庫管理系統（及其開發工具）、應用系統、數據管理員和用戶構成。它是為適應數據處理的需要而發展起來的一種較為理想的數據處理的核心機構。數據庫的建立、使用和維護等工作只靠一個 DBMS 遠遠不夠，還要由數據管理員（Database Administrator，DBA）來完成。

5.6.1.2 數據模型

數據模型是數據庫中數據組織的結構和形式，它表示著數據和數據之間的聯繫。其可分為層次模型（Hierarchical Model）、網狀模型（Network Model）和關係模型（Relational Model）三種。

(1) 層次模型

層次模型也稱樹型，其結構就像一棵倒掛的樹，它用樹形結構表示客觀事物之間聯繫。層次模型用於反應事物間的一對多（1：n）的聯繫。

圖 5-11 用層次模型描述一個倉庫管理單位的庫存、倉庫、職工和訂購單的相互關係。

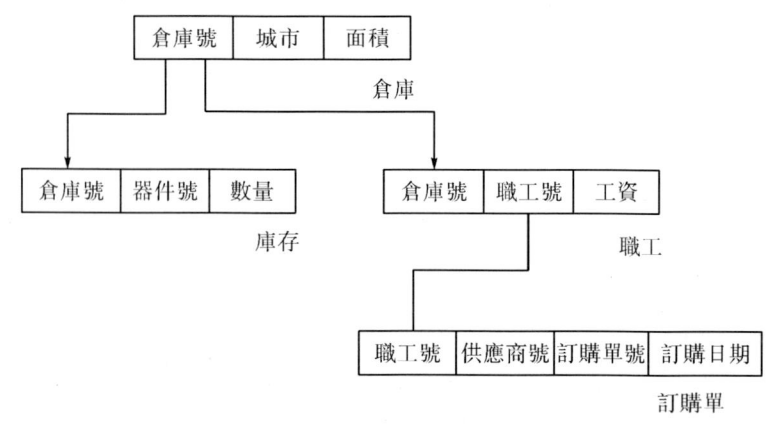

```
            ┌─────┬─────┬─────┐
            │倉庫號│ 城市 │ 面積 │
            └─────┴─────┴─────┘
                     倉庫
     ┌───────────────┴───────────────┐
┌─────┬─────┬─────┐           ┌─────┬─────┬─────┐
│倉庫號│器件號│ 數量 │           │倉庫號│職工號│ 工資 │
└─────┴─────┴─────┘           └─────┴─────┴─────┘
        庫存                           職工
                                     │
                        ┌─────┬─────┬─────┬─────┐
                        │職工號│供應商號│訂購單號│訂購日期│
                        └─────┴─────┴─────┴─────┘
                                    訂購單
```

圖 5-11　倉庫管理的層次模型表示

(2) 網狀模型

網狀模型是用網絡結構表示客觀事物之間聯繫的數據模型。網狀模型相對比較複雜，如圖 5-12 所示。

例如，一個老師上多門課、一門課可由多個老師上，則老師和課程的關係就是網狀模型。網狀模型用來反應事物間的多對多（n：n）的聯繫。

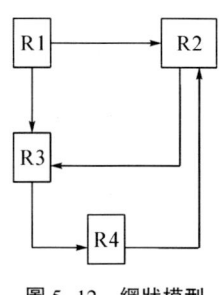

```
    ┌──┐ ──→ ┌──┐
    │R1│     │R2│
    └──┘     └──┘
     │        ↑
     ↓        │
    ┌──┐ ────┘
    │R3│
    └──┘
     │
     ↓
    ┌──┐
    │R4│
    └──┘
```

圖 5-12　網狀模型

(3) 關係模型

用二維表（也稱關係）的形式來表示事物間的聯繫的模型稱為關係模型。關係模

型比較常見，其中二維表的行稱為記錄，列稱為字段。關係模型有以下三個特性：

①一個二維表中所有的記錄格式和長度都相同；

②同一字段的類型相同；

③行和列的排列順序隨意。

例如：在北京（WH1）、上海（WH2）、武漢（WH3）各有一個倉庫，庫存有顯示卡（P1）、聲卡（P2）、解壓卡（P3）和散熱風扇（P4），圖 5-13 的二維表就表示了各個倉庫器件的情況。

倉庫號	器件號	數量
WH1	P2	675
WH1	P3	250
WH1	P4	340
WH2	P1	280
WH2	P2	200
WH2	P4	270
WH3	P2	500
WH3	P1	330

圖 5-13　倉庫/器材/庫存的關係模型表示

從用戶的觀點看，在關係模型下，數據的邏輯結構是一張二維表。每一個關係為一個二維表，相當於一個文件。事物之間的聯繫均通過關係來描述。例如，表 5-2 用 m 行 n 列的二維表表示了具有 n 元組的「付款」關係。每一行即一個 n 元組，相當於一個記錄，用來描述一個實體（付款行為）。

表 5-2　　　　關係模型的一種關係——「付款」關係

結算編碼	合同號	數量（個）	金額（元）
J0012	HT1008	1,000	30,000
J0024	HT1005	600	12,000
J0048	HT1079	2,000	68,000

使用基於關係模型的關係數據庫時，需要理解幾個主要概念：

（1）關係。一個關係對應一個由行和列組成的二維表。

（2）元組。表中的一行稱為一個元組。

（3）屬性。表中的一列稱為一個屬性，給每個列取一個名字即為屬性名。

（4）域（Domain）。屬性（字段）的取值範圍。

（5）主關鍵字（Primary Key）。表中的某個屬性組，它的值唯一地標示一個元組，如表 5-2 中，「結算編碼」和「合同號」共同組成主關鍵字。

（6）關係模式。對關係的描述，用關係名（屬性1，屬性2，…，屬性n）來

表示。

5.6.2 關係的規範化

規範化理論（Normalization Theory）是 IBM 公司的埃德加·弗蘭克·科德（E.F. Codd）於 1971 年提出的。他和後來的學者為數據結構定義了五種規範化模式（Normal Form，簡稱範式）。

5.6.2.1 第一範式（1NF）

如果在一個關係中，沒有重複的組，而且各個屬性都是不可再分割的基本數據項，則稱該關係屬於第一範式。

例如，表 5-3 所列的教師工資的數據結構是不規範的，其中的「工資」可以分為 2 個數據項，「基本工資」和「津貼」。經過規範后的數據結構如表 5-4 所示。

表 5-3　　　　　　　　　　不符合第一範式的關係

教師代碼	姓名	工資（元）	
		基本工資	津貼
1001	張維	896.00	1,252.00
1002	董放	864.00	1,152.00
1003	周靳國	542.00	464.00

表 5-4　　　　　　　　　　符合第一範式的關係

教師代碼	姓名	基本工資（元）	津貼（元）
1001	張維	896.00	1,252.00
1002	董放	864.00	1,152.00
1003	周靳國	542.00	464.00

5.6.2.2 第二範式（2NF）

在介紹第二範式之前，需要先介紹「函數依賴」（Functional Dependence）的概念。如果在一個數據結構 R 中，數據元素 B 的取值依賴於數據元素 A 的取值，稱 B 函數依賴於 A。換句話說，A 決定 B，用「A→B」表示。

所謂第二範式，指的是這種關係不僅滿足第一範式，而且所有的非主屬性完全依賴於其主關鍵字。

在圖 5-14 所示的數據結構中，主關鍵字是由「學號」和「課程」組成的複合關鍵字。「成績」完全依賴於整個複合主關鍵字，然而數據元素「姓名」「性別」「生日」「所在城市」「長途區號」並非完全依賴於整個主關鍵字，而只是依賴於主關鍵字中的一個分量——「學號」，同樣的「學期」和「學分」部分依賴於整個關鍵字（依賴於主關鍵字的分量「課程」）。因此，圖 5-14 所示的數據結構不符合第二範式，只有消除了部分函數依賴才能符合第二範式。

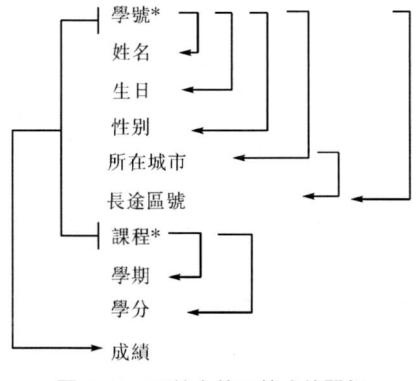

```
        學號*──┐
         ↓    │
         姓名  │
         ↓    │
         生日  │
         ↓    │
         性別  │
              │
         所在城市←──┐
         ↓         │
         長途區號───┘
              │
         課程*──┐
         ↓    │
         學期  │
         ↓    │
         學分──┘
              
    └────→成績
```

圖 5-14　不符合第二範式的關係

5.7　輸出設計

輸出設計的目的是使系統能輸出滿足用戶需要的有用信息。對於大多數用戶來說，輸出是系統開發的目的和評價系統開發成功與否的標準。因此，輸出設計的出發點是保證系統輸出的信息能夠方便地為用戶所使用，能夠為用戶的管理活動提供有效的信息服務。

5.7.1　輸出設計的內容

5.7.1.1　確定輸出內容

確定輸出設計的內容要考慮兩個方面：

（1）輸出信息使用方面的內容，包括信息的使用者、使用目的、報告量、使用週期、有效期、保管方法和復寫份數等。

（2）輸出信息的內容，包括輸出項目、位數、精度、數據形式（文字、數字）、數據來源與生成算法等。

5.7.1.2　確定輸出格式，如表格、圖形或文件

輸出信息的格式設計，是為了給用戶提供一種清晰、美觀、易於閱讀和理解的信息。因此，輸出信息的格式必須考慮到用戶的要求和習慣，要盡量與現行系統的表格形式相一致。如果必須做出更改，則要由系統設計人員、系統分析人員和使用人員共同協商後，經過各方面人員的同意才能進行。表格的輸出設計工作可由專門的表格生成軟件完成，圖形的輸出設計也有專門的軟件。

5.7.1.3　選擇輸出設備和確定輸出介質

信息的用途決定了輸出設備和輸出介質。需要送給其他有關人員或者需要長期存檔的材料，必須使用打印機打印輸出；若是作為以後處理用的數據，可以輸出到磁帶或者磁盤上；如果只是需要臨時查詢的信息，則可以通過屏幕顯示。輸出設備主要是指打印機和顯示器。表 5-5 為輸出設備和介質一覽表。

表 5-5　　　　　　　　　　輸出設備和介質一覽表

輸出設備	行式打印機	卡片或紙帶輸出機	磁帶機	磁盤機	終端	繪圖儀	縮微膠卷輸出機
介質	打印紙	卡片或紙帶	磁帶	磁盤	屏幕	圖紙	縮微膠卷
用途和特點	便於保存,費用低	可代其他系統輸入之用	容量大,適於順序存取	容量大,存取更新方便	回應靈活的人機對話	精度高,功能全	體積小,易保存

5.7.2 輸出報告

輸出報告是系統設計的主要內容之一,它定義了系統的輸出。輸出報告中既標出了各常量、變量的詳細信息,又給出了各種統計量及其計算公式、控製方法。

設計輸出報告時應考慮以下幾點:

(1) 方便使用者。能為使用者提供及時、準確、全面的信息,輸出的圖形或表格,便於用戶閱讀和理解。

(2) 要考慮系統的硬件性能。

(3) 盡量利用原系統的輸出格式,如需修改,應與有關部門協商,徵得用戶同意。

(4) 輸出的格式和大小要根據硬件能力認真設計,並試製輸出樣品,經用戶同意後才能正式使用。

(5) 輸出表格要考慮系統的發展。輸出表格中是否為新增項目留有相應的位置。

設計輸出報告之前應收集好各項的有關內容,填寫到輸出設計書上,如表 5-6 所示,這是設計的準備工作。

表 5-6　　　　　　　　　　輸出設計書

輸出設計書				
資料代碼	GZ—01	輸出名稱	工資主文件一覽表	
處理週期	每月一次	形式	行式打印表	種類	0—001
份　　數	1	報送	財務科		
項目號	項目名稱	位數及編輯	備註	
1	部門代碼	X (4)		
2	工號	X (5)		
3	姓名	X (12)		
4	級別	X (3)		
5	基本工資	9,998.99		
6	房費	998.99		

為了提高系統的規範化程度和編程效率,在輸出設計上應盡量保持輸出內容和格式的統一性,也就是說,同一內容的輸出,對於顯示器、打印機、文本文件和數據庫

文件應具有一致的形式。顯示器輸出用於查詢或預覽，打印機輸出提供報表服務，文本文件格式用於為辦公自動化系統提供剪輯素材，而數據庫文件可滿足數據交換的需要。

在打印輸出時，報告紙有專用紙和通用白紙兩種。專用紙上事先已印有表頭和文字說明等格式，使用時可直接套打，通用白紙則需打印表頭、格式及說明信息。

5.8 輸入設計

輸入設計是整個系統設計的關鍵環節之一，對系統的質量起著決定性的影響。輸入數據的正確性直接決定處理結果的正確性，如果輸入數據有誤，即使計算和處理十分正確，也無法獲得可靠的輸出信息。

5.8.1 輸入設計的原則

輸入設計包括數據規範和數據準備的過程，在輸入設計中，提高速度和減少錯誤是兩個最根本的原則。以下是指導輸入設計的幾個原則：

（1）設計好原始單據的格式。原始單據的格式設計，必須按照便於填寫、便於歸檔保存和便於操作的基本原則進行。輸入的單據，可以是專門為輸入數據設計的記錄單，但這樣要經過一次抄轉和編碼；也可以直接從原始單據上輸入數據，這樣可以減少填寫輸入記錄單的工作量和抄寫錯誤。不管採用哪一種形式，作為輸入的數據其內容要和屏幕上顯示的內容一致，格式也要盡量一致，以便提高輸入速度和減少輸入差錯。

（2）控製輸入量。在輸入設計中，應盡量控製輸入數據總量。在輸入時，只需輸入基本的信息，而其他可通過計算、統計、檢索得到的信息由系統自動產生。

（3）減少輸入延遲。輸入數據的速度往往成為提高信息系統運行效率的瓶頸，為減少延遲，可採用週轉文件、批量輸入等方式。

（4）輸入過程應盡量簡化。輸入設計在為用戶提供糾錯和輸入檢驗的同時，要保證輸入過程簡單易用，不能因為查錯、糾錯而使輸入複雜化，增加用戶負擔。

（5）減少輸入錯誤。輸入設計中應採用多種輸入校驗方法和有效性驗證技術，減少輸入錯誤。

5.8.2 輸入檢驗

輸入設計的目標是要盡可能減少數據輸入中的錯誤。因此，對於輸入數據的過程中可能出現的錯誤，要採取相應的檢驗措施，以保證輸入數據的正確性。

5.8.2.1 輸入錯誤的種類

在輸入數據的過程中，由於各種原因可能會出現這樣或那樣的錯誤。因此在輸入設計時，必須要充分考慮到可能會出現的各種錯誤，並採取有效的防範和補救措施。

在輸入數據時，常見的錯誤可以分成以下幾類：

（1）數據本身的錯誤。主要是指原始單據的填寫錯誤或者在輸入數據時產生的錯誤。

（2）數據不足或多余。在數據收集過程中產生的差錯。如數據（單據、卡片等）的散失、遺漏或重複等引起的數據差錯。

（3）數據的延誤。這是指在數據收集過程中，由於提供數據的時間延誤所產生的錯誤。雖然它在數據量和內容上都可能是正確的，但是由於數據在時間上延誤，可能會使輸出的信息變得毫無價值。

5.8.2.2 數據出錯的校驗方法

數據的校驗方法有人工直接檢查、計算機用程序校驗以及人與計算機兩者分別處理后再相互查對校驗等多種方法。常用的方法是以下幾種，可單獨地使用，也可組合使用。

（1）重複輸入檢驗。將同一數據由兩個人先后輸入一次，由計算機比較兩次輸入的結果，以判斷輸入的數據是否正確。如果兩次輸入的不一致，計算機顯示或打印機打印出錯信息。

（2）視覺檢驗。輸入的同時，由打印機打印或屏幕顯示出輸入的數據，並由人工逐一核對，以檢查輸入的數據是否正確。

（3）控製總數檢驗。先由人工計算出輸入數據的某數據項總值，然後在輸入過程中再由計算機統計出該數據項的總值，比較兩次計算結果以驗證輸入是否正確。

（4）記錄數點計檢驗。通過計算輸入數據的記錄個數來檢驗輸入的數據是否有遺漏和重複。

（5）格式校驗。即校驗數據記錄中各數據項的位數和位置是否符合預先規定的格式。例如，姓名欄規定為18位，而姓名的最大位數是17位，則該欄的最后一位一定是空白。該位若不是空白，就認為該數據項錯誤。

（6）邏輯校驗。即根據業務上各種數據的邏輯性，檢查有無矛盾。例如，月份最大不會超過12，否則出錯。

（7）界限校驗。即檢查某項輸入數據的內容是否位於規定範圍之內。例如，商品的單價，若規定在100元至500元範圍內，則檢查是否有比100元小及比500元大的數目即可，凡在此範圍之外的數據均屬出錯。

（8）順序校驗。即檢查記錄的順序。例如，要求輸入數據無缺號時，通過順序校驗，可以發現被遺漏的記錄。又如，要求記錄的序號不得重複時，即可查出有無重複的記錄。

（9）平衡校驗。平衡校驗的目的在於檢查相反項目間是否平衡。例如，會計工作中檢查借方會計科目合計與貸方會計科目合計是否一致。又如銀行業務中檢查普通存款、定期存款等各種數據的合計，是否與日報表各種存款的分類合計相等。

（10）對照校驗。對照校驗就是將輸入的數據與基本文件的數據相核對，檢查兩者是否一致。例如，為了檢查銷售數據中的用戶代碼是否正確，可以將輸入的用戶代碼

與用戶代碼總表相核對。當兩者的代碼不一致時，就說明出錯。
5.8.2.3　出錯的改正方法
出錯的改正方法應根據出錯的類型和原因而異。

（1）原始數據錯。發現原始數據有錯時，應由產生錯誤的單位進行改正，不應由操作員想當然地予以修改。

（2）機器自動檢錯。當由機器自動檢錯時，出錯的恢復方法有：

① 將錯誤改正后再進行處理；

② 將錯誤數據剔出，只處理正確的數據。這種方法適用於作趨勢調查分析的情況，這時不需要太精確的輸出數據，例如，預測求百分比等；

③ 只處理正確的數據，出錯數據待修正后再進行處理。

5.8.2.4　出錯表的設計
為了保證輸入數據正確，數據輸入過程中通過程序對輸入數據進行校驗，如果發現數據有錯時，程序應當自動地打印出錯信息內容（即出錯表）。

5.8.3　輸入媒介和裝置

數據必須通過一定的媒介或裝置才能被輸入到系統中去，常用的輸入媒介和裝置主要有以下幾種。

（1）鍵盤。鍵盤是計算機系統中最主要的輸入設備，通過鍵盤可以將數據直接輸入到計算機中或者記錄在磁性介質上，因此使用起來非常方便，是應用最為廣泛的輸入設備。

（2）讀卡機。這是一種將光電卡、磁卡和 IC 卡所載信息轉變為計算機可識別的電信號的機器。

（3）磁帶機和磁盤機。通過磁帶機或者磁盤機可以非常方便地將記錄在磁性介質上的數據輸入到計算機中進行各種各樣的處理，並且可以將計算機處理過的數據直接記錄在磁性介質上，因此它們是重要的輸入輸出設備，目前正向著大容量、小體積的方向發展，並且新的技術和材料也不斷出現。例如，激光磁盤機也開始廣泛投入使用。

（4）其他輸入設備。在計算機系統中還有其他許多種輸入設備，如磁性字體閱讀機、光學讀字機、語音輸入設備、光筆、圖形數字化儀、黑白和彩色掃描儀等，可以根據系統的需要選擇相應輸入裝置。

5.8.4　輸入、輸出的界面設計

從屏幕上通過人機對話輸入是目前廣泛使用的輸入方式。因為是人機對話，既有用戶輸入，又有計算機的輸出。通常有以下幾種：
5.8.4.1　菜單式
通過屏幕顯示出可供選擇的功能和功能代碼，由操作者根據需要進行選擇。將菜單設計成層次結構，則可以通過層層調用引導用戶使用系統的每一個具體功能。隨著軟件技術的發展，菜單設計也向著既美觀又方便的方向發展。目前，在系統設計中常

用的菜單設計方法主要有以下幾種。

（1）一般菜單。在屏幕上顯示出各個選擇項，每個選擇項指定一個代號，然后根據操作者通過鍵盤輸入的代號，計算機決定何種后續操作。

（2）光帶菜單。這是由於在屏幕上以一條光帶來提示菜單中的當前候選項而得名。通過光標控製鍵把光帶移到所需的功能項目上，然后按下回車鍵即執行相應的操作。

（3）下拉菜單。這是一種兩級菜單，第一級是選擇欄，第二級是選擇項。各個選擇欄橫排在屏幕的第一行上，用戶可利用光標的左右移動鍵選定當前選擇欄，在當前選擇欄下立即顯示出該欄中的各項功能，用戶可利用光標的上下移動鍵進行選擇。

5.8.4.2 填表式

填表式屏幕設計通常需要通過終端向系統中輸入數據。系統將要輸入的項目顯示在屏幕上，然后由用戶逐項填入有關的數據。另外，填表式屏幕設計也可以用於系統的輸出。如果要查詢系統中的某些數據時，可以將數據的名稱按一定的方式排列在屏幕上，然后由計算機將數據的內容自動填寫在相應的位置上。由於這種方法設計的畫面簡單易讀，並且不容易出錯，所以它是通過屏幕進行輸入輸出的主要形式。

5.8.4.3 選擇性問答式

選擇性問答式屏幕設計是指當系統運行到某階段時，通過屏幕向用戶提問，系統根據用戶回答的結果決定下一步執行什麼操作。這種方法通常用在提示操作人員確認輸入數據的正確性，或者詢問用戶是否繼續某項處理等方面。例如，當用戶輸入完一條記錄后，可以通過屏幕向用戶詢問「輸入是否正確（Y/N）？」，計算機根據用戶的回答來決定是繼續輸入數據還是對剛輸入的數據進行修改。

5.9　處理流程圖設計

信息系統的處理流程圖是系統流程圖的展開和具體化，所以其內容更為詳細。在系統流程圖中，我們只給出了每一處理功能的名稱，而在處理流程圖中，則需要使用各種符號具體地規定處理過程的每一步驟。

前面曾提到，對於系統中每一個功能模塊都可以作為一個獨立子系統分別進行設計。由於每個處理功能都有自己的輸入和輸出，對處理功能的設計過程也應從輸出開始，然后進行輸入、數據文件的設計，並畫出較詳細的處理流程圖。

圖 5-15 是工資計算的處理功能的處理流程圖。由圖 5-12 可知，該子系統由單個運行程序組合而成，這些程序包括主文件更新模塊、形成扣款文件模塊、計算機打印模塊。

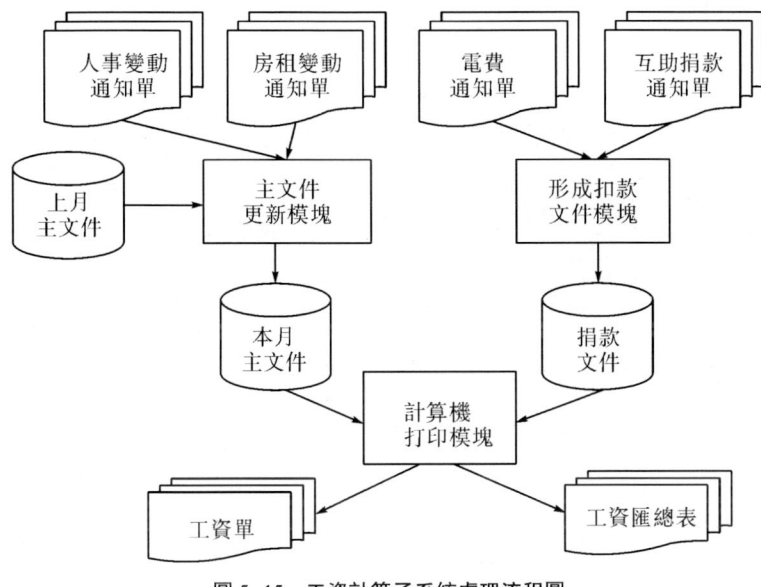

圖 5-15　工資計算子系統處理流程圖

5.10　編寫程序設計說明書和系統設計報告

　　系統設計階段的成果是系統設計報告，其主要是各種設計方案和設計圖表，它是下一步系統實現的基礎。

5.10.1　系統設計說明書的意義

　　系統設計的目標是建立目標系統的物理模型。如何表述物理模型則成為系統設計最后階段的重要任務。系統設計階段的最后一項工作是將系統設計的各項成果編輯成一套完善的文檔資料，即系統設計說明書。設計說明書是整個系統設計的完整描述，是系統設計的階段性成果的具體體現，也是系統實施的最重要依據。

5.10.2　系統設計的成果

　　系統設計階段的成果歸納起來一般有：
　　（1）系統總體結構圖（總體結構圖、子系統結構圖、計算機流程圖等）。
　　（2）系統設備配置圖（計算機系統圖，設備在各生產崗位的分佈圖，主機、網絡、終端聯繫圖等）。
　　（3）系統分佈編碼方案（分類方案、編碼系統）。
　　（4）數據庫結構圖（DB 的結構，主要指表與表之間的結構，表內部結構包括字段、域、數據字典等）。
　　（5）HIPO 圖（層次化模塊控製圖、IPO 圖等）。

（6）系統詳細設計方案說明書。

5.10.3 系統設計說明書的組成

5.10.3.1 引言

（1）摘要

系統的目標名稱和功能等的說明。

（2）背景

- 項目開發者。
- 用戶。
- 本項目和其他系統或機構的關係和聯繫。

（3）系統環境與限制

- 硬件、軟件和運行環境方面的限制。
- 保密和安全的限制。
- 有關係統軟件文本。
- 有關網絡協議標準文本。

（4）參考資料和專門術語說明

5.10.3.2 系統設計方案

（1）模塊設計

- 系統的模塊結構圖
- 各個模塊的 IPO 圖（各模塊的名稱、功能、調用關係、局部數據項和詳細的算法說明等）。

（2）代碼設計

- 各類代碼的類型、名稱、功能、使用範圍和使用要求等的設計說明書。

（3）輸入設計

- 輸入項目。
- 輸入人員（指出所要求的輸入操作人員的水平與技術專長，說明與輸入數據有關的接口軟件及其來源）。
- 主要功能要求（從滿足正確、迅速、簡單、經濟、方便使用者等方面達到要求的說明）。
- 輸入校驗（關於各類輸入數據的校驗方法的說明）。

（4）輸出設計

- 輸出項目。
- 輸出接受者。
- 輸出要求（所用設備介質、輸出格式、數值範圍和精度要求等）。

（5）文件（數據庫）設計說明

- 概述（目標、主要功能）。
- 需求規定（精度、有效性、時間要求及其他專門要求）。
- 運行環境要求（設備支撐軟件，安全保密等要求）。

- 邏輯結構設計（有關文件及其記錄、數據項的標示、定義、長度和它們之間的關係）。
- 物理結構設計（有關文件的存貯要求、訪問方法、存貯單位、設計考慮和保密處理等）。

(6) 模型庫和方法庫設計（本系統所選用的數學模型和方法以及簡要說明）
(7) 安全保密設計
(8) 物理系統配置方案報告
- 硬件配置設計。
- 通信與網絡配置設計。
- 軟件配置設計。
- 機房配置設計。

(9) 系統實施方案及說明
- 實施方案。
- 實施計劃（工作任務的分解、進度安排和經費預算）。
- 實施方案的審批（說明經過審批的實施方案概況和審批人員的姓名）。

小結

　　本章主要任務是根據新系統邏輯模型所提出的各項功能要求，結合實際情況詳細設計系統物理模型。系統設計工作應該自上而下地進行，先設計總體結構，然後再逐層深入，直至進行每一個模塊的設計。總體設計主要是指在系統分析的基礎上，對整個系統的劃分和模塊作合理的安排等方面，其最後結果是功能模塊結構圖的設計。功能結構圖從功能的角度描繪了系統的結構；系統物理配置方案設計和網絡設計為系統選擇硬件、軟件和網絡環境提供依據；代碼設計是為了實現全局數據的統一，代碼結構要合理，有助於糾錯；數據存儲設計是根據所選擇的具體數據庫系統，進行數據庫設計。輸入、輸出設計是為用戶提供方便的人機交互手段。系統設計階段的主要成果是系統設計報告。

案例

工程項目監督系統的結構化設計

1. 案例背景

　　改革開放以來，特別是近幾年，中國的工程建設和建築業發展都非常快。在發展過程中，工程項目管理也存在不少的問題。當前建設領域中問題最突出的是管理不夠規範，質量、安全形勢依然嚴峻。工程項目監管是建築單位與工程監管局之間的橋樑和紐帶。如何有效地通過信息系統平臺，將日常各種流程事物融合進來，提高工作效

率，需要進行合理的規劃。工程項目監督系統功能結構圖如圖 5-16 所示。

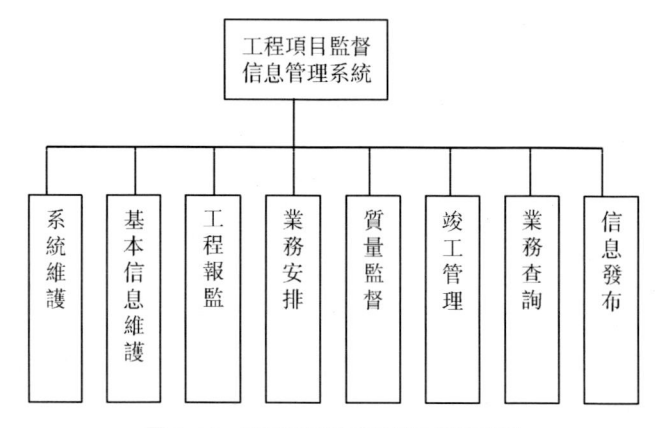

圖 5-16　工程項目監督系統功能結構圖

對某市建築質量監督站的業務及其職能調研後，發現目前存在以下幾方面的問題：辦公效率低下；信息繁雜，檢索不便；信息輸入過多，給工作帶來不便；任務分配不明確，缺少協作和反饋，缺乏依據，無法與下屬監督分站進行信息交流，造成領導層的決策困難；工程監理面窄，且素質有差距。因此需要重新開發一套系統，來滿足質量監督站的日常監督管理工作，提高工程監理的工作質量和監理內容，促進總站與分站之間的信息共享和溝通協作，提高工作效率。

通過系統分析可知，系統需具備八大功能：系統維護、基本信息維護、工程報益、業務安排、質量監督、竣工管理、業務查詢、信息發布。信息分析階段結束後進入系統設計階段。下面分別介紹系統設計部分的主要內容，包括功能結構設計、數據庫設計、代碼設計和輸入輸出設計等。

2. 解決方案

（1）功能結構設計

系統的功能結構設計是基於系統的業務流程分析和數據流程分析展開的。根據系統分析，可以將系統的功能劃分為系統維護、基本信息維護、工程報監、業務安排、質量監督、竣工管理、業務查詢、信息發布八大模塊，如圖 5-17 至圖 5-24 所示。

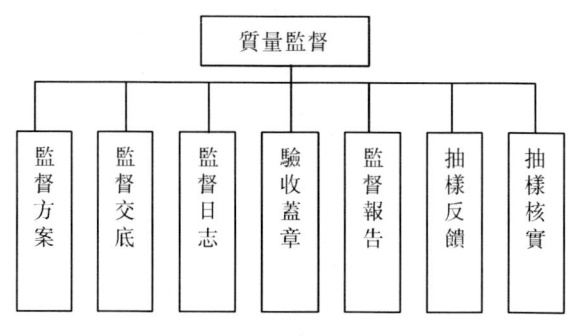

圖 5-17　質量監督功能結構圖

5　管理信息系統的系統設計

```
           基本信息維護
    ┌─────────┼─────────┐
單位信息維護 項目信息維護 人員信息維護 工程概況
```

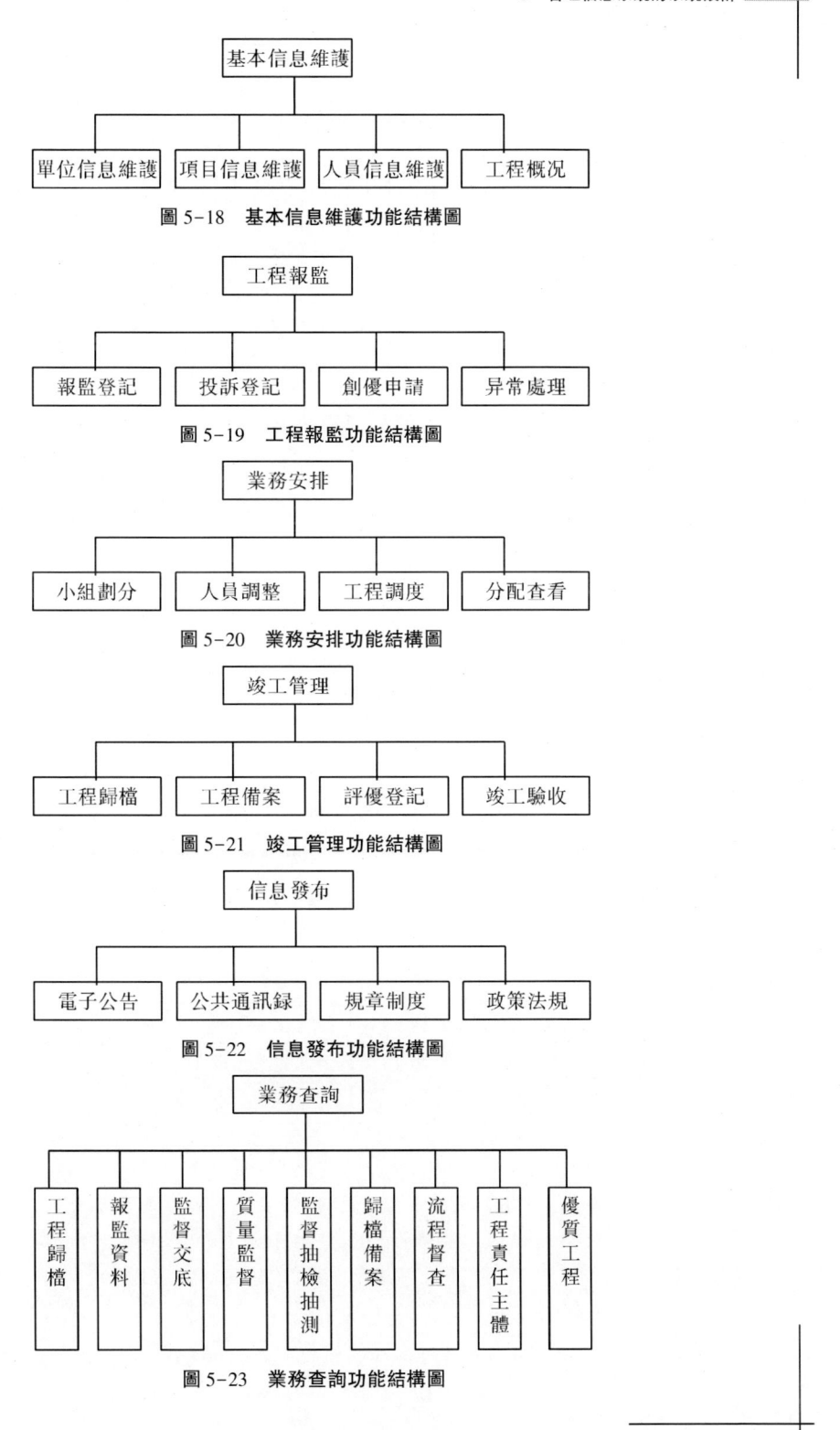

圖 5-18　基本信息維護功能結構圖

```
            工程報監
    ┌────────┼────────┐
  報監登記 投訴登記 創優申請 異常處理
```

圖 5-19　工程報監功能結構圖

```
            業務安排
    ┌────────┼────────┐
  小組劃分 人員調整 工程調度 分配查看
```

圖 5-20　業務安排功能結構圖

```
            竣工管理
    ┌────────┼────────┐
  工程歸檔 工程備案 評優登記 竣工驗收
```

圖 5-21　竣工管理功能結構圖

```
            信息發布
    ┌────────┼────────┐
  電子公告 公共通訊錄 規章制度 政策法規
```

圖 5-22　信息發布功能結構圖

```
                     業務查詢
  ┌──────┬──────┬──────┼──────┬──────┬──────┐
工程歸檔 報監資料 監督交底 質量監督 監督抽檢抽測 歸檔備案 流程督查 工程責任主體 優質工程
```

圖 5-23　業務查詢功能結構圖

185

图 5-24 系统维护功能结构图

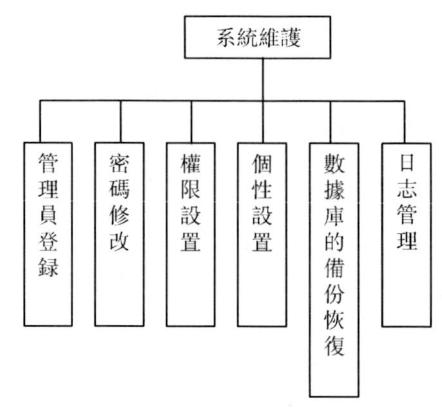

（2）数据库设计

根据系统分析的结果，设计了 34 个数据表文件，如表 5-7 所示。以行业信息基本数据表为例，如表 5-8 所示。

表 5-7　　　　　　　　　　　　　数据表文件

编号	数据表名称	简述
001	行业信息基本数据表	描述质量监督单位的基本信息
002	地区基本数据表	描述监督科室部门所属地区信息
003	部门基本数据表	描述监督科室部门的基本信息
004	本站员工信息表	描述员工基本信息
……	……	……

表 5-8　　　　　　　　　　　　行业信息基本数据表

字段名称	数据类型	说明	主键
DWBH	文本, 10	质量监督单位的编号	
DWMC	文本, 10	质量监督单位的名称	
DH	文本, 20	质量监督单位的电话	
ZT	文本, 20	质量监督的状态	

（3）代码设计

系统为申请表、巡查记录表等进行了代码设计，一方面可统一管理管理，另一方面是为了方便表格的录入。表格代码采用助记码和顺序码结合的方式，如申请表用 SQB0001-SQB9999 来表示，巡查记录表用 XCJLB0001-XCJLB9999 来表示。

（4）输入/输出设计

在系统的输入/输出设计上遵循满足用户需求，又方便用户使用的原则。

输入界面设计，不仅考虑了数据输入窗口的屏幕格式，而且考虑了如何使输入数

據的錯誤率盡可能最低。在程序中應盡可能地加入對輸入數據的校驗和判斷功能，如輸入數據與相關數據域相關數據關係的判斷、參考日期功能等。在設計輸入界面時，應盡量減少輸入量，減少工作人員的錄入操作，同時提高工作的準確性和禮節性，並提高系統的運行效率。

進行輸出設計時，盡量使界面清晰，讀取方便。輸出界面主要採用報表實現方式，適時出現判斷界面。此外，如果輸出的界面比較人性化，就會增強工作人員的興趣，同時也在一定程度上減少了錯誤的發生率。

3. 總結

本案例主要使用了結構化設計方法對工程項目監督管理系統進行設計，尤其是對系統功能結構設計、數據庫設計、代碼設計等進行了詳細介紹。結構化設計方法使得系統模塊化，便於系統維護。

資料來源：作者根據多方面資料整理。

思考題

1. 系統設計的主要任務和內容是什麼？
2. 代碼的種類有哪些？試述中國身分證號中代碼的意義，它屬於哪種碼？這種碼有哪些優點？
2. 代碼系統的設計原則是什麼？設計代碼系統有哪些步驟？
3. 數據庫設計的目標是什麼？數據庫設計包括哪些過程？
4. 輸入輸出設計中如何考慮提高人的效率，方便使用者？
5. 輸入設計包含哪些內容？它與界面設計有何關係？
6. 系統設計報告的內容主要包括哪幾部分？
7. 某企業設計了職工代碼，其設計原則如圖 5-25 所示。根據代碼設計原則，分析該代碼系統設計的正確性，並給予解釋。

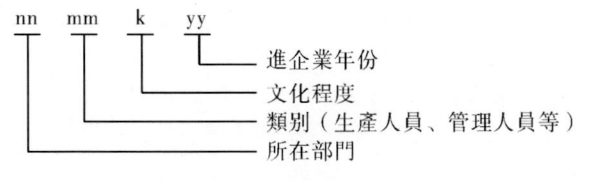

```
nn   mm   k   yy
                └─ 進企業年份
             └──── 文化程度
       └────────── 類別（生產人員、管理人員等）
└───────────────── 所在部門
```

圖 5-25　職工代碼

8. 用幾何級數設計代碼校驗方案如下：源代碼 4 位，從左到右取權數。16、8、4、2，對乘積和以 11 為模取余數作為校驗碼。試問原代碼為 6137 的校驗碼應該是多少？
10. 你所在學校學生的學號、借書證號的代碼系統是如何組成的？

6 管理信息系統的實施

本章主要內容：

本章主要介紹了系統實施的內容，其中包括程序設計的概念及方法；系統測試的內容及方法；系統的切換方式；系統維護及管理的內容，以及系統評價的內容及體系。

本章學習目標：

通過本章學習，瞭解實施管理信息系統需要的環境準備與配置，以及實施特點；掌握程序設計的方法和軟件開發工具；掌握管理信息系統轉換的方式和系統維護的管理；瞭解系統運行環境和信息資源的管理；瞭解管理信息系統評價報告。

6.1 系統實施概述

6.1.1 系統實施的任務

系統實施的任務就是以系統設計方案為依據，按照系統實施方案進行具體的實現，最終組建出一個能夠實際運行的系統交付給用戶使用。系統實施的一般步驟是：

（1）物理系統的實施。根據系統設計階段所確定的技術路線、系統的物理結構與設備配置方案完成採購設備、布線、機房裝修、設備安裝、操作系統安裝、網絡連通調試（如網絡系統的運行情況、性能指標測試、多用戶連接通信測試等）等。由於計算機網絡設備的價格變化非常快，所以在物理系統實施的時候要結合系統軟件開發的需要確定。一般來說，先配置系統的骨幹部分，以後根據需要再配置其他的部分。

（2）數據庫實現。根據系統分析與設計的成果建立數據庫。

（3）程序設計與調試。這是系統實施的關鍵和重點，包括程序設計、程序調試、模塊調試和系統調試等內容。

（4）系統實施的準備工作。這部分的內容主要是編寫系統使用手冊、人員的組織與培訓、依據代碼的編製規則進行編碼、錄入系統初始數據、準備測試數據等工作。

（5）系統的初運行與系統切換。這部分工作主要是對系統的運行情況進行測試與評價，進行系統的切換。

6.1.2 系統實施的計劃

系統實施首先要按照系統實施各任務的先後順序、相互之間的聯繫制訂實施計劃。

系統實施階段的工作與前幾個階段的工作相比較，所涉及的人力和無力都要多得多。在這個階段，整個系統的具體實施工作逐步開展，大量的各類專業技術人員將陸續加入到各個項目的研製中來。由於各項工作相互聯繫，所以任何一項工作的延誤都會影響到整個系統實施的進度。因此，必須制訂出周密的實施計劃，確定監測的標準，同時在進度、經費等方面要加強管理和控製，以便各項工作能夠有條不紊地協調進行，否則可能會造成成本大大超出預算，花費太多不必要的時間、技術的不足導致系統實施的績效降低到預計水平之下，無法獲得預期的利益等后果。系統實施計劃的制訂主要應考慮以下內容：

（1）系統實施的工作量無法估計。工作量需要根據系統實施階段各項工作的內容而定。工作量的估計目前尚無充分的理論依據，一般是由系統實施的組織者根據經驗並參照同類系統的工作量加以估算。

（2）系統實施的進度安排。在弄清楚各項工作關係的基礎上，安排好各項工作的先后順序，並根據對工作量的估算和用戶對完工時間的要求，確定各項工作的開工共和完工時間，並由此作出系統實施各項工作的時間進度計劃。

（3）系統實施的系統人員的配備和培訓計劃。系統實施階段需要的人員較多，包括計算機硬件、軟件人員，系統操作人員，系統管理人員和日常維護人員等。因此，必須根據系統實施進度和工作量確定各種專業人員在各階段的數量和比例，並按照不同的層次需要制訂相應的培訓計劃。

6.1.3 系統實施的特點

系統實施是管理信息系統開發工作的后期階段，是一項涉及各級管理人員、系統開發技術人員、系統測試人員、系統操作和維護人員的組織協調，以及系統應用場地、設備和資金的調配管理，是持續時間長且十分複雜的系統工程。

與系統分析、系統設計階段相比，系統實施工作量大，投入的人力、物力多，組織管理工作繁重是其主要的特點。

6.2　系統環境的準備與實施

6.2.1 系統硬件環境的準備

在系統規劃和分析階段已提出系統的設備購置計劃，在系統設計階段進一步得到了確定。在系統實施階段應按照設備型號、數量清單等需要進行與系統有關的設備購置。選擇設備型號應準備多種方案，綜合考慮性價比。

計算機系統包括硬件和軟件兩大部分。硬件是系統建立的基礎，其技術指標決定了系統的運行速度、可靠性、可維護性等。軟件主要包括操作系統、數據庫管理系統、數據庫管理系統和在這些系統基礎上開發出來的信息系統軟件包。

為了確保建立起來的信息系統能夠完成既定目標，在選購系統所需硬件時應考慮以下幾項技術指標：

(1) 具有合理的性價比；
(2) 具有良好的可擴充性；
(3) 良好的技術支持；
(4) 能夠滿足管理信息系統的設計和運行的基本要求。

6.2.2 軟件環境的配置

在建立硬件環境的基礎上，還需建立適合系統運行的軟件環境，包括購置系統軟件和應用軟件包。按照設計要求配置的系統軟件包括操作系統、數據庫管理系統、程序設計語言處理系統等。在企業管理系統中，有些模塊可能有商品化軟件可供選擇，也可以提前購置，其他則需自行編寫。在購買或配置這些軟件前應先瞭解其功能、適用範圍、接口及運行環境等，以便作好選購工作。

計算機硬件和軟件環境的配置，應當與計算機技術發展的趨勢相一致，硬件選型要兼顧升級和維護的要求；軟件選擇特別是數據庫管理系統，應選擇 C/S 或 B/S 模式下的主流軟件產品，為提高系統的可擴展性奠定基礎。

6.2.3 網絡環境

計算機網絡是現代管理信息系統建設的基礎，是創建和測試數據庫、編寫和測試程序的平臺。在許多情況下，所開發的信息系統是基於已有的網絡架構。但是，如果新開發的信息系統要求創建新網絡或修改已有的舊網絡，那麼就必須建立和測試新網絡。網絡系統實施的主要內容包括通信設備的安裝、電纜線的鋪設、網絡性能的調試等。常用的通信線路有雙絞線、同軸電纜、光纖電纜以及微波和衛星通信等。網絡環境的建立應根據所開發的系統對計算機網絡環境的要求，選擇合適的網絡操作系統產品，並按照目標系統將採用的 CIS 或 B/S 工作模式，進行有關的網絡通信設備與通信線路的架構與連接、網絡操作系統軟件的安裝和調試，使整個網絡系統的運行性能與安全性測試及網絡用戶權限管理體系得到實施。

本項任務的工作由系統分析人員、系統設計人員、系統構建人員共同來完成。其中網絡設計人員和網絡管理人員在這項工作中起最主要的作用。網絡設計人員應該是局域網和廣域網的專家，而網絡管理人員是構建和測試信息系統網絡的專業人員，並且負責網絡的安全性。系統分析人員的作用是確保構建的網絡滿足用戶的需求。

6.3 程序設計

程序設計是系統實施階段的主要工作。程序設計是根據系統設計報告中模塊處理過程描述以及數據庫結構，選擇合適的程序設計語言和軟件開發工具，編製出正確、清晰、容易理解、容易維護、工作效率高的程序源代碼。

6.3.1 程序設計

6.3.1.1 程序應滿足的要求

程序設計的任務是為新系統編寫程序，即把詳細設計的結果轉換成某種計算機編程語言寫成的程序。該階段相當於機械工程中圖紙設計完成的「製造」階段，程序設計的好壞直接關係到能否有效地利用電子計算機來達到預期目的。

高質量的程序，必須符合以下基本要求：
(1) 程序的功能必須按照規定的要求，正確地滿足預期的需要；
(2) 程序的內容清晰、明瞭、便於閱讀和理解；
(3) 程序的結構嚴謹、簡捷、算法和語句選用合理，執行速度快，節省機時；
(4) 程序和數據的存儲、調用安排得當，節省存儲空間；
(5) 程序的適應性強。程序交付使用後，若應用問題或外界環境有變化時，調整和修改程序比較簡便易行。

以上各要求並不是絕對的，允許根據系統本身以及用戶環境的不同情況而有所側重考慮。此外，程序設計結束後，還應寫出操作說明書，說明執行該程序時的具體操作步驟。

一般說來，有了在設計階段提供的詳細設計方案，又有了高級編程語言，程序設計工作已經較為簡單，因此本節不再討論程序設計的具體細節。

6.3.1.2 程序設計的標準

程序設計的目的是為了編寫出能滿足系統設計功能要求，並能正確運行的系統。程序設計工作完成後，是否達到最初的目的和要求，需要進行衡量和檢查。衡量和檢查的標準恰恰是程序設計的標準。

程序設計標準應包括以下幾方面：

(1) 可靠性

可靠性是指系統運行的可靠性，主要包括兩方面內容，一方面是程序或系統的安全可靠性，如數據存取的安全可靠性、通信的安全可靠性、操作權限的安全可靠性，這些工作一般都要靠系統分析和設計時來嚴格定義；另一方面是程序運行的可靠性，這一點只能靠調試嚴格把關來保證。

(2) 規範性

規範性即系統各功能模塊的劃分以及每個功能模塊中各子功能模塊的劃分、各子功能模塊程序的書寫格式和命名、所有變量的命名等都應該按照整個系統的統一規範

(3) 可讀性

可讀性即程序清晰，沒有太多繁雜的技巧，能夠使他人容易讀懂。可讀性對於大規模工程化地開發軟件非常重要。

(4) 可維護性

可維護性即程序各部分相互獨立，沒有子程序以外的其他數據關聯。也就是說不會發生那種在維護時牽一髮而動全身的連鎖反應。一個規範性、可讀性、結構劃分都很好的程序模塊，它的可維護性也是比較好的。

(5) 健壯性

健壯性是系統能夠識別並禁止錯誤的操作和數據輸入，不會因錯誤操作、錯誤數據輸入及硬件故障而造成系統崩潰。

(6) 高效率

效率主要是指系統運行速度、存儲空間等指標。程序設計應該做到程序占用的存儲空間盡量少，程序運行完成規定功能的速度盡量快。

6.3.2 軟件開發工具

隨著計算機在信息系統中的廣泛應用，各種各樣的軟件及程序的自動設計、生成工具日新月異，為各種信息系統的開發提供了強有力的技術支持和方便的實用手段。利用這些軟件生成工具，可以大量減少人工編程環節的工作，避免各種編程錯誤的出現，極大地提高系統的開發效率。

選擇適當的程序開發工具，應考慮用戶的要求、語言的人機交互能力、豐富的軟件支持工具、軟件的可移植性以及開發人員以往的經驗與熟練程度。

目前常用的軟件開發工具大致分為編程語言、數據庫、可視化編程、系統開發工具以及客戶/服務器五類，本節將簡單介紹這些軟件開發工具。

6.3.2.1 編程語言類

編程語言開發工具主要是指由傳統編程工具發展而來的一類程序設計語言。如 C 語言、C++語言、BASIC 語言、COBOL 語言、PL/1 語言、PASCAL 語言、LISP 語言等等。

這些語言一般不具有很強的針對性，它只是提供了一般程序設計命令的基本集合，因而適應範圍很廣，原則上任何模塊都可以用它們來編寫。

缺點：其適應範圍廣是以用戶編程的複雜程度為代價的，程序設計的工作量很大。

6.3.2.2 數據庫類

數據庫是管理信息系統最重要的組成部分，它是系統中數據存放、數據傳遞、數據交換的中心和樞紐。數據庫管理系統是管理和操作數據庫的主要工具。目前市場上提供的數據庫管理系統大致有兩類，一類是微機數據庫管理系統，如 DBASE、FOXBASE、FoxPro 等；另一類是大型數據庫管理系統，如 ORACLE、SYBASE、INGRE、INFOMAX 等。

目前較為典型的系統有 ORACLE 系統、SYBASE 系統、INGRES 系統、INFORMAX

系統、DB2 系統等。

這類系統的最大特點是功能齊全，容量巨大，適合於大型綜合類數據庫系統的開發。在使用時配有專門的接口語言，可以允許各類常用的程序語言（稱之為主語言）任意地訪問數據庫內的數據。

6.3.2.3 可視化編程類

Visual Basic 開闢了可視化程序設計的先河，以它為代表的一批可視化、面向對象的開發工具應運而生，如 FoxPro、Visual Basic、Visual C++、Power Builder 等。這類開發工具的特點是利用圖形工具和可重用部件來交互地編製程序。

6.3.2.4 系統開發工具類

系統開發工具是在程序生成工具基礎上進一步發展起來的，它不但具有 4GLs 的各種功能，而且更加綜合化、圖形化，使用起來更加方便。

目前主要有兩類：專用開發工具類和綜合開發工具類。

專用開發工具類：是指對某應用領域和待開發功能針對性都較強的一類系統開發工具。

綜合開發工具類：它是指一般應用系統和數據處理功能的一類系統開發工具。其特點是可以最大限度地適用於一般應用系統的開發和生成。

如專門用於開發查詢模塊的 SQL，專門用於開發數據處理模塊的 SDK（Structured Development Kits），專門用於人工智能和符號處理的 Prolog for Windows，專門用於開發產生式規則知識處理系統的 OPS（Operation Process System）等。

在實際開發系統時，只要我們再自己動手將特殊數據處理過程編製成程序模塊，則可實現整個系統。

常見的系統開發工具有：FoxPro，dBASE-V，Visual BASIC，Visual C++，CASE，Team Enterprise Developer 等。

這種工具雖然不能幫用戶生成一個完整的應用系統，但可幫助用戶生成應用系統中大部分常用的處理功能。

6.3.2.5 客戶/服務器類

客戶/服務器工具解決問題的思路很簡單，它就是在原有開發工具的基礎上，將原有工具改變為一個個既可被其他工具調用，又可調用其他工具的「公共模塊」。這樣今后系統的開發工作就可以不限於一種語言、一類工具，而是綜合各類工具的長處來使用，更快、更好地實現一個應用系統。

目前市場上的客戶/服務器類工具主要有 FoxPro、Visual Basic、Visual C++、Excel、Powerpoint、Word 以及 Borland International Inc. 公司的 Delphi Client/Server、Powersoft Corp. 公司的 Power Builder Enterprise、Sysmantec Corp. 的 Team Enterprise Developer 等。這類工具最顯著的特點就是它們之間相互調用的隨意性。另外，像 Delphi Client/Server、Power Builder Enterprise 和 Team Enterprise Developer 等工具，都是面向對象的工具，功能很強，能夠支持 SQL 等對各種大型數據庫管理系統的數據操作，所開發的系統能夠實現客戶/服務器類型的程序調用關係，一般應用於管理軟件、數據處理和網絡系統的開發。

例如，在 FoxPro 中通過 DDE（Dynamic Data Exchange，動態數據交換）或 OLE（Object Linking and Embedding，對象的連結和嵌入）或直接調用 Excel，這時 FoxPro 應用程序模塊是客戶，Excel 應用程序是服務器。

6.3.3 程序設計方法

目前，採用的程序設計方法主要有結構化程序設計方法、原型式的程序開發方法、面向對象的程序設計方法以及可視化的程序設計技術。

6.3.3.1 結構化程序設計方法

結構化程序設計（Structured Programing，SP）方法，由戴克斯（E. Dijkstra）等人於 1972 年提出，用於詳細設計和程序設計階段，指導人們用良好的思想方法，開發出正確又易於理解的程序。

鮑赫門（Bohm）和加柯皮（Jacopini）在 1966 年就證明了結構定理：任何程序結構都可以用順序、選擇和循環這三種基本結構，如圖 6-1（a）、圖 6-1（b）、圖 6-1（c）所示。

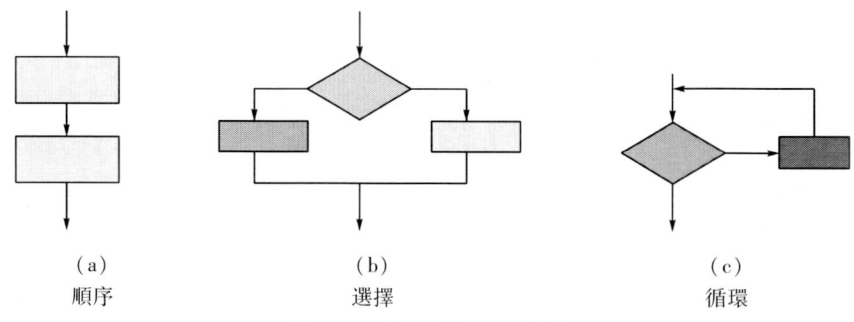

(a) 順序　　　　(b) 選擇　　　　(c) 循環

圖 6-1　程序的三種基本結構

結構化程序設計就建立在上述結構定理上，同時，戴克斯主張取消 GOTO 語句，而僅僅用三種基本結構反覆嵌套構造程序。

結構化程序設計至今還沒有一個統一的定義，一般認為：結構化程序設計是一種設計程序的技術，它採用自上向下逐步求精的設計方法和單入口單出口的控製技術。

按照這個思想，對於一個執行過程模糊不清的模塊，如圖 6-2（a）所示，可以採用以下幾種方式對該過程進行分解：

（1）用順序方式對過程作分解，確定模糊過程中各個部分的執行順序，如圖 6-2（b）所示。

（2）用選擇方式對過程作分解，確定模糊過程中某個部分的條件，如圖 6-2（c）所示。

（3）用循環方式對過程作分解，確定模糊過程中主體部分進行重複的起始、終止條件，如圖 6-2（d）所示。

對仍然模糊的部分可反覆使用上述分解方法，最后即可使整個模塊都清晰起來，從而把全部細節確定下來。

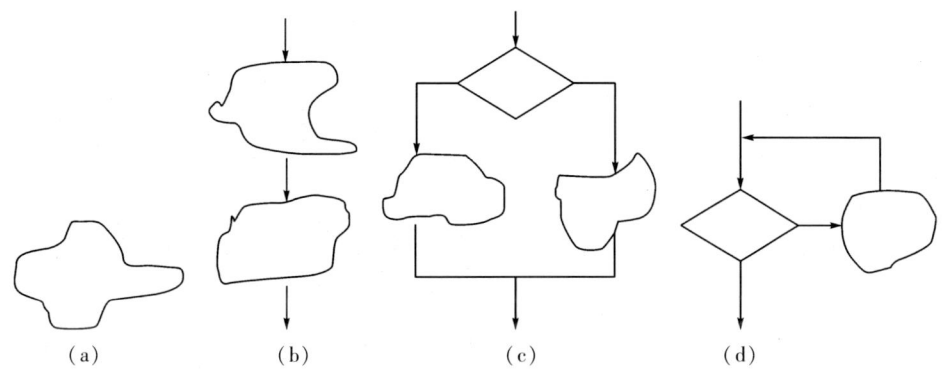

　　　　(a)　　　　　　　(b)　　　　　　　(c)　　　　　　　(d)
圖 6-2　逐步求精的分解方法

　　由此可見，用結構化方法設計的結構是清晰的，有利於編寫出結構良好的程序。因此，開發人員必須用結構化程序設計的思想來指導程序設計的工作。

　　結構化程序設計的基本思想是按由上向下逐步求精的方式，由三種標準控製結構反覆嵌套來構造一個程序。按照這種思想，可以對一個執行過程模糊不清的模塊，以順序、選擇、循環的形式加以分解，最后使整個模塊都清晰起來，從而確定全部細節。

　　用結構化程序設計方法逐層把系統劃分為大小適當、功能明確、具有一定獨立性、並容易實現的模塊，從而把一個複雜的系統設計轉變為多個簡單模塊的設計。用結構化程序設計方法產生的程序也由許多模塊組成，每個模塊只有一個入口和一個出口，程序中一般沒有 GOTO 語句，所以把這種程序稱為結構化程序。結構化程序易於閱讀，而且可提高系統的可修改性和可維護性。

　　由於大多高級語言都支持結構化程序設計方法，其語法上都含有表示三種基本結構的語句，所以用結構化程序設計方法設計的模塊結構到程序的實現是直接轉換的，只需用相應的語句結構代替標準的控製結構即可，因此減輕了程序設計的工作量。

6.3.3.2　原型式的程序開發方法

　　在系統各個功能模塊的程序實現階段，原型式的程序開發方法是非常有效的方法。使用此方法的具體步驟是：首先將系統設計中得到的 HIPO 圖中所有功能相似、要被多個功能模塊程序調用的、帶有普遍性的子功能模塊，如報表子功能模塊、菜單子功能模塊、查詢子功能模塊、統計分析和圖形子功能模塊等選出來，並將它們集中起來；然后尋找是否有能利用的現有應用程序或可以利用的軟件開發工具，如果找到了所需的程序和軟件，就可以直接採用或稍加修改后使用；如果沒有，再考慮開發相應的能夠適合於各功能模塊的通用模塊，並利用這些工具生成這些程序的模塊原型。

6.3.3.3　面向對象的程序設計方法

　　面向對象的程序設計方法一般應該與面向對象設計方法（OOD）的內容相對應，它是一個簡單直接的映射過程，即將 OOD 中所定義的範式直接用面向對象程序設計語言，如 C++、Visual C、Smalltalk 等來取代即可。例如，用 C++ 中的對象類型取代 OOD 範式中的類-&-對象，用 C++ 中的函數和計算功能來取代 OOD 範式中的處理功能等。在系統實現階段，面向對象的程序設計優點是其他方法所無法比擬的。

6.3.3.4 可視化的程序設計技術

可視化程序設計技術的主要思想是，用圖形工具和可重用部件來交互地編製程序。它把現有的或新建的模塊代碼封裝於標準接口封包中，作為可視化程序設計編輯工具中的一個對象，用圖符來表示和控製。可視化程序設計技術中的封包可能由某種語言的一個語句、功能模塊或數據庫程序組成，由此獲得的是高度的平臺獨立性和可移植性。在可視化程序設計環境中，用戶還可以自己構造可視控製部件，或引用其他環境構成的符合封包接口規範的可視控製部件，增加了程序設計的效率和靈活性。

6.4 程序和系統測試

調試和測試的目的都是為了找出程序中的錯誤，但調試一般由系統開發人員來進行，它是一種主動性的工作；而測試往往由專門的測試人員來進行，測試的目的是為了證明程序有錯。因此，調試和測試的概念有所不同。本節將對程序調試和系統測試等問題進行討論。

6.4.1 程序調試

程序調試的含義就是從程序中存在錯誤的某些跡象開始，確定錯誤位置，分析錯誤原因，並改正錯誤。調試是程序設計人員希望將其所編寫的程序中的錯誤找出來並改正而進行的一種主動工作。

6.4.1.1 調試方法

下面介紹的方法可以幫助確定錯誤的位置。

(1) 試探法

試探法的思路是先分析錯誤的表現形式，猜想程序故障的大致位置，然後使用一些簡單、常用的糾錯技術，獲取可疑區域的有關信息，判斷猜想是否正確。

(2) 跟蹤法

跟蹤法分正向跟蹤和反向跟蹤。正向跟蹤的思路是沿著程序的控製流，從頭開始跟蹤，逐步檢查中間結果，找到最先出錯的地方。反向跟蹤的思路是從發現錯誤症狀的地方開始回溯，即人工沿著程序的控製流往回追蹤程序代碼，一直到找出錯誤的位置或確定故障的範圍為止。

(3) 對分查找法

若已知每個變量在程序內若干個關鍵點的正確值，則可以用賦值語句輸入這些變量的正確值，然后檢查程序的輸出。如果輸出結果正確，則故障在程序的前半部分，否則故障在程序的后半部分。對於程序中有故障的部分重複使用這個方法，直到把故障範圍縮小到容易診斷的程序為止。

(4) 歸納法

歸納法是從錯誤徵兆出發，通過分析這些徵兆之間的關係而找出錯誤。歸納法步驟如圖 6-3 所示。

图 6-3　归纳法步骤

(5) 演绎法

演绎法是从一般原理或前提出发，经过删除或精化过程推导出结论的一种调试方法。这种方法的思路是首先列出所有可能成立的原因或假设，然后一个一个地排除列出来的原因，最后证明剩下的原因确实是错误的根源。其具体的步骤如图 6-4 所示。

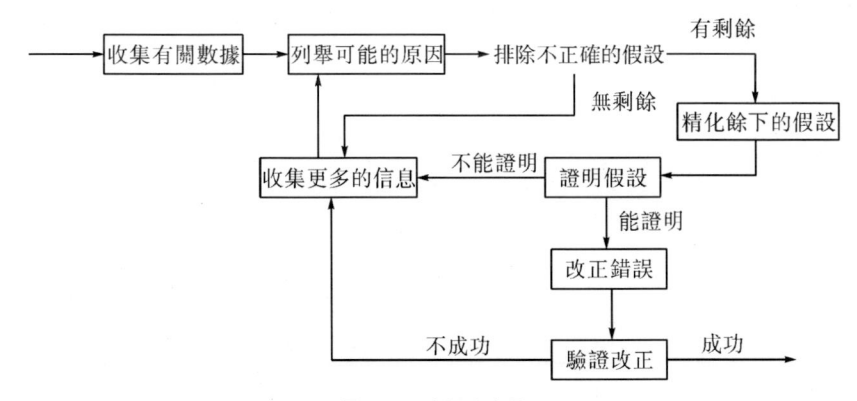

图 6-4　演绎法步骤

6.4.1.2　调试步骤

管理信息系统通常由若干子系统组成，每个子系统又由若干模块（程序）组成。所以，可把调试工作分为模块（程序）调试、分调（子系统调试）和总调（系统调试）三个层次，调试过程依次是模块调试、分调、总调，如图 6-5 所示。

(1) 模块调试

程序调试包括正确性调试和使用简便性调试等。模块（程序）调试的目的是保证每个模块本身能正常运行，在该步调试中发现的问题大都是程序设计或详细设计中的错误。对于模块调试，一般分成人工走通和上机调试两步进行。

人工走通就是打印出源程序，然后参照设计说明书（包括程序框图）的要求呈现在纸上「走」一遍。程序的错误可分成语法错误和逻辑错误两种情况，一般只要认真检查就可以发现绝大部分的语法错误和部分逻辑错误。而用计算机进行交互调试时，每发现一个错误后要先改正错误才能继续调试，速度明显降低。所以，决不要一开始就将源程序键入计算机立即执行，而应先在纸上走通。

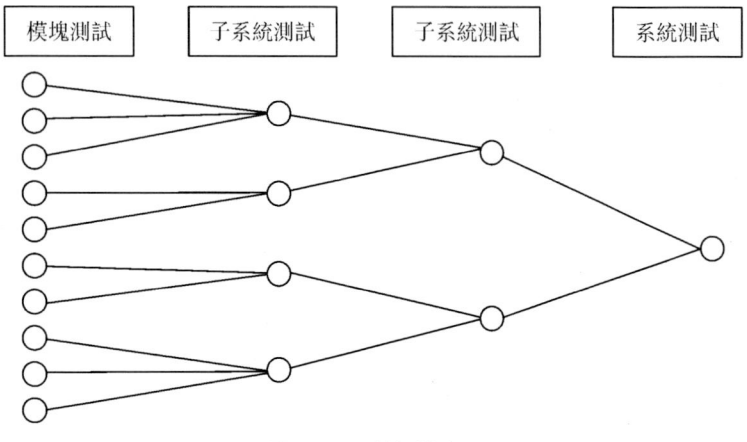

圖 6-5　系統調試步驟

程序的檢查最好請審查小組或其他開發者。因為程序編製者在審查時往往會犯編程時同樣的錯誤，而查不出某些問題。但這只是理想的情況，由於人力、財力所限，目前的調試基本上還是由編程者本人進行。按各層次人員的分工，模塊調試應由操作員或程序員來進行。

當人工走通以後，就可以上機調試了。總的來看，語法錯誤比較容易發現和修改，因為高級語言都具備語法檢查功能，但是檢查的全面性不盡相同。為了有效地發現並改正邏輯錯誤，一方面，可認真設計調試用例，另一方面，要充分利用高級語言提供的調試機制或軟件工具。

（2）分調

分調也稱子系統調試，就是把經過調試的模塊放在一起形成一個子系統來調試。主要是調試各模塊之間的協調和通信，即重點調試子系統內各模塊的接口。例如，數據穿過接口時可能丟失；一個模塊對另一個模塊可能存在因疏忽而造成的有害影響；把若干子功能結合起來可能不產生預期的主功能等。

如何將若干個模塊連接成一個可運行的子系統，通常有兩種方法。一種方法是先分別調試每個模塊，再把所有模塊按設計要求連成一起進行調試，這種方法稱為「非漸增式」調試。另一種方法是把下一個要調試的模塊同已經調試好的那些模塊結合起來進行調試，調試完成后再把下一個應該調試的模塊結合進來調試，這種方式稱為「漸增式」，這種方式實際上同時完成了模塊調試和子系統調試。

（3）總調

經過分調，已經把一個模塊裝成若干子系統並經充分調試。接著的任務是總調，也稱為系統調試，它是經過調試的子系統裝配成一個完整的系統來調試，用以發現系統設計和程序設計中的錯誤，驗證系統的功能是否達到設計說明書的要求。

剛開始總調時，不必按完全真實情況下的數據量進行，可採用一些精心設計的數據量較少的調試用例，這樣不僅可以使處理工作量大為減少，而且更容易發現錯誤和確定錯誤所在範圍。

什麼樣的系統是有效的呢？一般說來，當系統的功能和性能如同用戶所合理期待的那樣，則系統是有效的。因為系統分析階段產生的系統說明書，描述了用戶的這種合理期望，所以它是系統有效性的標準。

總調完成後下一步就可將原始系統手工作業方式得出的結果作為新系統的輸入數據進行「真實」運行，這時除了將結果與手工作業進行校核以外，還應考察系統的有效性、可靠性和效率。為此，最好請用戶一起參加系統調試工作。系統調試的關鍵是「真實」和全面。進行系統調試應該注重以下幾點：

① 調試用例應該是由實際意義的數據組成的。可以請用戶參與調試用例的設計。
② 某些已經調試過的純粹技術的特點可以不需再次執行。
③ 對用戶特別感興趣的功能或性能，可以增加一些調試。
④ 應該設計並執行一些與用戶使用步驟有關的調試。

在總調之前必須有充分準備，盡量使用戶能夠積極主動地參與，特別是為了使用戶能有效地使用該系統，通常在總調之前由開發部門對用戶進行培訓。

在總調階段發現的問題往往和系統分析階段的差錯有關，涉及面較廣且解決起來也較困難，這時需要和用戶充分協商解決。

6.4.2 系統測試

測試是為了發現程序和系統中的錯誤而執行程序的過程。它的目標是在精心控製的環境下，通過系統的方法來檢查程序，以便發現程序中的錯誤。測試工作是保證系統質量的關鍵，也是對系統最終的評審。

6.4.2.1 測試特點

與系統開發的其他階段相比，測試具有若干特殊的性質，主要表現在以下四個方面：

（1）挑剔性：測試是對質量的監督和保證，所以「挑剔」和「吹毛求疵」應成為測試人員奉行的信條。

（2）複雜性：一個好的測試用例是指這個測試用例發現了一個尚未發現的錯誤的概率很高。

（3）不徹底性：在實際測試中，窮舉測試工作量非常大，實際上是行不通的，這就注定了測試的不徹底性。

（4）經濟性：測試的越多，成本也就越高，因此選擇測試用例時，應注意遵守經濟性原則。

6.4.2.2 測試基本原則

由於測試工作具有複雜性、不徹底性，其綜合性強，技術含量高，還要求測試者具有豐富的經驗，因此，測試工作需要一定的原則。

（1）測試隊伍的建立

要讓程序人員找出自己程序中的錯誤，往往比較困難，因此，為了保證測試的質量，應分別建立開發和測試隊伍。

(2) 測試用例的設計

設計測試用例時，要考慮測試用例的可操作性、有效性、效率和成本等因素。程序運行測試用例所產生的各種結果或測試數據應該能夠便於分類整理，形成詳細的文字記錄和實驗報告，並存入系統程序文檔中。

(3) 測試數據的選擇

測試用例中測試數據的選擇要覆蓋各種可能的情況，不僅要選擇合理的、期望的輸入數據作為測試用例，而且應該選擇一些不合理的和非期望的輸入數據作為測試用例。

(4) 測試功能的確定

測試程序或系統時，既要檢查其是否完成了它應該做的工作，又要檢查它是否還做了它不應做的事情。

(5) 測試文檔的管理

測試文檔的管理主要包括測試用例和測試結果的保存和管理，這是一個非常重要的問題，應引起開發人員和用戶的重視。

6.4.2.3 測試文檔

測試文檔主要包括測試計劃及測試報告。

(1) 測試計劃的主體是「測試內容說明」，它包括測試項目的名稱、各項測試的目的、步驟和進度，以及測試用例的設計等。

(2) 測試報告的主體是「測試結果」，它包括測試項目的名稱、實測結果與期望結果的比較、發現的問題，以及測試達到的效果等。

6.4.2.4 測試方法

總體來說測試包括靜態測試和動態測試兩種。

(1) 靜態測試

靜態測試是通過被測程序的靜態審查，發現代碼中潛在的錯誤。它一般用人工方式脫機完成，故也稱為人工測試。人們往往不重視靜態測試，認為只有動態測試才能找出程序中的錯誤。事實上這種想法是不對的，經驗證明，靜態測試可以找出動態測試無法查出的錯誤。

(2) 動態測試

動態測試是通過在計算機上直接運行被測程序來發現程序中的錯誤。動態測試包括黑盒測試和白盒測試兩種。

① 黑盒測試也稱功能測試，這種方法是將程序看作一個黑盒子，測試人員完全不考慮程序內部的邏輯結構和內部特性，只依據程序的需求規格說明書，檢查程序的功能是否符合它的功能說明。因此黑盒測試又稱功能測試或數據驅動測試。

② 白盒測試是對軟件的過程性細節做細緻的檢查。這種方法是將程序看作一個打開的盒子，它允許測試人員利用程序內部的邏輯結構及有關信息，設計和選擇測試用例，對程序所有邏輯路徑以及過程進行測試。通過在不同點檢查程序狀態，確定實際狀態與預期狀態是否一致、是否相符。因此，白盒測試也稱為結構測試或邏輯驅動測試。

6.5 系統切換

在系統調試和檢測工作結束後，接下來的工作就是新系統的試運行和新老系統的轉換，是系統實施的最后一步。這是一項很容易被人忽視，但對最終使用的安全、可靠、準確性來說又十分重要的工作。

系統轉換指由原來的系統運行模式過渡為新開發的管理信息系統的過程。新系統通過系統測試後，必須通過系統轉換，才能正式交付使用。因此，系統轉換的任務就是完成新老系統的平穩過渡，這個過程需要開發人員、系統操作員、用戶單位領導和業務部門的協作，才能順利交接。本節將重點介紹系統轉換的工作內容和轉換方式。

6.5.1 系統轉換的內容

根據管理信息系統的實際開發和應用情況，確定了系統轉換的方式後，除做好組織準備、物質準備和人員培訓等準備工作外，還應進行數據準備和系統初始化等工作。

6.5.1.1 數據準備

數據準備是從老系統中整理出新系統運行所需的基礎數據和資料，即把老系統的數據整理成符合新系統要求的數據，其中包括歷史數據的整理、數據口徑的調整、數據資料的格式化、分類和編碼，以及統計口徑的變化、個別數據及項目的增刪改等。特別是對於那些採用手工方式進行信息處理的老系統，這個數據準備的工作量是相當大的，應提前組織進行，否則將影響系統轉換的進程。

6.5.1.2 系統初始化

系統初始化是新系統投入運行之前必須完成的另一個工作。所謂系統初始化，指對系統的運行環境和資源進行設置、系統運行和控制參數設定、數據加載，以及系統與業務工作等內容的同步調整，其中數據加載是工作量最大且時間最緊迫的重要環節。所以，在運行之前必須將大量的原始數據一次性輸入到系統中，另外，正常的業務活動也會不斷產生新的數據信息，它們也必須在新系統正式運行前存入系統。因此，系統初始化過程中的數據加載是新系統啟動的先決條件，應突擊完成並確保輸入數據的正確性。

在系統轉換過程中，可能又會發現一些系統的錯誤和功能缺陷。對於這些問題，應對照系統目標決定是否進行系統修改。一般對於程序的錯誤和漏洞必須改正，但若是超出目標和設計方案的其他問題，應視影響的範圍、程度和工作量的大小而定，不可一概而論。在新系統中應允許存在某些不足，可通過在運行過程中的維護和系統更新方式逐步解決。

6.5.2 系統轉換的方式

系統轉換是一個漸變的過程,轉換方式主要有三種,如圖6-6所示。

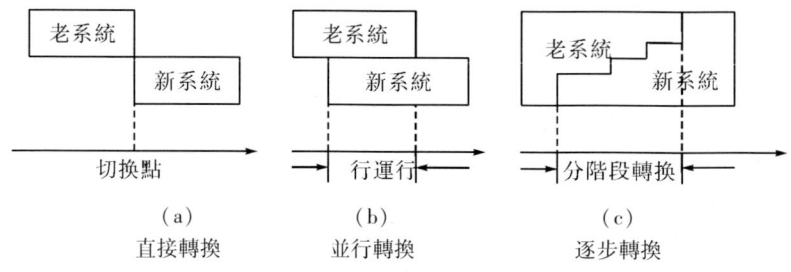

```
    老系統                  老系統                  老系統
        新系統                   新系統                    新系統
    ─────┼─────▶         ──┤  行運行 ├──▶        ──┤分階段轉換├──▶
       切換點
        (a)                     (b)                     (c)
       直接轉換                 並行轉換                 逐步轉換
```

圖6-6　系統轉換的三種方式

6.5.2.1　直接轉換

直接轉換指在確認新系統準確無誤后,在某一確定時刻,停止原系統的運行,並用新系統取代它投入正常運行,如圖6-6(a)所示。這種方式轉換過程簡單快捷,費用低,但風險很大。一旦新系統發生嚴重錯誤而不能正常運行,將導致業務工作的混亂,造成巨大的損失。因此,必須採取一定的預防性措施,充分做好各種準備,制訂嚴密的轉換計劃。這種轉換方式一般是用於一些處理過程不複雜、數據不太重要的場合。

6.5.2.2　並行轉換

並行轉換指完成系統測試后,原系統並不停止運行,新系統同時投入運行,通過新老系統共同運行一段時間后,對照兩者的輸出,利用原系統對新系統進行檢驗,再停止原系統的工作,讓新系統單獨運行,如圖6-6(b)所示。

這種方式安全保險,但費用高。轉換過程中需要投入兩倍的工作量,不過用戶可以通過新老系統共同運行的過程,熟悉新系統,確保業務工作平穩有序。這種轉換方法適用於銀行、財務和一些企業的核心系統的轉換過程。

6.5.2.3　逐步轉換

逐步轉換指在新系統投入正式運行前,將新系統分階段、分批逐步代替原系統的各部分,最后完全取代原系統,如圖6-6(c)所示。這種方式實際上是前兩種方式的結合,既可以保證轉換過程的平穩和安全,減少風險,又可以避免較高的費用,但這種逐步轉換對系統的設計和實現都有一定的要求,否則無法實現這種分段切換的設想。大多數的管理信息系統的轉換都採用這種方式。

總之,系統切換的工作量較大,情況十分複雜。據國外統計資料表明,軟件系統的故障大部分發生在系統切換階段,如圖6-7所示。這就要求開發人員要切實做好準備工作,擬定周密的計劃,使系統切換不至於影響正常的工作。

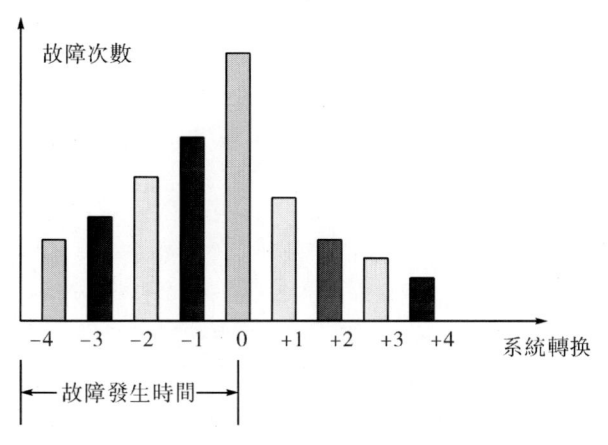

圖 6-7　故障發生時間

此外，在擬訂系統切換計劃時，應著重考慮以下問題：
(1) 系統說明文件必須完整；
(2) 防止系統切換時數據的丟失；
(3) 要充分估計輸入初始數據所需的時間，對管理信息系統而言，首次運行前需花費大量人力和時間輸入初始數據，對此應有充分準備，以免措手不及。例如，對於一個 5,000 紀錄的庫存數據庫，如果每條紀錄含 200 個字符的描述信息，就意味著有 1,000,000 字符必須通過鍵盤進入磁盤，即使操作員以每小時 8,000 個字符速度輸入，對於一個規模較大的系統，輸入初始數據所需時間也是較長的。

6.6　系統維護

管理信息系統在完成系統實施、投入正常運行之後，就進入了系統運行與維護階段。一般信息系統的使用壽命短則 3~5 年，長則可達 10 年以上，在信息系統的整個使用壽命中，都將伴隨著系統維護工作的進行。系統維護的目的是要保證管理信息系統正常而可靠的運行，並能使系統不斷得到改善和提高，以充分發揮作用。因此，系統維護的任務就是要有計劃、有組織地對系統進行必要的改動，以保證系統中的各個要素隨著環境的變化始終處於最新的、正確的工作狀態。

在這一章裡將介紹系統維護的內容、類型和管理，系統評價的內容和評價體系。管理信息系統不同於其他產品，它不是「一勞永逸」的最終產品，它有「樣品及產品」的特點，它需要在使用中不斷地完善。

6.6.1　系統維護的內容

系統維護是面向系統中各個構成因素的，按照維護對象不同，系統維護的內容可分為以下幾類：

（1）系統應用程序維護。系統的業務處理過程是通過應用程序的運行而實現的，一旦程序發生問題或業務發生變化，就必然引起程序的修改和調整，因此系統維護的主要活動是對程序進行維護。

（2）數據維護。業務處理對數據的需求是不斷發生變化的，除了系統中主體業務數據的定期正常更新外，還有許多數據需要進行不定期的更新，或隨環境或業務的變化而進行調整，以及數據內容的增加、數據結構的調整。此外，數據的備份與恢復等，都是數據維護的工作內容。

（3）代碼維護。隨著系統應用範圍的擴大，應用環境的變化，系統中的各種代碼都需要進行一定程度的增加、修改、刪除，以及設置新的代碼。代碼維護工作中，最困難的工作是如何使代碼得到貫徹。因此，各個部門要有專門負責代碼管理工作的人員。

（4）硬件設備維護。主要就是指對主機及外部設備的日常維護和管理，如機器部件的清洗、潤滑、設備故障的檢修、易損部件的更換等，這些工作都應由專人負責，定期進行，以保證系統正常有效的工作。

（5）機構和人員的變動。信息系統是人機系統，人工處理也佔有重要地位，人的作用占主導地位。為了使信息系統的流程更加合理，有時涉及機構和人員的變動。這種變化往往也會影響對設備和程序的維護工作。

6.6.2 系統維護的類型

系統維護的重點是系統應用軟件的維護工作，按照軟件維護的不同性質劃分為下述四種類型：

（1）糾錯性維護。由於系統測試不可能揭露系統存在的所有錯誤，因此在系統投入運行後頻繁的實際應用過程中，就有可能暴露出系統內隱藏的錯誤。診斷和修正系統中遺留的錯誤，就是糾錯性維護。糾錯性維護是在系統運行中發生異常或故障時進行的，這種錯誤往往是遇到了從未用過的或是在與其他部分接口處產生的輸入數據組合，因此只是在某些特定的情況下發生。有些系統運行多年以後才暴露出在系統開發中遺留的問題，這是不足為奇的。

（2）適應性維護。適應性維護是為了使系統適應環境的變化而進行的維護工作。一方面計算機科學技術迅速發展，硬件的更新週期越來越短，新的操作系統和原來操作系統的新版本不斷推出，外部設備和其他系統部件經常有所增加和修改，這就是必然要求信息系統能夠適應新的軟硬件環境，以提高系統的性能和運行效率；另一方面，信息系統的使用壽命在延長，超過了最初開發這個系統時應用環境的壽命，即應用對象也在不斷發生變化，機構的調整、管理體制的改變、數據與信息需求的變更等都將導致系統不能適應新的應用環境。如代碼改變、數據結構變化、數據格式以及輸入/輸出方式的變化、數據存儲介質的變化等，都將直接影響系統的正常工作。因此有必要對系統進行調整，使之適應應用對象的變化，滿足用戶的需求。

（3）完善性維護。在系統的使用過程中，用戶往往要求擴充原有系統的功能，增加一些在軟件需求規範書中沒有規定的功能與性能特徵，以及對處理效率和編寫程序的改進。例如，有時可將幾個小程序合併成一個單一的運行良好的程序，從而提高處

理效率；增加數據輸出的圖形方式；增加聯機在線幫助功能；調整用戶界面等。儘管這些要求在原來系統開發的需求規格說明書中並沒有，但用戶要求在原有系統基礎上進一步改善和提高，並且隨著用戶對系統的熟悉程度的提高，這種要求可能不斷提出。為了滿足這些要求而進行的系統維護工作就是完善性維護。

（4）預防性維護。系統維護工作不應總是被動地等待用戶提出要求後才進行，應進行主動的預防性維護，即選擇那些還有較長使用壽命，目前尚能正常運行，但可能會發生變化或調整的系統進行維護，目的是通過預防性維護為未來的修改與調整奠定更好的基礎。例如，將目前能應用的報表功能改成通用報表生成功能，以應付今後報表內容和格式的變化，根據對各種維護工作分佈情況的統計結果，一般糾錯性維護工作佔 21%，適應性維護工作佔 25%，完善性維護工作達 50%，而預防性維護工作以及其他類型的維護工作僅佔 4%，可見系統維護工作中，一半以上的工作是完善性維護，如圖 6-8 所示。

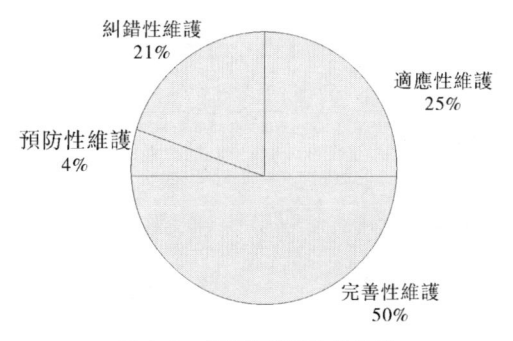

圖 6-8　各類維護工作的比例

6.6.3　系統維護的管理

在系統維護的工作中，特別是進行程序維護、數據維護和代碼維護時，由於系統各功能模塊之間的耦合關係，可能會出現「牽一髮而動全身」的問題。因此，維護工作一定要特別慎重。

系統維護工作的程序如圖 6-9 所示。

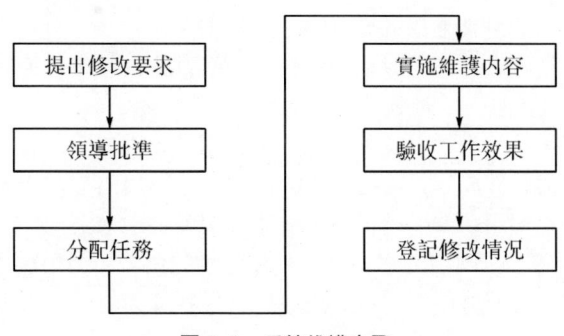

圖 6-9　系統維護步驟

6.6.3.1 提出修改要求

由系統操作人員或某業務部門的負責人根據系統運行中發現的問題，向系統主管領導提出具體項目工作的修改申請。

6.6.3.2 報送領導批准

系統主管人員在進行一定的調查後，根據系統目前的運行情況和工作人員的工作情況，考慮這種修改是否必要、是否可行，並作出是否進行這項修改工作、何時進行修改的明確批復。

6.6.3.3 分配維護任務

維護工作得到領導批准後，系統主管人員就可以向程序人員或系統硬件人員下達維護任務，並制訂出維護工作的計劃，明確要求完成期限和復審標準等。

6.6.3.4 實施維護內容

程序人員和系統硬件人員接到維護任務後，按照維護的工作計劃和要求，在規定的期限內實施維護工作。

6.6.3.5 驗收工作成果

由系統主管人員對修改部分進行測試和驗收。若通過了驗收，由驗收小組寫出驗收報告，使他們盡快地書寫並使用修改後的系統。

6.6.3.6 登記修改情況

登記所做的系統，作為新的版本通報用戶和操作人員，說明新的功能和修改的地方，使他們盡快熟悉並使用修改後的系統。

6.6.4 軟件復用技術

復用也稱為再用或重用，是指同一事物不做修改或稍加改動就多次重複使用。廣義的軟件復用可分為三個層次：知識的復用；方法和標準的復用；軟件成分的復用。其中，前兩個層次屬於知識工程研究的範疇，這裡討論軟件成分的復用問題。

可復用的軟件成分必然具有下列屬性：

（1）良好模塊化，即具有單一、完整的功能，且已經經過反覆測試被確認是正確的。

（2）結構清晰，即具有很好的可讀性、可理解性，且規模適當。

（3）高度適應性，即能適應各種不同的使用環境。

利用可復用的軟件成分來開發軟件的技術，稱為軟件復用技術，它也指開發可復用軟件的技術。目前主要有三種軟件復用技術。

（1）軟件構件技術。按照一定的規則把可再用的軟件成分組合在一起，構成軟件系統或新的可再用的軟件成分。這種技術的特點是可再用的軟件成分在整個組合過程中保持不變。這一技術用在數學或工程方面的應用軟件中效益明顯，在系統軟件的輸入/輸出或存儲管理等方面應用也較成功。使用這種技術需要公用數據庫和可再用軟件庫的支持，前者提供按照公用標準數據模式建立的數據模塊，後者提供用於組合的可再用的軟件成分。

（2）軟件生成技術。根據形式化的軟件功能描述，在已有的可復用的軟件成份基

礎上，生成功能相似的軟件成分或軟件系統。使用這種技術需要可再用軟件庫和知識庫的支持，其中知識庫用來存儲軟件生成機理和規則。

（3）面向對象的程序設計技術。傳統的面向數據/過程的軟件設計方法，把數據和過程作為相互獨立的實體，數據用於表達實際問題中的信息，程序用於處理這些數據。程序員在編程時必須時刻考慮所要處理的數據格式，對於不同的數據格式要作同樣的處理，或者對於相同的數據格式要做不同的處理，都必須編寫不同的程序。顯然，使用傳統的軟件設計方法，可復用的軟件成分比較少。

傳統的軟件設計方法忽略了數據和程序之間的內在聯繫。事實上，用計算機解決的問題都是現實世界中的問題，這些問題無非由一些相互存在一定聯繫的事物所組成。這些事物稱為對象，每個具體的對象都可以用下列兩個特徵來描述：描述對象所需使用的數據結構以及可以對這些數據進行的有限操作。簡單地說，就是數據結構和對數據的操作。

6.7 系統運行的管理

6.7.1 系統運行環境的管理

系統的正常運行需要一個良好的運行環境，這要機房管理人員來維護。機房管理人員要負責控製機房的衛生、環境溫度與濕度以及電源的穩定性、防火的設備與措施的檢查、系統的殺毒工作等。除此以外，還要由運行管理人員負責記錄每天系統運行的情況、數據輸入與輸出情況以及負責系統的安全性與完備性，以保證系統正常運行。運行管理工作應由運行部門的值班員來完成。

系統的運行管理工作是一個瑣碎而細緻的原始資料累積過程，不能忽視。

6.7.2 系統信息資源的管理

系統信息資源一般包括軟件配置和維護文檔。

6.7.2.1 軟件配置的管理

軟件配置是一個系統軟件在生存週期內的各種形式、各種版本的文檔與程序的總稱。對軟件配置進行科學的管理，是保證軟件質量的重要手段。配置管理貫穿於整個生存週期，在運行和維護時期，其任務更為繁重。為了方便對多種產品和多種版本進行跟蹤和控制，常常借助於自動的配置管理工具。

第一類常用的工具是軟件配置管理數據庫。它存儲關於軟件結構的信息、產品的當前版本號及其狀態，以及關於每次改版和維護的簡單歷史。數據庫能夠回答管理人員的種種問題。例如，每個產品有哪些版本，每版有什麼差別，各種版本都有哪些文檔，已分發給哪些用戶，以及有關產品維護歷史、糾正錯誤的數量等詢問。

另一類工具稱為版本信息控製庫。它可以是上述數據庫的一個組成部分，也可以單獨存在。它與數據庫的差別是：數據庫是對所有軟件產品進行宏觀管理的工具，而

信息控製庫則著眼於單個產品，以文件的形式記錄每一產品每種版本的源代碼、目的代碼、數據文件及其支持文檔。每一個文件均記有版本號、啟用日期和程序員姓名等標示信息。管理人員根據需要，可以對任何文件進行建立、檢索、編輯、編譯（或匯編）等操作。

6.7.2.2　維護文檔的管理

除了開發時期的軟件文檔外，有幾種文檔是專供運行和維護時期使用的，上節提到的維護申請單、軟件修改報告、維護記錄，就是其中的代表文檔。還有一個常用的文檔——維護申請摘要報告和維護趨勢圖。

維護申請摘要報告是一種定期報告，可以每週或每月統計一次，其內容包括上次報告以來已經處理的、正在處理的和新接到的維護申請項數及其處理情況，以及新申請中特別緊迫的問題。維護趨勢圖則是在維護申請摘要報告的基礎上繪製而成，是一種不定期的報告。圖6-10是維護趨勢圖的一個例子。圖6-10中顯示了在統計的時期內每月收到的新維護申請以及正在處理的申請項數。

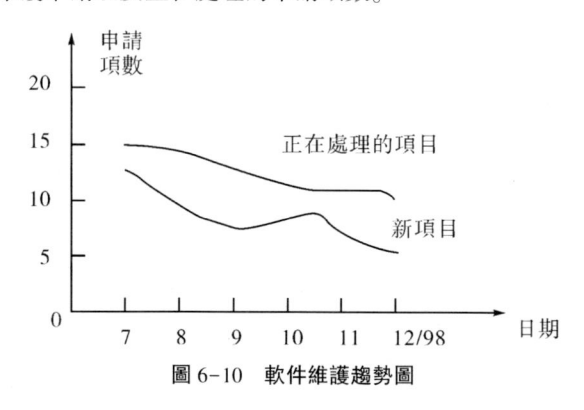

圖6-10　軟件維護趨勢圖

6.8　系統評價

一個花費了大量資金、人力和物力建立起來的新系統，其性能和效益如何？是否達到了預期的目的？這對用戶和開發人員都是很關心的問題。因此，必須通過系統評價來回答以上問題。

6.8.1　系統評價的概念

信息系統的評價就是對系統在運行一段時間后的技術性能及經濟效益等方面的評價。評價的目的是檢查系統是否達到預期的目標，技術性能是否達到設計的要求，系統的各種資源是否得到充分的利用，經濟效益是否理想，並指出系統的長處與不足，為以后的改進和擴展提出意見。

系統評價的主要內容包括：

（1）檢查系統的目標、功能及各項指標是否達到設計要求；

（2）檢查系統的質量；
（3）檢查系統使用效果；
（4）根據評審和分析的結果，找出系統的薄弱環節，提出改進意見。

6.8.2 系統評價體系

由於管理信息系統是一個複雜的社會技術系統，它所追求的不僅僅是單一的經濟性指標。除了從費用、經濟效益和財務方面的考慮外，還涉及技術先進性、可靠性、適用性和用戶界面友好性等技術性能方面的要求，以及改善員工勞動強度和單位經營環境，增強市場競爭力等社會效益目標。目標的多重性產生了對管理信息系統進行多指標綜合評價的必要性。多指標綜合評價體系的方法就是先提出信息系統的若干評價指標，然後對各指標評出表示系統優劣程度的值，最後用加權法等方法將各指標組合成一個綜合指標。

6.8.2.1 系統運行技術指標

信息系統在投入運行後，要不斷地對其運行狀況進行分析評價，並以此作為系統維護、更新以及進一步開發的依據。系統運行的評價指標一般有：

（1）預定的系統開發目標完成情況

① 對照系統目標和組織目標檢查系統建成後的實際完成情況。

② 是否滿足了科學管理的要求？各級管理人員的滿意程度如何？有無進一步的改進意見和建議？

③ 為完成預定任務，項目投資者所付出的成本（人、財、物）是否限制在規定範圍以內？

④ 管理信息系統的項目實施過程是否規範？各階段文檔是否齊全？

⑤ 功能與成本比是否在預定的範圍內？

⑥ 系統的可維護性、可擴展性、可移植性如何？

⑦ 系統內部各種資源的利用情況。

（2）系統運行實用性評價

① 系統運行是否穩定可靠？

② 系統的安全保密性能如何？

③ 用戶對系統操作、管理、運行狀況的滿意程度如何？

④ 系統對誤操作保護和故障恢復的性能如何？

⑤ 系統功能的使用性和有效性如何？

⑥ 系統運行結果對組織內各部門的生產、經營、管理、決策和提高工作效率等的支持程度如何？

⑦ 對系統的分析、預測和控制的建議有效性如何？實際被採納了多少？這些被採納建議的實際效果如何？

⑧ 系統運行結果的科學性和實用性分析。

（3）設備運行效率評價

① 設備的運行效率如何？

② 數據傳送、輸入、輸出加工處理等各個工作環節的速度是否匹配？
③ 各類設備資源的負荷是否平衡？利用效率如何？

6.8.2.2 經濟評價

使用新系統后產生的經濟效益是評價新系統的一個決定性因素。但是經濟效益的評價是一個非常複雜的問題，因為要搜集各種定量的指標值需要較長的時間。同時，有的經濟效益是不能單純通過數字來反應的。目前是將系統經濟效益分成直接經濟效益和間接經濟效益兩種進行統計。

經濟上的評價主要是系統效果和效益，包括直接和間接兩個方面。

(1) 直接經濟效益

系統的直接經濟效益是指可以定量計算的效益，通常可通過以下指標來反應：

① 一次性投資，包括系統硬件、軟件和系統開發費用。其中硬件費用包括主機設備費用、終端設備、通信設備和機房建設（電源、空調和其他）費用。軟件費用包括系統軟件、應用軟件、試驗軟件等費用。系統開發費用包括調查研究、系統規劃、系統分析和設計、系統實施等階段的全部費用。

② 運行費用，包括計算機及其外部設備的運行費用（磁盤、打印紙等）、人工費用（人員工資）、管理費和設備、備件的折舊費用，運行費用是使新系統得到正常運行的基本費用。

③ 年生產費用節約額，使用新系統以后，年生產費用的節約額　可用下式求得：

$$u = \sum(C_i - C_a) + E[\sum(K_i - K_a)] + u_n$$

式中：C_i 表示應用計算機后節約的費用；

C_a 表示應用計算機后增加的費用；

E 表示投資效益系數；

K_i 表示採用計算機后節約的投資；

Ka 表示建立計算機管理信息系統所用的投資；

u_n 表示本部門以外其他部門所獲得的年度節約額。

例如，運輸部門使用計算機管理后節約機動車輛，減少了在途貨物，除可節約本部門投資外，還讓有關部門節約了流動資金。年生產費用節約額是一個綜合的貨幣指標。事實上，只有在能夠節約年生產費用時，使用計算機管理信息系統才是合理的，否則說明使用計算機的條件還未成熟。

需要指出的是，上述年生產費用節約額的計算公式只是一個理想化的公式，尤其是投資效益系數 E 的選取，目前還沒有統一的看法，國外曾有人建議取 E=0.25。如何選擇符合中國國情的效益系數，還有待於進一步的探索。

④ 機時成本

計算機的機時成本可用下式計算：

$$C_p = (s+m+d+p)(1+h\%)/(t \cdot k)$$

式中：s——工作人員的工資；

m——材料費；

d——設備折舊費；

p——電力費用；

h——間接費率；

t——機器正常工作時間；

k——機器利用系數。

從上式可見，降低機時成本的一個重要途徑，就是設法降低各項費用和增大機器利用系數。

(2) 間接效益評價

間接效益主要表現在企業管理水平和管理效率的提高程度上。這是綜合性的效益，可以通過許多方面體現，但很難用某一個指標來反應間接效益，主要體現在以下幾個方面：

① 提高管理效率

用計算機代替人工處理信息，減輕管理人員的勞動強度，使他們有更多時間從事調查研究和決策工作。由於各類數據集中處理，使綜合平衡容易實現，同時也加強了各部門之間的聯繫，提高了管理效率。

② 提高管理水平

由於信息處理的效率提高，從而使事後管理變為即時管理，使管理工作逐步走向定量化。

③ 提高企業對市場的適應能力

由於用計算機提供輔助決策方案，因此當市場情況變化時，企業可及時進行相應決策以適應市場。

例如，物資管理系統的建立，可以明顯提高庫存記錄的準確性和及時性，減少庫存量，從此減少物資的積壓浪費，同時也能保證生產用料的供應，避免因原料短缺而生產停頓，最終提高了生產力。生產管理系統的建立可以更合理地安排人力、物力，及時掌握生產進度和產品質量，從而提高生產率和生產管理水平。銷售管理系統的建立，可提供較強的查詢功能，提高服務質量並即及時提供各項經營決策。財務管理系統的建立，可大大提高業務處理能力，減少差錯，提高資金週轉率等。以上這些都是間接效益的表現形式。

總之，計算機管理系統的建立，將對企業或部門的管理工作產生重大影響，對這些直接或間接的效益必須要充分認識，給以肯定。

6.8.2.3 綜合評價

綜合評價是對系統總體性能的評價，它包括：

(1) 功能的完整性。功能是否齊全，是指能否覆蓋主要的業務管理範圍。還有各部分接口應盡可能完備，數據採集和存儲格式要統一，便於共享，各部分協調一致形成一個整體。

(2) 商品化程度。第一要考慮性能價格比，第二是文檔資料的完整性，是否有成套的用戶手冊、系統管理員手冊及維護手冊等，是否有后援，能不能為用戶培訓人才。

(3) 程序規模。總語句行數，占用存儲空間大小。

(4) 開發週期。從系統總體規劃到新系統轉換所花費時間。

（5）存在的問題。系統還存在哪些問題以及改進的建議。

6.8.3 信息系統評價報告

系統評價完成後，根據評價結果寫出系統評價報告。評價報告包括系統運行的一般情況、系統的使用效果、系統的性能、系統的經濟效益、系統存在的問題及改進意見等。

在信息系統評價工作的最后階段，應該根據實際的評價結果編撰系統評價報告，然后，組織項目驗收。下面分別就系統評價報告和系統驗收進行說明。

6.8.3.1 評價包括

信息系統評價報告一般包括以下幾個方面：

（1）系統運行的一般情況。這是從系統目標及用戶接口方面考查系統，包括：

① 系統功能是否達到設計要求；

② 用戶付出的資源（人力、物力、時間）是否控製在預定界限內，資源的利用率；

③ 用戶對系統工作情況的滿意程度（回應時間、操作方便性、靈活性等）。

（2）系統的使用效果。這是從系統提供的信息服務的有效性方面考查系統，包括：

① 用戶對所提供的信息滿意程度（哪些信息有用，哪些信息無用，信息引用率有多高）；

② 提供信息的及時性；

③ 提供信息的準確性、完整性。

（3）系統的性能。系統的性能包括：

① 計算機資源的利用情況，包括主機運行時間的有效部分的比例、數據傳輸與處理速度的匹配、外存是否空閒、各類外設的利用率；

② 系統可靠性，包括平均無故障時間、抵禦誤操作的能力、故障恢復時間；

③ 系統可擴充性，包括系統提供的二次開發功能強弱、代碼空閒余量、為各類設備預留的接口個數與種類。

（4）系統的經濟效益。系統的經濟效益包括：

① 系統費用，包括系統的開發費用和各種運行維護費用；

② 系統收益，包括有形效益和無形效益，如庫存資金的減少，成本的降低，勞動生存率的提高，勞動費用的減少，管理費用的減少，對正確決策影響的估計，等等；

③ 投資效益分析。

（5）系統存在的問題及改進意見。在信息系統評價報告中，系統的技術性能評價和經濟效益評價是整個系統評價的主要內容。另外，由於不可能存在一個完美無缺的管理信息系統，因此，非常有必要在信息系統評價報告中指出當前系統存在的問題。如有可能，評價報告還應該就其存在的問題提出相應的改進意見。

6.8.3.2 系統驗收

對於管理信息系統這樣大的項目，在系統完成並試運行了一段時間（一般為半年）之后，進行正式的驗收是必要的。對系統的評價是專業人員分別對各項指標進行技術

評定，而系統驗收則是投資項目單位或使用系統的社會組織，同時聘請有關專家和主管部門人員參加，按照系統總體規劃和合同書、計劃任務書進行的全面檢查和綜合評定。其內容不僅包含上述系統評價的各項指標內容，還包括組織相應管理措施和應用實際，檢查是否達到建立管理信息系統的目標。在系統驗收過程中，可以主要考察以下幾項內容：

（1）管理機構。有主要領導分管信息工作；有信息管理機構負責管理信息系統規劃、開發、運行、維護以及數據管理等綜合管理工作；配備必要的專業技術人員；各業務部門均設有專職或兼職信息工作人員。

（2）信息分類編碼體系。具有完備的信息分類編碼體系表；各部門均具有相應的編碼規劃，使用的標準明確無誤（比如使用國家標準、行業標準或企業標準等）；各類信息分類編碼的編製、修改、維護和審批的權限分配明確。

（3）信息管理的工作規範和制度。制定信息、軟件、文檔管理制度和各類工作崗位規範；基層數據採集、維護，有相關部門協調各部門進行數據的更新、維護落實到每個日常工作，並定期提出評價；對外部信息網絡的數據交換由信息部門統一負責並組織實施。

（4）總體規劃和系統分析文檔。經過評審的總體規劃報告應包括：需求調查分析、目標系統規劃、開發策略和計劃、可行性分析及效益分析；系統分析報告應包括：現代系統的分析、系統目標及總體結構、邏輯模型、子系統劃分、數據庫模式、基本處理功能、數據字典等；物理配置及網絡規劃應包括：規模、配置、選型、通信條件及拓撲結構等；信息分類編碼表；應包括部門代碼明細表等。

（5）系統功能。建成以組織關鍵指標體系為對象的共享數據庫和部門的專用庫；按規劃建成能覆蓋組織主要管理職能和生產過程的子系統；建成數據傳輸網絡，能覆蓋組織主要管理部門和各個執行單位；具有為組織領導決策服務的動態信息查詢、綜合分析及預測功能；具有與組織其他系統資源共享的功能，以統一的接口與多種外部信息網絡連接。

（6）技術指標。系統的平均無故障時間；聯機作業回應時間、作業處理速度等。

小結

系統實施是設計結果最終在計算機系統上實現的階段，這一階段的任務包括系統硬件的獲取、程序設計、系統測試、系統切換、系統維護及系統評價等。

程序設計中，採用合理的方法，提高程序的可靠性、可維護性、可理解性和開發效率。同時也應注意採用適當的軟件開發工具。

系統測試是信息系統開發中的一個重要環節，系統設計完成後即進行測試，然後將信息系統付諸使用。

系統切換是系統實施的最后階段，在系統應用中應根據具體情況靈活運用。系統運行中也要做好日常維護管理工作。

案例

河北××卷菸廠 MIS 成功案例

河北××卷菸廠是一家具有悠久歷史的國有企業。歷經滄桑，百年風雨后，菸廠變得生機勃發。如今，××卷菸廠已經成為所屬地的骨幹企業、利稅大戶，年生產能力達 40 餘萬箱，生產製造工藝達到國際標準。先後榮獲中國百佳工業企業形象、中國菸草製造行業企業形象十佳、全國行業質量示範企業、全國質量·服務誠信示範企業、河北省百強工業企業等榮譽。

伴隨菸草行業激烈的競爭，菸廠領導頗感競爭的壓力。為了加快企業發展，進一步提高企業綜合競爭力，××卷菸廠領導決定提高企業的信息化水平，完成信息化改造。為了保證工程質量，菸廠選擇了國內著名的軟件開發公司作為戰略夥伴，之所以選擇國內的著名軟件開發商，一是因為它們更瞭解國內企業的行情，二是它們已經成功進行了國內多家同行業企業的信息化改造，累積了較為豐富的經驗。

2002 年，雙方簽署了合作協議，河北××卷菸廠的信息化工程正式啓動，雙方都期望這次合作能成功。

為了保證企業信息化改造的成功，軟件開發方派出了資深的專家和諮詢顧問，嚴格按照「效益驅動、總體規劃、重點突破、分步實施」的方針，深入調查菸廠目前的管理現狀、信息化需求和信息化建設水平，利用在卷菸行業的豐富經驗，仔細分析生產管理模式、產品特點、生產類型特點、經營管理和市場環境等，進行企業經營管理過程的瓶頸分析，提出改進的策略建議。在總結企業信息化需求的基礎上，結合企業經營目標，雙方共同完成了信息化改造的總體規劃工作。××卷菸廠的信息化建設將覆蓋設計數字化、裝備數字化和管理數字化。通過建立企業信息資源管理平臺，充分地共享和利用信息資源，提高管理和決策水平。主要包括以下內容：

(1) 建立產品開發系統（CAPD），縮短產品開發週期；
(2) 建立製造自動化系統（MAS），提高自動化水平；
(3) 建立管理信息系統（MIS），實現企業資源計劃管理；
(4) 建設辦公自動化（OA）系統，實現企業管理流程管理；
(5) 建立在聯機分析處理（OLAP）基礎上的決策支持系統。

結合××卷菸廠信息化建設現狀，雙方明確了分步實施的階段、內容和目標等，同時提出相關的實施保障措施和資金安排，形成全面的、可行的實施方案。該方案的成功制訂保證了信息化建設圍繞企業的經營目標，避免重複建設和信息孤島的形成，提高信息化建設的投資回報。××卷菸廠的信息化建設分為三個階段。

一期工程（2001.12.1—2002.1.31），在擴充、完善企業綜合布線基礎上，建立企業內部網（Intranet），並同英特網相連接。建立企業辦公自動化（OA）系統，實現工作流程管理、文檔管理與網絡辦公。建立企業內 Web 應用，實現企業信息網上發布。

二期工程（2002.2.1—2002.9.30），建立企業資源計劃（ERP）的基本模塊，實

現市場信息收集、分析、預測、反饋；購銷鏈管理（採購計劃、物料供應、庫存管理、銷售調撥）；MRP 為邏輯的計劃管理（銷售計劃、主生產計劃、物料需求計劃、能力計劃）和生產製造車間管理、工序調度、設備管理、動力能源管理、計量管理；實現企業內部生產、設備、耗用數據的統計，自動化基礎數據採集有條件的、可率先同各車間連接的管理信息系統信息；實現設備管理（設備的運行狀態、設備的保養計劃、設備臺帳等）。

三期工程（2002.10.5—2003.4.30），進一步擴充企業內部網絡規模、完善企業內部網絡管理，在企業資源計劃基礎上，實現質量管理（質量計劃、質量檢測、質量控製）；在帳務處理實現電算化的基礎上實現財務信息與生產經營信息的集成，進而實現成本核算和財務分析；實現人力資源管理和綜合查詢功能；擴展企業 Web 應用，實現辦事處、專賣店與公司的聯網操作，並與管理信息集成，實現高層管理人員的綜合信息查詢及遠程辦公；全面實現基礎數據、管理信息、辦公自動化的信息集成和功能集成。

××卷菸廠的信息化建設嚴格按照總體規劃的部署穩妥地推進，項目進展順利，並取得了顯著的經濟效益。

資料來源：張建華. 管理信息系統 [M]. 2 版. 北京：中國電力出版社，2014.

思考題

1. 系統實施的主要內容是什麼？
2. 系統切換的三種方式各有什麼優缺點？
3. 系統評價的主要內容是什麼？
4. 教學管理系統數據庫設計：
（1）學校有若干學生，屬性包括：學號、姓名、性別；
（2）學校有若干教師，屬性包括：編號、教師姓名、職稱；
（3）學校開設若干課程，屬性包括：課程號、課程名、課時、學分；
（4）在教學中，一門課程只安排一名教師任教，一名教師可教多門課程；
（5）教師任課包括：任課時間和使用教材；
（6）一門課程有多名學生選修，每名學生可選多門課，學生選課包括所選課程和考核成績。
5. 完成如下設計：
（1）設計計算機管理系統的 E-R 圖。
（2）將該 E-R 圖轉換成為關係模式結構。
（3）指出轉換結果中每個關係模式的候選碼（即關鍵字）。

7 管理信息系統的應用

本章主要內容：

本章主要介紹了管理信息系統的應用，集中體現在：企業資源計劃系統、供應鏈管理系統、決策支持系統、客戶關係管理系統，以及企業信息化在電子商務、電子政務領域的應用。

本章學習目標：

管理信息系統發展至今已經不再局限於僅服務某個工礦企業單位的管理過程，而延伸到各行各業。本章列舉中國幾大典型行業和主流的管理信息系統應用，重點掌握基本概念，能理解和分析簡要的實例，注重應用，以達到瞭解中國信息化現狀的目的。

7.1 企業資源計劃

20世紀90年代初，美國著名的IT分析公司 Gartner Group Inc. 根據當時計算機信息處理技術的發展和企業對供應鏈管理的需要，對信息時代以后製造業管理信息系統的發展趨勢和即將發生的變革作了預測，提出了企業資源計劃（Enterprise Resources Planning，ERP）這個概念。ERP是指建立在信息基礎之上，以系統化的管理思想，為企業決策層及員工提供決策運行手段的管理平臺，反應時代對企業合理調配資源，最大化地創造社會財富的要求，成為企業在信息時代發展的基石。其實質是在 MPR II 的基礎上進一步發展而成的面向供應鏈的管理思想。

7.1.1 企業資源計劃的概念

企業資源計劃是在先進的企業管理思想的基礎上，應用信息技術實現對整個企業資源的一體化管理。企業資源計劃是一種可以提供跨地區、跨部門，甚至跨公司整合即時信息的企業管理信息系統。它在企業資源最優化配置的前提下，整合企業內部主要或所有的經營活動，包括財務會計、管理會計、生產計劃及管理、物料管理、銷售與分銷等主要功能模塊，以達到效率化經營的目標。目前企業資源計劃已經廣泛地應用到企業管理中，但是至今也沒有一個統一的定義。世人眾說紛紜，各國政府、學者、企業界人士都站在自己的角度和對ERP的認識程度，給出了許多不同的表述。以下是比較具有代表性的定義。

ERP 系統，是指建立在信息技術基礎上，以系統化的管理思想，為企業決策層及員工提供決策運行手段的管理平臺。ERP 系統集中信息技術與先進的管理思想於一身，成為現代企業的運行模式，反應時代對企業合理調配資源，最大化地創造社會財富的要求，成為企業在信息時代生存與發展的基石。

另外，還可以從管理思想、軟件產品、管理系統三個層次給 ERP 的定義。

7.1.1.1　從管理思想角度

ERP 是由美國著名的計算機技術諮詢和評估集團 Garter Group Inc. 提出的一整套企業管理系統體系標準，其實質是在製造資源計劃（Manufacturing Resources Planning, MRP-II）基礎上進一步發展而成的面向供應鏈（Supply Chain）的管理思想。

7.1.1.2　從軟件產品的角度

ERP 是綜合應用了 B/C/S 體系、大型關係數據庫結構、面向對象技術、圖形用戶界面、第四代語言（4GL）、網絡通信等信息技術成果，面向企業信息化（或數字化）管理的軟件產品。

7.1.1.3　從管理系統的角度

ERP 是整合企業管理理念、業務流程、基礎數據、製造資源、計算機硬件和軟件於一體的企業資源管理系統。

具體來講，ERP 與企業資源的關係、ERP 的作用以及與信息技術的發展關係可以表述如下：

（1）企業資源與 ERP

廠房、生產線、加工設備、檢測設備、運輸工具等都是企業的硬件資源，人力、管理、信譽、融資能力、組織結構、員工的勞動熱情等就是企業的軟件資源。企業運行發展中，這些資源相互作用，形成企業進行生產活動、完成客戶訂單、創造社會財富、實現企業價值的基礎，反應企業在競爭發展中的地位。

ERP 系統的管理對象便是上述各種資源及生產要素，通過 ERP 的使用，使企業能及時、高質地完成客戶的訂單，最大限度地發揮這些資源的作用，並根據客戶訂單及生產狀況做出調整資源的決策。

（2）調整運用企業資源

企業發展的重要標誌便是合理調整和運用上述的資源，在沒有 ERP 這樣的現代化管理工具時，企業資源狀況及調整方向不清楚，要做調整安排是相當困難的，調整過程會相當漫長，企業的組織結構只能是金字塔形的，部門間的協作交流相對較弱，資源的運行難於比較把握，並做出調整。信息技術的發展，特別是針對企業資源進行管理而設計的 ERP 系統正是針對這些問題設計的，成功推行的結果必使企業能更好地運用資源。

（3）信息技術對資源管理作用的階段發展過程

計算機技術特別是數據庫技術的發展為企業建立了管理信息系統，甚至對改變管理思想起著不可估量的作用，管理思想的發展與信息技術的發展是互成因果的。而實踐證明信息技術已在企業的管理層面扮演越來越重要的角色。

信息技術最初只作一些簡單的業務處理，主要是記錄一些數據，方便查詢和匯總，

而現發展到建立在全球互聯網基礎上的跨國家、跨企業的運行體系，大致可分為如下階段：

① 業務處理階段（Management Information System）

企業的信息技術主要是用於記錄大量原始數據、支持查詢、匯總等方面的工作。

② MRP 階段（Material Require Planning）

企業的信息管理系統對產品構成進行管理，借助計算機的運算能力及系統對客戶訂單、在庫物料、產品構成的管理能力，實現依據客戶訂單、按照產品結構清單展開並計算物料需求計劃，實現減少庫存、優化庫存的管理目標。

③ MRP Ⅱ 階段（Manufacture Resource Planning）

在 MRP 管理系統的基礎上，系統增加了對企業生產中心、加工工時、生產能力等方面的管理，以實現計算機進行生產排程的功能，同時也將財務的功能囊括進來，在企業中形成以計算機為核心的閉環管理系統，這種管理系統已能動態監察到產供銷的全部生產過程。

④ ERP 階段（Enterprise Resource Planning）

進入 ERP 階段後，以計算機為核心的企業級的管理系統更為成熟，系統增加了包括財務預測、生產能力、調整資源調度等方面的功能。配合企業實現 JIT 全面管理、質量管理和生產資源調度管理及輔助決策的功能，成為企業進行生產管理及決策的平臺工具。

⑤ 電子商務時代的 ERP

互聯網技術的成熟為企業信息管理系統增強與客戶或供應商實現信息共享和直接的數據交換的能力，從而強化了企業間的聯繫，形成共同發展的生存鏈，體現了企業為達到生存競爭的供應鏈管理思想。ERP 系統相應實現了這方面的功能，使決策者及業務部門實現跨企業的聯合作戰。

由此可見，ERP 的應用的確可以有效地促進現有企業管理的現代化、科學化，適應競爭日益激烈的市場要求，它的導入已經成為大勢所趨。

7.1.2 企業資源計劃系統的主要功能模塊

企業資源計劃系統的主要功能包括財務管理、物流管理、生產計劃和控製管理，以及人力資源管理。

7.1.2.1 財務管理

一般財務管理功能包括會計核算和財務管理兩部分。

（1）會計核算

會計核算主要記錄、核算、反應和分析資金在企業經濟活動中的變動過程及結果，它由總帳、應收帳款、應付帳款、現金管理、固定資產核算、多幣制、工資核算、成本等部分構成。

①總帳模塊。該模塊處理記帳憑證輸入、登記、輸出日記帳、一般明細帳及總分類帳，編製主要會計報表。它是整個會計核算的核心，應收帳款、應付帳款、固定資產核算、現金管理、工資核算、多幣制等模塊都以其為中心來互相傳遞信息。

②應收帳款模塊。該模塊是指企業應收的由於商品賒欠而產生的正常客戶欠款帳，包括發票管理、客戶管理、付款管理、帳齡分析等功能。它和客戶訂單、發票處理業務相聯繫，同時將各項事件自動生成記帳憑證，過入總帳。

③應付帳款模塊。會計裡的應付款是企業應付購貨款等帳，包括發票管理、供應商管理、支票管理、帳齡分析等。它能夠和採購模塊、庫存模塊完全集成以替代過去繁瑣的手工操作，同時將各項事件自動生成記帳憑證，過入總帳。

④現金管理模塊。該模塊主要是對現金流入流出的控制以及對零用現金和銀行存款的核算，包括對硬幣、紙幣、支票、匯票和銀行存款的管理。在 ERP 中，提供票據維護、票據打印、付款維護、銀行清單打印、付款查詢和支票查詢等與現金有關的功能。此外，它還和應收帳款、應付帳款、總帳等模塊集成，自動產生憑證，過入總帳。

⑤固定資產核算模塊。該模塊完成對固定資產的增減變動以及折舊有關資金計提和分配的核算工作。它能夠幫助管理者對目前固定資產的現狀有所瞭解，並通過該模塊提供的各種方法來管理資產，以及進行相應的會計處理。它的具體功能包括：登錄固定資產卡片和明細帳，計算折舊，編製報表，以及自動編製轉帳憑證，並過入總帳。它和應付帳款、成本、總帳模塊集成。

⑥多幣制模塊。這是為適應當今企業的國際化經營對外幣結算業務的要求增多而產生的模塊。多幣制將企業整個財務系統的各項功能以各種幣制來表示和結算，而且客戶訂單、庫存管理及採購管理等也能使用多幣制進行交易管理。多幣制和應收帳款、應付帳款、總帳、客戶訂單、採購等模塊都有接口，可自動生成所需數據。

⑦工資核算模塊。該模塊自動進行企業員工的工資結算、分配、核算以及各項相關經費的計提。它能夠登錄工資、打印工資清單及各類匯總報表，計提各項與工資有關的費用，自動做出憑證，過入總帳。這一模塊是與總帳、成本模塊集成的。

⑧成本模塊。該模塊依據產品結構、工作中心、工序、採購等信息進行產品的各種成本計算，以便進行成本分析和規劃，它還能用標準成本或平均成本按地點維護成本。

（2）財務管理

財務管理的功能主要是基於會計核算的數據，再加以分析，從而進行相應的預測、管理和控制活動。它側重於財務計劃、控制、分析和決策。

①財務計劃。根據前期財務分析做出下期的財務計劃、預算等。

②財務分析。提供查詢功能和通過用戶定義的差異數據的圖形顯示進行財務績效評估、帳戶分析等。

③財務決策。它是財務管理的核心部分，中心內容是做出有關資金的決策，包括資金籌集、投放及管理。

7.1.2.2 物流管理

（1）銷售管理

銷售管理是從產品的銷售計劃開始，對其銷售產品、銷售地區、銷售客戶等各種信息的管理和統計，並可對銷售數量、金額、利潤、績效、客戶服務做出全面分析。在銷售管理模塊中，大致有以下幾方面的功能：

①客戶信息的管理和服務。建立客戶信息檔案，對其進行分類管理，從而進行針對性的客戶服務，以達到最高效率地保留老客戶、爭取新客戶的目的。

②銷售訂單的管理。銷售訂單是 ERP 的入口，所有的生產計劃都是根據它下達並進行排產的。銷售訂單的管理貫穿了產品生產的整個流程，包括：①客戶信用審核及查詢；②產品庫存查詢；③產品報價；④訂單輸入、變更及跟蹤。

⑤交貨期的確認及交貨處理。

③銷售的統計和分析。系統根據銷售訂單的完成情況，依據各種指標做出統計，如客戶分類統計、銷售代理分類統計、等等，然後就這些統計結果對企業的實際銷售效果進行評價。

（2）庫存控製

用來控製存儲物料的數量，以保證有穩定的物流支持正常的生產，但又最小限度地占用資本。它是一種相關的、動態的以及真實的庫存控製系統。它能夠結合、滿足相關部門的需求，隨時間變化動態地調整庫存，精確地反應庫存現狀。

庫存控製具體包括以下幾方面的功能：①為所有的物料建立庫存，決定何時訂貨採購，同時作為採購部門採購、生產部門作生產計劃的依據；②收到訂購物料，經過質量檢驗入庫，生產的產品也同樣要經過檢驗入庫；③收發料的日常業務處理工作。

（3）採購管理

用來確定合理的定貨量、優秀的供應商和保持最佳的安全儲備，並能夠隨時提供定購、驗收的信息，跟蹤和催促外購或委外加工的物料，保證貨物及時到達。建立供應商的檔案，用最新的成本信息來調整庫存成本。具體包括：①供應商信息查詢；②催貨；③採購與委外加工統計；④價格分析。

7.1.2.3 生產計劃和控製管理

（1）主生產計劃

它是根據生產計劃、預測和客戶訂單的輸入安排未來各週期中提供的產品種類和數量，將生產計劃轉為產品計劃，在平衡了物料和能力的需要後，精確到時間、數量的詳細的進度計劃，是企業在一段時期內總活動的安排，是一個穩定的計劃，是根據生產計劃、實際訂單和對歷史銷售分析得來的預測產生的。

（2）物料需求計劃

在主生產計劃決定生產多少最終產品後，再根據物料清單，把整個企業要生產的產品的數量轉變為所需生產的零部件的數量，並對照現有的庫存量，得到還需加工多少、採購多少的最終數量。這是整個部門真正依照的計劃。

（3）能力需求計劃

這是在得出初步的物料需求計劃之後，將所有工作中心的總工作負荷，在與工作中心的能力平衡後產生的詳細工作計劃，用以確定生成的物料需求計劃是否滿足企業生產能力的需求計劃。能力需求計劃是一種短期的、當前實際應用的計劃。

（4）車間控製

這是隨時間變化的動態作業計劃，是將作業分配到具體各個車間，再進行作業排序、作業管理、作業監控。

(5) 製造標準

在編製計劃中，需要許多生產的基本信息，這些基本信息就是製造標準，包括零件、產品結構、工序和工作中心，都用唯一的代碼在計算機中識別。

7.1.2.4 人力資源管理

近年來，企業內部的人力資源越來越受到企業的關注，被視為企業的資源之本。於是，人力資源管理作為一個獨立的模塊，被加入到 ERP 系統，與 ERP 中的財務、生產系統共同組成一個高效的、具有高度集成性的企業資源系統。

(1) 人力資源規劃的輔助決策

對於企業人員、組織結構編製的多種方案，進行模擬比較和運行分析，並輔之以圖形的直觀評估，輔助管理者做出最終決策。

制訂職務模型，包括職位要求、升遷路徑和培訓計劃，根據擔任該職位員工的資格和條件，系統會提出針對該員工的一系列培訓建議，一旦機構改組或職位變動，系統會提出一系列的職位變動或升遷建議。

人員成本分析，可以對過去、現在和將來的人員成本做出分析及預測，並通過 ERP 集成環境，為企業成本分析提供依據。

(2) 招聘管理

對招聘過程進行管理，優化招聘過程，減少業務工作量；對招聘成本進行科學管理，從而降低招聘成本；為選擇聘用人員的崗位提供輔助信息，並有效地幫助企業進行人才資源的挖掘。

(3) 工資核算

根據公司跨地區、跨部門、跨工種的不同薪資結構及處理流程，制訂與之相適應的薪資核算方法；與時間管理直接集成，能夠及時更新，對員工的薪資核算動態化；通過與其他模塊的集成，自動根據要求調整薪資結構及數據。

(4) 工時管理

根據本國或當地的日曆，安排企業的運作時間以及勞動力的作息時間表；運用遠程考勤系統，可以將員工的實際出勤狀況記錄到主系統中，並把與員工薪資、獎金有關的時間數據導入薪資系統和成本核算中。

(5) 差旅核算

系統能夠自動控製從差旅申請、差旅批准到差旅費報銷的整個流程，並且通過集成環境將核算數據導入財務成本核算模塊中去。

7.1.3 企業資源計劃的結構

企業資源計劃系統通常由以下三個關鍵部分構成：

7.1.3.1 客戶/服務器系統

ERP 系統使用客戶/服務器技術，它的各應用模塊通常以分佈式或非常分散的方式部署。儘管服務器可能集中安裝，但客戶通常分佈在企業組織的各職能部門。

7.1.3.2 企業範圍的數據庫

ERP 系統都是通過系統的核心數據庫來實施的，這個數據庫為系統的所有應用模塊所共享，因此可以減少數據冗余並保證了數據的完整性。

7.1.3.3 應用模塊

ERP 廠商為用戶提供不同的 ERP 應用模塊，這些模塊作為集成軟件包的一部分應用於各職能單位，如財務、人力資源、訂單處理等。大多數 ERP 系統都是以一套核心模塊為起點，並提供許多附加模塊供用戶選擇。ERP 系統要求用戶遵循應用系統所描述的流程和規則，同時，ERP 廠商也會為工業中的獨特流程和工序提供專門的應用模塊。

ERP 系統的三個主要成分之間的關係可以體現在兩種常見的 ERP 實施結構中，即兩層和三層的客戶/服務器實施。20 世紀 80 年代以前廣泛使用的是單層結構，單層結構的典型特點是 GUI（圖形用戶接口），處理邏輯和數據存儲作為一個整體包含在系統中。20 世紀 90 年代中期盛行兩層結構，這種結構把應用程序分成兩層：客戶層和服務器層。用戶接口和處理邏輯駐留在客戶端，而與其相關的所有數據則存放在服務器端。兩層系統與單層系統相比，主要好處是這種客戶/服務器結構使客戶端的程序變小，因此處理速度比單層結構更快。其缺點是當應用程序更複雜時，客戶端程序依然顯得龐大，這將減慢服務器的回應和處理。1996 年年初，三層結構的出現使計算機網絡的應用發生了根本的變化。這一開放的、分佈對象的方法把客戶端龐大的程序又分成了兩個部分：用戶接口和邏輯處理，這種三層結構加快了對用戶請求的回應和處理。

通常，ERP 系統有下面幾個主要特點：①標準化的數據定義：ERP 的商業流程在所有 ERP 應用模塊中共享相同的數據定義。②共同訪問單一的數據集：ERP 的一個基本設計目標就是要使一個企業中的所有業務流程維護單一的數據集。在實施 ERP 之前，企業通常要維護和處理多個數據版本，這使得企業的決策通常是基於不精確或非標準的數據。③系統柔性：ERP 系統具有柔性，以此來滿足企業變化的需要。客戶/服務器結構使 ERP 能通過 ODBC（開放數據庫連接）在各種后端數據庫上運行。④開放的系統結構：這意味著 ERP 系統中的任何模塊可以在需要的時候裝載或取消，而不影響其他模塊。ERP 系統支持多硬件平臺和來自第三方的可加載應用模塊。⑤跨越公司範圍：ERP 系統支持一個企業對外部實體的在線服務。

7.1.4 成功實施 ERP 的關鍵問題

7.1.4.1 ERP 的正確選型

ERP 軟件都是軟件供應商依照 ERP 思想編製的，只要適合企業的需求並有效地實施，ERP 軟件本身是不分地域、不分大小的。綜合目前市場的 ERP 軟件，從地域來分有國外的和國內的，從成熟程度來分有新開發的和由原 MRPII 演變延伸過來的，從規模來分有大型、中型、小型。選擇 ERP 軟件就像去商店選擇衣服或化妝品，五花八門，應有盡有，讓選型者眼花綠亂，無從下手。如果沒有定位，是很難下手購買的。選擇適合自己企業的 ERP 確實是一件很難的事情，因為 ERP 軟件沒有最好的，只有更好。所以企業選型者必須保持清醒的頭腦，根據自身的實際情況，制訂好目標與計劃（包

括投資計劃、上馬計劃），重點比較性能、價格、服務三方面。可以說選型不能按計劃執行的企業，在實施時也是不可能按計劃完成的，甚至可以說是不能成功實施 ERP 的企業，因為這其中隱藏著企業決策者的決心與魄力的問題。企業的正確選型要從以下幾方面來考慮：

（1）選擇恰當的時機

企業實現 ERP 必須選擇合適的時機，不要因為聽說 ERP 好而不擇時機而用，成功實現 ERP 的最佳時期是在企業的興盛期及呆滯期，在創業期和衰退期上 ERP 是很難成功的。在創業期，企業首先考慮的是生存，資金優先考慮使用在一些關鍵的投資，如增加設備、市場活動、物料採購等方面，人員的精力也主要放在營銷、產品開發及日常生產上。在沒有資金、沒有人力的前提下匆匆引進 ERP 管理，是不可能馬上產生效益的，結果會導致項目閒置。在這時期可以引進 ERP 的管理思想，重視企業信息化建設，但實現 ERP 尚不是時候。在衰退期，企業多數處於資金運作不佳、人心渙散的狀況，一些管理者到這時才想通過實現 ERP 去改變現狀，其實為時已晚。在這階段，ERP 的管理思想仍是有效的，但重點應放在人的管理方面，而不是靠一套軟件去改變現狀。在興盛及呆滯時期，企業會居安思危或尋求出路，很自然地產生了革新念頭，這是成功實現 ERP 的最佳時機。

（2）合理的定義需求

企業上 ERP 項目前必須清楚企業的現狀，明確引入 ERP 項目的目的，這樣選型和實施都會做到有的放矢。對於迫切需要理順管理的企業：很多企業在創業階段，往往會忽略內部的一些管理，包括執行制度的建立、運作規程建立、企業文化的發展等，這種企業發展到一定規模后，企業會陷入一種理不清的混亂狀態，對於這類企業上 ERP 目的就是為了借助 ERP 的力量理順管理問題，借助軟件功能的應用規範管理。對於迫切需要完善信息管理的企業：企業在發展過程中經常會發現內部統計數據滯后，跟不上市場的快速反應，重複統計工作繁瑣，數據出處不唯一，甚至誤導決策者，歸其原因就是內部信息還沒有共享。這種企業上 ERP 的目的是先實現數據統一，再通過 ERP 信息化和管理理念督促企業管理的完善和提高。對於發展受限，迫切往更高層次發展的企業：企業的決策者很清楚，企業要生存，發展才是硬道理，所以他們必須有不斷突破的胸懷。這種情況實現 ERP 見效是最快的，因為決策者已很清楚首要解決的焦點問題，包括營銷問題、內部生產配套問題、財務資金運作問題以及更深層的企業國際化問題等，所以需求定義時只要將這些問題細化即可，實施時也明確了實施次序和實施重點。

（3）制訂好投資計劃

可以說 ERP 是一種需要投入才能成功及產生效益的管理工具，這種投入主要包括資金和人員，沒有大量的投入，ERP 是不可能實施成功的。在資金方面，包括電腦軟件及硬件的投資；在人員方面，必須有一個核心的機構在推行這一工作，並視為日常工作的一個重要部分。在資金投入方面，要根據企業的具體情況，充分考慮企業規模和企業的承受能力，特別是硬件投資方面，不要理想化地認為可以一次到位，一個企業只要使用電腦，電腦硬件的投資是會不斷的，包括易耗品的投入。在 ERP 軟件方面，

不要盲目追求最好，也不要因為舍不得花錢而引入不成熟或一些冷門的 ERP 軟件。對於成熟的 ERP 軟件而言，功能上是各有優點，對不同行業它的優勢也是有差異的，企業應該充分考慮自身的運作特點，充分考慮性能價格比。投資比例視企業規模及行業性質而定，按照產值的百分比來計算，億元以下企業投資比例一般為 8%~12%，產值 1 億~5 億元企業投資比例一般為 4%~8%，產值 5 億~10 億元企業投資比例一般為 2%~3%，產值 10 億元以上的企業可視實際情況而定或考慮 2% 以上的比例。

7.1.4.2 實施過程中的幾個關鍵環節的控製

ERP 是一個系統的工程，涉及企業經營的各部門業務，不能一蹴而就。特別要注意關鍵環節的控製。大多數企業在實施 ERP 過程中大概會有以下七個時期：

(1) 好奇時期。當企業選定了 ERP 軟件后，大家最關心的就是想盡快看到 ERP 的真面目，ERP 到底能做到什麼。這個時期，有關人員的工作熱情是很高的。

(2) 模糊時期。在接受培訓的過程中，通過一些練習，參與實施人員對 ERP 有了初步的瞭解，但總是模模糊糊的，不知有什麼用。

(3) 糊塗時期。當進行了 ERP 理論及軟件功能培訓后，將進入模擬測試階段，由於軟件的龐大，而且功能也很靈活，做同一件事情可以有多種途徑，越模擬越糊塗，后面模擬的清楚了，前面的又忘記了。況且企業應該怎樣做，一時也決定不了，有越來越不清楚的感覺。

(4) 清醒時期。糊塗的感覺使實施人員感覺到有必要對軟件重新熟識，對業務進一步瞭解，並在顧問的指導下拿業務去試 ERP 軟件，以找出適合企業的做法。

(5) 期望出結果時期。通過再認識后，實施人員基本掌握了軟件功能，業務的流程也找到了相應的方法處理，各部門也想用起來，拿點成績出來交代。一般情況下就進入了試運行或並行運行的階段。

(6) 泄氣時期。在試運行或共同運行階段發現部門並不是那麼配合，經常是基礎數據不準，期初數據不準，數據錄入不及時，一些瓶頸問題得不到解決，獎罰無力，爭執較多，領導不拍板，實施人員大有吃力不討好的感覺。

(7) 功能再挖掘時期。熬過了泄氣時期，軟件已在逐步應用，能用的功能都基本在使用，管理在不斷規範，逐步嘗到了甜頭，但是從中也暴露了一些新問題及新需求，必須再對系統功能進行挖掘。

這些時期也許不能反應實施過程的全部，但泄氣時期是很危險的，我們必須認真對待，決策者必須有明確的指示，否則項目是不會成功的。為了避免泄氣時期帶來的傷害，在 ERP 實施過程中，必須控製好每個關鍵環節，盡量將問題提前暴露。另外，在 ERP 軟件的實施過程中企業內部管理習慣性行為與軟件流程往往會有一些衝突，這時候我們應該善於從自身找原因，因為 ERP 軟件總體設計是合理科學的，而企業的管理工作常常會存在漏洞，企業業務流程有不合理不科學的地方。所以企業各個部門要積極配合好 ERP 的實施小組，為 ERP 的順利實施做好改革工作，保證企業實施的順利進行。

7.1.4.3 實施 ERP 過程中容易犯的錯誤

到 2015 年為止，中國企業實施 ERP 已經差不多 20 年了。客觀地說，到目前為止，

ERP 實施成功率並不是很高。當中有各種原因，但其中一些是共性的錯誤。

（1）認為 ERP 是企業管理的靈丹妙藥。ERP 是企業管理的重要工具，它在企業的管理中起到計劃與控製的作用。國內外的 ERP 軟件供應商提供的軟件一般包括：採購管理、銷售管理、庫存管理、生產管理、人力資源管理、物料需求計劃、車間排產、項目管理、財務管理等管理模塊。如果企業急迫要求考勤管理、CAD、自動控製、辦公自動化管理等其他管理項目，這時不要選擇 ERP 軟件。任何一種軟件都有它的應用範圍，任何一臺再先進的機器設備，它也有一定的使用範圍。人們很少見到要求烤麵包的機器能同時生產飲料的，但在選擇軟件的時候犯類似錯誤的人卻很多，他們要求軟件無所不能，解決企業的所有問題。

（2）對實施 ERP 的投入不足。ERP 是一個管理項目，它需要大量的人力、物力和財力的投入。軟件是一種新興的產品，因此人們往往對它抱有幻想，認為只要投入較少的資金，加上幾個微機人員便可以實現 ERP 了。這樣的做法是完全錯誤的，有這樣想法的企業在沒有消除這種想法的情況下千萬不要上 ERP 項目。ERP 的實施對於企業來說是一種革新，它既需要財力和物力，更需要人力的投入。這裡的人力投入包括各個業務的管理人員、操作人員和對這些業務能起到協調和控製的人員。

（3）過分強調個性化。企業對軟件的個性化要求有時是業務必需的，有時是個人感官要求的，不分青紅皂白過分強調個性化是不合適的。企業之間是有差異的，企業對軟件的個性化要求是必然的，但我們必須分清是業務要求還是個人感官要求，前者要進行客戶區分，後者要盡量避免。

（4）徒有虛名的「一把手工程」。實施 ERP 被當成為「一把手工程」。「一把手工程」是指高層領導在理解 ERP 的基礎上，領導、指導參加 ERP 的實施，解決 ERP 實施過程中的部門協調等問題。如果企業領導僅僅停留在口頭上和形式上支持，ERP 的實施是不會成功的。如果 20 世紀 80 年代初中國引進微機實施企業 MIS 失敗的原因是重硬件輕軟件，那麼，今天 ERP 實施不成功的原因就是重技術輕管理。

（5）急於求成。ERP 的實施要有一定的週期，任何急於求成的想法都是錯誤的。ERP 的實施不同於企業 MIS 系統，前者是一個企業計劃與控製的有機整體，後者是一個相對獨立的子系統。如果把 ERP 的實施看成是各個 MIS 系統的簡單羅列，這樣的 ERP 實施工程是不會成功的。

（6）不重視數據的準確性。ERP 軟件是企業管理非常有效的工具，它運行的基礎數據來自企業。真實可靠的基礎數據，將運算出科學的結果；不準確的基礎數據，將運算出不準確的結果。如果企業為了一時的「高效率」，提供了不準確的基礎數據，往往會造成整個項目的失敗。

（7）不重視 BPR（企業流程再造）。

（8）一切推倒重來。

（9）隊伍建設不足。

7.2 供應鏈管理系統

隨著網絡經濟時代的到來，經濟全球化必然會引起企業的管理模式和管理理念等方面的深刻變革。如何使現代企業順應新時代的經濟發展，已成為國內外企業關注的焦點。供應鏈管理（Supply Chain Management，SCM）作為一種新的企業管理模式，近年來已成為國內外研究和應用的熱點。供應鏈管理是從企業最初重視的物流和企業內部資源管理的基礎上發展起來的，是企業管理發展的必然產物。

7.2.1 供應鏈管理產生與發展

7.2.1.1 供應鏈管理的產生

20世紀90年代以來，隨著各種自動化和信息技術在製造企業中不斷應用，製造生產率已被提高到了相當高的程度，製造加工過程本身的技術手段對提高整個產品競爭力的潛力開始變小。為了進一步挖掘降低產品成本和滿足客戶需要的潛力，人們開始將目光從管理企業內部生產過程轉向產品全生命週期中的供應環節和整個供應鏈系統。不少學者研究得出，產品在全生命週期中供應環節的費用（如儲存和運輸費用）在總成本中所占的比例越來越大。加拿大哥倫比亞大學商學院的邁克爾·W·特里西韋教授研究認為，對企業來說，庫存費用約為銷售額的3%，運輸費用約為銷售額的3%，採購成本占銷售收入的40%~60%是較為合理的。而對一個國家來說，供應系統占國民生產總值的10%以上，所涉及的勞動力也占總數的10%以上。另外，隨著全球經濟一體化和信息技術的發展，企業之間的合作正日益加強，它們之間跨地區甚至跨國合作製造的趨勢日益明顯。國際上越來越多的製造企業不斷地將大量常規業務「外包」（Outsourcing）出去給發展中國家，而只保留最核心的業務（如市場、關鍵系統設計和系統集成、總裝配以及銷售）。中國一些營運良好的家電企業（如春蘭空調公司）和高科技企業（如深圳華為公司）在其生產經營過程中也是把很多零部件生產任務外包給其他廠家（如春蘭公司就有近100家零部件協作廠）。在這些合作生產的過程中，大量的物資和信息在很廣的地域間轉移、儲存和交換，這些活動的費用構成了產品成本的重要組成部分，而且對滿足顧客的需求起著十分巨大的作用。因此，有必要對企業整個原材料、零部件和最終產品的供應、儲存和銷售系統進行總體規劃、重組、協調、控制和優化，加快物料的流動，減少庫存，並使信息快速傳遞，時刻瞭解並有效地滿足顧客需求，從而大大減少產品成本，提高企業效益。因此，供應鏈管理作為一種新的學術概念首先在西方被提出來，很多人對此開展研究，企業也開始這方面的實踐。世界權威的《財富》（Fortune）雜誌，就將供應鏈管理能力列為企業一種重要的戰略競爭資源。在全球經濟一體化的今天，從供應鏈管理的角度來考慮企業的整個生產經營活動，形成這方面的核心能力，對廣大企業提高競爭力將是十分重要的。

7.2.1.2 供應鏈管理的發展現狀

供應鏈管理是目前國外企業管理的一種全新模式，也將是國內企業管理的發展方

向。最初它起源於企業資源規劃（ERP），是基於企業內部範圍的管理。與企業最初只重視物流和企業內部資源的管理模式相比，供應鏈管理是將企業內部經營所有的業務單元如訂單、採購、庫存、計劃、生產、質量、運輸、市場、銷售、服務等以及相應的財務活動、人事管理均納入一條供應鏈內進行統籌管理。

在網絡經濟時代，企業的管理僅僅停留在注重物流和企業內部資源的管理上，已無法適應當今經濟全球化的發展趨勢，迫切需要對供應鏈運行的整個過程進行管理，對供應鏈活動中的生產商、銷售商、供應商等進行統一的協調和計劃，以適應市場變化、柔性、速度、革新的需要，從而實現高效的、一體化的供應鏈管理。隨著互聯網、交互式 Web 應用以及電子商務的出現，傳統供應鏈將轉變為基於互聯網的開放式的全球網絡供應鏈。與此同時，世界經濟的商業運作方式和現有供應鏈的結構將得到徹底改變，傳統意義的經銷商將消失，其功能將被全球網絡電子商務所取代。

在這種全球網絡供應鏈模式下，網絡上的企業都具有兩重身分，既是客戶又同時是供應商，企業不僅可以網上交易，更重要的是成為供應鏈的一個元素。在這種新的商業環境下，所有的企業都將面臨更為嚴峻的挑戰，它們必須在提高客戶服務水平的同時努力降低營運成本；必須在提高市場反應速度的同時給客戶以更多的選擇。同時，互聯網和電子商務也將使供應商與客戶的關係發生重大的改變，其關係將不再僅僅局限於產品的銷售，更多的將是以服務的方式滿足客戶的需求來替代把產品賣給客戶。越來越多的客戶不僅以購買產品的方式來實現其需求，而是更看重未來應用的規劃與實施、系統的運行維護等。本質上講他們需要的是某種效用或能力，而不是產品本身，這將極大地改變供應商與客戶的關係。企業必須更加細緻、深入地瞭解每一個客戶的特殊要求，才能鞏固其與客戶的關係，這是一種長期的有償服務，而不是產品的一次或多次性的購買。

在全球網絡供應鏈中，企業的形態和邊界將產生根本性改變，整個供應鏈的協同運作將取代傳統的電子訂單，供應商與客戶間信息交流層次的溝通與協調將是一種交互式、透明的協同工作。一些新型的、有益於供應鏈運作的代理服務商將替代傳統的經銷商，並出現新興業務，如交易代理、信息檢索服務等，將會有更多的商業機會等待著人們去發現。這種全球網絡供應鏈將廣泛和徹底地影響並改變所有企業的經營運作方式。

7.2.2 供應鏈管理模型及其特徵

7.2.2.1 供應鏈的概念和特徵

（1）供應鏈概念

所謂供應鏈是一種業務流程模型，是指由產品在到達消費者手中之前所涉及的原材料供應商、生產商、批發商、零售商以及最終消費者組成的供需網絡，它包括物料來源、產品生產、運輸管理、倉庫管理甚至需求管理，通過這些功能的集合，把產品和服務提供給最終消費者。它是圍繞核心企業，通過對物流、資金流、信息流的控制，從採購原材料開始，到中間產品以及最終產品，最后由分銷網絡把產品送到消費者手中，全過程涉及供應商、製造商、分銷商、零售商、最終消費者的一個功能網鏈結構模式。

供應鏈這一名詞直接譯自英文「Supply Chain」，目前尚未形成統一的定義，許多學者從不同的角度出發給出了不同的定義。中國學者馬士華、林勇給出一個供應鏈定義：供應鏈是圍繞核心企業，通過對信息流、資金流、物流的控製，從採購原材料開始，制成中間產品和最終產品，最後由銷售網絡把產品送到消費者手中的將供應商、製造商、分銷商、零售商，直到最終用戶連成一個整體的功能網鏈結構。

供應鏈是一條需求鏈，因為它是企業之間為滿足消費者的需求而進行的業務上的聯合，通過計劃、獲得、存儲、分銷、服務等一系列活動，上游為下游供應物料，下游為上游產生物料需求。

同時，供應鏈又是一條增值鏈，因為從原材料加工、產品流通，直至產品送到消費者手中的整個過程，各相關企業可以提供附加的增值產品和增值服務，為供應鏈增加價值，物料在供應鏈上因加工、包裝、運輸等過程也增加了價值，給相關企業和消費者帶來收益。所以，美國管理學家邁克爾.波特又稱之為價值鏈。

供應鏈一般分為內部供應鏈和外部供應鏈。內部供應鏈是指企業內部產品在生產和流通過程中所涉及的採購部門、生產部門、倉儲部門、銷售部門等組成的供需網絡。外部供應鏈則是指涵蓋企業的與企業相關產品的生產和流通過程中所涉及的供應商、生產商、儲運商、零售商以及最終消費者組成的供需網絡。

供應鏈經歷了從初期單純的企業內部供應鏈，發展為包含企業內部供應鏈，圍繞核心企業，包括上游供應商的供應商、下游客戶的客戶的集成供應鏈兩個階段。

集成供應鏈（IntergrateD Supply Chain），是指把供應商、製造商、分銷商、零售商等在一條網鏈上的所有環節都聯繫起來並進行優化，其實質在於企業與相關企業形成融會貫通的網絡整體，對市場進行快速反應。供應鏈的集成，實質就是將上、下游企業有機地連在一起，形成同步的網絡體系，使企業與其上、下游之間建立有形或無形的聯繫，對市場需求做出快速反應（Quick Response）。供應鏈的集成，改變了過去僅僅在供應鏈中將費用從一個口袋轉移到另一個口袋的做法，它優化了整個供應鏈的執行，給最終客戶提供了最優的價值。另外，它還多方位地影響了市場，比如，形成了寬口徑、短渠道的流通體系，大大提高了流通效率；促進了流通現代化和信息技術在各領域的廣泛應用；使產品競爭壓力由消費者通過流通體系向生產者快速傳遞，迫使生產者提高產品品質，降低成本，以滿足市場需求。

（2）供應鏈特徵

圖7-1形象地表示了產品從生產到消費的全過程。按照供應鏈的定義，這個過程是一個非常複雜的網鏈模式，覆蓋了從原材料供應商、零部件供應商、產品製造商、分銷商、零售商直至最終客戶的整個過程。

供應鏈是人類生產活動的一種客觀存在。但是過去這種客觀存在的供應鏈系統一直處於自發的、松散的運動狀態，供應鏈上的各個企業都是各自為戰，缺乏共同的目標。不過，由於過去的市場競爭遠不如今天這麼嚴峻，因此，這種自發運行的供應鏈系統並未反應出不適應性。然而，進入21世紀後，經濟全球化、市場競爭全球化等浪潮一浪高過一浪，自發形成的供應鏈系統的弊端開始顯現出來，企業必須尋找更有效的方法，才能在這種形勢下生存和發展下去。因此，人們發現必須對供應鏈這一複雜

系統進行有效協調和管理，才能取得更好績效，才能從整體上降低產品（服務）的成本，供應鏈管理思想就是在這種環境下產生和發展起來的。

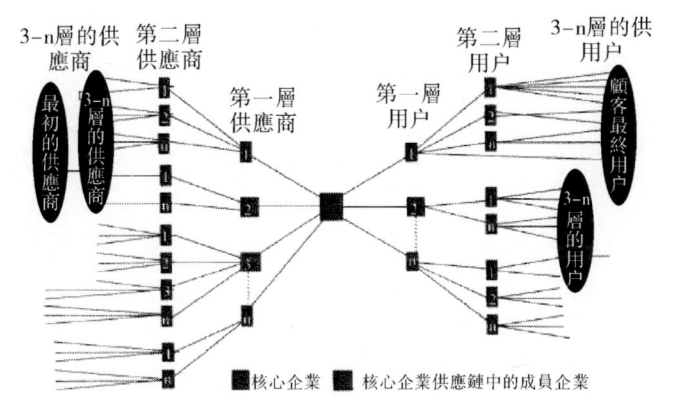

圖 7-1　供應鏈系統分層結構

從圖 7-1 可以看出，供應鏈由所有加盟的節點企業組成，其中有一個核心企業（可以是製造型企業，如汽車製造商，也可以是零售型企業，如美國的沃爾瑪），其他節點企業在核心企業需求信息驅動下，通過供應鏈的職能分工和合作（生產、分銷、零售等），以資金流、物流和服務流為媒介實現整個供應鏈的不斷增值。

根據供應鏈和供應鏈管理的定義，供應鏈的結構可以簡單地顯示為圖 7-2。

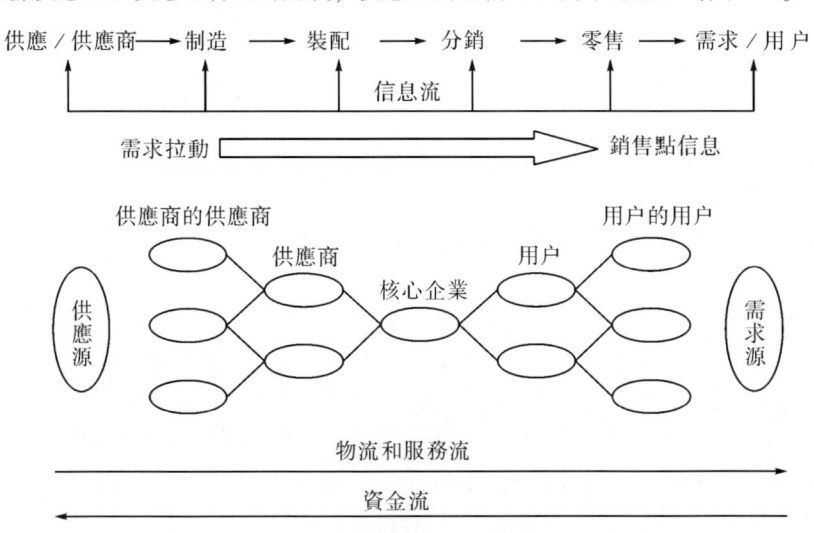

圖 7-2　供應鏈網絡結構模型

從供應鏈的結構模型可以看出，供應鏈是一個網鏈結構，由圍繞核心企業的供應商、供應商的供應商和用戶、用戶的用戶組成。一個企業是一個節點，節點企業和節點企業之間是一種需求與供應的關係。供應鏈主要具有以下特徵。

229

①複雜性

因為供應鏈節點企業組成的跨度（層次）問題，供應鏈往往由多個、多類型甚至多國企業組成，所以供應鏈結構模式比一般單個企業的結構模式要複雜。

②動態性

供應鏈管理因企業戰略和適應市場需求變化的需要，其中的節點企業需要動態更新，這就使得供應鏈具有明顯的動態性。

③面向用戶需求

供應鏈的形成、存在、重構，都是基於一定的市場需求而發生，並且在供應鏈的運作過程中，用戶的需求拉動是供應鏈中信息流、產品/服務流、資金流運作的驅動源。

④交叉性

節點企業可以是這個供應鏈的成員，同時又是另一個供應鏈的成員，眾多的供應鏈形成交叉結構，增加了協調管理的難度。

7.2.2.2 供應鏈管理的概念和基本原則

（1）供應鏈管理概念

「供應鏈管理」（Supply Chain Management，SCM）一詞在20世紀80年代中期的一些物流文獻中開始使用，著眼於削減在庫產品流程，以及供給者與需求者之間的供需調整，特別是對於像零售業、食品行業等需要較多在庫產品的產業，通過上游企業和下游企業的整合，集中管理整個流通渠道的物質流，可以獲得強大的競爭優勢。此后，供應鏈管理的觀念逐漸向計算機、複印機等各種產業延伸。供應鏈管理興起的原因，主要在於企業所面臨的市場及競爭環境發生了巨大變化及其相應的戰略調整的要求。自20世紀80年代以來，顧客在買賣關係中基本占據了主導地位，市場由賣方市場轉變為買方市場。為適應這種轉變，許多企業開始實行由「以產品為中心」到「以顧客為中心」的轉變，企業的生產方式變企業「推動」為顧客需求「拉動」，採取「敏捷製造」的方式。日本企業開始採用全面質量管理（TQC）、物料需求計劃（MRP）、製造資源計劃（MRP）、準時生產制（JIT）和柔性製造系統（FMS），提高企業的應變能力，使日本的製造業得到迅猛發展，產品和資本向歐美大舉挺進。歐美企業為應對這種國際化競爭，向日本學習精細生產方式，提出了「敏捷製造」（AM）的概念，以及基於敏捷製造的虛擬企業（VE）概念和供應鏈管理這一新的經營與運作模式。

供應鏈管理是指對整個供應鏈系統進行計劃、協調、操作、控製和優化的各種活動和過程。其目標是將滿足客戶需要的產品在正確的時間，按照正確的數量、正確的質量和正確的狀態送到正確的地點，並使總成本最小或總收益最大。它是一種集成的管理思想和方法，執行供應鏈中從供應商到最終消費者的物流的計劃與控製等職能。它也是一種管理策略，主張把不同企業集成起來以增加供應鏈的效率，注重企業之間的合作，把供應鏈上的各個企業作為一個不可分割的整體，使供應鏈上各個企業分擔的採購、分銷和銷售職能成為一個協調發展的有機體。供應鏈管理的範圍包括從最初的原材料直到最終產品到達最終消費者手中的全過程，管理對象是在此過程中所有與物資流動及信息流動有關的活動和相互之間的關係。

要成功地構築並實施供應鏈管理，使供應鏈管理真正成為有競爭力的武器，就要拋棄傳統的管理思想，把企業內部以及結點企業的採購、生產、財務、市場營銷、分銷看作一個整體的功能過程，來開發集成化的供應鏈管理。通過信息、製造和現代管理技術，將生產經營過程中有關的人、技術、經營管理三要素有機地集成並優化運行。通過對生產經營過程的物料流、管理過程的信息流和決策過程的決策流進行有效的控製和協調，將企業內部的供應鏈與企業外部的供應鏈有機地集成起來進行管理，達到全局動態最優目標，以適應新的競爭環境中市場對生產和管理過程提出的高質量、高柔性、低成本要求。

（2）供應鏈管理的基本原則

供應鏈管理包括訂單處理、原材料或在製品存儲、生產計劃、作業排序、貨物運輸、產品庫存、顧客服務等一系列活動。對於供應鏈中的這些活動，供應鏈管理應在不降低產品質量和顧客滿意度而實現成本不斷降低的前提下，盡快協調各環節的活動。實現供應鏈管理的目標，要將顧客所需的正確的產品（Right Product）能夠在正確的時間（Right Time）、按照正確的數量（Right Quantity）、正確的質量（Right Quality）和正確的狀態（Right Status）送到正確的地點（Right Place），即「6R"，並使總成本最小。因此為了達到有效的供應鏈管理，需遵循以下基本原則：

①供應鏈上的每一供應商要求以最低的成本和費用持續可靠地滿足其客戶的需求。

②供應鏈管理從一個全新的高度對物流和信息流進行有效管理，其側重點在於公司之間或公司內部之間的連結。

③貿易夥伴之間的密切合作，信息共享，風險共擔，建立雙贏的合作策略；

④應用條碼、應用標示符及條碼和電子數據交換（EDI）等現代科技作為管理手段；

⑤在整個供應鏈領域建立信息系統。從處理日常事務和電子商務到多層次的決策，再到前瞻性的策略分析都需要管理信息系統的支持；

⑥建立整個供應鏈的績效考核准則，而不僅僅是局部的個別企業的孤立標準，供應鏈的最終驗收標準是客戶滿意度。

（3）敏捷供應鏈的基本概念

所謂敏捷供應鏈是指在競爭、合作、動態的環境中，由供應商、生產商、分銷商等實體構成的快速回應環境變化的動態供應網絡。它是在敏捷製造概念的產生和供應鏈管理的要求的基礎上產生的概念。敏捷供應鏈中的「實體」是指參與供應鏈的企業或企業內部業務相對應的部門；「動態」反應了為適應市場變化而進行的供應關係的重構過程；「敏捷」用於強調供應鏈對市場變化及用戶需求的快速回應能力。與一般供應鏈系統相比，敏捷化供應鏈的特點就在於其可以依據動態聯盟企業的形成和解體（企業重組）進行快速的重構和調整供應鏈。

敏捷供應鏈管理是對敏捷供應鏈中的物質流、信息流和資金流進行適時、適量、適地的調度和管理的過程，其目標是在正確的時間、正確的地點、將正確的需求項目按照正確的數量交給正確的交易對象。

(4) 供應鏈管理的主要內容

供應鏈管理的主要內容包括計劃、合作和控製從供應商到用戶的物料（零部件和成品等）和信息。其目標在於獲得較高的客戶滿意度和較低的庫存和單位成本兩個目標之間的平衡，而實際工作中這兩個目標往往會發生衝突。供應鏈管理除了關心物料實體在供應鏈中的流動以及企業內部與企業之間的運輸問題和實物分銷以外，還應包括以下主要內容：

①供應鏈客戶需求預測和計劃；
②戰略聯盟的建立和重組及用戶夥伴關係管理；
③企業內部與企業之間物流管理；
④企業間資金流、信息流管理；
⑤供應鏈中的訂單計劃管理和執行；
⑥產品生產、供應、銷售和運輸管理和協調；
⑦基於供應鏈的用戶服務；
⑧節點企業的定位和供應鏈活動的計劃、跟蹤和控製；
⑨聯盟內部交互信息流管理。

因此，在建立供應鏈系統模型時，必須考慮供應鏈管理中這些主要問題。

7.2.3 供應鏈管理系統的功能

按照 SCM 的發展，可將 SCM 系統的功能分為兩種情況：一種是初期的 SCM 系統的功能；另一種是集成的 SCM 系統的功能。

7.2.3.1 初期的 SCM 功能

(1) 供需管理

供需管理是 SCM 的重要功能，包括供應商與客戶的信息和進度管理，如圖 7-3 所示。

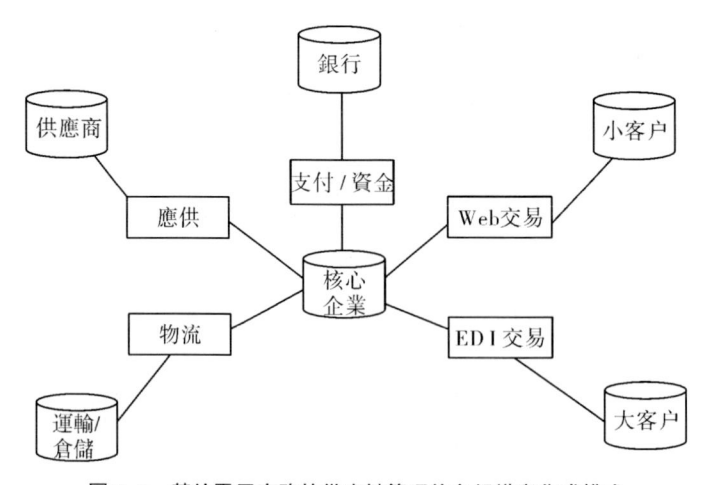

圖 7-3 基於電子商務的供應鏈管理信息組織與集成模式

從圖 7-4 中可以看出，供應鏈的需求是由客戶、分銷中心、倉庫、工廠 B、工廠 A 流向供應商的，也可以直接由客戶、公司流向供應商。供應鏈的供應是由供應商、工廠或倉庫、分銷中心流向客戶的。

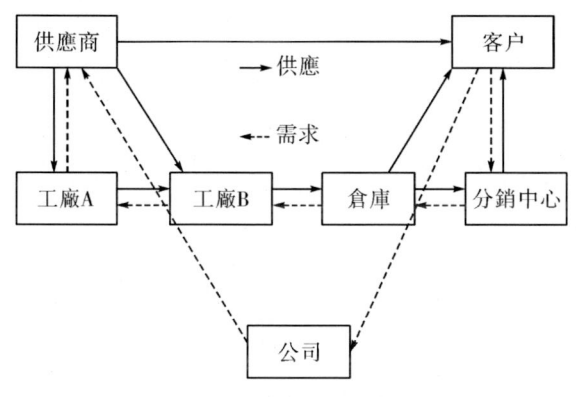

圖 7-4　供應鏈的供需管理

供應商的信息和進度由採購功能來管理，客戶信息和進度由銷售功能來管理，企業內部供應與需求由製造、庫存、運輸功能模塊來管理。所有的供需信息可以通過不同的結點來進行收集，供需信息自動在數據庫之間傳遞。

（2）物料管理

在具備了供需信息之後，可以根據這些信息來編製計劃和執行計劃。製造工廠可以通過物料清單、庫存控製、加工單、質量管理等來管理自身的生產過程。

（3）財務管理

供應鏈的財務管理主要是管理供應商、製造商和客戶之間的資金往來，即應收款與應付帳款。同時，製造商也要對內部資金的往來進行管理，控製現金流量和降低成本。

7.2.3.2　集成的 SCM 功能

到了 SCM 的發展階段，SCM 的內容更為深入和廣泛。不僅供應鏈管理的短期計劃得到重視，供應鏈管理的長期計劃也引起了管理者的重視。從短期看，管理者們是何時採購何種原材料，如何充分利用生產資源安排好生產，怎樣合理安排運輸路線，如何編製履行合同的計劃，怎樣履行對客戶的承諾，等等。從長期來看，管理者們關心的是選用怎樣的策略與供應商建立關係，在何處設立工廠為宜，怎樣才能建立國際運輸網絡，如何開展網絡營銷，如何應對產品供不應求的局面，等等。這一切都是 SCM 需要解決的問題，而這些問題的解決不僅依賴於企業之間的信息系統，還需要有企業內部的信息系統和決策支持系統 DSS 的支持。供應鏈中的 DSS 又稱高級計劃排程（Advanced Planning and Scheduling, APS）。

利用 APS 可以進行物流網絡設計、存貨的配置、配送中心選址、庫存產品管理、運輸的調度、資源的分配、運輸路線的安排、需求計劃的預測、供應計劃的制訂、產品產量的確定、倉庫的數量及大小的決定等各項工作。

（1）採購管理

集成 SCM 的採購管理，即互聯網採購，包含採購自助服務、採購內容管理、供貨來源的分配、供應商的協作、收貨及付款、採購智能等功能。集成 SCM 的採購與傳統採購管理不同，它是由交易關係轉變為合作夥伴關係，由為避免缺料的採購管理轉變為滿足訂貨而採購，由被動供應鏈轉變為主動供應，由製造商管理庫存轉變為供應商管理庫存。

在採購管理中，可以運用及時系統的原理，做到及時採購，實現零庫存，以最低的價格獲得所有的物料，以最大限度地降低成本。

（2）銷售管理

集成 SCM 的銷售訂單管理具有客戶自助服務、訂單配置、需求獲取、訂單履行、開票以及銷售智能等功能，集成 SCM 的銷售與傳統銷售管理不同，它是由推式市場模式轉變為拉式市場模式，由以製造商為中心轉變為以客戶為中心，由等待型銷售轉變為創造性銷售，由一般渠道銷售轉變為網絡營銷。

在銷售訂單管理中，運用客戶價值的管理，利用由傳統的虛擬的信息源所獲得的需求信息，對客戶的要求迅速做出反應，以達到擴大銷售、提高利潤的目標。

（3）高級計劃排程（APS）

高級計劃排程是實現集成 SCM 的重要部分，包括綜合預測、供應鏈計劃、需求計劃、製造計劃和排程、供應鏈智能等功能。高級計劃排程是傳統管理中所缺少的功能，它的功能是可以發展多設備分佈和生產計劃，利用互聯網優化企業在全球的供應鏈業務，通過分銷需求計劃（DPR）和供應鏈計劃（SGP）幫助企業得到快捷無縫的計劃系統。沒有 APS，SCM 只能作為一種管理理念，而不能成為計劃和協同的工具，更不可能成為可推廣的軟件。

SCM 的敏捷製造是集成化 SCM 的一部分，它擁有多模式製造、混合製造、國際化、質量與成本管理以及運作智能等功能。敏捷製造使用最佳的製造方案來提高營運效率和加速業務週轉。

（4）交易平臺

除了以上功能之外，集成 SCM 還為用戶提供交易平臺，具有訂單目錄、現貨購買、來源分配、拍賣、付款、后勤管理、協作計劃與排程、關鍵績效指標等功能。

在集成 SCM 中，有各種形式的交易平臺，包括：一對一模式，即一個企業與另一個企業相連結，它們的信息系統也連結起來；一對多模式，即一個企業通過交易平臺與多個企業連結，從信息系統的角度來看，可以是一個企業的一個或多個應用系統通過交易平臺與多個企業連結；多對多模式，即多個企業與多個企業通過交易平臺連結。無論是一對一模式或是一對多模式，還是多對多模式，在交易平臺中，企業與客戶、供應商交換的都是製造、財務、需求計劃、服務等信息。

通過交易平臺可以建立一種會員制，各企業以會員身分支付一定會費來參加交易活動。供應鏈上需要增加何種功能、什麼時間增加，都由會員企業投票來決定。

7.2.4 供應鏈管理系統的實施

SCM 的實施與 ERP 的實施不一樣，實施 SCM 的難度比較高。這是因為 ERP 的實施只涉及一個企業，而 SCM 的實施涉及企業外部，它包含上游及下游的許多企業。因此，這是一個需要有較高的集成度才能完成的作業。因此，建立一套切實可行且完美的實施方案就是一項必不可少的工作了。實施自動的電子供應鏈分為三個階段：

第一階段：企業內部資源整合加入到供應鏈後需要及時地獲得有助於迅速、高效決策的信息，生產流程必須最優化，從而實現最佳的效率、產量和回應時間。庫存必須降至最低，同時還要達到支持客戶服務目標的最佳水平。所以企業必須進行業務流程的重組，建立信息系統，不是一定要建立 ERP，但是一定要有能快速收集信息並作出反應的系統。

第二階段：與上游供應商和下游銷售商建立關係與供應商、銷售商制訂協作計劃，訂立進程表，利用供應鏈下訂單，並制訂一套定價、交貨、付款的規則，同時制訂監控方法，有了規則，就可以與自己的存貨管理、付款系統連在一起。

第三階段：採用因特網技術把所有供應商和客戶的數據建立電子連接，任一客戶或任一供應商都能與企業交換信息，就像一個企業一樣，建立一個能夠快速滿足市場需求的網絡系統。

7.2.4.1 SCM 的實施環節

(1) 明確企業自身在供應鏈中的定位

供應鏈由原材料供應商、製造商、分銷商、零售商、物流與配送商及消費者組成。一條富於競爭力的供應鏈要求組成供應鏈的各成員都具有較強的競爭力，不管每個成員為整個供應鏈做什麼，都應該是專業化的，而專業化就是優勢。在供應鏈中，總會有處於從屬地位的企業。任何企業都不可能包攬供應鏈的所有環節，它必須根據自身的優勢來確定自身的定位，制訂相關的發展戰略。比如，對自己的業務活動進行調整和取捨，著重培養自己的業務優勢等。

(2) 分析業務目標

供應鏈上的成員是為了共同的目標而走到一起來的，這個共同的目標就是降低成本，提高利潤，加強競爭力。為了達到這個目標，必須解決銷售、產品等各方面的問題，如供需信息如何快速傳遞、新產品開發速度如何掌握、怎樣聯合控製成本、如何共同參與質量的控製、如何做到準時交貨，等等，可以將各種目標按照重要程度進行排列。

(3) 分析現有供應鏈

從計劃、約束條件、運作以及業績等方面來分析現有供應鏈中各結點所存在的問題。這些問題可以分為企業內部的、供應鏈方面的，以及與其他供應鏈競爭方面的。在以上分析的基礎上，可以確定 SAM 的戰略目標、決定改革的方案，以及擬定 SCM 的設想。

(4) 組建實施團隊

實施團隊由 SCM 的有關人員組成。他們是掌握一定產品知識的技術人員、管理部

門和供應商之間聯繫的組織人員，以及具有決策權力的企業高層管理者。這個團隊需要有一位充分瞭解各企業和供應鏈的領導者，他應該具有一定的組織能力和協調能力，能夠處理好各方面的關係。

(5) 選擇合作夥伴

合作夥伴的選擇也是 SGM 設計的首要工作。因為合作夥伴選擇得是否恰當將會對 SCM 產生很大的影響。合作夥伴的選擇是有原則的，那就是合作夥伴能增加產品的價值，提高銷售水平，有效利用資源，加速運轉過程，具有互補作用，增進技術合作。在選擇供應商時，還可以對以上原則進一步具體化。如供應商是否能長期合作，供應的產品質量如何，供應商在行業中的經驗如何，供應商的服務水平如何，供應商的信息系統是否建立，等等，可以通過調查研究選擇理想的合作夥伴。

(6) 廣泛採用信息技術

目前，中國大量的生產企業處於由消費者引導生產的階段，因此應該盡可能全面地收集消費信息。零售店鋪的 PO、系統可以收集一部分信息，物流、配送環節的信息就比較難收集，這時可以通過應用條形碼及其他一些自動數據採集系統進行採集，而且應該建立整個供應鏈管理的信息系統。

(7) 建立物流、配送網絡，組建供應鏈

企業的產品能否通過供應鏈快速地分銷到目標市場上，取決於供應鏈上物流、配送網絡的健全程度及市場開發狀況等，物流、配送網絡是供應鏈存在的基礎。一個供應鏈在組建物流、配送網絡時，應該最大限度地謀求專業化。當供應鏈的企業統一了認識、願意建立合作關係之後，建立供應鏈的條件也就成熟了，接下來就可以組織供應鏈的各方簽訂協議。協議中要強調目標一致、信息共享和利益分享。

(8) 對供應鏈進行績效評價

國內許多實例證明：建立並控製一個包括廣泛銷售渠道在內的供應鏈不容易，而維護整個供應鏈的領導力量更不容易。因此，需要對供應鏈進行績效評價，包括三個方面：①對整個供應鏈的運行效果做出評價。主要考慮到供應鏈之間的競爭，為供應鏈在市場中的生存、組建、運行、撤銷的決策提供客觀依據。目的是通過績效評價獲得對整個供應鏈運行狀況的瞭解，找出供應鏈營運中存在的問題，及時給予糾正。②對供應鏈內各企業做出評價。主要考慮供應鏈對企業的激勵，吸收優秀企業加盟，剔除不良企業。③對供應鏈內企業之間的合作關係做出評價。主要評價上游、下游企業之間的合作夥伴關係。

7.2.4.2 實施供應鏈管理的優點

供應鏈管理是近幾年在企業實行電子商務和信息化管理中最流行和有效的管理模式之一。事實也證明，成功的供應鏈管理確實能使企業在激烈的市場競爭中，明顯提升企業的核心競爭力。實施供應鏈管理具有以下優點：

(1) 節約交易成本

供應鏈上各企業通過網絡系統訂貨，將大大降低供應鏈內部各環節的交易成本，縮短交易時間。

（2）降低存貨水平

通過擴展組織的邊界，供應商能夠隨時掌握存貨信息，組織生產，及時補充，因此企業無必要維持較高的存貨水平。

（3）降低採購成本，促進供應商管理

由於供應商能夠方便地取得存貨和採購信息，採購管理人員就可以從這種低價值的勞動中解脫出來，從事具有更高價值的工作。

（4）減少循環週期

通過供應鏈的自動化，預測的精確度將大幅度提高，這將導致生產企業不僅能生產出需要的產品，而且能減少生產的時間，提高顧客滿意度。

（5）增加收入和利潤

通過組織邊界的延伸，企業能履行他們的合同，增加收入並維持和增加市場份額。

（6）改變企業的關係

從企業之間的競爭轉變為供應鏈的競爭，它強調核心企業通過和其上下游企業之間建立的戰略夥伴關係，使每個企業都發揮各自的優勢，實現雙贏。這一競爭方式將會改變企業的組織結構、管理機制和企業文化。

（7）實現供求的良好結合

供應鏈把供應商、生產商、銷售商緊密結合在一起，並對他們進行協調、優化管理，使企業之間形成和諧的關係，使產品、信息的流通渠道最短，進而又使消費者的需求信息沿供應鏈逆向迅速地、準確地反饋給銷售商、生產商和供應商，他們據此做出正確決策保證供求的良好結合。

7.3　決策支持系統

決策支持系統是在管理信息系統基礎之上發展起來的一個新興領域，它是以支持管理者做決策為目標的。如果說管理信息系統是為了更有效地提供管理決策所需的信息，那麼決策支持系統則是根據這些信息作出面向高層管理的有效決策。決策支持系統作為信息系統的一個重要分支，將成為一個極有發展前途的學科。

7.3.1　決策支持系統的概念

決策支持系統（Decision Support System，DSS）是20世紀80年代末在發達國家興起的一種信息管理技術。它是由計算機技術、人工智能技術和管理科學等多種學科交叉結合而形成的一種新技術。它旨在支持決策工作，幫助決策者提高決策能力和水平，最終實現提高決策的質量和效果，改善計劃工作的有效性。

DSS是管理信息系統高級階段的一種形式，可以單獨作為有別於MIS的系統而存在，因而被認為是管理信息系統的一種發展。也可以看成是管理信息系統的自然延伸，並作為管理信息系統高層的一個子系統而存在。

DSS發展至今已有20多年了，由於人們的知識、實踐和經驗各異，決策支持系統

的定義至今仍爭論不休。就其共同的思想和基本觀點來說，決策支持系統是以管理科學、運籌學、控製論和行為科學為基礎，以計算機技術、仿真技術和信息技術為手段，解決半結構化或非結構化的決策問題，輔助支持中高層決策者的決策活動的、具有一定智能作用的人機計算機系統。它能為決策者提供決策所需要的數據、信息和背景材料，幫助決策者明確決策目標和識別問題，建立和修改決策模型，提供各種備選方案，並對各種方案進行評價和選優，反覆通過人機對話進行分析、比較和判斷，為正確決策提供有益幫助。

決策支持系統的決策過程可以簡化為分析、設計、選擇及實施四個階段的動態循環過程，如圖7-5所示。

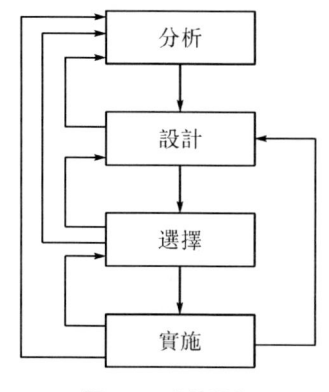

圖7-5 決策過程

對現階段的主要任務簡述如下：

（1）決策分析：對收集到的與決策有關的數據進行加工與處理，研究決策環境和條件，分析和確定影響決策的因素及相互關係。

（2）方案設計：主要是根據分析階段的結果，分析和構建各種可供選擇的決策方案。

（3）方案選擇：分析比較各種備選方案的實施結果，選擇其中的最優者，並對所選方案的進行評價與審核，確定最終所採用的方案。

（4）方案實施：對所選擇的方案進行具體實施。

按照決策問題內容的性質來劃分，可把決策劃分為結構化（確定型）決策、半結構化（風險型）決策及非結構化（不確定型）決策，或者叫做程序化、半程序化和非程序化決策三種類型。

結構化決策是指可以利用一定的規章或公式來解決的決策，決策方案的代價與后果能定量計算，或方案的優劣有明確的分析比較規則。傳統的 MIS（Management Information System，MIS）所能解決的問題就是這類結構化問題。

半結構化決策是指有一定的決策規則，但不是很明確，雖然可以通過建立適當的公式來產生決策方案，但由於決策的數據不精確或不全，不可能從那些決策方案中得到最優化的解，只能得到相對較優的解，這種類型的決策稱為半結構化決策。

非結構化決策是指沒有公式可算、無章可循的決策問題，這類決策稱為非結構化決策，這類決策更多地依賴決策者對事物的洞察和判斷，依賴於經驗，更傾向於「藝術」。

　　這三類決策的特點如表 7-5 所示。從表中可以看出，結構化決策過程是應當而且能夠實現自動化的，而半結構化或非結構化的問題，在決策過程中是不容易或不可能實現自動化的。在管理決策中，由於各種競爭激烈，外部環境信息量空前龐大可能會收集不全，為使決策立於不敗之地，各種管理決策人員一方面需要根據自己的經驗進行分析判斷，另一方面也需要借助計算機這個現代化的工具，為決策提供各種參考輔助信息，才能及時作出正確而有效的決策。這就是 DSS 出現的社會需求和社會背景。

表 7-5　　　　　　　　　　　　　　三類決策

	結構化	半結構化，非結構化
識別程序	問題是確定的，能定量化表示	問題是不完全確定的，或是不確定的，難以定量化表示
複雜程度	問題較為簡單、直接	問題具有高度的隨機性，並且有動態性及非重現性
模型難易	具有通用的定量分析模型	需要開發和研究適用的數學模型
決策數據	主要來源於系統內部或決策者內部	有一部分數據來自系統外部，故難於收集或收全
決策方式	能大部分或全部實現決策自動化	不能實現決策自動化，需用人機交互的啓發式進行

　　結構化的問題無需用 DSS 解決，非結構化的問題，由於沒有基本模式可依，DSS 無法發揮作用。現實生活中，大量存在的決策問題具有半結構化的性質，這正是 DSS 能夠發揮作用的環境。對那些決策過程複雜，制定決策前難以準確識別決策過程的各個方面，以及決策過程形式表現為各個階段的交錯、循環與反覆的一類問題，一般無固定的決策規則和模式可依。決策者的主觀行為（如經驗、判斷、洞察力與決策風格等）對各階段的活動效果有相當影響。這類決策兼有結構化和非結構化決策的特點，因此在建立決策支持系統的過程中，就要深入研究具有這兩種特徵的決策活動。

　　DSS 不同於 EDP（電子數據處理）和 MIS（管理信息系統）等其他計算機系統，DSS 是以提高決策的效果為目標，而 EDP（電子數據處理）和 MIS（管理信息系統）則是以計算機代替例行的手工操作，達到節省人力、加快速度和提高工作效率為目的。這符合人類活動所追求的最終目標。鑒於中國國情，節省人力不是問題的關鍵所在，關鍵是對問題的決策能否為企業、員工帶來更多的實際利益。

　　DSS 只能在決策者的決策過程中起到輔助支持的作用，而不能完全代替決策者的全部工作和最終判斷。決策者的主觀能動作用，即經驗、智慧和判斷力將起到至關重要的作用。因此，在開發一個決策支持系統的過程中應努力創造一個好的決策環境和決策支持工具，以支持決策者的工作，並充分發揮決策者的智慧和創造性，使決策方案盡可能趨於完美。

7.3.2　決策支持系統的基本原理

　　輔助決策是建立決策支持系統的最終目的。所謂決策，是指在佔有一定信息的基

礎上，決策者根據自己的經驗，並借助於科學的方法和工具，對需要決定的問題的諸多因素進行分析、計算和評價，並從兩個或兩個以上的可行方案中，選擇其中一個最優方案的作為確定未來行動目標的過程。由此可見，決策並不是一個在瞬間作出決定的過程，而是包括收集情況、確定目標、擬訂方案、分析評價及選擇方案等，以解決某個問題的一個完整的活動過程。

科學決策既要使用科學分析的方法和現代化的工具，又要遵循科學的程序。在決策過程中通常將一個問題的決策分成若干階段，在明確各階段任務的基礎上，按照一定規律和順序有計劃、有步驟的進行。一個完整的決策過程粗略地可分為確定目標、擬訂方案及方案選擇三個主要階段。如果再詳細劃分，整個決策過程可以分為發現問題、確定目標、價值準則、擬訂方案、分析評估、方案選擇、試驗證實及實施執行八個階段。各個階段的先後順序及各個階段所使用的決策技術，如圖7-6所示。下面介紹各個階段的任務。

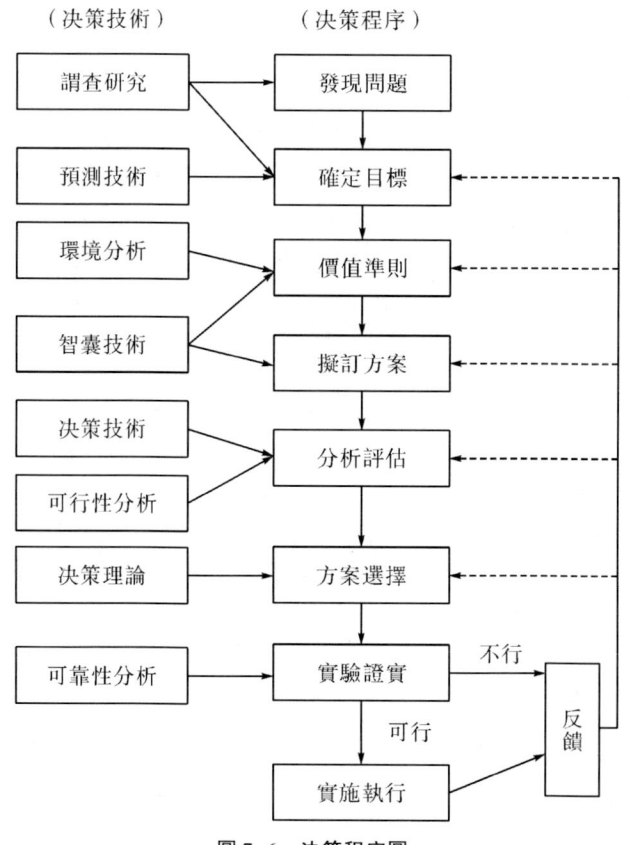

圖7-6　決策程序圖

7.3.2.1　發現問題

各種決策活動都是從發現問題開始，決策者通常是根據想要解決的問題來確定決策目標的，因此發現問題或明確問題是決策活動的起點，在這個階段必須把需要解決

的問題的癥結及其產生的原因分析清楚。例如，某企業產值逐年增加，而利潤卻是逐年下降，這就是一個問題。

7.3.2.2 確定目標

所謂目標，就是指在一定的環境和條件下，根據預測分析所希望能達到的結果。確定目標是科學決策的重要一步，要科學合理地確定系統的目標，可通過調查研究和預測技術來實現。根據決策目標數量的多少，可分為單目標決策或多目標決策。

7.3.2.3 價值準則

在明確決策目標後，還要制定該目標的價值準則即評價指標體系，以此作為評價各個決策方案優劣的基本依據。價值準則主要包括三方面的內容：

（1）根據一定規則把目標分解成若干個價值指標，這些指標的實際值是衡量實現決策目標的程度。每類價值指標又可以分解成若干項，通過層層分解，最終構成一個價值評價指標體系。

（2）根據各個價值指標在目標中的地位，借助一定的方法確定其加權系數，指標的系數值的大小反應了該指標在目標中的重要性。當有些價值指標相互發生矛盾時，應決定指標的取捨原則。

（3）明確決策目標實現的各種約束條件，包括資源、時間、資金、市場和權力等。

7.3.2.4 擬訂方案

擬訂方案即構建方案，就是根據決策目標構建多種可能的方案，以供決策者選擇。在構建的多種方案中，每一種方案都應該有一些不同，且擬訂方案時要廣泛運用智囊技術。

7.3.2.5 分析評估

分析評估是對各種擬訂的方案建立數學模型，並對求解結果進行比較。決策模型定量地表達了系統對象各個部分的相互關係和系統在一定條件下運動的變化規律，並能明確地表示決策問題的內容。按照模型的表現形式，決策模型可分為決策樹、決策表、統計決策、模糊決策等。

7.3.2.6 選擇方案

方案選擇是決策者根據自己的經驗和智慧，從眾多備選的方案中權衡利弊，選擇其中一個方案的活動過程。這一過程要求決策者在掌握多方面情況下靈活運用決策理論，同時也體現決策者的膽略和見識的過程。

7.3.2.7 試驗驗證

在確定方案之後，必須進行局部試驗，以驗證方案是否能達到預期的結果。對於一些不便進行試驗證實的決策，要求在論證和選擇方案時要更加認真仔細，盡可能把所有的情況都考慮進去。此外，還可利用計算機仿真模擬來對方案進行驗證。

7.3.2.8 實施執行

經過試驗證實或計算機仿真證明所選方案是可行的，就可以組織實施或行動。在方案的實施過程中，若發現原來方案有錯或者不夠完善，或者由於客觀情況發生變化而影響實現原定目標，這時還要針對存在的問題採取補救措施，進行追蹤決策，使修正后的決策方案更加完善和有效。

上述是科學決策整個過程的八個階段，也稱為科學決策程序，它是一個動態的決策過程。在實際工作過程，決策者還經常利用計算機決策支持系統來輔助決策。所謂計算機決策支持系統，就是用計算機軟件系統來幫助決策者確定目標、擬訂方案、分析評估及仿真驗證，方案選擇雖是由決策者所做的工作，但也可以採取人機對話的方式，由計算機提供各種不同方案的有關參數。計算機決策支持系統是一種用計算機輔助決策的系統，它不可能實現科學決策整個過程的決策自動化。

7.3.3 決策支持系統的特點與基本功能

DSS 是一個以計算機系統為基礎，以決策者為主體的人機交互信息系統，決策支持系統包含數據、預測決策的方法和模型、決策者三個要素。因此 DSS 具備以下的特點：

(1) 能夠充分利用數據和決策的方法及模型，對決策者的決策活動提供支持；
(2) DSS 支持半結構化或非結構化問題的決策工作；
(3) DSS 解決問題的過程是一個人機交互的過程。

決策者通過系統對決策問題進行調查、分析和研究，系統及時地回答決策者所提出的問題，這樣既充分發揮了決策者的經驗、智慧和觀察能力，又充分利用了系統本身所具有的大量的信息及基於對模型計算比較後的分析能力。這種工作方式和運行模式能使 DSS 中的數據、方法和模型及決策者三種資源都能充分利用。

解決半結構化或非結構化問題決策的常規方法是將問題分解成多個比較簡單的結構化問題，但這種分解並沒有固定模式，在很大程度上依靠決策者的經驗和判斷能力。

根據上述 DSS 的特點，DSS 應具有以下功能：

(1) 應盡可能收集、管理並及時提供與決策問題有關的各種外部數據，如政策法規、市場行情、同行動態與科技進展等。
(2) 能管理並隨時提供與決策問題有關的組織內部信息，如訂單要求、庫存狀況、生產能力、能量消耗、財務報表等。
(3) 能及時提供常用的數學分析工具和有關模型。例如，迴歸分析法、線性規劃法、庫存控制模型、生產調度模型、投入產出模型等。DSS 的工作依賴於模型的建立及其運行。
(4) 能靈活地利用模型和方法對數據進行加工、匯總和分析，迅速得到所需要的綜合信息和預測信息，增強管理人員對半結構化或非結構化問題的決策支持，改善決策的有效性。
(5) 具有方便的人機對話接口，以便 DSS 與決策管理人員對話，充分發揮決策人員的知識、經驗和判斷能力的作用。對環境的變化和決策人員的決策方法，應有一定的決策速度。

7.3.4 決策支持系統的系統結構

DSS 部件之間的相互關係構成了 DSS 的系統結構，系統的功能主要是由系統的結構確定的，不同的系統結構其功能也是不一樣的。這就要求我們必須選擇一種合適的

系統結構，使其所組成的 DSS 能在成本低、可用性好、適應性強及使用方便、可靠等條件下實現設計時所確定的目標。DSS 的系統結構是指數據庫子系統、方法庫子系統、模型庫子系統和會話系統四者之間如何組織和集成。目前常用的 DSS 體系結構有網絡型結構、橋型結構、層次型結構及塔型結構。由於結構的不同，導致了功能的差異。因此，要根據具體的 DSS 及各邏輯部件的功能，來確定一種 DSS 系統結構，以滿足設計目標。

7.3.4.1 網絡型 DSS

網絡型的系統結構能夠實現不同的造模和會話部分共享數據，並能簡化系統的擴展工作。這種結構並不要求系統的各部分都協調一致，而是允許各個構成部分互相混合。這些構成部分是由不同的小組，在不同的時間，用不同程序語言和為不同的運行環境而開發的。

網絡型 DSS 是通過接口部分實現會話、造模和數據庫三者的集成。接口可以看成一個部分與另一部分之間的通信口，而在每一個會話或模型部分都設有接口。網絡型 DSS 結構的特點是模型庫子系統和會話子系統中的各個模型能夠共享數據庫子系統中的數據。

部件接口是用來管理和控制部件之間的數據和通信。採用部件接口方式不僅可以使獨立研製的部件易於結合，而且可以使部件的結合更加靈活。在部件的通信中存在著格式變換及消息同步的要求。格式變換是指將來自一個部分的數據或控製的格式變換成另一部分所要求的數據或控製的格式。而同步則是指在各部分之間通信用的聯絡信號、發送和等待。部件接口可以利用消息傳遞、共享的存儲器、共享的文件，或此三者的結合來實現數據的傳送和通信的控制。如何選擇通信技術則主要取決於被使用的接口部件。

7.3.4.2 橋型 DSS

橋型 DSS 結構在對話和局部的模型和數據庫及共享的模型和數據庫部分間提供統一的接口部件。其中，局部部件是非共享部分。圖 7-7 是橋型 DSS 結構的示意圖。採用橋型 DSS 結構可以減少網絡型 DSS 結構所要求的部件接口數目，並保留集成新部件的能力。橋提供了一個標準接口或一組標準接口來結合局部的和共享的部分。

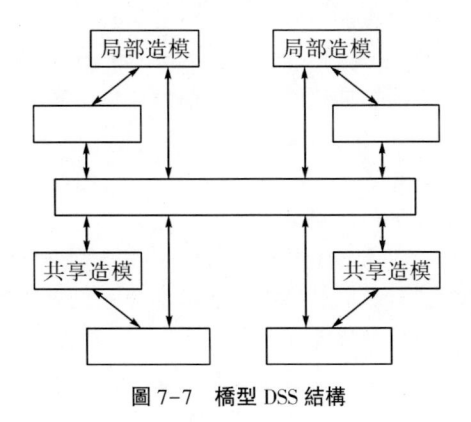

圖 7-7 橋型 DSS 結構

橋型 DSS 結構具有完成格式變換和同步功能，這類似於網絡系統結構中部件接口所完成的功能。橋型 DSS 結構要求局部的部分和全部共享的部分在同一個環境中實現。共享的和局部的環境可能不相同。對一組相互通信的局部的或共享的部件，它們或者有專用的、對偶的接口，或者利用公共的、共享的部件。利用共享的部件，特別是在數據庫部件中，是最簡單、最容易維護的技術，因而是最受歡迎的用於集成一組局部的（或共享的）部件的技術。

7.3.4.3 層次型 DSS

網絡型和橋型 DSS 結構用於將多個對話、造模和數據部分集成起來，而層次型 DSS 結構則試圖採用單個的對話部分和具有多種造模部件的數據庫部分來集成多個部分。圖 7-8 表示共享的對話和數據統結構中，多數是對部件接口做修改。

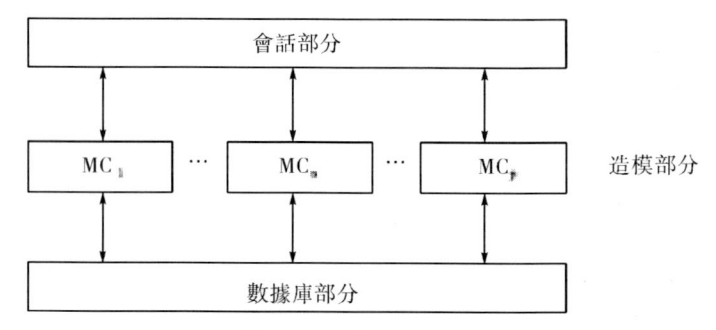

圖 7-8　層次型 DSS 結構

7.3.4.4 塔型 DSS

在 DSS 中要使提供的部件模塊化，並庫部分是如何與造模部分疊層的。

網絡的每一個造模部分都共享同一個數據庫和對話部分。造模部分間的數據通信通過共享的數據庫進行。造模部分間的控制信息通信通過共享的對話部分進行。與橋型 DSS 結構類似，層次型 DSS 結構也有標準的數據和控制接口，但在層次型 DSS 結構中標準的接口是由單一的對話和數據庫部分提供，而不是採用分開的接口。在層次型 DSS 結構中每一個造模部分都必須針對滿足此兩個接口要求而進行研製或修改。在網絡系靈活支持各種硬件設備和源數據庫，以同時保持 DSS 的三個主要部件之間的簡單接口，可採用塔型 DSS 結構，其結構如圖 7-9 所示。塔型 DSS 結構與網絡型 DSS 結構之間的主要區別，在於前者的設計目標是在塔中的任何一層上都可以在單一的環境下工作。對於造模部分的接口，塔型 DSS 結構與層次型 DSS 結構是一樣的。而與層次 DSS 結構的主要區別，在於為了支持各種用戶接口設備和各種源數據庫，塔型 DSS 結構將對話和數據庫部分各自分成兩部分。塔型系統結構包括一組源數據庫，它們可能是內部的或外部的數據庫，以適應不同環境下的工作要求。源數據庫接口通過析取部件連接到 DSS 系統數據庫。DSS 數據庫用作造模部分和源數據庫之間的接口，以便每一個造模部件僅對一個數據庫部分接口。

會話部分由設備驅動器和輸入輸出構成器組成，驅動器和用戶接口設備（如 CRT 終端、打印機、鍵盤等）實行通信，輸入輸出構成器產生輸出格式和解釋輸入命令。

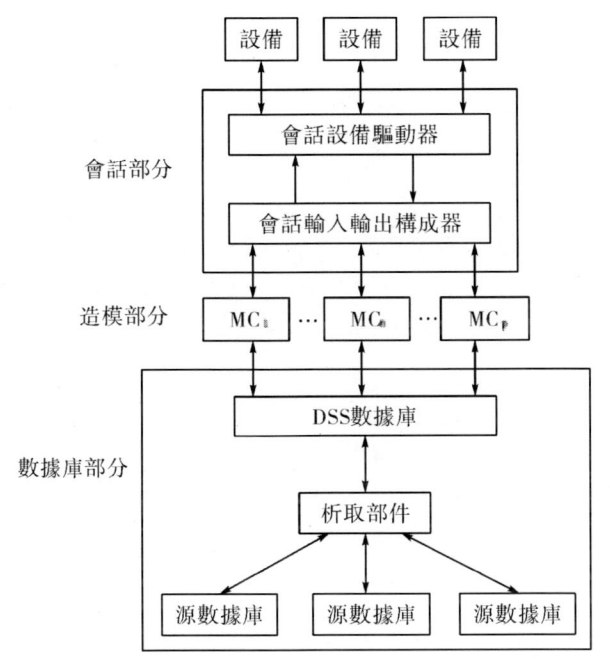

圖 7-9 塔型 DSS 結構

7.4 客戶關係管理系統

對企業來說，客戶關係管理（Customer Relationship Management，CRM）是一個既古老又充滿新意的話題。作為一個古老的話題，實際上自人類有商務活動以來，客戶關係就一直是商務活動中的一個核心問題，也是商務活動成功與否的關鍵因素之一。這也是充滿新意的話題，對企業來說，客戶關係是現代企業商務活動的巨大信息資源，企業所有商務活動所需要的信息幾乎都來自 CRM，同時，面對經濟全球化的趨勢，CRM 已經成為企業信息技術和管理技術的核心。

7.4.1 客戶關係管理產生的背景

自 20 世紀 90 年代初以來，隨著市場的發展和競爭的加劇，產品不斷更新換代，新產品層出不窮，產品差異化越來越小，單純依靠產品已經很難保持持久的競爭優勢。飽受競爭踩瞞的企業也開始意識到，企業成功的關鍵在於重視顧客的需求，提供滿足顧客需求的產品和服務，確保顧客能從與企業的各種接觸中獲得較高的滿意度，以相對穩定的客戶關係來抵禦動態競爭環境的衝擊，尋求差別化競爭優勢。當然，企業也不再只是把顧客看做是單純的利潤創造機器，它們希望與每個顧客都保持一種更親密的、個性化的關係。客戶關係管理的出現正是迎合了時代發展的要求，逐漸引起了學

術界和企業界的高度重視。

7.4.1.1 CRM是市場競爭的必然產物

在20世紀80年代中期，企業面臨著激烈的市場競爭，全世界範圍內的企業都在經歷一場深刻的變革，許多企業開始實施企業重組工程，以期降低成本並提高效率和競爭能力。而當時企業重組的口號是：以經營過程為改造對象，以關心客戶的需求和滿意度為目標，對現有的經營過程進行根本的再思考和徹底的再設計，利用先進的信息技術以及現代化的管理手段，最大限度地實現技術上的功能集成和管理上的職能集成，建立全新的過程型組織結構，以實現企業經營在成本、質量、服務速度等方面的巨大改善。從這個口號可以看出，其變革的根本目標就是提高客戶的滿意度，從此拉開了CRM的序幕。

7.4.1.2 CRM是企業必備的競爭工具

20世紀90年代，企業越來越感覺到客戶資源將是他們獲勝最重要的資源之一。消費者要求有適合他們的產品和服務，成批訂制迎合了這種對產品和服務的需求，同時通過電子商務使批量訂制成為可能，也使得企業提供個性化產品和服務成為可能。市場激烈競爭的結果使得許多商品的品質區別越來越小，產品的同質化傾向越來越強，某些產品從外觀到質量，已經很難找出差異，更難分出高低。這種商品的同質化結果使得品質不再是顧客消費選擇的主要標準，越來越多的顧客更加看中的是商家能為其提供何種服務以及服務的質量和及時程度。隨著社會物質財富逐漸豐富、恩格爾系數不斷下降、人們的生活水平逐步提高，廣大消費者的消費觀念已從「物美價廉和經久耐用」為代表的理性消費時代過渡到了以「追求在商品購買與消費過程中心靈上的滿足感」為代表的感情消費時代，其購買動機和價值取向更加趨向於他們「滿意與否」的程度。企業對其利潤的渴求一時很難再從內部挖掘、削減成本中獲得，他們自然就將目光轉向了顧客，企圖通過創造市場留住老客戶並爭取新客戶，增加市場份額來維護其利潤。為此，企業開始轉向爭取客戶，進入了以客戶為中心的管理，顧客的滿意就是企業效益的源泉。而是否擁有客戶取決於企業與客戶的關係狀況，它決定著顧客對企業的信任程度，而顧客對企業的信任程度則由消費者在消費企業所提供的產品和服務過程中所體驗到的滿意程度來決定，客戶滿意程度越高，企業競爭力越強，市場佔有率就越大，企業盈利自然就越豐厚。同時，客戶需求還會隨著科技進步和經濟發展而變化和提高，又將推動企業不斷滿足客戶新的需求，這也是企業創新的動力和方向，這也更需要企業始終如一地以客戶滿意度為經營目標。

7.4.2 客戶關係管理的概念及基本技術

7.4.2.1 客戶關係管理的概念

客戶關係管理是一種旨在改善企業與客戶之間關係的新型機制，是發展客戶和保持客戶忠誠度的一種策略。通常客戶關係管理包括客戶資源管理、市場營銷管理、銷售業務管理、客戶關懷與服務管理等方面。客戶關係管理的核心在於：瞭解客戶的需求；知道哪些客戶是最有利可圖的，哪些客戶是重要客戶；什麼是最有效的溝通方式；如何細分客戶。

7.4.2.2 客戶關係管理的基本技術

（1）所謂以客戶為中心的企業管理技術，是一種以客戶為企業行為指南的管理技術。在這種管理技術中，企業管理的需要以客戶需要為基礎，而不是以企業自身的某些要求為基礎。

（2）智能化的客戶數據庫技術要實施以客戶為中心的管理技術，必須有現代化的技術。在以客戶為中心的企業管理技術中，智能化的數據庫技術是所有其他技術的基礎。

（3）信息和知識的分析技術是以客戶為中心作為管理思想，這必須建立在現代信息技術基礎之上，沒有現代信息技術，就無法有效地實現以客戶為中心的管理技術。要想實現這種管理技術，企業必須對智能化的客戶數據庫進行有效地開發和利用，這種開發的基本與核心技術就是信息和知識的分析處理技術。

7.4.3 客戶關係管理系統的主要功能

客戶關係管理系統具有銷售管理、營銷管理、客戶服務與支持，以及商務智能等功能。

7.4.3.1 銷售管理

銷售管理的主要功能包括商業機會和傳遞渠道管理、日程安排管理、客戶帳戶管理、銷售預測與目標管理、銷售隊伍及領域管理、商品信息及報價管理，以及費用和佣金管理等。

（1）商業機會和傳遞渠道管理。對潛在的機會進行測評分析和比較，將結果以開放的形式允許銷售人員進行瀏覽，允許銷售人員隨時獲得關於所有潛在客戶的參與人、產品預期利潤、價格，以及聯絡、交易歷史和機會價值等信息。機會管理過濾掉潛在客戶中較小的機會價值，並對機會生命週期中的各個細節進行監控，從而提高了銷售人員的工作有效性和經濟性。

（2）日程安排管理。根據銷售活動的具體信息，協助銷售人員制訂相應的計劃，並通過業務流的形式對計劃進行審批、執行跟蹤、信息反饋和控制，而銷售人員會得到具體的行動安排，以及完成銷售活動的多項信息提示。系統還會給目標客戶發布新產品信息和企業信息以及問候，密切企業與客戶之間的關係，形成良性的、有價值的客戶關係。

（3）客戶帳戶管理。為每個客戶及其他利益相關者建立帳戶檔案，記錄其詳細信息供銷售人員瀏覽，使銷售人員及時掌握市場動態和客戶資料，便於有針對性地開展銷售活動。

（4）銷售預測與目標管理。根據對以往銷售數據信息及當前市場的統計分析，預測當年的銷售情況，制訂相應的銷售額度。

（5）銷售隊伍及領域管理。對銷售隊伍的分派及區域的劃分，對領域（省/市、郵編、地區、行業、相關客戶、聯繫人等）進行劃分、維護和重新設置。

（6）商品信息及報價管理。其包括商品特性及價格維護、查詢及組合報價，以統一企業的市場行為。銷售人員通過該功能，可以瞭解產品，對多項產品進行組合報價，極大地減少了人工計算量。

(7) 費用和佣金管理。根據銷售計劃中的預算計劃，對銷售活動費用進行總體控製和明細控製，實現遠程財務結算。同時，該模塊還創建和管理銷售隊伍的獎勵和佣金計劃，提高獎勵和佣金的透明度。

典型功能模塊是銷售過程自動化（Sales Force Automation，SFA），主要用來提高專業銷售人員大部分活動的自動化程度。它包含一系列功能，使銷售過程自動化，並向銷售人員提供工具，提高其工作效率。它的功能一般包括日曆和日程安排、聯繫和帳戶管理、佣金管理、商業機會和傳遞渠道管理、銷售預測、建議的產生和管理、定價、領域劃分，以及費用報告等。

7.4.3.2 營銷管理

營銷管理的主要功能包括項目管理、客戶線索分配、自動客戶追蹤管理和市場分析報告。

（1）項目管理。用戶可以對項目進行跟蹤管理，從而能夠很清楚地知道哪些活動是有效的，並及時調整那些無效的工作。還可通過圖表分析瞭解哪些是最具價值的用戶，從而進一步精確地制訂市場計劃。

（2）客戶線索分配。用戶制訂規則，然后可以按照這個規則自動地將客戶線索分配給市場人員，並可跟蹤管理這條線索。如果發現市場人員並沒有跟蹤這條線索，則可以及時做出相應的調整。

（3）自動客戶追蹤管理。用戶可以根據吸引用戶注意的市場推廣活動來制訂市場活動流程。如果客戶購買了產品，則系統會自動將他添加到有價值的客戶名單中，並在下次市場推廣活動中將其列為重點對象。

（4）市場分析報告。根據綜合的數據產生報告，分析獲得這個客戶的途徑、所需成本及本次市場活動所產生的客戶線索的數量，以便用戶分析投入的回報率，為今后的市場決策提供支持。

典型功能模塊是營銷自動化（Marketing Automation，MA），系統可以直接與客戶進行通信，直接瞭解客戶的需求。MA系統必須確保產生的客戶數據和相關的支持資料能夠以各種有效的形式散發到各種銷售渠道。反過來，銷售渠道也必須及時返回同客戶交互操作的數據，以便系統及時對本次營銷戰役進行評估和改進。對於已經建立固定聯繫的客戶，MA系統應該緊密地集成到銷售和服務項目中去，從而實現下列目標：一是同具有特殊要求的客戶進行交互操作（個性化營銷）；二是在一個B to B 模式的環境中，確保不同產品間關係的清晰，在一個B to C 環境中，要盡可能發現B to C 和B to B 之間的可能關係。

7.4.3.3 客戶服務與支持

客戶服務與支持的主要功能包括客戶信息管理、安裝產品的跟蹤、服務合同管理、求助電話管理、退貨和檢修管理、投訴管理和知識庫，以及客戶關懷等。

（1）客戶信息管理。它記錄、集成和整合企業各部門、每個人所接觸的所有客戶相關資料，為業務流程運行和決策提供基礎信息和原始數據。其包括：對客戶類型的劃分、客戶基本信息；客戶聯繫人信息；企業銷售人員的跟蹤記錄；客戶狀態；客戶購買行為特徵；客戶服務記錄；客戶維修記錄；客戶訂單記錄；客戶對企業及競爭對

手的產品服務評價；客戶建議及意見，等等。

（2）安裝產品的跟蹤。服務與支持是根據產品發貨，自動更新銷售或保修產品記錄以及購買者信息來進行管理的。它是按照保修項目規定的服務內容和條件進行服務的。

（3）服務合同管理。在客戶服務與支持中，預設了各種服務合同的樣本，規定了服務條件、服務方式（熱線電話、現場維修等）、服務人員、產品費用及有效範圍等各項內容，並協助縮短收帳週期，還可以與銷售管理的開發票作業線聯繫，開出發票。

（4）求助電話管理。求助電話是一種較為常見的服務方式。對於客戶的求助電話，都應按照制訂的優先權規則得到及時處理，並且及時進行服務人員的分派，以確保客戶能盡快得到回音。求助電話管理可以記下求助所需的配件和人工，按配件價格和服務費用開出訂單，可以為補充服務配件的儲存量下訂單，也可以根據預設的標準檢修程序，記錄配件和人員信息，開出發票。

（5）退貨和檢修管理。如果產品有問題需要退貨，應利用物料審核功能進行退貨審核。當收到退貨時，可以發出替代物品，或者在檢修之后入庫。

（6）投訴管理和知識庫。當客戶提出投訴問題時，投訴接待員將投訴的有關內容記錄在計算機中，同時這部分投訴內容將作為客戶管理中客戶信息的一部分。如果是常見的問題，可以通過知識庫迅速找到常見問題的標準解決方案，這樣就縮短瞭解決問題的時間，使客戶滿意度上升。如果投訴問題的解決過程比較長，投訴管理系統可以給相關人員分配任務，並跟蹤投訴的處理過程。

（7）客戶關懷。依據分析工具對客戶的滿意度、銷售額、忠誠度、利潤貢獻進行分析，然后根據分析結果制訂客戶關懷計劃。由於客戶關懷和 CRM 的其他功能集成，所以制訂的客戶關懷計劃可以自動執行，相應的任務步驟可以在其中進行描述和設置，並且自動分配給各個責任人。

7.4.3.4 商務智能

當銷售功能、營銷功能和客戶服務與支持三方面的功能實現之后，將會產生大量客戶和潛在客戶的各方面信息。這些信息是寶貴的資源，利用這些信息可以進行各種分析，以便產生涉及客戶關係方面的商務智能方案，供決策者及時做出正確的決策。因此，客戶關係管理系統除了以上三方面功能之外，還有商務智能（Business Intelligence，BI）功能。

商務智能包括銷售智能、營銷智能、客戶智能等內容。CRM 的商務智能是一種通過數據挖掘產生報表，並對報表進行分析和決策支持的工具。商務智能的概念由 IBM 公司提出。IBM 推出了幫助企業規劃、執行、修正並跟蹤企業市場營銷活動的全新商業智能軟件（Decision Edge for Campaign Management，DECM）。DECM 軟件是端到端客戶關係管理解決方案中的重要部分。它不但能夠對來自事務處理系統、呼叫中心、網站的顧客信息進行處理，使公司的所有部門共享這些信息，而且可以通過顧客選擇的渠道發送信息。這樣，市場經理就可以更加全面地瞭解顧客的關係狀況，並有效評價市場營銷活動的結果。商務智能包括專家系統、神經網絡、遺傳算法和智能代理。

7.4.4 客戶關係管理系統架構

CRM 系統的核心是客戶數據的管理。我們可以把客戶數據庫看作是一個數據中心，利用它，企業可以記錄在整個市場與銷售的過程中和客戶發生的各種活動，跟蹤各類活動的狀態，建立各類數據的統計模型用於后期的分析和決策支持。為達到上述目的，一套 CRM 系統大都具備市場管理、銷售管理、銷售支持與服務和競爭對象記錄與分析的功能。根據對客戶關係的概念、思想和分類，我們可以得到客戶關係管理系統的功能架構，如圖 7-10 所示。

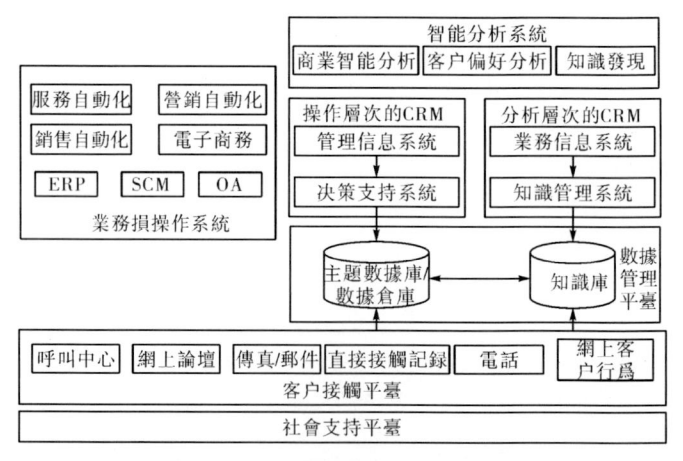

图 7-10 客戶關係管理系統功能構架

該功能架構主要包括 5 個方面的內容，它們分別是社會支持平臺、客戶接觸平臺、業務操作平臺、智能分析平臺和數據管理平臺。

（1）社會支持平臺。該平臺主要包括系統的軟硬件基礎和社會氛圍。軟硬件基礎包括軟件平臺建設和網絡建設等硬件建設。社會氛圍包括對 CRM 的認識、良好的文化氛圍、法律法規等。這個平臺的建設一方面需要企業自身來完成，另一方面需要全社會的力量來搭建。

（2）客戶接觸平臺。該平臺主要完成與客戶溝通與接觸的功能，體現「接觸管理」的基本思想，包括呼叫中心、網上論壇、傳真、郵件、直接接觸記錄、電話、網上行為分析等。通過該平臺可以全面有效地記錄與客戶的接觸行為，為后續的業務開展奠定基礎。

（3）業務操作平臺。該平臺主要包括對銷售、服務和內部的管理。企業資源計劃（Enterprise Resource Planning System，ERP）系統負責生產製造管理，供應鏈管理（Supply Chain Management，SCM）系統進行供應鏈管理，辦公自動化（Office Automation，OA）系統負責實現內部辦公、公文流轉等管理，電子商務實現對網上銷售、營銷的管理。業務平臺在信息化條件下實現服務自動化、銷售自動化、營銷自動化等。該平臺的行為數據被直接存放到中央數據倉庫中。

（4）智能分析平臺。該平臺主要實現對接觸中心和業務操作系統得到的數據進行

分析、挖掘等工作，形成有效的知識儲備並存儲於知識庫，為企業戰略決策提供決策。

（5）數據管理平臺。該平臺是一個專門有效的數據庫管理系統，主要進行數據庫管理，一般採用成熟穩健的商用數據庫管理系統，同時能夠支持在線聯機分析和處理，如 IBM 的 D82 等。

7.4.5 客戶關係管理信息系統的實施

成功選擇 CRM 系統的關鍵之一，是企業必須先有明確的 CRM 總體目標，有了總體目標之後，再推導出實現目標的「關鍵因素」與「考核指標」。然后再依據企業本身的狀況分階段來完成。分階段實施，企業比較容易控製投入的資金與時間成本，而且也較容易評估階段性目標完成情況。而銷售自動化系統是 CRM 系統的核心，也是實施的起點。

客戶關係管理項目是從經營理念、組織架構、客戶戰略、企業流程、規劃、績效等各個方面對企業進行變革，它直接影響到了一個企業的經營運作。如何控製 CRM 項目的風險，提高 CRM 項目的成功率是目前國內 IT 界所面臨的共同課題。本節結合相關學者和企業的研究與實施經驗，全面總結客戶關係管理成果實施的關鍵因素和實施步驟。

7.4.5.1 客戶關係管理信息系統實施成功的關鍵因素

CRM 系統的實現，我們應該關注如下幾個方面。

（1）事先建立可量度、可預期的企業商業目標

企業在導入客戶關係管理之前，必須事先擬訂整體的客戶關係管理藍圖規劃，制訂客戶關係管理預期的短期、中期的商業效益，設定量化評估標準，如以特定企業個案作為指標案例，並以投資回報率（ROI）為數據，衡量 CRM 系統成效。指標案例除了可以幫助企業設定目標外，還可以量化數據追蹤與評估 CRM 系統在不同階段的運作狀況，並隨時調整 CRM 策略，使其符合公司需求，這對於 CRM 系統的成效往往具有決定性影響。切不可一次性盲目追求大而全的系統，或聽從 CRM 系統廠商一味的承諾，畢竟 CRM 系統不是萬能的，企業應更多地借鑑國內外其他企業，尤其是同行業企業的應用成效，並從本企業的實際情況出發客觀地制訂合理的商業目標，並制訂可對其進行度量的指標工具。儘管這一因素顯而易見，但大部分案例的失敗主因，亦歸咎於企業沒有充分考慮到這項明顯的成功因素。

（2）取得企業決策及管理層的鼎力支持

由於客戶關係管理導入是企業經營理念轉變的策略性計劃，其導入必將會對企業傳統的工作方式、部門架構、人員崗位、工作流程帶來一定的變革和衝擊；同時為配合客戶關係管理推廣的各種業務規範、業務流程，必須有好的行政和規章管理制度加以配合，保證各項制度的順利實施，這些都需要企業高層管理者予以大力支持，一旦缺乏高層管理者長期的、強有力的支持，導入客戶關係管理只能是心有余而力不足。高層領導一般是銷售副總、營銷副總或總經理，是項目的支持者，主要作用體現在三個方面：首先，他為 CRM 系統設定明確的目標；其次，他是一個推動者，向 CRM 項目提供為達到設定目標所需的時間、財力和其他資源；最后，他確保企業上下認識到

這樣一個工程對企業的重要性。在項目出現問題時，高層領導要激勵員工解決這個問題而不是打退堂鼓。

（3）業務流程重構

成功的項目小組應該把注意力放在流程上，而不是過分關注於技術，必須認識到：技術只是促進因素，本身不是解決方案。因此，好的項目小組開展工作後的第一件事就是花時間去研究現有的營銷、銷售和服務策略，並找出改進方法；改善各部門工作流程，讓員工充分參與 CRM 計劃的設計與建置過程，將整個組織都轉型為客戶導向的服務形態。研究結果顯示，「提高員工參與率」以及「整合顧客需求」尤為重要。另外，非常重要的是目前許多銷售 CRM 系統的廠商其實並不善於運用客戶關係管理的理念去推廣它，拿著通用版的軟件到處安裝，絲毫沒有客戶關係管理所提倡的「一對一」服務理念，其最終效果可想而知。因此只有對企業的管理現狀充分瞭解，才能推出符合客戶需求的獨特的客戶關係管理解決方案。通常的做法是，聘請具有客戶關係管理實踐以及行業經驗的諮詢團隊對其進行診斷。通過問卷調查、座談溝通、流程重組等方式進行企業的諮詢診斷工作。通過企業諮詢診斷，期望發現企業現存的管理上、流程上、架構上、信息化等方面的主要問題，對企業導入客戶關係管理的可行性進行論證，並為未來實施的 CRM 系統進行整體規劃和設計。

（4）重視人力資源並組織良好的團隊

CRM 系統的實施隊伍應該在幾個方面有較強的能力。首先是業務流程重組的能力。其次是對系統進行客戶化和集成化的能力，特別對那些打算支持移動用戶的企業更是如此。再次是對 IT 部門的要求，如網絡大小的合理設計、對用戶桌面工具的提供和支持、數據同步化策略等。最後，實施小組具有改變管理方式的技能，並提供桌面幫助，這對於幫助用戶適應和接受新的業務流程是很重要的，還需要建立健全人員培訓制度，並付諸實施。培訓主要有兩個層面：①高層管理者培訓：聘請在客戶關係管理方面的研究專家，與企業高層進行交流，使高層管理者能站在一個較高的高度來認識客戶關係管理的必要性和重要性，在企業決策層始終貫徹以客戶為中心的思想。②員工培訓：能夠充分瞭解並掌握客戶關係管理的理念，並明確客戶關係管理系統為企業和個人帶來的利益，使企業上下做到真正意義上的「以客戶為中心」的經營模式的轉變。具體培訓計劃主要包括：客戶關係管理基本概念的培訓；互動問卷調查；按照角色劃分進行具體的應用操作培訓；明確個人的職責及使用客戶關係管理系統的績效考評方法。

（5）總體規劃、分段實施

大部分成功的客戶關係管理案例均採用分階段實施方案。每一階段側重於特定客戶關係管理目標，從而達到快速制勝的效果。一般的，通過流程分析，可以識別業務流程重組的一些可以著手的領域，但要確定實施優先級，每次只解決幾個最重要的問題，而不是畢其功於一役。

（6）全面地系統整合

系統各個部分的集成對 CRM 系統的成功很重要。CRM 系統的效率和有效性的獲得有一個過程，它們依次是：終端用戶效率的提高、終端用戶有效性的提高、團隊有效性的提高、企業有效性的提高、企業間有效性的提高。

7.5 電子商務

7.5.1 電子商務的概念

電子商務是指對整個貿易活動實現電子化。從涵蓋範圍可以定義為：交易各方以電子交易方式而不是通過當面交換或直接面談方式進行的任何形式的商業交易；從技術方面可以定義為：電子商務是一種多技術的集合體，包括交換數據（如電子數據交換、電子郵件）、獲得數據（共享數據庫、電子公告牌）以及自動捕獲數據（條形碼）等。因此，電子商務實際上主要由一個以處理商務信息為主的管理信息系統組成，這些信息包括產品和服務的細節、產品使用技術指南、回答顧客意見、顧客信息、銷售情況等。

在現代社會中，電子商務不但是一種新型的市場商務運作模式，同時還將影響到企業內部組織結構和管理模式，是計算機技術和網絡長足發展後催生的一代新事物。

7.5.2 電子商務系統的組成

電子商務系統是以電子商務為基礎的網上交易實現的體系保證。交易中兩個有機組成部分，一是交易雙方信息溝通，二是雙方進行等價交換。在網上交易中，其信息溝通是通過數字化的信息溝通渠道而實現的，一個首要條件是交易雙方必須擁有相應信息技術工具，才有可能利用基於信息技術的溝通渠道進行溝通。同時要保證能通過互聯網進行交易，必須要求企業、組織和消費者連接到互聯網，否則無法利用互聯網進行交易。在網上進行交易時，交易雙方在空間上是分離的，為保證交易雙方進行等價交換，必須提供相應貨物配送手段和支付結算手段。貨物配送仍然依賴傳統物流渠道，對於支付結算既可以利用傳統手段，也可以利用先進的網上支付手段。此外，為保證企業、組織和消費者能夠利用數字化溝通渠道，保證交易順利進行的配送和支付，需要由專門提供這方面服務的中間商參與，即電子商務服務商。圖 7-11 就體現了一個完整的電子商務體系。

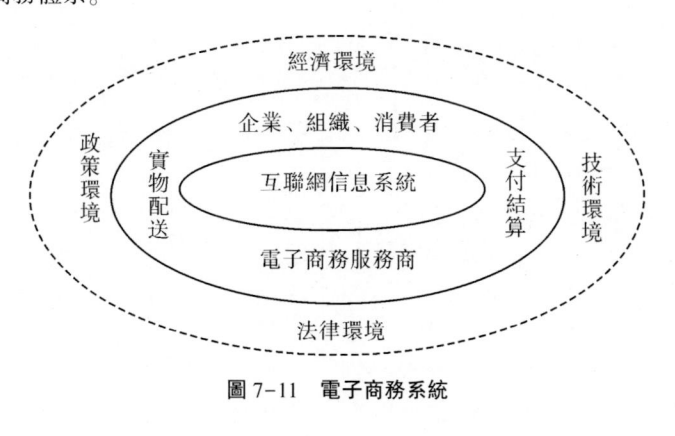

圖 7-11 電子商務系統

在圖中我們可以看到一個基本的電子商務系統是在互聯網信息系統的基礎上，由參與交易主體的信息化企業、信息化組織和使用互聯網的消費者主體，提供實物配送服務和支付服務的機構，以及提供網上商務服務的電子商務服務商組成。

互聯網信息系統的主要作用是提供一個開放的、安全的和可控製的信息交換平臺，它是電子商務系統的核心和基石，是電子商務進行交易中企業、組織和個人消費者之間跨越時空進行信息交換的平臺，交易中所涉及的信息流、物流和資金流都與其緊密相關。

電子商務服務商起著中間商的作用，但它不直接參與網上的交易。一方面，它為網上交易的實現提供信息系統支持和配套的資源管理等服務，是企業、組織和消費者之間交易的技術物質基礎。另一方面，它為網上交易提供商務平臺，是企業、組織與消費者之間交易的商務活動基礎。

高效的實物配送物流系統是實現滿足消費者需求，維繫交易順利進行的保證。最后支付結算是網上交易完整實現的關鍵環節，一個完整的網上交易，它的支付應是在網上進行的。

企業、組織與消費者是網上市場交易主體，他們主要使用電子商務服務商提供的互聯網服務來參與交易。圖7-11是基於互聯網基礎上的企業電子商務系統的組成結構圖，它反應出電子商務系統是由基於企業內部網基礎上的企業管理信息系統、電子商務站點和企業經營管理組織人員組成。

7.5.3　電子商務系統的功能和模式

7.5.3.1　功能

企業通過實施電子商務實現企業經營目標，需要電子商務系統能提供網上交易和管理等全過程的服務。因此，電子商務系統應具有廣告宣傳、諮詢洽談、網上訂購、網上支付、電子帳戶、服務傳遞、意見徵詢、業務管理等各項功能。電子商務系統的組成如圖7-12所示。

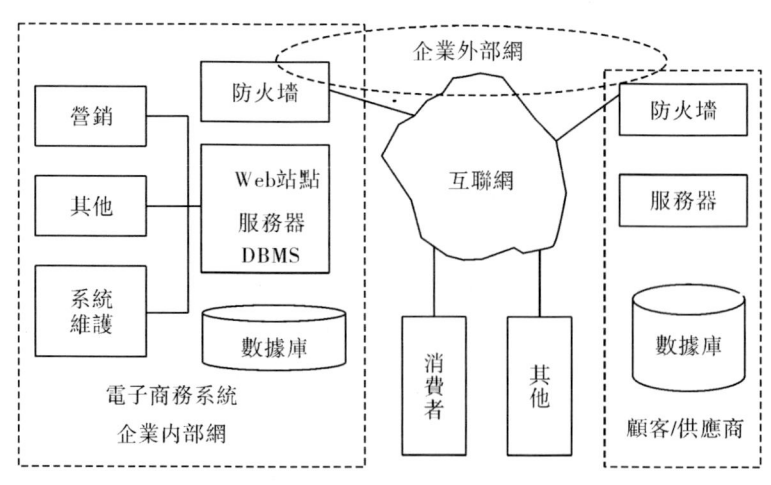

圖7-12　企業電子商務系統組成

（1）網上訂購——通常都在產品介紹的頁面上提供十分清晰的訂購提示信息和訂購交互格式框。當客戶填完訂購單后，通常系統會回復確認信息來保證訂購信息的收悉。

（2）貨物傳遞——對於已付了款的客戶應將其訂購的貨物盡快地傳送到他們的手中。

（3）諮詢洽談——電子商務借助非即時的電子郵件、新聞組和即時的討論組來瞭解市場和商品信息，洽談交易事務，如有進一步的需求，還可用網上的白板會議來交流即時的圖形信息。

（4）網上支付——客戶和商家之間可採用多種支付方式，省去交易中很多人員的開銷。對於網上支付而言，需要更為可靠的信息傳輸安全性控製，以防止欺騙、竊聽、冒用等非法行為。

（5）電子銀行——網上的支付必須要有電子金融來支持，即銀行、信用卡公司等金融單位要為交易提供網上操作的服務。

（6）廣告宣傳——電子商務可憑藉企業的 web 服務器和客戶的瀏覽，在玩互聯網上發布各類商業信息。

（7）意見徵詢——電子商務能十分方便地收集用戶對銷售服務的反饋意見。這些意見不僅能提高售後服務的水平，更能使企業獲得改進產品、發現市場的商業機會。

（8）業務管理——企業的整個業務管理將涉及人力、財力、物力多個方面，如企業和企業、企業和消費者及企業內部等各方面的協調和管理。因此，業務管理是涉及商務活動全過程的管理。

7.5.3.2　電子商務的基本模式

按照交易主體的不同，可以將電子商務劃分為以下幾種模式。

（1）企業—企業模式（B to B 模式）

企業對企業（Business to Business）的電子商務，指的是企業與企業之間依託互聯網等現代信息技術手段進行的商務活動。例如，工商企業利用互聯網等向供應商採購或利用網絡付款等。對一個生產領域的企業來說，它的商務過程大致可以描述為：需求調查—材料採購—生產—商品銷售—收款—貨幣結算—商品交割。當引入電子商務后，這個過程可描述為電子查詢—進行需求調查，以電子單證的形式調查原材料信息，確定採購方案—通過電子廣告促進商品銷售—以電子貨幣的形式進行資金接收—同電子銀行進行貨幣結算—商品交割。而對於一個流通領域的商貿企業來說，由於它沒有生產環節，電子商務活動幾乎涵蓋了企業的整個經營管理活動，因此它是利用電子商務最多的一類企業。通過電子商務，商貿企業可以更及時、準確地獲取消費者信息，從而準確訂貨、減少庫存，並通過網絡進行促銷活動，以提高效率、降低成本、獲得更大利潤。

（2）企業—消費者模式（B to C 模式）

企業對消費者（Business to Consumer）的電子商務，指的是企業與消費者之間依託互聯網等現代信息技術手段進行的商務活動。也可以這樣說，「它是以互聯網為手段，實現公眾消費及提供服務，並保證與其相關的付款方式的電子化。它是隨著 WWW 的

出現而迅速發展的,可以將其看作是一種電子化的零售」。目前,在互聯網上遍布各種類型的商業,提供從鮮花、書籍、食品、飲料、玩具到計算機、汽車等各種消費商品和服務。目前,在互聯網的 WWW 網上有很多這一類型電子商務成功應用的例子,如全球最大的虛擬書店——亞馬遜,顧客可以自己管理和跟蹤貨物,網上預訂外賣食品,等等。

(3) 企業—政府模式(B to G 模式)

企業對政府(Business to Government)的電子商務,指的是企業與政府機構之間依託互聯網等現代信息技術手段進行的商務和業務活動。政府與企業之間的各項事務都可以涵蓋在此模式中,如電子採購與招投標系統、電子稅務系統、電子工商行政管理系統、綜合信息服務系統等內容。

(4) 消費者—政府模式(C to G 模式)

消費者對政府(Consumer to Government)的電子商務,指的是政府與個人之間依託互聯網等現代信息技術手段進行的商務和業務活動。這類電子商務活動目前還不多,但應用前景十分廣闊,如電子身分認證、電子社會保障服務、電子民主管理、電子就業市場、電子醫療服務,等等。

(5) 消費者—消費者模式(C to C 模式)

消費者對消費者(Consumer to Consumer)的電子商務,指的是個人之間依託互聯網等現代信息技術手段進行的商務和業務活動。互聯網為個人經商提供了便利,任何人都可以「過把癮」,各種個人拍賣網站層出不窮,形式類似西方的「跳蚤市場」。其中,最成功、影響最大的應該算是「伊貝(eBay)」。

(6) 政府部門—政府部門模式(G to G 模式)

政府對政府(Government to Government)的電子商務,指的是政府與政府(包括政府內部、政府上下級之間、不同地區和不同職能部門之間)依託互聯網等現代信息技術手段進行的商務和業務活動。政府與政府之間的各項事務都可以涵蓋在此模式中,如政府內部辦公自動化、垂直網絡化管理系統、橫向協調系統、電子政策法規系統、電子公文系統、電子財政管理系統、電子司法檔案系統、電子培訓系統、業績評價系統等內容。

小結

21 世紀以信息技術為特徵的製造業革命正在全球範圍內展開,信息技術正以前所未有的速度快速地滲透到製造業的各個領域中,使製造業的產品、研發方式、生產模式和精英管理的理念都發生了深刻地變化。中小企業信息化對整個製造業的發展乃至國民經濟的發展有著舉足輕重的作用。

1954 年美國通用電氣公司安裝的第一臺商業用數據處理計算機,開創了信息系統應用於中小企業管理的先河。20 世紀 60 年代中期到 20 世紀 70 年代初期,隨著計算機技術的發展,各類信息報告系統應運而生。這類系統的特點是按事先規定的要求提供

各類報告，如能反應庫存數量的庫存狀態報告、反應生產進度的生產狀態報告。這一時期，為了解決生產中庫存控制的問題，美國的管理專家1965年提出了物料需求計劃（MRP）的新的管理思想。20世紀80年代在中小企業中開始使用一種典型的管理信息系統——製造資源計劃（MRP Ⅱ）。20世紀90年代以來MRP Ⅱ也逐漸發展成為新一代的中小企業資源系統（ERP）。隨著網絡的迅猛發展，出現了各種管理思想和模式的管理信息系統，如客戶關係管理（CRM）、供應鏈管理（SCM）、決策支持系統（DSS）、電子商務（EC）和電子政務。中小企業管理信息系統逐步會發展成為一種融合各種管理思想和信息技術的面向產品生命週期的集成系統，以實現資源共享、數據共享，並適應柔性網絡經濟。

但是在企業信息化應用和實施的過程中，中小企業實施管理信息系統存在風險，由於中小企業個性的存在以及管理軟件業務流程的固化，不是應用了管理軟件就能實現有效的管理信息系統，就能為中小企業帶來效益。

案例

浪潮通軟 ERP 在華泰集團中的應用

華泰集團有限公司坐落於山東省東營市，是集造紙、化工、印刷、熱電、商貿服務、機械製造於一體的國家特大型工業企業，總資產逾38億元。「華泰股份」9,000萬 A 股於 2000 年 9 月 28 日在上海證券交易所成功上市，是山東造紙行業第一家 A 股上市企業。1997年年底，華泰集團通過了 ISO 9002 國際質量體系認證；2001 年 4 月，作為山東省 2000 版 ISO 9001 國際標準轉換試點企業，華泰在全國同行業首家順利通過了 2000 版 ISO 9001 國際質量體系認證。

隨著改革步伐的加快，華泰集團有限公司（以下簡稱華泰）駛入了經濟發展的快車道，成為國內規模較大的造紙企業之一。在這日新月異的知識經濟時代，全球經濟一體化已成為經濟發展的必然趨勢，企業面臨著巨大的壓力和挑戰。華泰只有進一步深化改革，引入先進的管理思想，挖掘增效、提高企業的整體運作和管理水平、提高市場應變能力，才能在激烈的競爭中立於不敗之地。企業經營規模的不斷擴大，使企業管理面臨著很多問題，具體表現在以下幾個方面。

（1）傳統的手工核算已無法滿足財務管理的需要。華泰在財務管理、核算方面，採用分廠自主經營、獨立財務核算的方法，即各個分廠及獨立核算單位進行個人承包責任制，日常經營活動完全由各個分廠組織進行。集團考核產量、銷售收入、利潤等財務指標時，會定期對各個分廠進行考核核算，大量的數據需要及時地處理，財務數據的相關性增強了，傳統的手工核算和工具無法滿足財務管理的需要。

（2）倉庫中物資品種繁多，物資管理工作困難，採購成本居高不下。華泰的採購工作由集團統一負責，再分配到各採購廠。倉庫中物資種類很多，對於庫存物料信息，管理人員不能及時掌握，造成了資源浪費，採購成本居高不下。

（3）無法準確及時地進行生產成本核算。成本管理永遠是企業管理的主題，特別

是現在面對多變的市場環境,如何及時滿足用戶的多品種追求,進行科學合理的成本領測、成本分析及成本控制,及時、準確地為企業管理者提供經營決策信息,顯得尤為重要。而華泰採取的還是傳統的成本核算方法,核算工具只是粗放地進行成本核算及成本管理。至於成本「核算到工序、核算到產品」的思路,在手工操作方式下更是無從談起。

(4)管理信息相互獨立,市場預測方法落後,嚴重影響企業科學決策。華泰採用的是手工財務數據管理,財務信息相互獨立,傳遞也只是通過層層統計報表,常常出現數字不符、報表不詳、事件滯后的情況。集團決策層、領導層很難及時把握來自市場的準確信息,也就無法快速對市場做出正確的預測利決策,市場反饋信息系統已嚴重滯后於企業管理的需要。

在清楚地意識到規範企業管理和提高管理水平重要性之后,集團領導和信中心經過多次考察、研究和論證,決定借助信息化技術和工具,全面實施 ERP 系統,給企業「壯骨健肌」。ERP 系統在國內外已被廣泛應用,它對改善庫存結構、降低生產成本、提高市場能力、提高資金週轉率、提向勞動率和科學決策都能起到良好的作用,但該系統在國內造紙行業中開發應用較少。針對該問題,集團主要領導、部門主管和信息中心人員瞭解和參觀了多家 ERP 系統廠商,從軟件公司的規模、技術實力、合作服務質量、開發產品的性能、服務價格等諸方面因素進行比較。最后決定選用浪潮集團山東通軟有限公司研究開發的分行業 ERP 軟件——Prolution,作為企業信息化建設的突破口。

在實施 ERP 項目過程中,經歷了從部分人員不理解、抵制到逐漸接受和依賴的過程。從運行情況看,效果很好。通過實施 ERP,公司在物料採購、庫存管理、銷售管理、生產管理等方面取得了顯著的成效,取得了較大的經濟效益,主要表現在以下幾個方面。

(1)優化管理模式,規範管理,提高了企業管理水平。通過實施浪潮通軟行業軟件 Prolution,不僅能用計算機快速準確地處理大量信息,而且克服了許多手工管理隨意性強、計劃性差等無法克服的困難,改變了原有粗獷的、經驗型的傳統手工管理模式,實現了全公司資源的優化配置。例如:在優化庫存方而,實行了 ABC 管理法和高低額庫存限制與報警,第一季度比去年年底降低庫存資金占用 2,000 多萬元,資金週轉率提高 1.5 倍,即合理地降低了庫存,減少了資金占用,把「死錢」變成了「活錢」,又保證了正常的生產經營需要,避免了因庫存不足影響生產。庫存保管通過設置倉庫的貨位,貨位和物料的對應關係可以迅速、準確地找到物料的存放地點,從而一舉解決了「有貨找不到」的問題。

(2)實現了全公司信息資源共享,提高了工作效率,ERP 系統的建立實現了企業各部門之間信息的集成和共享,提高了反應速度,各項工作運行有條不紊。例如:集團以前產品銷售計劃管理混亂,生產與銷售經常出現相互脫節、相互爭執的現象,導致有些工作相當被動。實施 ERP 項目后,應用系統管理,將銷售客戶管理、合同管現、訂單管理全部納入計算機統一管理,生產技術部可以直接通過計算機網絡接受銷售訂單及市場反饋信息。再如,對產品的銷售及售后服務的跟蹤,對每批產品工具規格號

不同建立發貨批號，實行批號跟蹤管理，只要從物資部輸入信息，出現質量問題，銷售部門可以及時準確地反饋到每一個生產車間、工段、班組，既提高了工作效率，又分清了責任，從而使公司管理更趨規範、完善。

（3）降低成本，節約資金，增加利潤。通過對供應商信息的全面管理及採用比質比價的採購方法，節約了大量的採購資金，提高了採購物料的質量；通過對庫存物料的貨位管理，達到控製超儲物資、積壓物資的目的，節約大量庫存資金，提高了倉庫保管的工作效率；通過對客戶信息和價格的管理，物價水平可以及時得到匯總，客戶信息可迅速得以反饋，為及時調整銷售策略提供了第一手資料，公司得以及時地調整戰略，在這期間，再及時調整價格，為公司增加利潤；各有關辦公人員的效率得到了極大提高，在實施5個月的時間裡，公司各種加班共計減少5,432個班次，以每個加班班次平均30元計，減少支出15.30萬元。綜合上述，在實施期間通過ERP管理實現的經濟效益估計達1,076.51多萬元。

（4）提高了人員素質。在實施和應用ERP的過程中，人員素質逐步得到提高，人員的競爭意識和學習意識得到了加強。在提高工作效率後，職工有更多機會和時間參加培訓和自我學習。在企業中「人」是第一位的，企業有一支素質高、敬業愛崗的幹部和職工隊伍是保證企業長期發展的動力，這些間接的經濟效益是無法估量的。

資料來源：張建華. 管理信息系統［M］. 2版. 北京：中國電力出版社，2014。

8 信息系統的管理

本章主要內容:

本章主要介紹了信息系統開發項目管理的相關基本概念和項目管理過程中的質量管理、風險和過程管理、系統的評價以及數據倉庫相關知識。

本章學習目標:

理解項目的含義與特點,以及信息系統項目管理的必要性。掌握項目管理的特點,系統項目管理的過程等基本理論。

8.1 信息系統開發的項目管理概述

信息系統開發的項目管理是為了使開發項目能夠按照預定的成本、進度和質量順利完成,根據管理科學的理論,對需求、成本、人員、進度、質量、風險等進行科學分析和有效管理及控製,並利用工程化開發方法來進行系統活動。

8.1.1 信息系統項目管理的意義

信息系統建設是一項複雜的管理工程。從 20 世紀 70 年代開始,人們逐漸認識到,為了保證信息系統的成功開發,必須採用工程化的系統開發方法,軟件工程應運而生。軟件工程方法旨在應用基礎管理理論、科學方法和工程設計規範來指導參與者進行信息系統建設,從而加快信息系統開發的速度,在保證質量的同時降低開發成本。

工程化的系統開發方法在實踐中取得了顯著的效果,然而仍有許多信息系統的建設項目即使採用了軟件工程的開發方法,但結果仍不理想,系統仍不能達到預期的目標,難以滿足用戶的需求。美國 Gartner Group 公司於 2000 年 11 月 14 日通過其下屬的 Tech Repu Blic 公司發表了有關 IT 項目的調查結果。該調查是以北美的 1,375 個 IT 專家為對象進行的問卷調查。根據此項調查,只有 37% 的信息化項目能夠在計劃時間內完成,只有 42% 的信息化項目能夠在計劃預算內完成。問題究竟出在哪裡呢?研究者發現問題並沒有出在項目的確立、開發方法以及軟硬件工具的選擇上,而是主要出在開發實施的過程中,也就是說出在項目的管理上。Gartner Group 公司的調查顯示,為了降低信息系統建設失敗的比例,強化項目管理以及組建項目監察小組的方法較為有效。但是,有 60% 的企業沒有實施項目管理,有 61% 的企業沒有設立監察小組。有資

料把軟件項目失敗的原因歸納為四類：項目組織原因、缺乏需求管理、缺乏計劃與控製和估算錯誤。這四類原因無一不在項目管理的範疇之內。可見，有效的管理雖然不是項目成功的全部，但缺乏管理的項目肯定是成功不了的。

軟件工程為信息系統的開發提供了理想開發環境中的理想開發模型，而實際的開發環境和開發模型卻不可避免地受到各種主客觀因素的影響，忽略或者迴避這些因素必將導致信息系統建設項目的不完善，甚至失敗，而項目管理就是要揭示項目過程中存在的矛盾，並尋求解決的方案。

當然，作為一種工程化的方法，軟件工程中必然涉及工程管理問題，與項目管理有一些重疊的部分。但是在軟件工程中只涉及與工程技術方法緊密相關的管理要求，而項目管理知識體系是一種通用的知識框架，兩者是在內容上是互相補充的。在信息系統項目管理中，應充分注意到這兩者的有機結合。

信息系統建設項目的管理是根據管理科學的理論，聯繫信息系統開發的實際，保證軟件工程方法順利實施的管理實踐。信息系統建設項目是指在一定期限內，依託一定的資源，為達成一定的信息化目標而進行的一系列活動。其中資源最終體現為成本，目標最終體現為績效，而績效的評價和控制往往能夠量化到質量上。項目管理為信息系統建設的成敗提供了可控的判定標準，即進度、成本、質量。項目在進度上有沒有超出計劃，項目在成本上有沒有超出預算，項目在質量上有沒有滿足需求，還可否進一步分解成更細的標準，如：系統的功能是否符合需求計劃、系統的信息處理和運行方式是否合適、項目的整體運行狀態是否適應企業的營運體系。

如果對以上問題的回答是否定的，則基本可以判定項目是失敗的；如果對以上問題的回答是不確定的，則說明項目的建設是不徹底的，也是存在風險的；如果對以上問題的回答是肯定的，則基本可以判定項目是成功的。因此，項目管理需要對項目計劃、組織以及對項目所需資源、可能面臨的風險等進行分析和控製，目的是確保項目在規定時間內、規定預算內達成預定的績效目標。

項目管理的意義不僅僅如此，進行項目管理有利於將研發人員的個人研發能力更為有效地轉化為企業的研發能力。企業的研發能力越高，表明這個企業的生產力越趨向於成熟，企業越能夠穩定發展，化解風險的能力越強。隨著信息技術的飛速發展，信息系統項目的規模也越來越龐大，作坊式、精英式的開發方式已經越來越不適應信息產業發展的需要。各 IT 企業都在積極地把項目管理引入信息系統建設活動中，對項目實行有效的管理。

8.1.2 項目管理的組織模式

管理信息系統開發可以是企業管理信息系統的開發，也可以是為實現企業某一管理職能而進行的一個單獨的開發項目。對於前者，需成立企業的項目委員會，委員會下設項目管理組、項目評審組和項目開發組；如果是後者，則可以根據職能所涉及的範圍，召集相關部門人員成立開發項目組，項目組中分設系統開發小組和項目評審小組，由項目負責人進行統一管理和協調。

項目管理負責人可以為多人，由職能部門和信息部門管理人員組成，主要職責為：

擬定項目管理的進度安排；組織項目階段評審；協調整體開發工作；對項目管理採取優化措施。

項目評審小組一般由企業技術專家組成，主要職責為：對項目的需求分析進行評審；對系統選型和開發計劃進行評審；對系統開發進行階段性評審；對項目總結報告進行評審。

開發項目組有開發技術人員構成，主要職責是：根據項目負責人的安排具體負責項目的軟件開發工作；項目結束後提交開發成果並形成技術文檔。

8.1.3 信息系統項目管理過程

一個完整的管理信息系統開發項目通常包括三大階段：需求分析、系統選型和系統實施。從具體的項目執行過程上來講，項目管理可分為項目的項目授權、需求分析、項目選型、開發計劃制訂與實施、項目評估及更新和項目完成驗收六個步驟。

8.1.3.1 項目授權

在管理信息系統的開發要求提出後，需要確定開發項目管理的責任者，由其負責項目的可行性分析、需求評估，並進行項目開發的總體規劃和管理與質量控製等，即將項目開發與管理的權限授予某一部門。一般而言，如果是針對企業的某項管理職能而進行的系統開發，應由具備此項管理職能執行能力的部門來負責；若是企業的總體管理信息系統開發，這應由成立的項目管理委員會負責。

8.1.3.2 需求分析

需求分析可分為三個過程：

（1）可行性評估：根據項目所期望達到的目標，明確項目開發所需要投入的企業資源，並從企業現行的管理方式和理念、人力資源、技術支持等方面考慮，確定項目開發成果能否被使用者接受，能否促使工作流程的合理化，提高工作效率，降低企業管理運行成本。

（2）需求評估：對管理信息系統開發的整體需求和期望做出分析和評估，詳細考慮需求的實現方式，確定系統的各個功能模塊及模塊間的關係，對系統的信息標準進行統一確定，並據此明確管理信息系統項目成果的期望和目標。

（3）項目總體安排：對管理信息系統開發的時間、進度、人員等做出總體安排，制訂項目的總體計劃。

8.1.3.3 項目選型

在明確了項目的期望和需求後，項目選型階段的主要工作就是為開發選擇合適的軟件系統和硬件平臺。在項目選型階段的主要管理工作是進行系統選擇的風險控製，包括正確全面評估系統功能，合理匹配系統功能和自身需求，綜合評價軟件系統和硬件平臺的功能及價格、技術支持能力，充分考慮系統維護和后續開發等因素。

8.1.3.4 開發計劃制訂與實施

在項目策劃時，要充分考慮具體開發人員對開發過程的意見，項目開發的負責人應當協同開發人員進行盡量精確的對開發過程情況的估計。開發計劃常以文本文檔和圖形文檔結合的形式出現，文本主要記錄項目的約束和限制、風險、資源、接口約定

等方面的內容，對於進度和資源分解、職責分解、目標分解最好通過項目管理軟件工具來進行規劃和管理，以利於進行同步修改。

8.1.3.5 項目評估及更新

項目評估及更新階段的核心是項目管理控製，就是利用項目管理工具和技術來衡量和更新項目任務。項目評估及更新貫穿於系統開發的全過程。在項目評估及更新階段常用的方法有：

（1）項目實施過程的階段性評估，考察開發過程是否按計劃進行並達到預期的目的，如果出現偏差，研究是否需要更新計劃及資源，同時落實所需的更新措施。

（2）通過定期編寫項目進度報告，召開項目開發情況通報會議，進行定期的工作小結，評估實施進度及成果。

（3）通過對開發人員及需求部門人員進行培訓，編寫完善開發過程中的各種技術保障文檔，從而建立起完整的質量資料，以便於開發完成後的進行有效的系統維護，並對將來可能的后續開發提供全面、系統、準確的技術資料。

8.1.3.6 項目完成

項目完成階段是整個實施項目的最后一個階段。

（1）結合項目最初對系統的期望和目標，對項目實施成果進行驗收。

（2）正式移交系統正式運轉及使用，由企業的信息部門進行日常維護和技術支持。

（3）項目總結對項目實施過程和實施成果做出回顧，總結項目實施過程中的經驗和教訓。

8.2 信息系統的質量管理與質量標準

質量控製是項目管理的重要方面之一，建立和執行適當的質量衡量標準是進行項目質量管理的關鍵。質量控製貫穿了項目管理的全過程，是在項目管理中對質量的動態管理，它不僅僅是對開發成果的質量要求控製，還包含了對開發工作流程、開發方式、財務成本以及開發風險等更方便的控製管理過程。

8.2.1 建立項目的質量衡量標準

項目質量控製標準的制訂是依據系統開發的功能需求，通過開發項目的計劃和實施過程所建立起來的，是對項目開發的若干要求，以此作為項目開發評審和控製標準的基礎和核心。具體的項目質量控製標準主要包括以下內容：

（1）項目開發工作流程的合理化；

（2）開發時間和成本預算控製；

（3）項目風險控製；

（4）開發工作安排效率；

（5）開發工作的協調管理過程；

（6）工程化開發方式的運用；

（7）程序的運行效率和信息標準的統一；
（8）管理信息系統需求方滿意度。

8.2.2 觀察開發過程的實際表現情況

通過項目執行過程中的各種渠道，收集項目實施的有關信息，瞭解開發過程的實際表現情況。在這一步驟中可以利用的信息渠道有：
（1）正式渠道，如定期編寫項目進度報告、召開項目開發情況通報會議；
（2）非正式的渠道，如在開發過程中與項目小組成員或需求方的交流等。

8.2.3 進行實際表現和控製標準的比較

比較項目實施的實際表現和預先制訂的控製標準，主要是瞭解項目進展情況，及時調整與項目計劃的偏差。

管理控製標準為客觀評價項目狀況提供了依據，使項目負責人能夠迅速、有效地對項目的實際進展情況做出全面、客觀判斷，從而及時採取必要的措施。

8.2.4 採取調整措施

在比較項目實際表現和衡量標準後，如果出現偏差，就需要採取調整措施，糾正措施可以採取以下的形式：
（1）對開發流程進行合理化調整；
（2）協調項目資源的合理分配；
（3）建立系統、全面、準確的技術文檔資料；
（4）調整項目組織形式和項目管理方法。
（5）項目管理過程中的協調工作

8.3 信息系統項目的風險管理

人們常常提到風險，而從事項目管理的人首先必須充分理解風險和項目風險，才能有效地進行風險管理。

對於風險的理解有廣義的也有狹義的。狹義的風險就是普通意義上的「可能發生的危險」，即人們從事各種活動可能蒙受的損失或損害。廣義的風險是一種不確定性，是由於不確定性的存在，使得在給定的情況下和特定時間內，那些可能發生的結果之間的差異，差異越大則風險越大。由於風險是不確定性，那麼風險既可能是危險又可能是機會，也就是說造成的差異可能是不利的，也可能是有利的。

8.3.1 風險以及項目風險

8.3.1.1 風險的概念

下面從風險的來源、條件、觸發器、概率、結果和風險事件這幾方面來解釋風險

的基本概念。

(1) 風險來源

風險來源指引起該風險的各種原因。風險來源於項目中的不確定因素，如項目的規模、技術的成熟程度、缺乏相應的預留資源、缺乏高層領導的支持、對關鍵任務缺乏控製等。

(2) 風險條件

風險是潛在的，只有具備了一定條件時，才有可能發生風險事件，這一定的條件稱為風險條件。風險條件包括項目環境中可能導致項目風險發生的某些因素，例如不良的項目管理或者依賴於不能控製的外部參與方等。

(3) 觸發器

因為即使具備了風險條件，風險也不一定會演變成風險事件。只有具備了另外一些條件時，風險事件才會實際發生，這種條件稱為觸發條件或觸發器，有時也稱為風險徵兆，它表示風險已經發生或即將發生。例如，利用國外貸款搞項目有外匯風險，但是外匯風險不一定使貸款者獲得在匯率上的好處或蒙受損失。各國貨幣之間匯率變動的主要原因是它們之間的收支情況。當一國對於另一國的收支長期出現較大赤字時，該國貨幣對於另一國的貨幣就可能貶值。兩國之間收支長期不平衡就是該國貨幣相對於另一國貨幣貶值的條件。收支不平衡固然使兩國貨幣匯率變動具備了條件，但若兩國政府能夠合作，並取得其他有關國家的支持，共同干預外匯市場，兩國貨幣之間的匯率就不會發生大的變動。相反，如果他們只考慮自己的利益，甚至想借此打擊對方，那麼就會觸發兩國貨幣匯率發生大變動，使借用這兩國貨幣的項目的外匯風險成為真實的風險事件。

(4) 風險事件發生的概率

風險事件的發生具有不確定性，這種不確定成分可根據某些方法，比如概率來進行計算和度量。

(5) 風險事件的結果

風險事件的結果就是風險事件發生后所帶來的后果。

(6) 風險事件

風險事件指活動或事件的主體未曾預料到或雖然預料到其發生，但未預料到其后果的事件。每個風險事件的風險可定義為不確定性和后果的函數。總的來說，不確定性和后果的嚴重性增加，風險加大。

通過上述基本概念，我們知道，瞭解風險由潛在轉變為現實的條件、觸發條件及其過程，對於控製風險非常重要。控製風險，實際上就是控製風險事件的條件和觸發條件。當風險事件只能造成損失和損害時，應設法消除風險條件和觸發條件；當風險事件可以帶來機會時，則應努力創造風險條件和觸發條件，促使其實現。

8.3.1.2 項目風險及分類

由於信息系統項目的實現過程是一個複雜的、創新的、一次性的過程，項目變動的可能性也很大，這使其不確定性要比其他一些經濟活動大許多，其項目風險的可預測性也差很多。信息系統項目一旦出了問題，也很難補救。因此，管理人員必須充分

認識與管理信息系統項目的不確定因素，努力使項目取得成功。

風險管理是項目管理的主要內容之一，同時它也是項目會議上最重要的議題，這是因為風險管理涉及的是對不確定的事件或問題的管理，而確定性的工作都已程序化和結構化，需要投入的管理力度有限。

項目風險貫穿整個項目的生命期，並且項目的不同階段會有不同的風險。隨著項目的進展，風險的不確定性逐漸減少，風險的影響逐漸升高，由風險發生最高的時期向風險影響的最高時期過渡。由於最大的不確定性存在於項目的早期，早期階段做出的決策對以後階段和項目目標的實現影響最大。所以為減少損失，在早期階段主動付出必要的代價要比拖延到后期階段才迫不得已採取措施要好得多。因此，項目管理人員必須具備「生於憂患、死於安樂」的意識，在項目執行之前就識別出項目的各種風險，做到有備無患，在這些風險發生時能夠化險為夷，將其影響降至最小。

為了深入、全面地認識項目風險，並有針對性地進行管理，有必要將風險分類。可以從不同的角度、根據不同的標準進行分類，以下是按照風險的表現形式和風險后果來做簡單的分類。

按照項目在各個階段的表現形式，可以將風險劃分為以下五種基本類型：信用風險、完工風險、生產風險、經濟風險和社會環境風險。

（1）信用風險

項目融資有時是依賴於信用保證結構，組成信用保證機構的各個項目參與者是否有能力或願意執行其職責，構成了項目融資的信用風險。信用風險有時貫穿於項目的各個階段。

（2）完工風險

項目的完工風險存在於項目建設階段和試運行階段，其主要表現形式為：項目建設延期、項目建設成本超支、項目達不到設計規定的技術經濟指標等。

（3）生產風險

項目的生產風險是在項目試生產階段和運行階段存在的技術、資源儲量、能源和原材料供應、生產經營、勞動力狀況等風險因素的總稱。其主要的表現形式包括：

①技術風險，是指項目從事過程中使用的技術帶來的風險。在信息系統領域的技術風險表現在系統規劃、系統分析、系統設計、系統實施、系統運行、系統保護、系統各項文件編製、設備功能、機房設施等方面。諸如該項目在技術上是否可行、硬件、軟件和網絡功能是否適合、是否有相應的技術在滿足項目目標。

②資源風險。信息系統開發是智力密集型的項目，所以受人力資源的影響最大。那麼關鍵技術人員的離開將會使項目面臨極大的風險。

③管理風險。管理風險主要來源於從事項目的管理人員的經營管理能力，這種能力是決定項目的質量控制、成本控制和生產效率的一個重要因素。有很多的項目組織形式非常複雜，由於項目有關各方參與項目的動機和目標不一致，在項目進行過程中常常出現一些衝突，會影響合作者之間的關係、項目進展和項目目標的實現。這類風險還包括管理者內部的不同部門由於對項目的理解、態度和行動不一致而產生的風險。

(4) 經濟風險

經濟風險是指由於與信息系統開發相關的經濟因素變化，而給項目開發雙方帶來的可能后果。例如價格、稅收、工資等因素的變化。

(5) 社會環境風險

社會環境風險是指由於國際、國內的政治、經濟政策的波動，或者由於自然災害而給信息系統開發的雙方帶來的后果。例如政策的變化、外匯匯率的漲落以及各種自然災害等。當然，這種風險所帶來的后果將波及處在這一環境變化下的所有項目，而不僅僅是信息系統領域的項目。

8.3.2 項目風險管理

8.3.2.1 風險管理

項目風險是一柄雙刃劍，既包括對項目目標的威脅，也包括促進項目目標的機會。許多人和組織敢於冒險的原因是從機會中獲益。但如果常常遭受損失與損害，為什麼人們還接連不斷地引進新系統呢？如果信息系統項目的失敗率是如此之高，為什麼一些公司還繼續啓動新的信息系統項目？今天許多公司之所以還在 IT 行業中摸爬滾打，是因為他們敢於承擔那些能創造極好機會的風險。許多組織在追求這些機會的過程中，長期地生存了下來。信息技術經常是一個企業戰略的關鍵組成部分，沒有信息技術，許多企業就可能生存不下去。所有項目都包含風險和機會，那麼如何決定從事什麼樣的項目？如何在整個項目生命週期中管理項目風險呢？

風險管理，一個經常被忽略的項目管理領域，常常能夠在通往項目最終成功的道路上取得重大的進步。風險管理對選擇項目、確定項目範圍和制訂現實的進度計劃和成本估算有積極的影響。它不僅有助於項目關係人瞭解項目的本質，使團隊成員確定優勢與劣勢，而且有助於結合其他項目管理知識領域。

項目風險管理的任務和目標就是項目班組在整個項目生命週期內，通過積極主動而系統地對項目風險進行全過程的識別、評估及監控，並以此為基礎合理地使用多種管理方法、技術和手段對項目活動涉及的風險實行有效的控製，採取主動行動，並創造條件，盡量使正面的機會最大化，將負面的影響最小化，從而達到以最小的成本，安全、可靠地實現項目的總目標。

風險識別、風險評價是項目風險管理的重要內容。但是，僅僅完成這部分工作還不能做到以最少的成本保證安全、可靠地實現項目的總目標。還必須在此基礎上對風險實行有效的控製，妥善地處理風險事件造成的不利后果。所謂控製，就是隨時監視項目的進展，註視風險的動態，一旦有新情況，馬上對新出現的風險進行識別、評價，並採取必要的行動。

因此，實踐中項目風險管理可以劃分為風險分析和風險管理兩個階段。風險分析包括風險識別和風險評價。而按事先制訂好的計劃對風險進行控製，並對控製機制本身進行監督以確保其成功叫做風險管理。圖 8-1 簡要說明了風險分析和風險管理的內容及兩者間的關係。

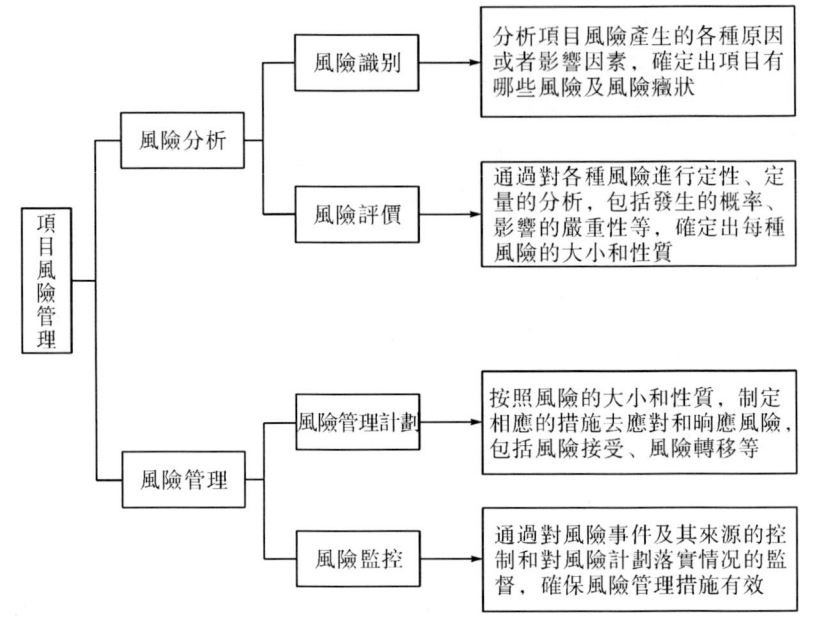

```
項目風險管理 ┬─ 風險分析 ┬─ 風險識別 ── 分析項目風險產生的各種原因
             │          │              或者影響因素，確定出項目有
             │          │              哪些風險及風險癥狀
             │          │
             │          └─ 風險評價 ── 通過對各種風險進行定性、定
             │                         量的分析，包括發生的概率、
             │                         影響的嚴重性等，確定出每種
             │                         風險的大小和性質
             │
             └─ 風險管理 ┬─ 風險管理計劃 ── 按照風險的大小和性質，制定
                        │                   相應的措施去應對和響應風險，
                        │                   包括風險接受、風險轉移等
                        │
                        └─ 風險監控 ── 通過對風險事件及其來源的控
                                       制和對風險計劃落實情況的監
                                       督，確保風險管理措施有效
```

圖 8-1　項目風險管理

　　風險管理過程不是一成不變的，而是成順序或是劃分成各自獨立、互不干擾的部分。項目各個不同方面實際上是平行展開的。項目各種不同的活動之間經常重疊。項目活動隨時創造出新的選擇，因此應該隨時對決策做出調整。

　　風險分析和風險管理是一個連續不斷的過程，可以在項目壽命期的任何一個階段進行。但是，在項目的早期階段就開始風險分析和風險管理，效果較好，並且是越早越好。

　　需要注意的是，在任何情況下風險管理的成本不應超過潛在的收益。

8.3.2.2　風險識別

　　對項目風險進行管理，首先要風險識別。風險識別是項目風險管理中極為重要的環節。項目風險識別就是根據直接或間接的症狀，識別和確定項目存在哪些風險、引起風險的主要因素以及這些風險可能會對項目產生什麼影響，並將這些風險分類，對風險特徵進行詳盡的描述，形成相應的文檔。

　　風險識別的參與者應盡可能包括項目隊伍、風險管理小組、來自執行組織其他部門的某一問題的專家、客戶、最終使用者、其他項目經理、項目關係人、外界專家等。

　　風險識別是一種持續性和系統性的工作。由於項目在實施過程中，各種條件都在不斷變化之中，項目的風險也在不斷變化，這就要求風險管理者要持續不斷地去識別風險，密切注意風險的變化，並不斷識別新的風險。因此，風險識別貫穿於項目整個過程的始終，項目開始階段、項目執行過程和項目主要變更批准之前都需要進行項目的風險識別。一旦風險被識別出來，通常就可以開發甚至實施簡單有效的風險應對措施。

（1）風險識別的依據

要進行風險識別，首先要有目的地收集有關項目本身及其環境的資料和數據，弄清項目的組成、各變數的性質和相互間的關係、項目與環境之間的關係等，必要時還要進行實驗或試驗。只有認真地研究項目本身和環境以及兩者之間的關係、相互影響和相互作用，才能識別項目面臨的風險。

那麼，哪些東西能夠幫助我們識別風險呢？具體來說有以下幾個方面：

①項目產品或服務說明書。項目完成之後，要向市場或社會提供產品或服務。項目產品或服務的性質涉及多種不確定性，在很大程度上決定了項目會遇到何種風險。因此，要識別項目風險，可從識別項目產品或服務的不確定性入手，而項目產品或服務的說明書則為此提供了大量信息。一般而言，在所有其他因素相同的情況下，使用成熟技術的項目遇到的風險要比需要創新和發明的項目的風險少。

②項目的前提、假設和制約因素。一般情況下，項目的建議書、可行性研究報告、設計或其他文件都是在若干假設、前提和預測的基礎上做出的。這些前提和假設在項目實施期間可能成立，也可能不成立。因此，項目的前提和假設之中隱藏著風險。

任何一個項目都處於一定的環境之中，受到許多內外因素的制約。其中法律、法規和規章等因素都是項目活動主體無法控製的，其中也可能隱藏著風險。

為了找出項目的所有前提、假設和制約因素，應當對項目其他方面的管理計劃進行審查。

範圍管理計劃中的範圍說明書能揭示出項目的成本、進度目標是否定得太高，而審查其中的工作分解結構，可以發現以前或別人未曾注意到的機會或威脅。

審查人力資源與溝通管理計劃中的人員安排的計劃，會發現哪些人員對項目的順利進展有重大影響。例如，某個軟件開發項目的項目經理聽說被安排參加系統設計的某人最近常去醫院，而此人掌握著其他人不懂的技術。審查會有助於發現該項目潛在的威脅。

項目採購與合同管理計劃中關於採取何種計價形式的合同的說明。不同形式的合同將使項目班組承擔不同的風險。一般情況下，成本加酬金合同有利於承包商，而不利於項目業主。但是，如果預測表明，項目所在地經濟不景氣將繼續下去，則由於人工、設備等價格的下降，成本加酬金合同也會給業主項目班組帶來機會。

③可與本項目類比的先例。以前實施過的、同本項目類似的項目及其經驗教訓對於識別本項目的風險非常有用。甚至以前的項目財務資料，如費用估算、會計帳目等都有助於識別本項目的風險，項目班組還可以翻閱過去項目的檔案。向曾參與該項目的有關各方徵集有關資料，例如保存的檔案中常常有詳細的記錄，記載著一些事故的來龍去脈，這對於本項目的風險識別極有幫助。

（2）風險識別技術和工具

原則上，風險識別可以從原因查結果，也可以從結果反過來找原因。從原因查結果，就是先找出項目會有哪些事件發生，發生後會引起什麼樣的結果。例如，項目進行過程中，關稅稅率提高和降低兩種情況會引起什麼樣的后果呢？從結果找原因：設備漲價將引起項目超支，哪些因素會引起設備漲價呢？項目進度拖延會造成諸多不利

后果。造成進度拖延的常見因素有哪些？是項目執行組織最高管理層猶豫不決？政府有關部門審批程度繁瑣複雜？是設計單位沒有經驗，還是手頭的工作太多？……

在具體識別風險時，可以利用一些具體的工具和技術，如文件審核、檢查表、頭腦風暴法以及與項目涉及的人員面談等。

①文件審核。在對整個項目進行風險識別時，項目風險管理人員通常採用的第一個步驟就是從項目整體和詳細範圍兩個方面對項目計劃、假設前提、約束條件及其他項目文檔進行一次結構化的審查，對潛在風險進行識別。

例如財務報表法。通過分析資產負債表及財務記錄等，就能識別本項目當前的所有資產、責任和人身損失風險。將這些報表和財務預測、經費預算聯繫起來，項目經理就能發現未來的風險。

②檢查表。風險識別檢查表建立在以前項目中曾遇到的風險的基礎上，它可以開闊思路，為理解當前項目中所存在的風險提供了一個有意義的模板。檢查表可以包含多種內容，例如以前項目成功或失敗的原因、項目其他方面規劃的結果（範圍、成本、質量、進度、採購與合同、人力資源與溝通等計劃成果）、項目產品或服務的說明書、項目班組成員的技能、項目可用的資源，等等。還可以到保險公司去索取資料，認真研究其中的例外的保險案例，這有助於提醒風險管理人員還有哪些風險尚未考慮到。表 8-1 是一種常用的項目風險管理檢查表，可以用它來識別信息系統項目可能會有的潛在風險。

表 8-1 項目風險檢查表

風險方面	檢查的內容
人員方面	1. 人員都到位了嗎？他們的分工明確嗎？ 2. 他們有經驗且能勝任專業技術要求嗎？ 3. 能找得到他們嗎？ 4. 關鍵人員變動或離開怎麼辦？ 5. 工作人員工作努力、專注嗎？
技術方面	1. 這種技術使用、驗證過嗎？ 2. 這種技術可靠嗎？ 3. 從哪裡能夠獲得這種技術？ 4. 這種技術容易理解和掌握嗎？
管理方面	1. 項目獲得明確的授權嗎？ 2. 項目獲得管理層和其他各方面的支持嗎？ 3. 項目的需求分析是否得到客戶的確認？需求說明書明確嗎？ 4. 預期是否切合實際？有合適的用戶嗎？ 5. 項目計劃充分嗎？項目計劃編製是否適當？ 6. 項目關係人清楚嗎？他們的影響力清楚嗎？ 7. 與項目關係人的溝通是否良好？ 8. 是否具備有效的激勵機制？
資金方面	1. 資金是否到位？萬一資金不能按時到位怎麼辦？ 2. 項目小組能控制資金嗎？ 3. 是否制定成本控製措施？

表8-1(續)

風險方面	檢查的內容
合同方面	1. 合同合法、有效嗎？ 2. 項目小組在合同中的責任和義務清楚嗎？
物資供應方面	1. 項目所需物資都具備嗎？ 2. 物資出現質量事故有補救措施嗎？

除了根據項目的特性及項目所生產產品的特性來識別風險之外，通過項目管理知識領域，比如範圍、時間、成本和質量等來識別可能的風險，也是非常重要的。表 8-2 列出了存在於各知識領域的可能風險事件。使用這樣形成的風險識別檢查表，可以將風險識別做得徹底一些。

表 8-2　　　　　　　各知識領域可能存在的風險和條件

知識領域	風險條件
整體	計劃不充分；錯誤的資源配置；拙劣的整體管理；缺乏項目后評價
範圍	工作包與範圍的定義欠妥；質量要求的定義不完全；範圍控製不恰當
時間	錯誤地估計時間或資源可利用性；浮動時間的分配與管理較差
成本	估算錯誤；生產率、成本、變更或應急控製不充分；維護、安全、採購等做得很差
質量	錯誤的質量觀；設計不符合標準；質量保證做得不夠
人力資源	差勁的衝突管理；表現很差的項目組織及拙劣的責任定義；缺乏領導
溝通	計劃編製與溝通比較粗心；缺乏與重要關係人的協商
風險	忽略了風險；風險分配得不清楚；差勁的保險管理
採購	沒有實施的條件或合同條款；對抗的關係

使用檢查表有明顯的優缺點，其優點是簡單快捷，缺點是檢查表本身不可能面面俱到，而且受限於項目的可比性。在使用檢查表對項目進行風險識別時，要注意那些在標準檢查表中未列出的而又似乎與該項目相關聯的風險。檢查表應詳細列出項目所有可能的風險類別。將審核檢查表作為項目收尾程序的一個正式步驟，對項目管理非常重要，它可以用來完善可能風險清單和風險說明。

③頭腦風暴法。它是進行風險識別時最經常使用的方法，即根據項目目標、項目的制約因素和假設條件，以及與本項目具有可能性的歷史資料、過去的經驗教訓等，通過會議的形式充分發揮與會者的創造性思維、發散性思維和專家經驗，來綜合判斷項目的可能風險。例如，一個項目小組要舉辦信息技術培訓班項目，其工作分解結構如圖 8-2 所示。項目小組就可以利用頭腦風暴法，對該項目工作分解結構中每項任務進行討論，從而識別出所有可能的風險，並且初步確定每種風險的應對辦法。

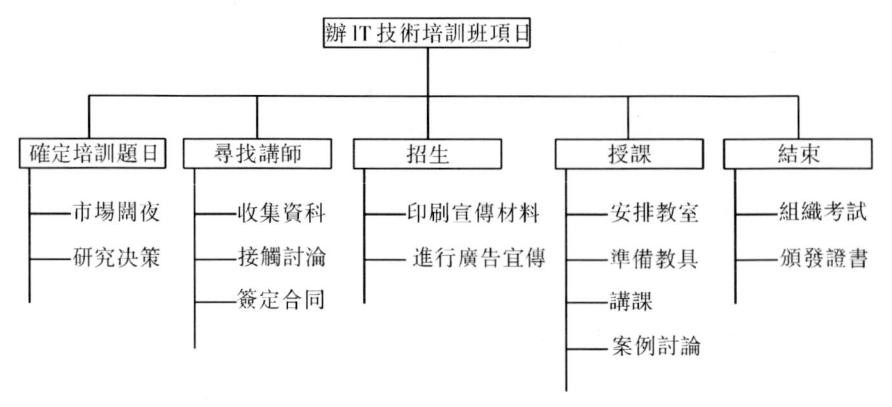

```
                        辦 IT 技術培訓班項目
        ┌──────────┬──────────┬──────────┬──────────┐
    確定培      尋找講師     招生        授課        結束
    訓題目
    ├市場調夜  ├收集資料  ├印刷宣傳材料 ├安排教室  ├組織考試
    └研究決策  ├接觸討論  └進行廣告宣傳 ├準備教具  └頒發證書
              └簽定合同               ├講課
                                      └案例討論
```

圖 8-2　信息技術培訓項目的工作分解結構

　　確定培訓題目，題目選擇不當可能招不來學生，就會白忙，甚至虧本，應對辦法就是事先進行比較廣泛的市場調查；尋找培訓師，培訓師哪天可能生病，或者有事來不了，應對辦法就是確定尋找另一個備用老師；招生，可能沒有學員報名，應對辦法是進行廣告促銷活動；授課，投影儀可能出問題，應對辦法是準備一臺備用投影儀；結束課程，學員不滿意，大鬧課堂，應對辦法是對學員進行安撫，提供補救措施，同時改進培訓班的教學及組織質量。

　　這裡，每項任務只列出了一種風險，實際情況可能出現問題的方面不止一種，應盡可能把它們全部都列出來。對於每項任務，都要多問幾個這樣的問題：「哪裡會出現問題？萬一出現問題該怎麼辦？」項目小組一起思考與討論，可以防止遺漏重要的風險。

　　另外，與那些具有類似項目經歷的人員（諸如專業技術人員、各位經理或管理人員等）進行有關項目風險方面的面談，有助於識別常規計劃中未被識別的風險。項目前期面談（往往在可行性研究時進行）記錄也可提供這方面的信息。例如，如果一個新項目用到一種特殊類型的硬件和軟件，那麼近來有過使用這種硬件或軟件經驗的人，可能會描述出他們在先前項目中所遇到的問題。如果有人以前同某一特定的客戶合作過，那麼在他們可能會再次同那些客戶合作的時候，就能對所涉及的可能風險提出自己的見解。

　　(3) 風險識別的結果

　　風險識別之後要把結果整理出來，寫成書面文件，為風險分析的其餘步驟和風險管理做準備。風險識別的結果應包含下列內容：

　　①風險事件的名稱；

　　②風險事件的類別；

　　③風險事件發生的概率；

　　④風險事件的影響或后果（包括對項目範圍的影響和對項目目標的影響）；

　　⑤風險發生的可能時間和可能環節；

　　⑥風險徵兆和風險的觸發條件。

另外，在風險識別的過程中可能會發現項目管理其他方面的問題，需要完善和改進。例如，利用項目工作分解結構識別風險時，可能會發現工作分解結構做得不夠詳細。因此，應該要求負責工作分解結構的成員進一步完善之。再比如，當發現項目有超支的風險，但是又無人制定防止超支的措施時，就必須向有關人員提出要求，讓他們採取措施防止項目超支。

8.3.2.3 風險評估

風險評估是一種評價風險的過程，它涉及對風險及風險之間相互作用的評估，並用這個評估分析項目可能出現結果的範圍。這有助於確定哪些風險和機會需要應對，哪些風險和機會可以接受，哪些風險和機會可以忽略。風險評估過程包括估計各風險發生的概率、估計它對項目的影響、降低各風險可能採取的戰略。通過評價風險，項目經理能夠按優先順序排列風險，並建立一個閾值，以決定哪種風險應受到重視。評估風險的工具和技術包括獨立統計、期望貨幣值分析、風險概率及影響分析、模擬、決策樹和專家判斷等。

（1）獨立統計

獨立統計是指一個事件的發生和另一個事件的發生不存在任何聯繫，如果一組相互排斥的可能事件是相互獨立的，那麼它們的概率和為1。獨立的意思是如果事件是隨機的，那它是獨立的，反之不獨立。獨立統計的概念對計算期望值和決策樹有著重要的作用。

（2）期望貨幣值

期望貨幣值（EMV），它首先分析和估計風險事件發生的概率和風險事件可能產生的收益和損失，然後將兩者相乘，得出風險的期望值。下面以一個賭博的例子來說明預期貨幣值的計算方法。有這樣一個賭註，下註10美元，有可能會得到500美元，也有可能得到20美元，或者一分錢也得不到。也就是說，每付出10美元，平均收益只能是7美元，如表8-3所示。遇到這種問題，每個人的選擇是不同的，這就是投機與風險。有人願意參加，因為他們願意接受10美元來獲取贏得500美元的機會，這些是風險喜好型的人。當然，期望值是一個統計評估，不是最終的收益和損失。

表8-3　　　　　　　　　　　　　案例

得　失　量	概　率	預期貨幣值
500美元	1%	5美元
20美元	10%	2美元
0美元	89%	0美元
總計	100%	7美元

期望貨幣值是根據獨立統計原則得出的，它有時用作其他分析的輸入，比如決策樹。

（3）風險概率及影響分析

風險概率及影響分析是一種簡單的風險定性分析的工具。方法是事先建立一個風

險條件打分矩陣，並確定評分標準，然后對每一風險的概率、造成的后果及其可控程度進行評分，三個分值相乘，得出這種風險的風險級別。風險級別越大，表示這種風險越大，越應引起重視，並需要制定相應的應對措施。例如，可以用 1 到 10 分的等級來評估風險，如果風險管理小組在評估發生資金短缺的風險時，認為它非常不可能發生，得 3 分，但是一旦發生后果則非常嚴重，得 9 分，而且項目小組很難控制資金短缺的問題，得 8 分，然后把這三個數字相乘，即得到該風險的風險級別（BPN）。風險級別越高，表示風險越大，需要制定相應的措施認真對待。

(4) 模擬技術

模擬是一種模仿行為，是將所研究的對象，用其他手段進行模仿的一種技術。當採用這種方法研究問題時，並不直接研究對象本身，而是先設計一個與研究對象相似的模型，然后通過模擬來間接地研究對象。所謂模型是應用某種方法將一個真實系統的結構和行為進行描述的一種形式，稱為該系統的模型。

對於複雜的、具有多個隨機因素的系統，要用數學模型來精確地描述往往是十分困難的或者雖然能建立相應的數學模型，但無法求解，但模擬技術則可以根據系統內部的邏輯關係和數學關係，面向系統的實際過程和系統行為，構造模擬模型，從而能得到複雜隨機系統的解。模擬技術主要具有以下優點：能模擬運行無法實施的問題；可以進行大量方案的比較和選優可以模擬有危險和風險的現象；可以模擬成本過高的現象。

模擬包括三個要素，即系統、模型和計算機。可通過建立系統的模型、建立模擬模型和模擬實驗來把這三個要素聯繫起來。

模擬用於風險管理時，就是採用模型去分析和量化項目的風險，它將項目中的不確定性因素轉化為項目總體目標的潛在影響。

大多數模擬都以蒙特卡羅分析為基礎。蒙特卡羅是一種隨機的模擬方法，通過多次模擬一個模型的結果，從而提供計算結果的統計分佈，是一種有效的統計實驗計算法。蒙特卡羅模擬並不是從模型到計算的簡單過程，而是對一個實際系統的模型，一般需要經過以下互相聯繫、互相制約的基本步驟：

①評估所考慮變量的範圍，並確定各變量的概率分佈。換句話說，收集模型中變量最可能的、樂觀的和悲觀的估計值，並決定各變量落在樂觀估計和最可能估計之間的概率。

②對於各種變量，根據變量發生的概率分佈，選擇一個隨機值。例如，假設一項樂觀估計為 10（計量單位可以是天數、美元等），還假設最可能估計為 20，悲觀估計為 50。如果有 30% 的概率落在 10（樂觀估計）和 20（最可能估計）之間，那麼在 30% 的時間裡，選擇 10 到 20 之間的隨機數；在 70% 的時間裡，選擇一個 20 到 50（悲觀估計）之間的隨機數。

③利用為每個變量選定的數值組合，進行確定性分析，或一次通過模型。

④多次重複步驟②和步驟③，獲得各結果的概率分佈。重複次數取決於變量的個數和結果中要求的置信度，但重複的次數一般在 100 到 1,000 之間。

當然，以上這些步驟可以使用軟件來執行。

（5）決策樹

決策樹用樹狀表示項目所有可供選擇的行動方案、行動方案之間的關係、行動方案的后果以及這些后果發生的概率。利用決策樹可以計算出可供選擇的行動方案后果的數學期望，進而對項目的風險進行評價，並以此評價來對項目作出決策。

在決策樹中，樹根表示構想項目的初步決策，叫做決策點。從樹根向右畫出若干樹枝，每條樹枝都代表一個行動方案，叫做方案枝，方案枝右端叫狀態結點。從每個狀態結點向右伸出兩個或更多的小樹枝，代表該方案的兩種或更多的后果，每條小樹枝上都註明該種后果的大小。若后果是正的，表示收益；若是負的，表示損失。

下面以一個例子來說明決策樹的使用方法。假設某公司正試圖決定，他們是否應該提交項目 1 的建議書，或項目 2 的建議書，或兩個項目的建議書，或不提交任何建議書。其具體情況是，對於項目 1，他們有 20% 的機會贏得該項目，這將會有 300,000 美元的利潤，而他們有 80%（$P=0.8$）的概率不會贏得項目 1，且失敗的結果估計會為 -40,000 美元，這意味著，如果他們沒有贏得合同，則公司投資在項目 1 上的 40,000 美元將得不到補償。概率通常由專家判斷來確定。對於項目 2，則有 20% 的概率該公司將會在項目 2 上損失 50,000 美元，10% 的概率會損失 20,000 美元和 70% 的概率會賺取 60,000 美元。那麼怎樣用決策樹來幫助做出決定呢？

首先，對所有的可能性進行分析，畫出決策樹，然后計算每個結點的 EMV，如圖 8-3 所示。從圖 8-3 可以看出，EMV 對項目 1 和項目 2 來說都是正值，那麼該公司希望從兩者中都得到一個正的結果，就可能同時投標兩個項目。如果他們不得不在兩者之間做選擇（也許是因為有限的資源等原因），該公司將會選擇項目 2，因為它有一個相對高的 EMV。

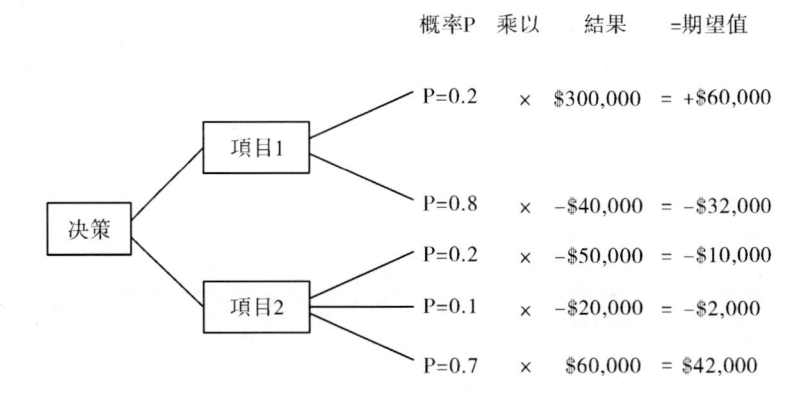

```
                     概率P    乘以      結果      =期望值

                     P=0.2   ×   $300,000   = +$60,000
           ┌─項目1─┤
           │         P=0.8   ×   -$40,000   = -$32,000
  決策─────┤
           │         P=0.2   ×   -$50,000   = -$10,000
           └─項目2─┼ P=0.1   ×   -$20,000   = -$2,000
                     P=0.7   ×    $60,000   = $42,000
```

項目1的MEV=$60,000-$32,000=$28,000
項目2的MEV=-$10,000-$2,000+$42,000=$30,000

圖 8-3　決策樹分析

在圖 8-3 中也應該注意到，如果僅僅看兩個項目的可能結果，那麼，項目 1 看起來更加吸引人。因為可以從項目 1 中賺取 300,000 美元，但只能從項目 2 中賺取 60,000 美元。如果經理是一位風險喜好者，他可能自然會選擇項目 1，然而，在項目 1

中只有20%的機會得到那300,000美元,但卻有70%的概率在項目2中得到60,000美元。使用EMV有助於計算所有可能的結果和它們發生的概率,從而減少了那種過度尋求激進或保守的風險策略的傾向。

(6) 專家判斷法

儘管有許多定量化的工具可以用於風險評估,但許多組織仍然依賴專家們的直覺、認識知識和以往的經驗來分析、識別項目的風險。管理小組也許會使用專家判斷來代替、或補充上面介紹過的數學分析技術。例如,專家可以使用定量化結果或不使用定量化結果,把風險分為高、中、低三種。這些專家既可以是項目團隊、組織內部的專家,也可以是組織外部的專家,可以是風險管理專家,也可以是工程或其他領域的專家。

使用定量化的工具有許多缺點。例如,輸出不會比輸入更好,使用工具的人也許使用了非常差的假設條件等。因為這些缺點,所以在使用定量化方法的時候,加入專家的意見是很重要的。

一種從專家處收集信息的常用方法是德爾菲法。德爾菲法常常很有作用,例如,在關於項目重要未來事件的概率估計方面。要使用德爾菲法必須選擇一個與問題相關領域的專家小組。當小組成員彼此不知道各自的身分時,常常效果最佳,這就避免了單個成員的影響和過分簡單化的讚同。各位專家可以針對提出的情形回答許多問題,然后風險管理人員評估他們的反應,匯總他們的觀點和理由,並在下一輪,將反饋傳達給各位專家。持續這一過程,直到大家的意見匯聚於某一個具體的解決方案。如果意見出現分歧,德爾菲法的管理人員則需要確定過程是否有問題。

8.3.3 系統的風險管理計劃

經過風險評價,風險管理小組必須制訂應對風險的行動計劃,也就是制訂風險管理計劃。風險管理計劃必須與以下各項因素相適應:風險的嚴重性、應對挑戰所需成本的有效性、完成任務的適時性、項目環境的現實性。項目風險的各種應對方案應該得到項目關係人的共同認同,並且要有專人負責。

而系統的風險管理計劃就是指貫穿於信息系統開發過程全過程的風險管理。從這一思想出發,信息系統開發過程的風險管理應該分為三個主要環節,見圖8-4。

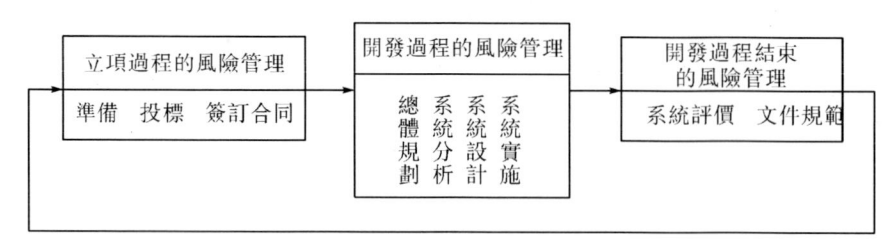

圖8-4 系統風險管理過程

8.3.3.1 風險管理過程

(1) 立項過程的風險管理

立項過程主要是指投標與簽訂合同兩部分。

①投標是指從資格預審投標準備至遞交投標文件的工作。投標是取得項目開發權的前提。這一階段應在充分廣泛地調查分析有關項目的法律、法規、政策、市場競爭對手以及自身的技術經濟條件等信息資料的基礎上，基本確定了各種可能預見的風險、風險因素及其后果的前提之后，再來決定投標的總報價，遞交投標文件。

②簽訂合同是經過合同的談判最后簽訂合同文件的工作。這一工作應該根據權利和義務對等的原則，力求分清責任、盡可能地增加一些有關保險的條款等，力爭在項目開工前將風險發生的可能性考慮全面。

（2）信息系統開發過程的風險管理

這一過程的風險管理主要是指在信息系統開發過程的各階段中，充分考慮各種人力、物力、資金、技術等資源投入時可能發生的風險因素，使其總投入控製在項目開發總成本之內。

（3）信息系統開發過程結束的風險管理

這一過程是指對某一信息系統開發風險管理工作的總結。這一總結應該將風險管理過程中的風險識別的風險清單、使用的技術方法以及實際風險控製的情況，詳細整理為規範化的文件，以利於今后在其他項目的風險管理中借鑑，不斷提高本公司的風險識別與管理水平。

8.3.3.2　風險應對的方法

在項目風險管理中有多種應對策略。針對某一具體風險，應該選擇最有效的策略，在選擇風險應對策略時，可以選擇主導策略和備用策略。常見的應對風險的基本措施分別為規避、轉移、接受和減輕。

（1）風險規避

風險規避有兩種含義，一是指風險發生的可能性極大，后果極其嚴重，又無計可施，於是主動放棄項目或改變項目目標的策略；二是通過變更項目計劃，消除風險事件本身或風險產生的條件，從而保護項目目標免受影響的方法。雖然項目的風險不可能完全被消除，但某些特定的風險還是可能迴避的，例如充分利用合同的條款而迴避減少風險的方法。它一般包括採取增設保險的條款，選擇合適的外匯計價結算方式和減少預付、墊付資金數等策略。在項目早期出現的某些風險事件，可以通過澄清需求、獲得信息、加強溝通、聽取專家意見的方式加以應對。採用一種熟悉的、而不是創新的方法和技術，避免使用一個不熟悉或沒有類似項目經驗的承包商，增加項目資源或時間，減小項目範圍等，這些都是風險規避的例子。

（2）風險轉移

風險轉移就是設法將風險的結果連同對風險應對的權利轉移給第三方。風險轉移本身不能降低風險發生的概率，也不能減輕風險帶來損失的大小，而是借用合同或協議，在風險一旦發生時將損失的一部分轉移給項目以外的第三方。

實行這種策略要遵循兩個原則，第一，必須讓承擔風險者得到相應的報答；第二，對於各具體風險，誰最有能力管理就讓誰分擔。

從財務角度看，轉移風險的財務責任是風險轉移最為有效的方法。當然風險轉移要付出相應的成本，這類成本包括保險費用、履約保證金、擔保和保證費用。也可以

使用合同方式將某些特定風險的責任轉移給另一方。例如，如果項目的設計不是十分成熟，那麼使用固定價格合同就可能將責任轉移給賣方。

風險轉移的方法主要有出售、分包、保險與擔保等。

①出售是通過買賣契約將風險轉移給其他組織。這種方法在出售項目所有權的同時也就把與之有關的風險轉移給了其他組織。例如，如果項目是通過發行股票或債券籌集資金，當股票或債券的認購者在取得項目的一部分所有權時，也同時承擔了一部分風險。

②分包就是指在簽訂子項目分包合同時，要求分包商接受合同文件中的各項條件，從而將風險轉移給分包商。

③保險是轉移風險最常用的一種方法，也是非常重要的方法。項目小組只要向保險公司交納一定數額的保險費，當風險發生給項目帶來損失時就能從保險公司獲得賠償，從而將風險轉移給保險公司。例如，貨物在運輸過程中，可以投保一切風險，一旦貨物發生丟失、毀壞等風險時，由保險公司來提供賠償，就是一種典型的風險轉移的例子。

④擔保是指為另一方的債務、違約或過失負間接責任的一種承諾。在項目管理上是指銀行、保險公司或其他機構，為項目風險負間接責任的承諾。

（3）風險減輕

風險減輕是通過事先控制或應急方案設法使風險不發生，或一旦發生后使損失額最小或盡量挽回損失。風險減輕應注意進行成本和收益比較，保證風險減輕成本的合理性。早期採取措施，降低風險發生的概率或風險對項目的影響，比在風險發生後再亡羊補牢要更為有效。

例如，信息系統項目在制訂成本計劃時，要為不可預見的風險因素留有餘地，在投標定價中應該考慮增加一定比例的風險費，在國內稱為不可預見費或應急費。

風險減輕採用的形式可能是執行一種減少問題的新的行動方案。例如，使用成熟的技術、招募勝任的項目管理人員、使用各種分析和驗證技術、挑選更穩定的賣方等。它可能涉及變更環境條件，以使風險發生的概率降低。例如，增加項目資源或給進度計劃增加時間。

當不可能減少風險的概率時，一種減輕措施就是針對那些決定風險嚴重性的關聯環節，來處理風險對項目的影響。例如，在子系統中加入備份設計，可能會減少由原始部件運轉不良所導致的影響。

如果在風險發生時，能採取應急方案，就能減輕其后果。因為經濟上的原因，並不是對每一個風險都制訂應急方案，而是對風險進行評價后，對那些出現概率較大或危害較嚴重的風險才制訂應急方案。例如，在涉及採購的項目中，獨家供貨是必須考慮的風險，減輕風險就是開發第二貨源，這樣，如果其中一個供應商不能按時或按規定要求供貨，另外一個供應商可能能夠做到。

（4）風險接受

風險接受是指如果風險發生，接受其帶來的后果。風險接受可以是主動積極的，也可以是被動消極的。前者是已經有了行動計劃和應急方案，當風險事件發生時馬上

執行這些計劃和方案；后者是並沒有事先制訂風險應急方案，而是在風險發生時，由項目小組再去採取行動，對付風險。

風險接受絕不是被動挨打，如果能提前制訂應急方案，將會大大減少風險發生時應對行動的成本。如果風險發生后影響巨大，或選擇的方案可能並不能完全奏效，那麼就應著手編製一個后備措施，后備措施可能包括管理后備措施、研發后備措施、進度后備措施等。例如，如果項目團隊知道，一個新的軟件包不能及時發布，他們將不能將其用於他們的項目上，那麼他們可能會有一個應急計劃，即採用已有的舊版軟件。

另外，也有為已經識別的風險建立一定數量的應急儲備來接受項目風險的，這些儲備的手段包括時間、資金、人力或其他資源。應急儲備的規模，應由已被接受的風險的影響大小來決定，在某一可能的風險水平基礎上進行管理。例如，如果項目因為員工不熟悉一些新技術而導致其偏離既定的軌道，那麼項目發起人會從應急儲備中提出額外資金，來聘請公司外的諮詢師，培訓和指導項目員工採用新技術。

8.3.3.3 風險管理計劃的內容

風險管理計劃應詳細說明風險事件、風險來源、風險評價的結果、風險應對措施及其負責人等方面的內容。雖然風險管理計劃中包含細節的詳細程度會隨著項目需求的不同而各異，但一份規範的風險管理計劃至少應包括如下內容：

①已識別的風險及其描述（如風險成因、風險如何影響項目目標等）；
②風險承擔者及其責任；
③風險分析過程的結果；
④對每一種風險的應對措施，包括應對和預防措施；
⑤實施應對措施的具體行動；
⑥風險應對的預算和時間；
⑦應急計劃和后備方案。

8.3.3.4 項目風險監控

（1）風險監控的概念

風險監控就是對項目的風險進行監督和控制。它包括：
①跟蹤已識別的風險、監視殘余風險和識別新的風險；
②保證風險管理計劃的執行與實施；
③評估這些計劃對降低風險的有效性。

在項目風險管理過程中，應該對風險監督和控制的過程進行記錄，這些記錄與應急計劃的實施相關聯。通過風險監控，可能會引起風險管理計劃的修改，但目的是確保項目風險管理計劃的有效實施。

在項目實施過程中，風險監控不可一日或缺，這是因為隨著項目的進展，項目的風險會不斷發生變化，預期的風險可能會消失，也可能會出現新的風險。如果風險發生了，管理措施卻不起作用，則要分析原因。如果出現未識別的風險，則要回過頭來重新審視為什麼當初的風險識別漏掉了這種風險，以便形成經驗教訓。在風險監控過程中，應該定期對項目風險水平的可接受程度進行評估，在所有的項目關係人之間進行有效溝通是非常必要的。

（2）風險監控的主要工具和技術

①檢查表。在風險識別和評價中使用的檢查表也可以用於監控風險。

②定期項目評估。風險等級和優先級可能會隨著生命週期而發生變化，而風險的變化可能需要新的評估和量化，因此，項目風險評估應定期進行。實際上，項目風險應作為每次項目團隊會議的議程。

③收益值分析。收益值分析是按基準計劃費用來監控整體項目的分析工具。此方法將計劃的工作與實際完成的工作比較，確定是否符合計劃的費用和進度要求。如果偏差較大，則需要進一步進行項目的風險識別、評估和量化。

④附加風險應對計劃。如果風險事先未曾預料到，或其后果比預測的嚴重，則事先計劃到的應對措施可能不足以應對，因此有必要重新研究應對措施。

⑤獨立風險分析。項目辦公室之外的風險管理團隊比來自項目組織的風險管理的風險管理團隊對項目風險的評估更獨立、公正。

（3）風險監控的成果

①權變措施。權變措施是為了應對那些出現的、先前又曾識別或者接受的風險，而採取的未事先計劃到的應對措施。這些措施應有效地進行記錄歸檔，並融入項目的風險應對計劃中。

②糾正措施。糾正措施包括執行附加應對計劃或權變措施。

③變更請求。如果頻繁執行附加應對計劃或權變措施，則需要對項目計劃進行變更以應對項目風險，其結果是提出變更申請。變更申請是由綜合變更控製進行管理的。

④修改風險應對計劃。當預期的風險發生或未發生時，當風險控製的實施消減或未消減風險的影響或概率時，必須重新對風險進行評估和排序，以使新的和重要的風險能得到適當的控製，並對風險事件的概率和價值以及風險管理計劃的其他方面做出修改。對於未發生的風險也應進行記錄歸檔，並且其在項目風險計劃中關閉。

⑤風險數據庫。這是一個對在風險管理中收集和使用的數據進行收集、維護和分析的知識庫。使用這一數據庫，可以幫助整個組織中的風險管理人員隨著時間的推移而不斷形成一個風險教訓庫的基礎。

⑥風險檢查表更新。根據工作中取得的經驗，對檢查表進行更新，這種更新的檢查表將會對未來項目的風險管理提供幫助。

8.4 信息系統評價

使用新系統之后，需要對這個系統進行維護和評價，使之能正常運行，同時總結經驗，為以後的開發與系統的管理打下良好的基礎。

8.4.1 系統評價的內容

系統評價的內容主要包括以下四個方面。

8.4.1.1 系統運行的一般情況

系統運行的一般情況是從系統建立的目標及其用戶接口方面來考查系統的。具體內容包括：

(1) 作為建立系統的目標而涉及的各項業務，是否按所要求的質量與速度完成；

(2) 完成上述各項任務，用戶需要付出的資源是否控製在預定的界限之內；

(3) 從系統運行的記錄來分析系統各項資源的利用率如何；

(4) 詢問最終用戶，瞭解他們對系統工作情況是否滿意，或滿意程度如何。

8.4.1.2 系統性能

系統性能是從技術上對系統進行考查，具體內容包括：

(1) 信息系統的總體技術水平

信息系統的總體技術水平主要包括系統的總體結構與規模、地域、所採用技術的先進性與實用性，系統的開放性與集成程度等。

(2) 系統功能的範圍與層次

系統功能的範圍與層次主要包括功能的難易程度和對應管理層次的高低等。

(3) 信息資源開發與利用的範圍與深度

信息資源開發與利用的範圍與深度主要指通過信息集成和功能集成實現業務流程優化，提高人、財、物等製造資源合理使用的程度。

(4) 系統的質量

系統的質量主要包括系統的可使用性、可擴展性、通用性、正確性和可維護性等。

(5) 系統的安全與保密性

系統的安全與保密性主要指業務數據是否會被破壞或修改，數據使用權限是否得到保證。

(6) 系統文檔的完備性

8.4.1.3 使用效果

系統的使用效果是從提供信息服務的有效性來考查系統。具體內容包括以下幾點：

(1) 系統對各個管理層次各業務部門業務處理的支持程度，滿足客戶要求的程度；

(2) 提供信息的有效性，以及信息的利用率；

(3) 提供信息的及時性；

(4) 提供信息的準確性和完整性，數據管理的規範程度。

8.4.1.4 經濟上的評價

在經濟上的評價內容主要是系統的效果和效益，包括直接評價與間接評價兩個方面。

(1) 直接評價

直接評價的內容有：系統的投資額；系統運行費用和維護費用；系統運行所帶來的新增效益；投資回收期。

(2) 間接評價

間接評價的內容有：對企業形象的改觀、員工素質的提高所帶來的效益；對企業的組織機構與體制的改革、業務重組及管理流程的優化取得的作用；對基礎數據的規範及效果的提高所帶來的效益；對企業各部門間、人員間協助精神的加強所起的作用。

8.4.2 信息系統的評價體系

一個信息系統投入運行以後，如何分析其工作質量、投入產出比、信息資源的利用程度、組織內各部分的影響等，都要借助於評價指標體系來進行。

8.4.2.1 信息系統質量評價的特徵和指標

質量評價的關鍵是要定出評定質量的指標以及評定優劣的標準。評價的特徵和指標具體如下：

（1）系統對用戶和業務需求的相對滿足程度；

（2）系統的開發過程是否規範，它包括系統開發各個階段的工作過程以及文檔資料是否規範等；

（3）系統的性能、成本、效益綜合比集中地反應了一個信息系統質量的好壞，是綜合衡量系統質量的首選指標；

（4）系統功能的先進性、有效性和完備性也是衡量信息系統質量的關鍵評價指標之一；

（5）系統運行結果的有效性、可行性、完整性；

（6）信息資源的利用率；

（7）提供信息的質量如何，即考查系統所提供信息（分析結果）的準確程度、精確程度、回應速度及其推理、推斷、分析等；

（8）系統的實用性。

8.4.2.2 系統運行評價指標

系統在投入運行後，要不斷地對其運行狀況進行分析評價，並以此作為系統維護、更新以及進一步開發的依據。系統運行評價指標一般有：

（1）預定的系統開發目標的完成情況

①對照系統目標和組織目標，檢查系統建成後的實際完成情況；

②是否滿足了科學管理的要求，各級管理人員的滿意程度如何，有無進一步改進的意見和建議；

③為完成預定任務，用戶所付出的成本（人力、財力、物力）是否限制在規定範圍以內；

④開發工作和開發過程是否規範，各階段文檔是否齊備；

⑤功能與成本比是否在預定的範圍內；

⑥系統的可維護性、可擴展性、可移植性如何；

⑦系統內部各種資源的利用情況。

（2）系統運行實用性評價

①系統運行是否穩定可靠；

②系統的安全保密性能如何；

③用戶對系統操作、管理、運行狀況滿意程度如何；

④系統對誤操作保護和故障恢復的性能如何；

⑤系統功能的實用性和有效性如何；

⑥系統運行結果對組織各部門的生產、經營、管理、決策和提高工作效率等的支持程度如何；

⑦對系統的分析、預測、控製的建議有效性如何，實際被採納了多少。這些被採納建議的實際效果如何；

⑧系統運行結果的科學性和實用性分析。

（3）設備運行效率的評價

①設備的運行效率如何；

②數據傳送、輸入、輸出與其加工處理的速度是否匹配；

③各類設備資源的負荷是否平衡，利用率如何。

總之，物流管理信息系統的評價是多目標的評價過程，在評價過程中需要結合具體的應用領域、環境條件、歷史和用戶條件等多方面因素進行綜合評價。

小結

企業信息化的一部分是在一個企業或組織中，為建立計算機化的管理信息系統，進行規劃、分析、設計和實施的整套相互關聯的採用正規化、自動化技術的系統工程。它包括創建成功的信息系統所使用的各種工程化方法、工具和操作流程，是在軟件工程基礎上的發展和提升。因此，信息系統開發一般都耗時長、投資大、涉及面廣、複雜程度高。如今，對於管理信息技術自身的管理，也已成為企業管理中的一個特殊領域。在絕大多數情況下，信息系統開發項目的失敗最終表現為費用超支和進度拖延。儘管不能保證有了項目管理後信息系統建設就一定能成功，但項目管理不當或根本就沒有項目管理意識，信息系統建設必然會失敗。顯然，項目管理是信息系統建設成功的必要條件。

管理信息系統開發項目管理是項目管理領域中一個獨特的分支，它涉及多方面的知識和技能，並有著不同於一般項目管理的特點。本章著重圍繞信息系統開發項目的管理與風險控製來展開。在項目管理的基本概念的基礎上，較詳細地介紹了管理信息系統開發項目管理過程中涉及的各個主要方面的工作內容、原則、方法和策略，以及項目管理軟件的使用，使學生對信息系統開發項目的管理有一個比較全面的認識。

案例

某企業開發管理信息系統的經驗

某企業在廠長的積極支持下決定開發新管理信息系統。剛開始，研製工作開展得比較有條理。首先進行系統調研和人員培訓，並規劃了信息管理系統的總體方案。在系統分析和系統設計階段繪製數據流程圖和信息系統流程圖的過程中，課題組和主要科室人員在領導的支持下，進行了多次關於改革管理制度和方法的討論。他們重新設計了全廠管理數據採集系統的輸入表格，得出了改進的成本核算方法，試圖將每季度盤點改成月盤點，將每季度成本核算改為月成本核算，將產量、質量和中控指標改為

日統計核算。整個系統由生產管理、供銷管理及倉庫管理、成本管理、綜合統計和網絡公用數據庫五個子系統組成。各子系統在完成各自業務處理及局部優化的基礎上，將共享數據和企業高層領導所需數據通過局域網傳送到服務器，在系統內形成一個全面的統計數據流，提供有關全廠產量、質量、消耗、成本、利潤和效率等500多項技術經濟指標，為領導做決策提供可靠的依據。在倉庫管理方面，通過計算機掌握庫存物資動態，控制最低、最高儲備。

但在實際執行過程中，課題組夜以繼日地工作，軟件設計還是比原計劃拖延了半年才開始進入系統轉換階段（即人工系統和基於計算機的信息系統並行運行階段）。可以說，系統轉換階段是系統開發過程中最為艱難的階段。許多問題在這個階段開始暴露出來，下面列舉一些具體的表現。

(1) 手工系統和計算機應用系統同時運行，對於管理人員來說，這無疑加重了其負擔。在這個階段，管理人員要參與大量原始的輸入和計算機結果的校核。特別是倉庫管理系統，需要把全廠幾千種原材料的月初庫存一一輸入，工作量極大，而當個別程序出錯且修改時間較長時，往往需要重新輸入。這就引起了某些管理人員的不滿。

(2) 在生產的經濟效益方面，雖然計算機打印出來的材料訂購計劃優於原來由計劃員憑經驗編寫的訂購計劃，但計劃員面子上過不去，到處說計算機系統不好用，並表示不願意使用新的系統。

以上這些問題，經過努力，逐一得到解決，系統開始正常運行，並獲得上級領導和兄弟企業的好評。一段時間后，企業環境發生了很大的變化。一是廠長奉命調離；二是廠外開發人員移交后撤離；三是企業效益下降，人心惶惶，無暇顧及信息系統發展中產生的各種問題。與此同時，新上任的廠長不太支持該管理信息系統的應用。這時，原來支持該系統應用的計劃科長也一反常態，甚至在工資調整中不給計算機室人員提工資。結果使已掌握軟件開發和維護技術的主要人員調離工廠，整個系統陷入癱瘓狀態，最后以失敗告終。

1. 系統開發比原計劃拖延較長時間，說明了什麼問題？
2. 企業管理人員的素質對系統開發有何影響？
3. 通過這個案例，你認為企業領導在開發管理信息系統中的作用是什麼？
4. 試用案例說明，管理信息系統不僅是一個技術系統，而且還是一個社會技術系統。

資料來源：陳平. 管理信息系統 [M]. 北京：北京理工大學出版社，2013.

思考題

1. 什麼是項目的風險？如何識別項目的風險？
2. 有哪些評估項目風險的方法？每一種方法是如何進行評估的？
3. 風險應對的辦法有哪些？請給每一種方法舉例說明。
4. 項目后評價的作用是什麼？
5. 項目后評價的指標體系是什麼？項目后評價的主要內容有哪些？

國家圖書館出版品預行編目(CIP)資料

管理信息系統 / 馬法堯, 牟紹波主編. -- 第一版.
-- 臺北市：崧博出版：財經錢線文化發行，2018.11

　面 ；　公分

ISBN 978-957-735-623-9(平裝)

1.資訊管理系統

494.8　　　　　107017401

書　　名：管理信息系統
作　　者：馬法堯、牟紹波 主編
發行人：黃振庭
出版者：崧博出版事業有限公司
發行者：財經錢線文化事業有限公司
E-mail：sonbookservice@gmail.com
粉絲頁　　　　　　　網　址：
地　　址：台北市中正區延平南路六十一號五樓一室
8F.-815, No.61, Sec. 1, Chongqing S. Rd., Zhongzheng
Dist., Taipei City 100, Taiwan (R.O.C.)
電　話：(02)2370-3310　傳　真：(02) 2370-3210
總經銷：紅螞蟻圖書有限公司
地　　址：台北市內湖區舊宗路二段 121 巷 19 號
電　話：02-2795-3656　傳真：02-2795-4100　網址：
印　刷：京峯彩色印刷有限公司（京峰數位）

　　　本書版權為西南財經大學出版社所有授權崧博出版事業有限公司獨家發行電子書及繁體書繁體版。若有其他相關權利及授權需求請與本公司聯繫。
定價：500元
發行日期：2018 年 11 月第一版
◎ 本書以POD印製發行